JN112075

現場で役立つ!

AWS運用入門

Amazon Web Services

押さえておきたい
AWSの基本と運用ノウハウ

株式会社サーバーワークス
佐竹 陽一　山﨑 翔平　小倉 大

株式会社ソラコム
峯 侑資

SB Creative

本書に関するお問い合わせ

この度は小社書籍をご購入いただき誠にありがとうございます。小社では本書の内容に関するご質問を受け付けております。本書を読み進めていただきます中でご不明な箇所がございましたらお問い合わせください。なお、お問い合わせに関しましては下記のガイドラインを設けております。恐れ入りますが、ご質問の際は最初に下記ガイドラインをご確認ください。

ご質問の前に

小社 Web サイトで「正誤表」をご確認ください。最新の正誤情報をサポートページに掲載しております。

- 本書サポートページ URL
  http://isbn2.sbcr.jp/15499/

ご質問の際の注意点

- ご質問はメール、または郵便など、必ず文書にてお願いいたします。お電話では承っておりません。
- ご質問は本書の記述に関することのみとさせていただいております。従いまして、○○ページの○○行目というように記述箇所をはっきりお書き添えください。記述箇所が明記されていない場合、ご質問を承れないことがございます。
- 小社出版物の著作権は著者に帰属いたします。従いまして、ご質問に関する回答も基本的に著者に確認の上回答いたしております。これに伴い返信は数日ないしそれ以上かかる場合がございます。あらかじめご了承ください。

ご質問送付先

ご質問については下記のいずれかの方法をご利用ください。

▶ Web ページより

上記のサポートページ内にある「この商品に関する問い合わせはこちら」をクリックすると、メールフォームが開きます。要綱に従って質問内容を記入の上、送信ボタンを押してください。

▶郵送

郵送の場合は下記までお願いいたします。

〒105-0001　東京都港区虎ノ門 2-2-1
SB クリエイティブ　読者サポート係

はじめに

本書はこれからAWSについて学習を始める新入社員の方々や、これまでオンプレミスで運用をしてきたエンジニアの方々を対象に、AWS（Amazon Web Services）を用いたシステムやITサービスを安定的かつ継続的に提供するうえで必須となる**「AWS運用」の入門書**です。

AWSをはじめとするクラウドは過去十数年で飛躍的に広がり、今では多くの企業がAWSを利用して自社のシステムやITサービスを構築しています。加えて、ここ数年ではDX（デジタルトランスフォーメーション）の一環としてクラウドにより注目が集まっています。このような背景から、クラウドシステムの運用・管理に関するノウハウに対する需要も年々増しています。

一方、**運用に関する情報やノウハウ**は不足しており、多くのエンジニアが手探りで日々の運用を行っているような状況です。そこで本書では、EC2やRDS、S3といったAWSの基本的なサービスはもとより、バックアップ/リストア、セキュリティ統制、監査に関わるサービスなど、**「エンジニアが押さえておくべきAWS運用の基本と運用ノウハウ」を体系立てて、1つずつ丁寧に解説していきます**。また、紙面が許す限り実務で役立つ「運用時に注目すべきポイント」や「具体的な設定方法」まで多数紹介しています。基礎知識と実務レベルのノウハウの両方を掲載することで、業務で役立つスキルをこの1冊で習得していただくことを目指しています。本書の執筆にあたっては、実際に日々AWSを用いたシステムの運用業務に従事している多くの現役エンジニアから、有用なノウハウを集約しました。

私たちがストレスなく、システムやITサービスを日常的に利用することができるのは、稼働中のシステムに対して日々「運用」が行われているからです。AWSに限った話ではありませんが、**システムにおいては構築後の「運用」が極めて重要です**。そこで本書では、「運用」における基礎知識から解説をはじめ、徐々に実務レベルの深い内容へと歩みを進めていきます。ぜひ楽しみながら本書を読み進めてください。

本書が、AWS運用の学習や習得において、みなさまの一助となれれば幸いです。

2023年3月　執筆者一同

Contents

▶ Chapter 1 システム運用の全体像 …… 1

1.1 システムとは …… 2

1.1.1 | システムについて理解する …… 2

1.2 システムが利用できるようになるまで …… 3

1.2.1 | システムのライフサイクル …… 3

1.3 システム運用を分類する …… 6

1.3.1 | システム運用の３分類 …… 6

▶ Chapter 2 AWSとクラウド …… 11

2.1 オンプレミスとは …… 12

2.1.1 | オンプレミスについて理解する …… 12

2.1.2 | AWSはAmazonが抱えていた課題から生まれた …… 13

2.2 クラウドとは …… 14

2.2.1 | クラウドについて理解する …… 14

2.2.2 | クラウドの特徴 …… 14

2.3 AWSとは …… 19

2.3.1 | AWSについて理解する …… 19

▶ Chapter 3 運用において押さえておくべきAWSサービス …… 25

3.1 Chapter 3で解説するサービス …… 26

3.2 ネットワークサービス …… 27

3.2.1 | Amazon VPC …… 27

3.2.2 | VPCの基本の通信制御 …… 28

3.2.3 | AWSの２つの仮想ファイアウォール …… 30

3.3 コンピューティングサービス …… 34

3.3.1 | Amazon EC2 …… 34

3.3.2 | EC2で使用するIPアドレス 36
3.3.3 | EC2のキーペアとライフサイクル 38

3.4 ストレージサービス 40
3.4.1 | Amazon EBS 40
3.4.2 | Amazon S3 42
3.4.3 | S3で使う用語 43
3.4.4 | S3の機能 45

3.5 データベースサービス 49
3.5.1 | Amazon RDS 49
3.5.2 | RDSの冗長構成 52
3.5.3 | RDSのスナップショットとリストア 55

3.6 負荷分散サービス 57
3.6.1 | Elastic Load Balancing 57
3.6.2 | ALB 59

▶ Chapter 4 アカウント運用 63

4.1 アカウント運用とは 64
4.1.1 | アカウントとは 64
4.1.2 | アカウント運用に欠かせない「認証」と「認可」 64
4.1.3 | アカウント運用 66

4.2 AWS におけるアカウント運用 68
4.2.1 | ルートユーザー 68

4.3 関連する AWS サービス 69
4.3.1 | AWS IAM 69
4.3.2 | 複数のAWS アカウントでIAMユーザーを効率的に管理する 75

4.4 サンプルアーキテクチャ紹介 80
4.4.1 | アーキテクチャ概要 80

4.5 サンプルアーキテクチャの運用の注意点 81
4.5.1 | ルートユーザーの管理 81
4.5.2 | IAMユーザーのパスワード管理 84
4.5.3 | IAMユーザーのMFA管理 89
4.5.4 | IAMユーザーのアクセスキーのローテーション 93
4.5.5 | アカウント運用においてIAMで継続的に行う作業 95

▶ Chapter 5 ログ運用 …… 103

5.1 ログ運用について …… 104
5.1.1 ログとは …… 104
5.1.2 ログの種類と利用用途 …… 105
5.1.3 ログ運用の必要性 …… 106

5.2 AWS におけるログ運用 …… 108
5.2.1 AWSで取得可能なログの種類 …… 108
5.2.2 AWSサービスごとのログ取得方法 …… 109

5.3 関連する AWS サービス …… 112
5.3.1 Amazon CloudWatch …… 112
5.3.2 Amazon CloudWatch Logs …… 113
5.3.3 統合CloudWatchエージェントを利用したEC2のログ取得設定 …… 114
5.3.4 CloudWatch Logsの利用料金 …… 115
5.3.5 CloudWatch Logs Insights …… 120
5.3.6 CloudWatch Logs Insightsの利用料金 …… 126
5.3.7 Amazon Kinesis …… 127
5.3.8 Data Firehoseの利用料金 …… 129
5.3.9 Amazon Athena …… 131
5.3.10 Athenaでクエリを実行する …… 132
5.3.11 Athenaの便利な機能 …… 138
5.3.12 Athenaの利用料金 …… 143

5.4 サンプルアーキテクチャ紹介 …… 146
5.4.1 アーキテクチャ概要 …… 146

5.5 サンプルアーキテクチャの運用の注意点 …… 148
5.5.1 EC2インスタンスの台数が多い場合の「EC2のログ取得設定」 …… 148
5.5.2 AWS Systems Manager Parameter Store …… 148
5.5.3 AWS Systems Manager Run Command …… 150
5.5.4 SSMエージェント …… 151
5.5.5 統合CloudWatchエージェントの設定を適用 …… 153
5.5.6 CloudWatch LogsのログをData Firehoseを経由してS3へ出力する …… 159
5.5.7 考慮すべきアクセスポリシーの設計 …… 160

5.6 よくある質問 …… 166

Chapter 6 監視 …… 171
6.1 監視の基礎知識 …… 172
6.1.1 監視とは …… 172
6.1.2 監視で行うべきこと …… 172
6.2 AWSにおける監視 …… 175
6.2.1 監視の全体像 …… 175
6.3 関連するAWSサービス …… 176
6.3.1 Amazon CloudWatch Metrics …… 176
6.3.2 Amazon CloudWatch Alarm …… 178
6.3.3 Amazon SNS …… 180
6.3.4 Amazon CloudWatchダッシュボード …… 188
6.3.5 Amazon CloudWatch Logs …… 190
6.3.6 EC2のステータスチェックとオートリカバリー …… 194
6.3.7 AWS Health …… 197
6.3.8 Your account healthの2つの通知 …… 199
6.4 サンプルアーキテクチャ紹介 …… 203
6.4.1 アーキテクチャ概要 …… 203
6.4.2 監視要件 …… 204
6.5 サンプルアーキテクチャの運用の注意点 …… 205
6.5.1 アラートの閾値の見直し …… 205
6.5.2 通知先の見直し …… 206
6.5.3 アラームの通知のコントロール …… 206

Chapter 7 パッチ適用 …… 207
7.1 パッチ適用の基礎知識 …… 208
7.1.1 パッチとパッチ適用 …… 208
7.1.2 パッチ適用の作業内容 …… 209
7.2 AWSにおけるパッチ適用 …… 210
7.2.1 AWSでパッチ適用が必要なサービス …… 210
7.3 関連するAWSサービス …… 211
7.3.1 AWS Systems Manager Patch Manager …… 211
7.3.2 パッチベースライン …… 212
7.3.3 パッチポリシー …… 217
7.4 サンプルアーキテクチャ紹介 …… 225
7.4.1 アーキテクチャ概要 …… 225

7.5 サンプルアーキテクチャの運用の注意点 227
7.5.1 デフォルトのパッチベースラインの変更 227
7.5.2 パッチポリシーで指定するパッチベースラインの制約 228
7.5.3 パッチの検証 229
7.5.4 オンデマンドでパッチ適用 229

Chapter 8 バックアップ/リストア運用 231
8.1 バックアップとは 232
8.1.1 身近なバックアップ 232
8.1.2 システム運用に欠かせないバックアップ 232
8.1.3 バックアップの取得方法 233
8.1.4 バックアップの取得単位 234
8.1.5 バックアップの世代管理 235
8.2 AWS におけるバックアップ / リストア運用 238
8.2.1 AWSで実現する効率的なバックアップ/リストア運用 238
8.2.2 EC2のバックアップ 239
8.2.3 RDSとAuroraの自動バックアップとスナップショット 240
8.2.4 Auroraのリストア機能(バックトラック) 241
8.3 関連する AWS サービス 242
8.3.1 AWS Backup 242
8.3.2 バックアッププラン 242
8.3.3 バックアップリソースの割り当てとサービスのオプトイン 245
8.3.4 AWS Backupでのバックアップの取り扱い 249
8.3.5 Amazon Data Lyfe Cycle Manager 254
8.4 サンプルアーキテクチャ紹介 255
8.4.1 アーキテクチャ概要 255
8.4.2 バックアップ取得要件 256
8.5 サンプルアーキテクチャの運用の注意点 257
8.5.1 AWS Backupバックアッププランのためのタグ設計 257
8.5.2 AWS Backupの復旧ポイントからのリストア 258
8.5.3 EC2で注意すべきEBSのファーストタッチペナルティ 260
8.5.4 RDS・Auroraのリストア 261

Chapter 9 セキュリティ統制 263
9.1 セキュリティについて 264
9.1.1 セキュリティの基礎知識 264
9.1.2 セキュリティの三要素 265
9.1.3 セキュリティ対策のジレンマ 266
9.2 AWSにおけるセキュリティ 269
9.2.1 AWSにおけるセキュリティの全体像 269
9.3 関連するAWSサービス（ネットワークトラフィック保護） 275
9.3.1 AWS Certificate Manager 275
9.3.2 ACMの４つの特徴 277
9.3.3 ACMの利用料金 279
9.4 関連するAWSサービス（ネットワーク、ファイアウォール構成） 280
9.4.1 セキュリティグループ 280
9.4.2 セキュリティグループの利用料金 281
9.4.3 セキュリティグループの４つの特徴 281
9.4.4 VPCのマネージドプレフィックスリスト 283
9.4.5 AWS WAF 286
9.4.6 AWS WAFの利用料金 289
9.5 関連するAWSサービス（サーバー側の暗号化） 291
9.5.1 暗号化の基礎知識 291
9.5.2 AWS KMS 292
9.5.3 キーポリシーの記述例 296
9.5.4 KMSの利用料金 299
9.6 関連するAWSサービス（セキュリティイベントに備える） 300
9.6.1 AWS Config Rules 300
9.6.2 Config Rulesの活用パターン 306
9.6.3 Config Rulesの利用料金 307
9.6.4 AWS Security Hub 308
9.6.5 AWSアカウントのセキュリティ状態を継続的にチェックする機能 308
9.6.6 Security Hubの検出結果（Findings）を理解する 311
9.6.7 Security Hubの利用方法 313
9.6.8 セキュリティイベントを集約管理する機能 315
9.6.9 Security Hubの利用料金 317
9.6.10 Amazon GuardDuty 318

9.6.11 | GuardDutyの利用料金 …… 323
9.6.12 | Amazon SNS …… 325
9.6.13 | SNSの利用料金 …… 329
9.6.14 | Amazon EventBridge …… 329
9.6.15 | サンドボックスの活用 …… 335
9.6.16 | EventBridgeの利用料金 …… 339
9.6.17 | AWS Trusted Advisor …… 340
9.6.18 | Trusted Advisorの利用料金 …… 342
9.7 サンプルアーキテクチャ紹介 …… 343
9.7.1 | サンプルアーキテクチャ概要 …… 343
9.8 よくある質問 …… 345

▶ Chapter 10 **監査準備** …… 351

10.1 監査準備の基礎知識 …… 352
10.1.1 | 監査とは …… 352
10.1.2 | 監査準備とは …… 355
10.2 AWSにおける監査準備 …… 357
10.2.1 | AWSにおける監査の切り分け …… 357
10.3 関連するAWSサービス …… 359
10.3.1 | AWS CloudTrail …… 359
10.3.2 | CloudTrailの証跡の完全性を高める …… 365
10.3.3 | CloudTrailの利用料金 …… 372
10.3.4 | AWS Config …… 373
10.3.5 | Configの利用料金 …… 382
10.3.6 | AWS Artifact …… 383
10.3.7 | Artifactの利用料金 …… 385
10.4 サンプルアーキテクチャ紹介 …… 386
10.4.1 | サンプルアーキテクチャ概要 …… 386
10.5 よくある質問 …… 388

▶ Chapter 11 **コスト最適化** …… 389

11.1 AWS（クラウド）におけるコストの考え方 …… 390
11.1.1 | 必要な時に、必要な分だけ支払う「従量課金制」 …… 390
11.1.2 | コスト最適化の柱 …… 390

11.2 AWSにおけるコスト最適化 394
11.2.1 「コスト最適化」と「コスト削減」の違い 394
11.2.2 コスト最適化はなぜ必要なのか 396
11.2.3 コスト最適化の実現に必要な４つの要素 402
11.2.4 コスト最適化を実行するまでの一連の流れ 407
11.2.5 コスト最適化の４つの手法 410
11.2.6 コスト最適化の実行ワークフロー 414
11.3 関連するAWSサービス（AWS利用料の把握） 416
11.3.1 AWS Cost Explorer 416
11.3.2 AWS Budgets 419
11.3.3 AWS Cost Anomaly Detection 427
11.4 関連するAWSサービス（タグの付与） 434
11.4.1 AWSにおけるタグの役割 434
11.4.2 コスト配分タグ 436
11.5 関連するAWSサービス（AWS利用状況の分析） 439
11.5.1 AWS Cost Explorer 439
11.5.2 ユースケース別の検索条件 441
11.5.3 Cost Explorerのレポートライブラリの活用 444
11.5.4 AWS Compute Optimizer 445
11.5.5 Compute Optimizerの利用料金 450
11.5.6 AWS Trusted Advisor 451
11.6 関連するAWSサービス（コスト最適化の実行） 453
11.6.1 リザーブドインスタンス 453
11.6.2 Savings Plans 465
11.6.3 SPの購入方法（Compute Savings Plans） 468
11.6.4 RIとSPの比較 473
11.6.5 AWS Systems Manager Quick Setup 477
11.7 サンプルアーキテクチャ紹介 480
11.7.1 サンプルアーキテクチャ概要 480
11.8 よくある質問 482

索引 484
参考文献 490

本書の構成

本書は、全11章立てとなっています。

- Chapter1～3：**入門**として「システム運用の全体像」「クラウド」といった前提知識、AWSを用いたシステムで利用される基本的なAWSサービスについて解説します。
- Chapter4～11：運用について詳しく解説します。「**基礎**」の節は、各運用について「どのような運用業務なのか」といった基礎知識を解説します。続いて、「**実務**」の節は、「運用で利用するAWSサービス」「実務で役立つノウハウ」を解説します。各運用は、「**基礎**」「**実務**」がセットになっています。

Chapter1から順番に読むことで、システム運用を体系的に学習できるように構成しています。初心者の方は、最初から順番に読み進めることをお勧めします。既に運用の現場にいる方など、すぐに役立つ知識を学びたい方はChapter4以降の興味のある章からお読みください。

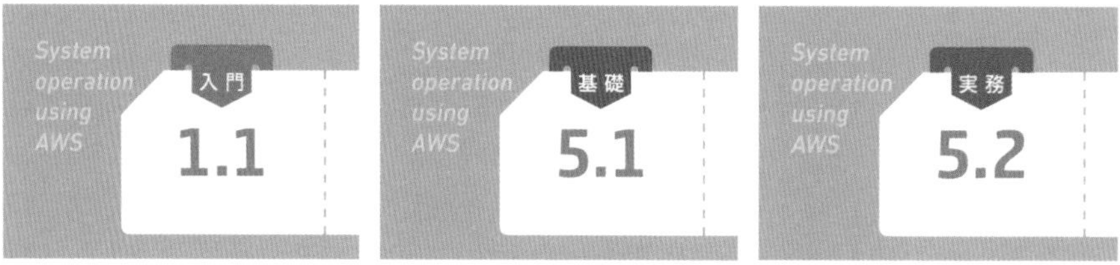

- memo：関連する知識や、注意事項を掲載しています。

> **memo**
> Auroraには PostgreSQL 互換と MySQL 互換があります。バックトラックはそのうち MySQL 互換のみしか対応していないので注意が必要です。

- Column：各章のテーマについて、一歩踏み込んだ話題を取り上げました。システム運用やAWSサービスについてより深く理解することができます。

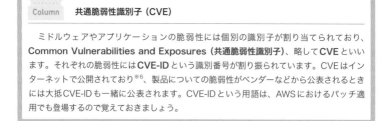

> Column **共通脆弱性識別子（CVE）**
>
> ミドルウェアやアプリケーションの脆弱性には個別の識別子が割り当てられており、**Common Vulnerabilities and Exposures（共通脆弱性識別子）**、略して**CVE**といいます。それぞれの脆弱性には**CVE-ID**という識別番号が割り振られています。CVEはインターネットで公開されており※6、製品についての脆弱性がベンダーなどから公表されるときには大抵CVE-IDも一緒に公表されます。CVE-IDという用語は、AWSにおけるパッチ適用でも登場するので覚えておきましょう。

System operation using AWS

Chapter

1

システム運用の全体像

AWSにおける運用について触れる前に、システム運用の目的や具体的な業務について解説します。運用の全体像を把握しましょう。

Keyword

- システムのライフサイクル→p.3
- 業務運用→p.6
- 基盤運用→p.7
- 運用管理→p.7

System operation using AWS

入門

1.1 システムとは

スマートフォンにインストールして利用するアプリやWeb上で買い物ができるショッピングサイト、仕事で利用するアプリなど、ITサービスは私たちにとってなくてはならない生活インフラとして定着しています。本章ではこのようなITサービスの裏側で動いている「システム」について理解することを目指します。

1.1.1 システムについて理解する

ITサービスの裏側では、様々な機器やソフトウェアが動いています。具体的には、計算処理を行うコンピューター（サーバー）とそれらを動かすソフトウェア（OS・ミドルウェア）、サーバー上での計算方法を定義するプログラム、データを保存するストレージ、サーバーで処理したデータをITサービス利用者へ転送するルーターやネットワーク回線などが該当します。これらが互いに連携して動くことによってITサービスは提供されています。例えるならば、私たちが会社で様々な人と協力しながら仕事を進め、顧客に価値を提供しているようなイメージです。

このように**ハードウェア、ソフトウェア、ネットワーク、データなど様々な要素を上手く組み合わせることで、全体として機能（サービス）を提供する仕組みをシステムと呼びます**。システムはサービスを提供するユーザーに応じてB to Cシステム（一般ユーザー向け）、B to Bシステム（顧客企業向け）、社内システム（自社内向け）などと区別されます。

図1-1-1　システムの裏側とシステムの種類

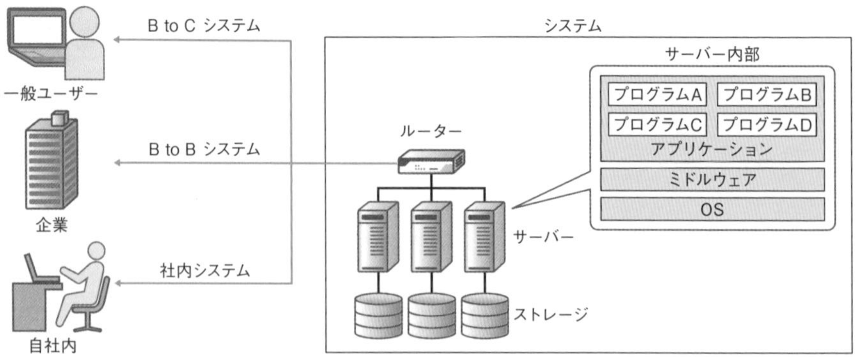

入門

1.2 システムが利用できるようになるまで

システム運用の話に入る前に、私たちが日頃から利用しているシステムはどのようなプロセスを経て開発され、サービスとして提供されているのか、そのライフサイクルについて説明します。

1.2.1 システムのライフサイクル

企業は自社のビジネスを成長させることを目的にシステム導入の可否を意思決定します。システム導入が決定されると、要件定義として、そのシステムに求める機能要件と非機能要件（セキュリティ要件など）の洗い出しと整理を行います。次に、整理された要件を実現するために必要なシステムの仕組みや詳細なシステム設定値などを検討・整理し、実際のシステム開発をはじめます。システムが完成すると、サービス提供を開始する前に正しく動作するかどうかテストを実施します。こうして無事にテストを終えたシステムは晴れてリリースされ、ユーザーが利用可能なシステムとして稼働を開始します。

しかし、一度リリースされたシステムは永続的に稼働し続けるわけではありません。故障してしまった機器をメンテナンスしたり、よりよいサービスを提供するために新機能を追加したり、リリース後にも様々な業務が必要となります。**システム運用とは、このようにシステムがリリースされてからサービス提供が終了するまでの間、システムを安定的に稼働させ続けるためにシステムを維持・管理することを示します**。仮にB to Bシステムを提供している場合、システム運用を怠ったことによりシステムが停止してしまうと顧客の業務に多大な影響を与え、最悪の場合は顧客企業のビジネスの利益にも影響します。当然のことですが、自社のビジネスの利益を損ねたシステムの継続利用は考えられないためシステム利用の停止、つまりサービス利用の解約につながります。システム運用はシステムを利用しているユーザーが継続的にシステムを利用できるようにするだけでなく、サービスを提供している自社の利益を守ることにもなります。

システム運用の多くは、要件定義や基本設計と同時並行で検討されます。一般的には図1-2-1に示すように、運用範囲の定義、運用の基本設計、運用の詳細設計、運用テストが実施されています。同時並行で検討する理由は、システムをリリースした後にシステム運用に関する取り決めをすると、手戻りが発生したり、システムの安定的な稼働を損ねたりする恐れがあるためです。

図1-2-1 システムのライフサイクル

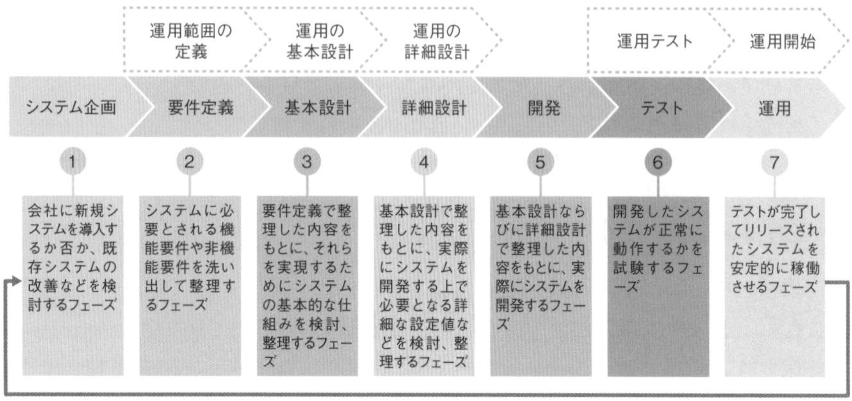

Column **機能要件と非機能要件**

　システムのライフサイクルの上流工程に位置する「要件定義」ではシステムに求める機能要件と非機能要件を洗い出して整理するとご紹介しました。本コラムではこの点についてもう少し深く掘り下げます。

　システムに求める**機能要件**とは、「ログイン機能が欲しい」「既存システムと統合したい」「決済データを保存して分析したい」など、システムを使って業務を実行するためのアプリケーション機能やデータそのものの要求を示します。

　一方でシステムに求める**非機能要件**とは、「障害発生によりシステムが停止した場合は3時間以内に復旧してほしい」「検索ボタンを押したら3秒以内に結果が表示されてほしい」など、業務を安定的に稼働させるために必要なシステムの維持管理の方針やシステムに対するパフォーマンスの要求を示します。機能要件は突き詰めていくと「〇〇機能」と名付けて整理できる場合が多いため、要件を洗い出す際にイメージがしやすいです。しかし、非機能要件はリリースされたシステムを実際にユーザーが利用していることを想像し、ユーザーが不利益や不便を被らないようにするにはどうすればよいのか、という観点で要件を洗い出すことが求められるため要件整理の難易度が高いです。

　例えば、先述した「障害発生によりシステムが停止した場合は3時間以内に復旧してほしい」という非機能要件で何時間以内に復旧させる必要があるのか（目標復旧時間）を決めていない場合にどのような問題が予想されるでしょうか。時間内に復旧させるために必要な人員配置や復旧手順の整備が疎かになり、結果として復旧が遅れてユーザーに迷惑をかけてしまうことが考えられます。目標復旧時間は早ければ早いに越したことはありませんが、稼働しているシステムの規模とそれに見合う人員配置、ユーザーのシステム利用時間帯など、様々なことを考慮する必要があるため、適切な目標復旧時間を決定することは容易ではありません。このように、非機能要件は機能要件と比較してイメージすることが難しいにもかかわらず、考慮漏れがあるとユーザーが不利益を被ってしまう恐れがある要件なのです。

図1-2-2　機能要件と非機能要件

ログイン機能が欲しい
決済機能が欲しい
分析機能が欲しい
機能要件はイメージしやすい
検索ボタンを押してから何秒経過したらユーザーは不便に感じるのだろう？
?
非機能要件はイメージが難しい

非機能要件の考慮漏れを防ぐことを目的とした**「非機能要求グレード」**と呼ばれるツールが存在します。非機能要求グレードは日本国内のSI事業者および発注者企業から構成された「システム基盤の発注者要求を見える化する非機能要求グレード検討会」が非機能要求に関する知見やノウハウを非機能要求グレードという文書にまとめた歴史的背景があるツールです。非機能要求グレードは「可用性」「性能・拡張性」「運用・保守性」「移行性」「セキュリティ」「システム環境・エコロジー」という6つの観点から整理されています。現在はIPA（独立行政法人 情報処理推進機構）が資料を公開しており、Webサイト※1からダウンロード可能です。

この非機能要求グレードは主に要件定義の工程で利用されるものですが、システム運用を設計する上でも示唆に富んだ内容になっています。要件定義の工程でシステムに求める非機能要件が非機能要求グレードに従って整理されている場合は、必ず非機能要件をインプット情報として一読した上で、システム運用について検討を進めていくことをお勧めします。

※1 https://www.ipa.go.jp/sec/softwareengineering/std/ent03-b.html

入門

1.3 システム運用を分類する

システム運用の3つの分類について紹介します。その後、本書で取り扱うシステム運用について解説します。

1.3.1 システム運用の3分類

システム運用は、「業務運用」「基盤運用」「運用管理」の3つに分類することができます。

業務運用

「1.2 システムが利用できるようになるまで」でご紹介したシステムのライフサイクルを通じて開発、サービス提供されている「システム」の実態を紐解くと、それは機能を実現する1つ1つのプログラムの集合体といえます。

B to C向けのECサイトを例に挙げると、アカウント認証機能・出品機能・支払い機能など、各機能を実装したプログラムが相互に連携し合うことでECサイトという1つのシステムを構成しています。このうち支払い機能について言及すると、「ECサイト上の取引」をプログラムによって自動化しているのがECサイトの支払い機能だといえます。しかし、プログラムによる支払い機能だけではカバーできないこともあります。購入者のクレジットカード情報や住所の変更作業がその一例で、カードの持ち主が自ら変更手続きを行わなくてはいけません。

B to Bビジネスにおいても同様にプログラムによる自動化だけでは対応し切れないことがあります。社内システムのアカウント利用権限の変更作業を例に挙げると、システムは「誰が入社/退職/異動したのか」を自動で知ることはできないので必ず人手による変更作業が発生します。このようにシステム導入だけでは自動化できない業務をカバーする運用業務を「**業務運用**」と本書では分類します。

基盤運用

システムを安定的に稼働させ続けるためには日々のメンテナンスが必要不可欠です。システムを稼働させているサーバーのパッチ適用、システムの故障やエラーを早期発見するための監視、システムに不具合が生じた場合を想定したバックアップおよびリストア、など様々な業務があります。このようにシステムを維持し、安定的に稼働させるために必要な運用業務を本書では「**基盤運用**」として分類します。

運用管理

「業務運用」「基盤運用」のいずれかを問わず、運用業務を実施するにあたっては運用ルールや基準を設けることが望ましいです。

ここでは、情報セキュリティの観点からパスワードポリシーを例に挙げます。パスワードポリシーとは利用者がシステムにログインする際の認証に利用するパスワードが満たすべき条件を規定したもので、パスワードの長さや文字の種類などがこれに該当します。仮に企業内でパスワードポリシーに関する運用ルールを設けていない場合はシステムごとにパスワードポリシーが異なり、実際にシステム開発を行う現場も適切なパスワードポリシーがわからずに混乱が生じてしまいます。そこでパスワードポリシーを明確に定義し、全社共通ルールとして社内展開することでこれらの混乱を防ぐことができます。

このように運用に関する全社共通ルールや判断基準を取り決める業務を本書では「**運用管理**」として分類します。

図1-3-1　システム運用の３分類

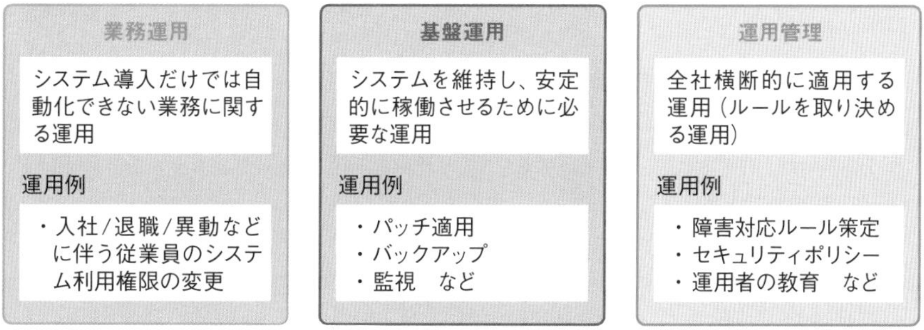

業務運用
システム導入だけでは自動化できない業務に関する運用
運用例
・入社/退職/異動などに伴う従業員のシステム利用権限の変更
基盤運用
システムを維持し、安定的に稼働させるために必要な運用
運用例
・パッチ適用
・バックアップ
・監視　など
運用管理
全社横断的に適用する運用（ルールを取り決める運用）
運用例
・障害対応ルール策定
・セキュリティポリシー
・運用者の教育　など

本書で扱うシステム運用

業務運用はシステムで自動化できない業務を扱うという特性から、導入するシステムごとに実施すべき運用業務が異なります。また、運用管理は各企業によって取り決められたルールがすでに存在していることが多いため、システムを導入する際の運用ルールとして現行ルールを踏襲することが一般的です。そこで、**本書で扱うシステム運用は、システムの特性によって変わることが少ない「基盤運用」に焦点を絞ります**。具体的には次の運用について解説します。

- アカウント運用
- ログ運用
- 監視
- パッチ適用
- バックアップ/リストア運用
- セキュリティ統制
- 監査準備
- コスト最適化

Column 環境把握、トラブルシューティングに役立つ「構成図」のススメ

構成図とは、システムの全体像を可視化した設計図であり「システム構成図」「ネットワーク構成図」「サーバー構成図」など利用用途に応じた構成図があります。AWSでは2023年1月現在、200以上のサービスが提供されており、これらのサービスを組み合わせることでシステム要件を実現する構成を実装します。このような考え方を**「ビルディングブロック」**と呼びます。AWSを利用するにあたっては、組み合わせたサービス同士がどのように連携しているのか、それらの関係性を把握する意味で構成図は極めて有効な手段です。その他にも構成図の作成には以下のようなメリットがあります。

- エンジニア間、ユーザーやクライアント間で視覚的な情報共有が可能になる
- 障害発生時、トラブル発生時に原因として疑わしい箇所を可視化することが可能になる
- 運用業務の引継ぎや新人教育において現在のAWS環境の全体像(AWSサービスの組み合わせ)を説明する材料として利用できる
- システム改善、運用改善を検討する上での材料として利用できる(改善前後の構成比較が容易)

構成図を作成することで様々なメリットを享受できますが、**構成図において最も重要なことは、構成変更時に都度メンテナンスを行うことです**。構成図は頻繁に利用するわけではないため対応が後回しになりがちですが、このメンテナンスを怠ると以下のような状況になる恐れがあります。

- AWS環境の正確な全体像を把握しているエンジニアが1人もいない
- 障害発生時、トラブル発生時にAWS環境の全体像を把握するためにイチから構成図を作成する
- システム改善、運用改善を検討する際に改善余地がどこにあるのかがわからない

AWSの各種サービスに精通しているエンジニアでも構成図なしでAWS環境の全体像を把握することは至難の業です。仮にそれができたとしても、そのエンジニアが何らかの理由で現場から離れてしまった場合は悲惨な状況になることは容易に想像できると思います。このコラムでは主にAWSにおける環境構成図について触れていますが、オンプレミス環境であったとしても同じことが当然起こりえますので必ず構成図を描くようにしましょう。現在はオンライン作図ツールが普及しており、手軽に利用できます。例えば、ヌーラボ社が提供している「Cacoo」やLucid Software Incが提供している「Lucidscale」などがありますので利用しやすい作図ツールを活用してください。図1-3-2は「Cacoo」を利用して作図した構成図です。

図1-3-2 Cacooにて作図した構成図の例

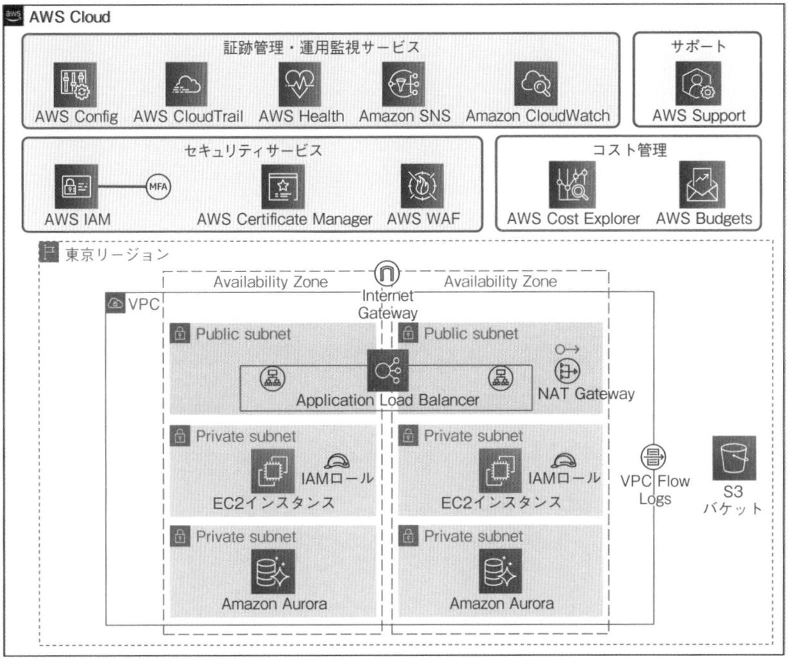

memo

System operation using AWS

Chapter

2

AWSとクラウド

AWS（Amazon Web Services）はクラウドのサービスです。そのため、AWSを理解するには、まずクラウドを理解する必要があります。Chapter 2ではクラウドが登場する前に利用されていたオンプレミスというシステム運用形態を説明し、クラウドとは何か、クラウドを利用することでオンプレミスと比較してどのようなメリットがあるかを確認します。そのあとにAWSとはどのようなサービスなのかを理解する流れで進めていきます。

Keyword

- オンプレミス →p.12
- クラウド →p.14
- AWS（Amazon Web Services）→p.19

入門 2.1 オンプレミスとは

オンプレミスとは、自社内やデータセンターなどで数十台から数百台以上のサーバーやネットワーク機器を保有して社内外のシステムを運用することです。クラウドが登場する前はオンプレミスでシステムが運用されていました。

2.1.1 オンプレミスについて理解する

オンプレミスでは、ハードウェアや稼働しているOS、ソフトウェアなどの管理を全て各企業の運用担当者が行います。言うなれば、みなさんが私用のパソコンやスマートフォンの管理をするのと同じです。パソコンを購入して保有すると、ハードウェアが故障すれば修理の対応をする、ソフトウェアのアップデートがあれば都度対応するなどをみなさん自身が行いますが、オンプレミスではこれらと同じことを運用担当者が行っています。

図2-1-1 オンプレミスのシステムのイメージ

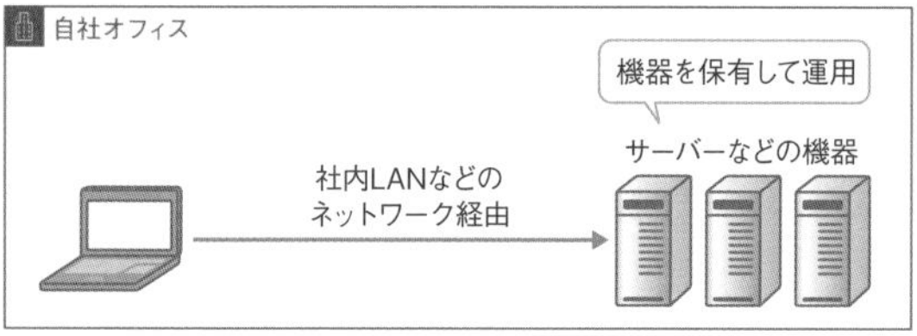

オンプレミスの運用にはメリット・デメリットがあります。

メリット

- 機器を設置する場所を自社内や災害に強いところなど自由に選ぶことができる
- 機器を保有しているので、ハードウェアのカスタマイズができる

デメリット

- 機器が故障した場合、運用担当者へ昼夜問わず連絡がきて、すぐに対応をしなければならず、頻度が高いと疲弊してしまう
- 機器はスペック（CPUやメモリの搭載量など）を指定して購入するが、事前に将

来を見越したスペック設計が難しい
- 機器を購入すると簡単に破棄することができない
- 機器の購入依頼をしてから手元に届くまでに1カ月以上かかる

オンプレミスにはいろいろなデメリットがあり、これらを解消すべく仮想化技術やサーバーをレンタルするなどの考え方が出てきました。その中で誕生したのが**クラウド**です。

2.1.2 AWSはAmazonが抱えていた課題から生まれた

過去にはAmazonでも機器の調達に時間がかかりすぎてシステム開発に注力できないという課題がありました。この課題を解消すべく、AmazonはコンピューティングやストレージなどのITリソースをサービス化してすぐに調達できるように改善しました。

他の会社でも機器の調達に時間がかかるという同じ課題を抱えていることから、ITリソースを簡単に調達できるサービスを提供すれば多くの会社がシステム開発に注力することができ、イノベーションが起こる環境が整うと考えられ、クラウドとして提供されたのがAWSのはじまりです。

図2-1-2 AWSが生まれた経緯のイメージ

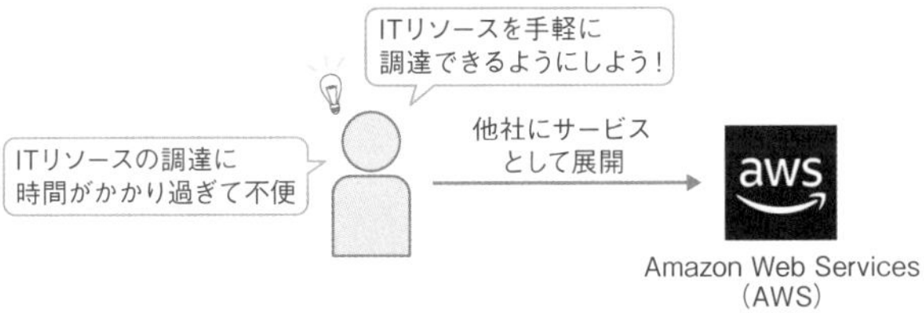

入門

2.2 クラウドとは

クラウドとは、ユーザーがインフラストラクチャ（サーバーやネットワーク機器などの基盤となる設備）やソフトウェアを所有しなくとも、インターネットなどの**ネットワークを通じて、コンピューティング、データベース、ストレージなどのITリソースを必要な時に必要な分だけ利用できるWebサービスの総称です。**

2.2.1 クラウドについて理解する

クラウドと同じく必要な時に必要な分だけ利用できるサービスは、みなさんの身の回りにもいろいろあります。例えば、電気、ガス、スマートフォンのデータ通信（定額・容量制限なし）などもそうです。電気は電化製品をコンセントに挿せば、ガスはコンロをひねれば、スマートフォンはインターネット経由での動画視聴など、必要なときに必要な分だけ利用できます。クラウドは電気、ガス、スマートフォンのデータ通信と同じような感覚でITリソースを利用できるWebサービスです。

図2-2-1　クラウドシステムのイメージ

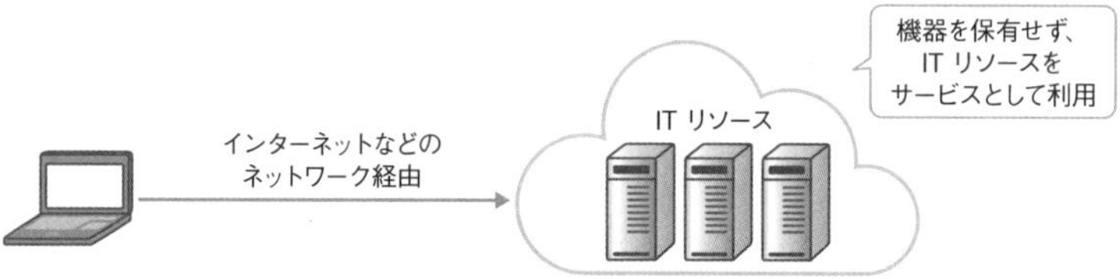

2.2.2 クラウドの特徴

2.1.1でオンプレミスのデメリットを4つ挙げましたが、これらはクラウドを使うことで解消できます。ここではクラウドの特徴を以下の6つにまとめました。

❶機器の運用保守が不要
❷オンデマンドセルフサービス
❸初期投資が不要で、実際の利用分のみの支払い
❹スケールアップ・ダウンが容易

❺ビジネススピードの改善
❻すぐにやめられる

1 機器の運用保守が不要

クラウドで使用できる機器はクラウドベンダーが管理しています。これらの機器はインターネット経由で借りて、サーバーなどを作成することができます。機器が故障すればクラウドベンダーが対応するので、運用担当者の運用負荷が軽減します。

もちろんサーバー以外にもルーターやファイアウォールのような機器も運用保守なしで利用できます。

図2-2-2 オンプレミスとクラウドの機器の管理の違い

2 オンデマンドセルフサービス

オンプレミスでは機器を調達するときにベンダーに購入依頼をするなど人を介しますが、**クラウドでは人を介さず自身の操作のみでサーバーなどを用意できます**。

例えば、これまで店舗に行って商品を購入（調達）しなければならなかったのが、インターネット通販を利用して自宅にいながら購入（調達）できるようになったのと同じイメージです。

図2-2-3 オンプレミスとクラウドの機器の調達の違い

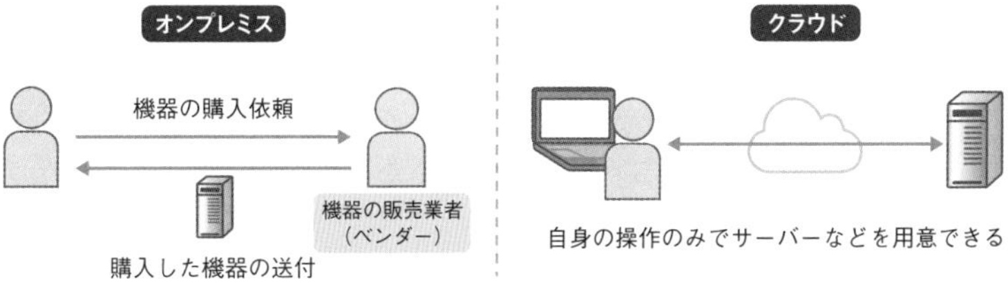

3 初期投資が不要で、実際の利用分のみの支払い

クラウドではオンプレミスのように最初に機器を購入する必要がなく、**使った分を後から支払えます**。また、クラウドの利用料は単位時間あたりの費用請求で秒単位や時間単位で計算されます。

図2-2-4　オンプレミスとクラウドの支払い方の違い

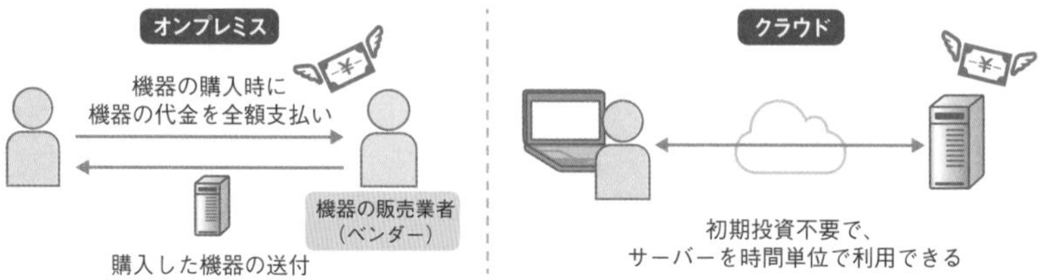

4 スケールアップ・ダウンが容易

クラウドでは、サーバーのスペックを上げたり下げたりすることが簡単にできます。**運用開始後にスペックが足りないと感じたらすぐにスペックを上げることができます**。オンプレミスでは、購入前にスペック設計をしていましたが、クラウドでは厳密なスペック設計は不要です。

図2-2-5　オンプレミスとクラウドのスペック設計の違い

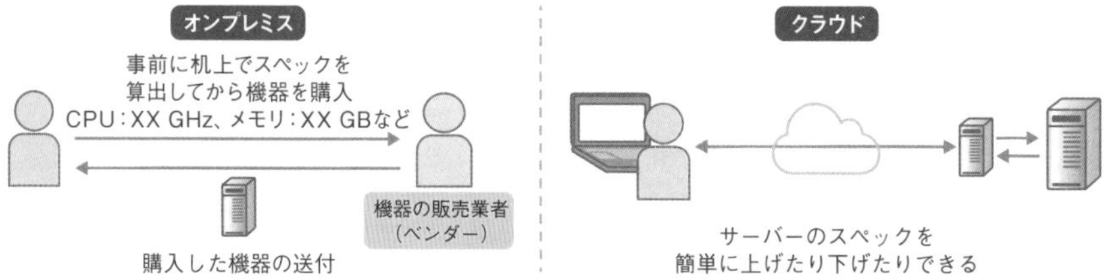

5 ビジネススピードの改善

オンプレミスではサーバーを構築するのに機器の購入依頼をして、機器が到着してから構築を進めます。**クラウドでは自身で好きな時にWeb画面上でサーバーを用意できるため、サーバーを構築するまでの時間が短縮できます**。そのため、やりたいと思ったことをすぐに試すことができます。

図2-2-6 オンプレミスとクラウドのビジネススピードの違い

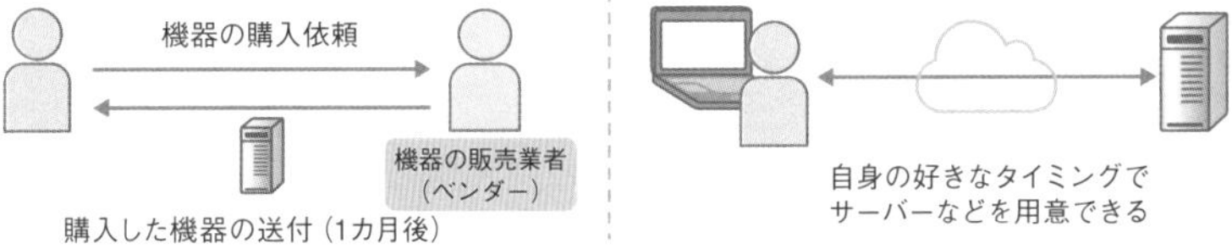

6 すぐにやめられる

クラウドではサーバーの削除やアカウントの解約が簡単にできます。そのため、クラウドを試してみて、思っていたものと違うと感じたらすぐにサーバーを削除してやめることができます。

図2-2-7 オンプレミスとクラウドの機器の処分方法の違い

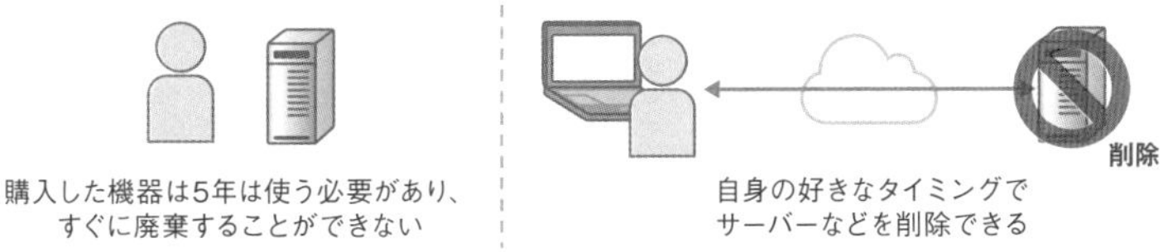

オンプレミスとクラウドの特徴を比較した表を以下に記載します。

表2-2-1 オンプレミスとクラウドの特徴

	オンプレミス	クラウド
機器の運用保守	必要	不要
オンデマンドセルフサービス	不可能	可能
初期投資	必要（機器購入）	不要（利用時間単位で課金）
スケールアップ/ダウン	困難	容易
使用開始までの時間	数か月	数分～
機器の廃止	困難	容易

クラウドの特徴を踏まえて、オンプレミスと比較してクラウドの強みがよくわかる2例を見てみましょう。

例1. 夜間の利用がないケース

オンプレミスではすでに機器を購入しているので、仮に夜間にサーバーを停止しても電気代が抑えられる程度ですが、クラウドの場合は**利用分の支払い**のため、利用していないときにサーバーを停止することでコストを抑えることができます。

図2-2-8　夜間の利用がないケースのコスト

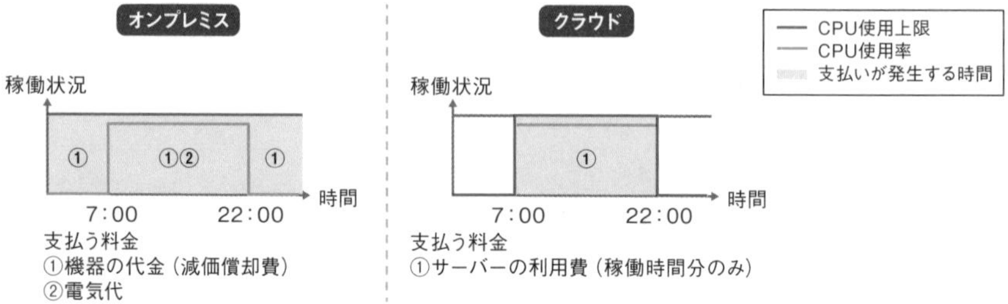

例2. スペックを超える処理をするケース

オンプレミスの場合は、購入した機器のスペックしかタスクを処理できません。仮にオンプレミスでショッピングサイトを運用していたとしましょう。あるとき、取り扱っている商品がテレビで紹介されて想定以上の接続が来た場合には、処理できず販売機会を逃してしまいます。

クラウドでは、サーバーのスペックを必要に応じて変更できるため、**一時的に通常より高スペックで処理することが可能です**。

図2-2-9　スペックを超える処理をするケース

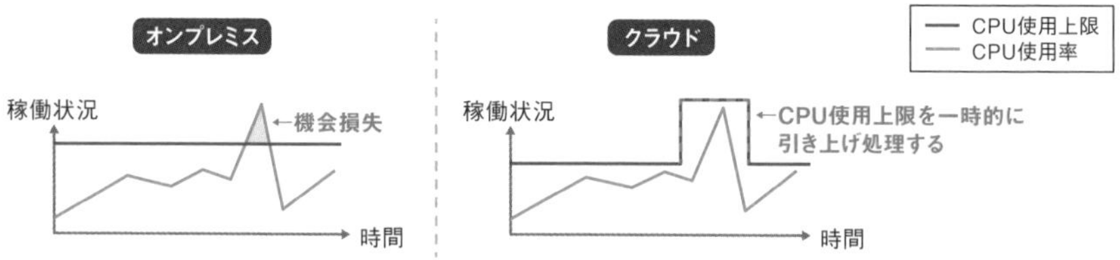

入門

2.3 AWSとは

AWSとはAmazon Web Services（アマゾンウェブサービス）の略で、2006年にスタートしたクラウドサービスです。AWSを利用するとショッピングサイトのAmazonの裏側で使われている技術と同じ技術を使うことができます。

2.3.1 AWSについて理解する

クラウドの説明でクラウドベンダーが機器を管理しているという内容がありました。AWSの場合は、AWSが管理しているデータセンター内のハードウェアを借りて、サーバーなどを稼働させることができます。では、このデータセンターはどこにあるのか、AWSの仕組みを確認します。

リージョン

AWSでは**リージョン**と呼ばれる、世界中の地理的に離れた領域があり、この領域にデータセンターがあります。AWSのユーザーは任意のリージョンを選んでサーバーなどを稼働させることができます。2023年12月現在、図2-3-1のオレンジ色の○で示した33の場所が利用可能なリージョンです。リージョンは毎年増え続けているので、最新情報は以下のURLを確認してください。

図2-3-1　AWSのリージョン

URL https://aws.amazon.com/jp/about-aws/global-infrastructure/

海外のリージョンを利用すれば、海外に事業展開が可能です。また、地域単位での**ディザスタリカバリ**※1として、すぐに別のリージョンにシステムを構築することができます。

図2-3-2 大阪リージョンでディザスタリカバリを行う例

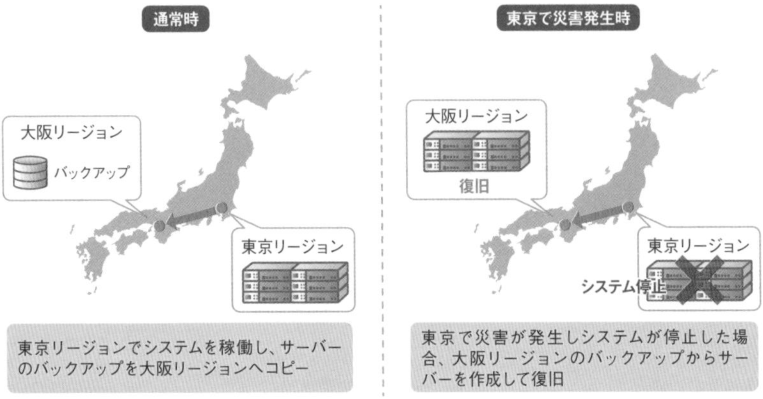

アベイラビリティゾーン

リージョン内には**アベイラビリティゾーン**（AZ）という物理的に離れたデータセンター群があります。アベイラビリティゾーンはリージョン内に複数あり、各アベイラビリティゾーン間は障害や災害などの影響を受けにくく設計され、高い耐障害性を提供しています。また各アベイラビリティゾーン間で通信できるように低遅延の回線が接続されています。

AWSのユーザーは、複数のアベイラビリティゾーンにサーバーを構築することができます。そのため、万が一アベイラビリティゾーンの一つに障害が発生しても別のアベイラビリティゾーンでサーバーを稼働させることで、システムを維持できます。

図2-3-3 AWSのアベイラビリティゾーン

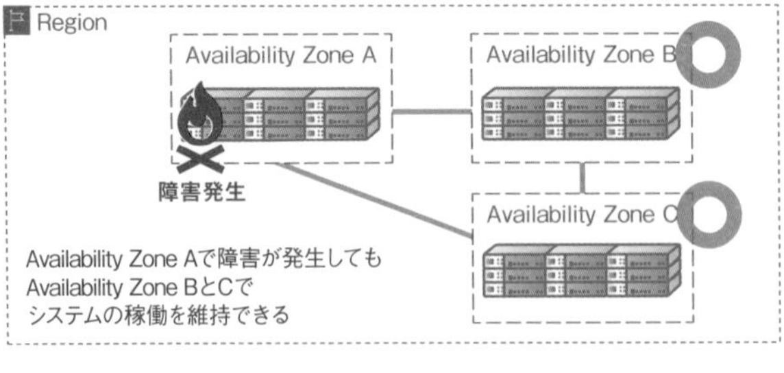

※1 災害時などのシステム障害を復旧・修復するための仕組みのこと

AWSのサービス

AWSは**サービス**という単位で機能を提供しています。AWSのサービスは、コンピューティングやデータを保管するストレージなどシステム基盤にあたるものはもちろん、機械学習支援やIoTなど様々なサービスが合わせて200以上提供されています(2023年8月現在)。**200以上のサービスを全て使わないといけないわけではなく、使いたいサービスのみを組み合わせて利用します**。各サービスの詳細や組み合わせ方についてはChapter 3以降で説明します。

その他にAWSを利用する上で理解しておくべきこととして責任共有モデルとWell-Architectedフレームワークがあります。

責任共有モデル

責任共有モデルとは、**お客様(AWS利用者)とAWSのそれぞれの担当範囲を明確化し、運用上の責任を共有する考え方です**。2.3.1の冒頭でAWSが管理しているデータセンター内のハードウェアを借りてサーバーを稼働させると説明しましたが、責任共有モデルにおいては、AWSが管理しているハードウェアや提供している機能はAWSの責任範囲、ハードウェア上で稼働しているOSや保管しているデータは利用者の責任範囲、と責任範囲が分かれます。このように**AWSと利用者が、それぞれの責任を果たすことでAWSクラウド全体のセキュリティを保つことができます**。

この考え方は、もちろんサーバー以外にも適用されます。責任範囲を考えるにあたり、例えばAWS上のサーバーのOSのセキュリティパッチを適用せずに稼働させ続けたとします。その状態で不正アクセスをされて情報漏洩などをしてしまったとしても、それは利用者がセキュリティパッチを適用していなかったことが原因であるといえます。この場合のセキュリティパッチはハードウェア上で稼働するOSの管理に該当するので、AWSではなく利用者の責任となります(図2-3-4の「お客様の責任」の上から3段目が該当)。

そのため、**利用者は責任共有モデルの利用者側に記載されている「保管しているデータの暗号化や通信制御」などをどのように対応するか検討する必要があります**。

図2-3-4　AWSの責任共有モデル

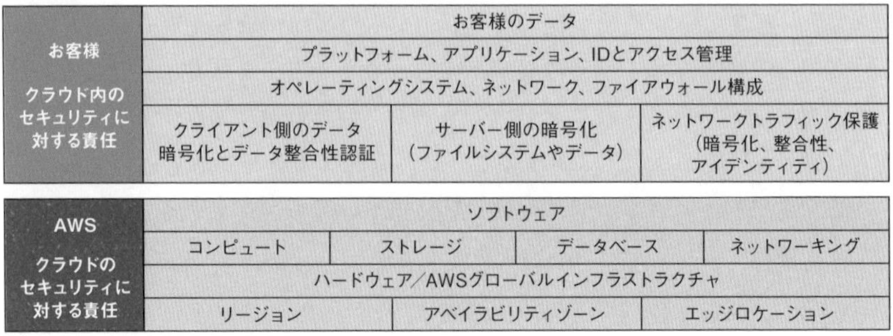

URL　https://aws.amazon.com/jp/compliance/shared-responsibility-model/

Well-Architectedフレームワーク

Well-Architectedフレームワークとは、AWSの長年の経験にもとづくベストプラクティス(推奨設定)をまとめたものです。フレームワークは6つの柱で構成されており、こちらに記載されている内容に沿って設定することで、AWSをよりよく利用することができます。

図2-3-5　Well-Architectedフレームワーク

URL　https://docs.aws.amazon.com/wellarchitected/latest/framework/welcome.html

それぞれの柱の簡単な説明を表2-3-1にまとめました。Well-Architectedフレームワークには、AWSサービスをどのように設定すればよいかなど具体的な内容が記載されていて、AWSの初心者には高度な内容です。そのため、まずは**AWSの構築や運用のベストプラクティスがあるということを覚えておいて、実際に構築などをするときに詳細を確認するのがよいでしょう。**

表2-3-1 Well-Architectedフレームワークの柱の目的

名前	説明
オペレーショナルエクセレンス	開発のサポート、システムの効果的な実行、運用の洞察を行い、ビジネス価値を提供するためのサポートプロセスと手順を継続的に改善
セキュリティ	クラウド技術を活用して、データ、システム、資産を保護し、セキュリティを向上
信頼性	期待されるタイミングで、意図した機能を正確かつ一貫してシステムを実行
パフォーマンス効率	システム要件を満たすためにコンピューティングリソースを効率的に使用し、需要の変化や技術の進化に応じてその効率性を維持
コスト最適化	最安値でビジネス価値を提供するためのシステムを運用
サステナビリティ	必要な総リソースを最小化することで、エネルギー消費を削減し、システムのすべての構成要素の効率を向上させることで、持続可能性への影響を継続的に改善

なお、AWSの利用をはじめる場合は**AWSアカウント**の作成が必要です。AWSアカウントの作成手順は以下のURLに記載されています。AWSアカウントの作成にはクレジットカードが必要なので、お持ちではない場合はクレジットカードの準備が必要です。

URL https://aws.amazon.com/jp/register-flow/

Column **物理サーバーの運用保守について**

筆者は過去に、10年ほどデータセンターのネットワークやサーバー機器の運用保守をしていた経験があります。その時に一番大変だったのがハードウェアの障害対応でした。

当時の現場は、障害が起きたら筆者が保守ベンダーに連絡し、保守ベンダーが正常なハードウェアをデータセンターに持ってきて交換するという対応をしていました。なぜか障害が起きるのは夜中が多いため、寝ている時間に電話で起こされ、保守ベンダーに連絡をしてハードウェア交換の手配をします。保守ベンダーがハードウェア交換する時は長ければ数時間かかることもあり、交換が終わるまで待機する必要があります。そして、夜中に障害対応をしても次の日はいつも通り朝から出勤していました。振り返ってみても、かなりきつい思い出です。

AWSであればハードウェアはAWSが管理しています。ハードウェアはいつか必ず故障するので、ハードウェア上で稼働しているサーバーなどが停止することはあります。サーバーの復旧方法ですが、AWSの仮想サーバーには**オートリカバリー**という機能があり、自動で別のハードウェア上でサーバーを起動してハードウェア障害から復旧することができます。また、アベイラビリティゾーンをまたいだ冗長構成にすることによって、サーバーが1台停止しただけではシステムは停止せず継続利用が可能な状態にできます。そのため、**オンプレミスと比べてハードウェア障害の対応時間が減り、睡眠時間を確保することができます。**クラウドのメリットは他にもたくさんありますが、ハードウェア障害の対応がなくなることだけでもオンプレミスからAWSへ移行する価値はあると考えています。

Column **オンプレミスを選択するケース**

クラウドについての説明を読んで、クラウドが柔軟性のある使いやすいサービスであるということはおわかりいただけたかと思います。このクラウドの特徴を理解した上で、オンプレミスを選択するケースはあるのでしょうか。

クラウドのデメリットをあえて挙げると、クライアントとサーバー間の距離が離れているため、応答速度が若干遅いというのがあります。例えば、工場でトラブル検知後の機械の緊急停止や自動車の自動運転で人命に関わる判断など、リアルタイム性の高い処理が求められる場合にクラウドを使用すると処理が遅れて大きな事故につながる可能性があります。

このような**リアルタイム性の高い処理が必要なとき**は、**クラウドではなくオンプレミス、サーバーを保有して近くに置くことを選択する場合があります。**

System operation using AWS

Chapter

3

運用において押さえておくべきAWSサービス

Chapter 2では、AWSとクラウドについて学習しました。システム運用をAWSで行うにはどのようにすればよいかをこのあと学習しますが、その前にAWSを使ったシステム構築でよく利用されるAWSサービスの概要について解説します。

本Chapterで解説するAWSサービスはVPC、EC2、EBS、S3、RDS、Elastic Load Balancingの6つです。

この6つのAWSサービスを理解することで、Chapter 4以降で紹介するアーキテクチャなどの理解が深まります。もしこの6つのAWSサービスをよく知っている方は、本Chapterは飛ばして、Chapter 4以降を読み進めても問題ありません。

Keyword

- Amazon VPC → p.27
- Amazon EC2 → p.34
- Amazon EBS → p.40
- Amazon S3 → p.42
- Amazon RDS → p.49
- Elastic Load Balancing → p.57

入門

3.1 Chapter 3で解説するサービス

本Chapterで解説するAWSサービスを1つの構成図にまとめました。ここに記載されているAWSサービスを順番に学習します。

図3-1-1 Chapter 3で解説するサービス

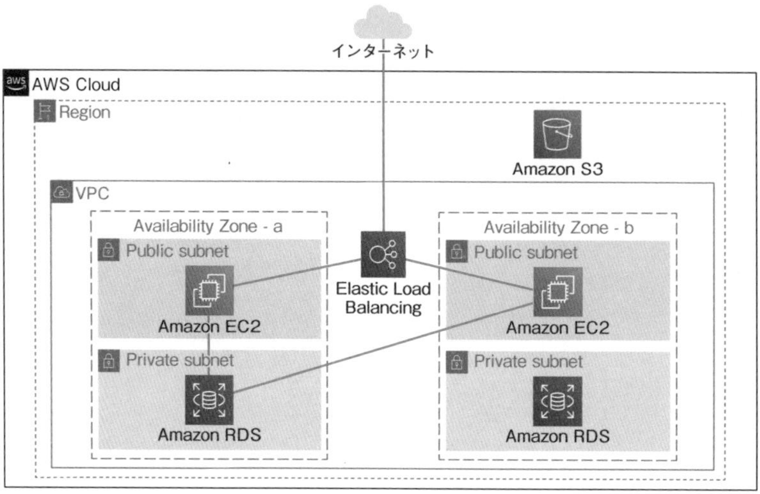

AWSサービスの利用分野

運用において最初に押さえておくべきAWSサービスの分野は、以下の通りです。

- ネットワークサービス
- コンピューティングサービス
- ストレージサービス
- データベースサービス
- 負荷分散サービス

入門

3.2 ネットワークサービス

まずは、ネットワークに関わるAWSサービスについて解説します。

3.2.1 Amazon VPC

Amazon VPC (Virtual Private Cloud) とは、**AWS上に作ることができる仮想ネットワークです**。VPC内に仮想サーバーなどのAWSリソースを作成することができます。

図3-2-1 Amazon VPCの範囲(赤枠)

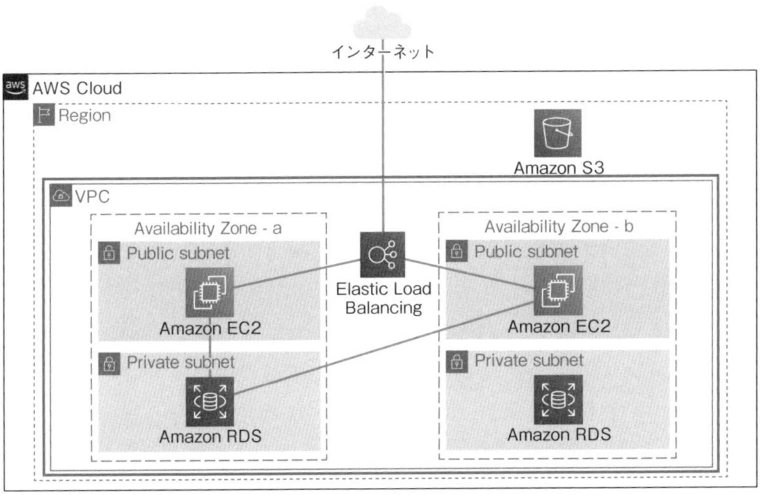

VPCはリージョンごとのサービスで、VPC内で使うIPアドレスの範囲をCIDRブロック形式(X.X.X.X/Z)で指定します。**VPCで使用するIPアドレスのCIDRブロックは/16から/28まで指定できますが、CIDRブロックは一度設定すると変更できません**。そのため、余裕を持ってIPアドレスを使用できるよう設計します。※1

また、VPCには**RFC1918**※2に記載されているプライベートIPアドレス範囲内

※1 例えば、10.0.0.0/24でVPCを作成した場合、後から10.0.0.0/16のようには変更できませんが、別のCIDRブロック 10.0.1.0/24 を同じVPCに追加することは可能です。

※2 RFC (Request For Comments) とは、インターネット技術の標準的な仕様を記述した文書群のことです。RFC1918ではプライベートIPアドレスについて定義されています。
URL https://datatracker.ietf.org/doc/html/rfc1918

のCIDRブロックの使用を推奨しています。**もしRFC1918のプライベートIPアドレス以外をVPCで使用すると、インターネット内のグローバルIPアドレスと重複してサーバーなどと通信できなくなる可能性があります。**

表3-2-1 RFC1918で定義されているプライベートIPアドレス範囲

10.0.0.0～10.255.255.255 (10.0.0.0/8)
172.16.0.0～172.31.255.255 (172.16.0.0/12)
192.168.0.0～192.168.255.255 (192.168.0.0/16)

本節ではVPCのIPアドレスの範囲を**10.0.0.0/16**を選択したと想定して解説します。

3.2.2 VPCの基本の通信制御

VPCに関連する、AWSにおいて通信を制御する仕組みについて解説します。サブネット、インターネットゲートウェイ、ルートテーブルを押さえましょう。

サブネット

サブネットは、**VPCのCIDRブロックから切り出して作成するVPC内の小さなネットワークです。**通信を管理しやすくするため、Webサーバー用やデータベースサーバー用など用途ごとに作成し、サブネット内にAWSリソースを作成します。

また、サブネットはリージョン内のアベイラビリティゾーンを指定して作成します。例えば図3-2-1のように、2つの異なるアベイラビリティゾーンにそれぞれ同じ用途のサブネットを作成して、同じAWSリソースを作成すると、アベイラビリティゾーンをまたいだ耐久性の高い冗長構成を簡単に作成できます。

インターネットゲートウェイ

インターネットゲートウェイは、**VPCとインターネット間で通信するために使う機能です。**VPCにインターネットゲートウェイが取り付けられていないと、VPCとインターネット間で通信させることができません。何らかの機能を取り付けることを**アタッチ**、取り外すことを**デタッチ**といいます。

ルートテーブル

ルートテーブルは、**サブネットごとに通信経路を決める設定です**。デフォルトでは、VPC内で作成する全てのサブネットに共通のルートテーブルがアタッチされます。デフォルトのルートテーブルも使用可能ですが、**サブネットごとに通信経路を分けたいときは用途ごとにルートテーブルを作成して、サブネットにアタッチします**。

例えば、図3-2-2のような構成を考えてみます。通信の流れは、インターネット⇒Web/APサーバー⇒DBサーバーとなっていて、DBサーバーには個人情報などの機密情報が保管されているとします。この場合、インターネットからDBサーバーへ直接アクセスできると情報が漏洩する可能性があるので、インターネットからのアクセスは遮断したいと考えます。ルートテーブルを考えると、DBサーバーのサブネットはインターネットとの通信は不要なので、インターネットゲートウェイ宛てのルーティング(通信の宛先設定)は必要ありません。Web/APサーバーのサブネットはインターネットと通信が必要なので、インターネットゲートウェイ宛てのルーティングを設定します。このように必要な通信要件に合わせてサブネットごとにルートテーブルを分けて作成できます。

図3-2-2 VPCとサブネットの全体像

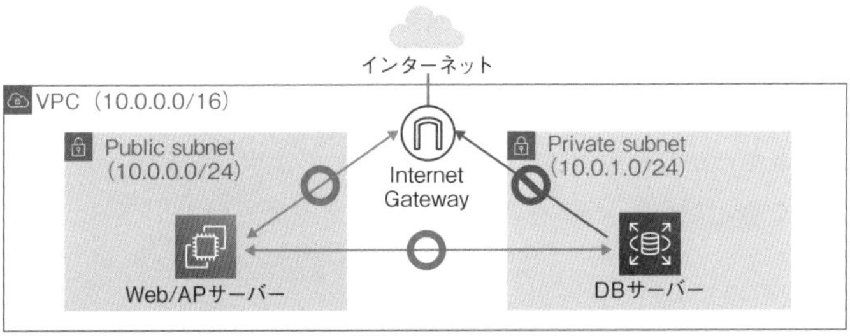

パブリックサブネットのルートテーブル

送信先	ターゲット
10.0.0.0/16	local※
0.0.0.0/0	Internet Gateway

プライベートサブネットのルートテーブル

送信先	ターゲット
10.0.0.0/16	local※

※ターゲットに記載しているlocalとは、VPC内通信のデフォルトルートを表しています

AWSを使っていると**パブリックサブネット**や**プライベートサブネット**という言葉をよく耳にすることがありますが、特定の設定値があるわけではありません。**インターネットゲートウェイへのルーティングがあればパブリックサブネット、なければプライベートサブネットといいます**。

3.2.3 AWSの２つの仮想ファイアウォール

外部からの攻撃を防ぐファイアウォールとして、AWSにはセキュリティグループとネットワークACLがあります。

セキュリティグループ

セキュリティグループは、**EC2などAWSリソースにアタッチして利用する仮想ファイアウォールです。インバウンド**（AWSリソースへの通信）と**アウトバウンド**（AWSリソースからの通信）を制御することができ、**許可した通信のみ通過できます。特定の通信を拒否する設定はできません**。通信は送信元アドレス、プロトコル、ポート番号を指定して制御できます。許可の設定を**セキュリティグループのルール**といいます。

セキュリティグループの通信制御

セキュリティグループの通信制御は**ステートフル**に行われます。**ステートフルとはサーバーへのリクエストの通信がセキュリティグループのルールで許可されていれば、レスポンスの通信は明示的に許可しなくても通信できる仕組みのことです**。

例えば、AWS上にWebサーバーを作成し、クライアントからのアクセス用にセキュリティグループを設定した場合を例に説明します。このとき、セキュリティグループのインバウンドのルールに送信元は「全てのIPアドレス」、プロトコルとポート番号は「TCP80番ポート」を許可する設定をするとします。このインバウンドのルール設定を追加するとセキュリティグループがアタッチされているAWSリソース（ここではWebサーバー）に対して通信が許可されます。

デフォルトではアウトバウンドは全ての通信を許可するルールが入っています。ただし、アウトバウンドのルールを削除して、なにも許可をしていない状態にしても、ステートフルの処理をするためインバウンドが許可されていれば通信できます。

図3-2-3 セキュリティグループのルール

セキュリティグループのインバウンドルール
（以下の通信を許可）

タイプ	プロトコル	ポート範囲	送信元
HTTP	TCP	80	0.0.0.0/0

許可されたインバウンドに対するレスポンス（アウトバウンド）は、全て許可

ネットワークACL

リソース単位で利用するセキュリティグループに対し、**ネットワークACL (Network Access Control List)**は**サブネットに設定する仮想ファイアウォールです**。サブネットに設定を入れることで、サブネット内の全てのAWSリソースに対して通信制御が可能です。通信制御は、インバウンドとアウトバウンド、許可と拒否の設定で行います。ネットワークACLの設定のことを**ルール**といいます。ルールには番号を設定し、ルール番号の小さい順にチェックして通信内容に合致するかどうかで通信可否を判断します。**通信制御で「拒否を設定できる」ことがセキュリティグループとの大きな違いです**。

例えば、ある特定のIPアドレスからサーバーに対して攻撃をされたときには、ネットワークACLで拒否のルールを追加することで攻撃を防ぐことができます。

サブネットを作成するとデフォルトで全ての通信が許可された共通のネットワークACLがアタッチされます。**サブネットごとに通信制御をする場合は、ネットワークACLを作成してサブネットにアタッチして使用します**。サブネットはWebサーバー用やDBサーバー用など用途ごとに作成しているので、サブネットごとに許可する通信(ポート番号)は変わります。共通のネットワークACLを使用してしまうと不要な通信、例えば、Webサーバー用のサブネットなのにDBサーバー用の通信も許可されるということが起きるので注意が必要です。

ネットワークACLの通信制御

ネットワークACLの通信制御は**ステートレス**に行われます。**ステートレスとはサーバーへのリクエストの通信をネットワークACLのルールで許可していても、レスポンスの通信を明示的に許可しないといけない仕組みのことです**。

先ほどのセキュリティグループと同様にAWS上にWebサーバーを作成し、クライアントからのアクセス用にネットワークACLを設定したとします。この場合インバウンドのルールに送信元は「全て」、プロトコルとポート番号は「TCP80番ポート」を許可する設定を追加します。ただし、ネットワークACLはステートレスの処理を行うため、明示的に**レスポンス通信**(アウトバウンド)の許可ルールを追加する必要があります。

図3-2-4 ネットワークACLのルール

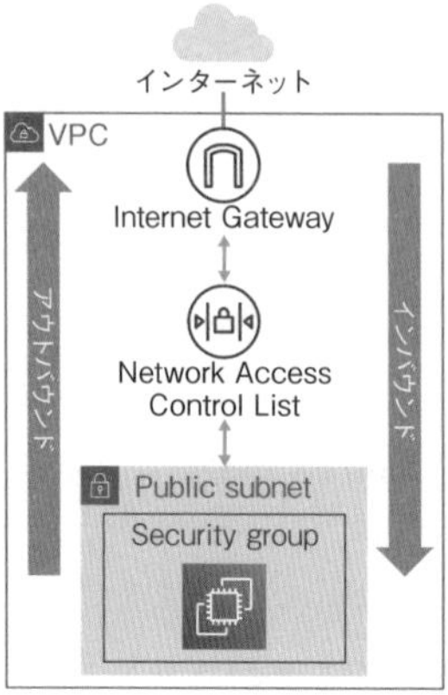

ネットワークACL

インバウンドルール

ルール番号	タイプ	プロトコル	ポート範囲	送信元	許可/拒否
10	HTTP	TCP	80	0.0.0.0/0	許可
*	全て	全て	全て	0.0.0.0/0	拒否

アウトバウンドルール

ルール番号	タイプ	プロトコル	ポート範囲	送信先	許可/拒否
10	カスタムTCP	TCP	1024-65535	0.0.0.0/0	許可
*	全て	全て	全て	0.0.0.0/0	拒否

ステートフルとステートレスの違いを改めて確認しておきましょう。

- ステートフル：インバウンドの通信が許可されていれば、アウトバウンドの通信は許可されていなくても通信できる
- ステートレス：インバウンドの通信が許可されていて、かつアウトバウンドの通信も明示的に許可すると通信できる

セキュリティグループとネットワークACLの用途や機能などの違いを表3-2-2にまとめました。

表3-2-2 セキュリティグループとネットワークACLの比較

	セキュリティグループ	ネットワーク ACL
適用範囲	リソース単位（主にサーバー）	サブネット単位
設定方法	許可をインバウンドとアウトバウンドで設定	許可/拒否をインバウンドとアウトバウンドで設定
レスポンス通信	ステートフルのため、レスポンスの通信は考慮不要	ステートレスのため、レスポンスの通信も明示的に許可が必要
ルールの評価	全てのルールをチェックし、通信可否を判断する	ルール番号の小さい順にチェックし、通信内容に合致するルールで通信可否を判断する

セキュリティグループとネットワークACLの使い分け

セキュリティグループとネットワークACLの使い分けですが、**ネットワークACLは緩く制限し、セキュリティグループで厳しく制限すると管理しやすくなります**。ファイアウォールのルールを考える際、必要な通信だけ許可して、それ以外の通信は拒否するのが一般的ですが、ネットワークACLはステートレスのため、レスポンス通信を厳密に制御しようとすると**エフェメラルポート**※3を考慮するため制限するポートの数が増え、非常に大変です。また、**ネットワークACLはルール数が最大40まで**と制限されていて、細かく制御しようとするとルール数の制限のために全てのルールを入れることができなくなります。

そのため、例えばサブネットにWebサーバーだけしかないときは、ネットワークACLのインバウンドで「TCP80番ポート」を許可し、アウトバウンドは「全ての通信を許可」のように緩く制限し、各EC2インスタンスへの通信をセキュリティグループで細かく制限すると運用負荷を軽減して比較的安全に運用できます。セキュリティグループは細かく制限したとしても、ステートレスでアウトバウンドの設定の手間がありません。

図3-2-5 セキュリティグループとネットワークACLを同時に利用する通信制御の例

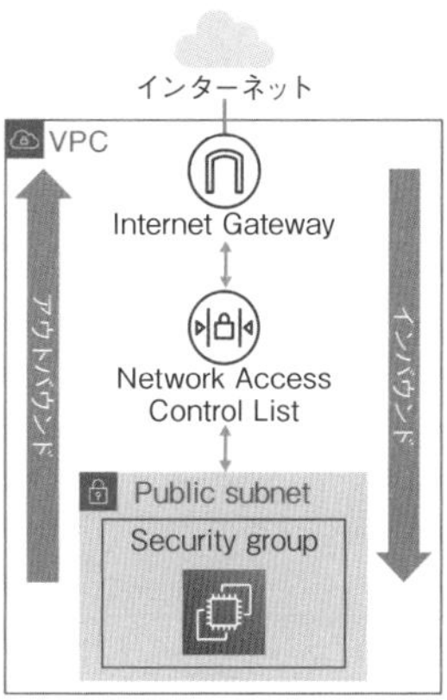

ネットワークACL

インバウンドルール

ルール番号	タイプ	プロトコル	ポート範囲	送信元	許可/拒否
10	HTTP	TCP	80	0.0.0.0/0	許可
*	全て	全て	全て	0.0.0.0/0	拒否

アウトバウンドルール

ルール番号	タイプ	プロトコル	ポート範囲	送信先	許可/拒否
100	全て	全て	全て	0.0.0.0/0	許可
*	全て	全て	全て	0.0.0.0/0	拒否

セキュリティグループ

インバウンドルール

タイプ	プロトコル	ポート範囲	送信元
HTTP	TCP	80	x.x.x.x/z

アウトバウンドルール

タイプ	プロトコル	ポート範囲	送信先
全て	全て	全て	0.0.0.0/0

ネットワークACLでは送信元は制御せず、セキュリティグループで制御する

※3 エフェメラルポートとは、通信時にクライアント側で一時的に利用されるポート番号(1024～65535)のことです。

入門

3.3 コンピューティングサービス

次に、コンピューティングに関わるAWSサービスについて解説します。

3.3.1 Amazon EC2

Amazon EC2 (Elastic Compute Cloud)とは、**AWS上に仮想サーバーを提供するためのサービスです**。**インスタンス**という単位で仮想サーバーが管理され、マネジメントコンソールから数クリックで、VPCのサブネット内に作成することができます。

図3-3-1 Amazon EC2の範囲(赤枠)

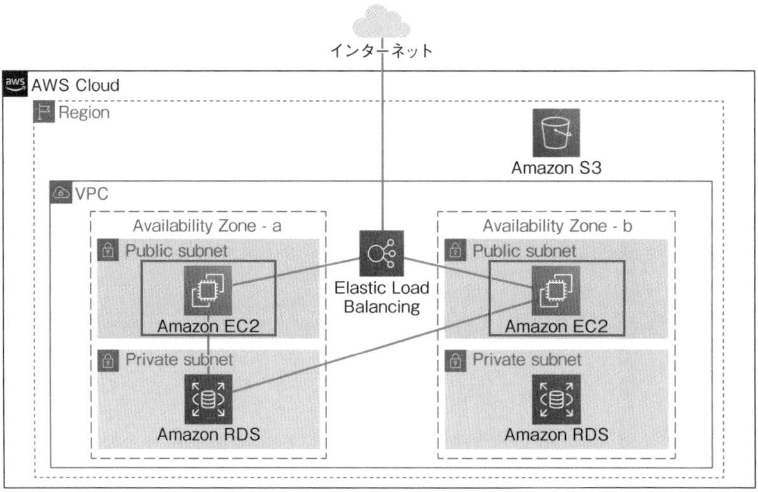

AMI

AMI (Amazon Machine Image)は、**EC2の元となるイメージ(サーバー設定のテンプレート)です**。AWS側でMicrosoft Windows ServerやRed Hat Enterprise Linuxなど、さまざまなOSのAMIを用意しています。仮想サーバー(EC2インスタンス)作成時に、どのAMIを使用するか選択します。

また、AMIは自分で作成することも可能です。これを**カスタムAMI**といいます。

最初はAWS側が用意したAMIを使ってEC2インスタンスを作成しますが、作成後にソフトウェアをインストールしたり、設定を変更したりして、AWS側が用意したAMIとは違う内容になります。この変更した後の状態でカスタムAMIを作成することが可能です。

図3-3-2 EC2とAMIの関係

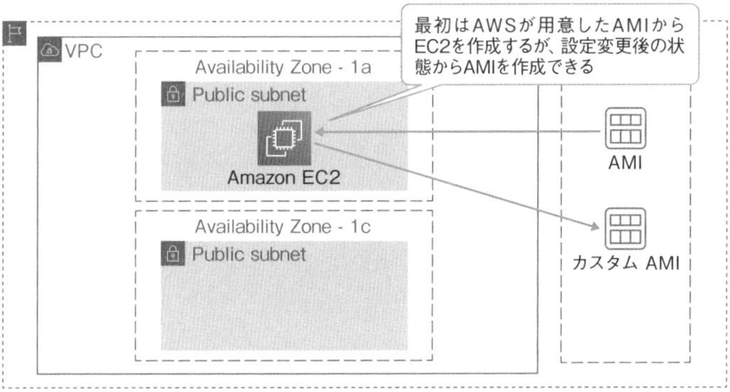

AMIにはOS情報やEBSのバックアップである**スナップショット**が含まれます。EBSはEC2のデータを保管するストレージで、詳細は3.4.1で説明します。

カスタムAMIを利用することで、別のアベイラビリティゾーンにカスタムAMIから同じ設定のサーバーを作成して冗長構成にしたり、障害発生時にカスタムAMIからサーバーを作成して復旧させたりすることが可能です。

図3-3-3 AMIの利用用途

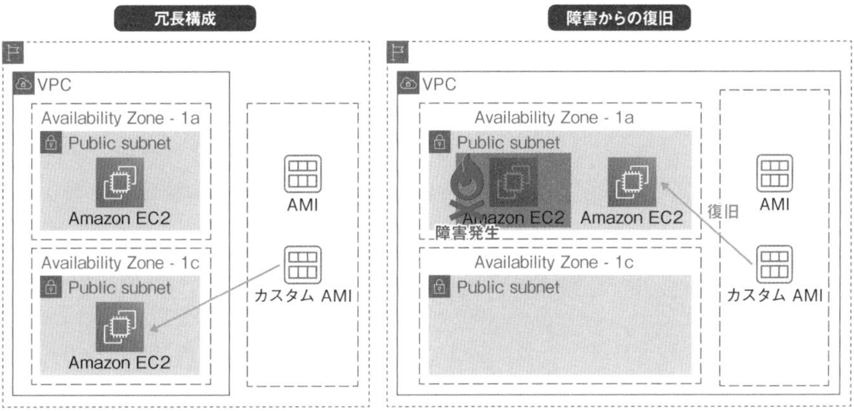

memo

カスタムAMIを作成するときは、EC2インスタンスを停止してから行うことを推奨します。理由は、EC2インスタンスで何かの処理が行われていた場合、処理中の状態でAMIを作成するとデータの不整合（ファイルシステムで管理している情報と実際に保管されている情報に矛盾がある状態）が起きる可能性があるためです。

具体的には、処理中の状態で取得したAMIからでは正常にEC2インスタンスを作成できない、もしくは起動できない可能性があります。どうしても停止ができないときは、夜間などEC2インスタンスで処理を行っていない時間に作成することで不整合が起こりにくくなります。

■ インスタンスタイプ

インスタンスタイプでは、作成する仮想サーバーのスペックを指定できます。インスタンスタイプはCPU、メモリ、ストレージ、ネットワークキャパシティーの組み合わせで構成されており、**t2.micro**や**c5.xlarge**のように表記されます。

最初の「t」や「c」は**インスタンスファミリー**と呼ばれ、インスタンスの種別を表します。例えば、高性能なCPUが利用できるコンピューティング最適化なら「c」、メモリ内の大きなデータが処理できるメモリ最適化なら「r」ではじまります。

次の数字は**インスタンス世代**を表し、数字が大きいほど新しい世代です。世代が新しいほど高性能でコストパフォーマンスが高いため、新しい世代の利用を推奨されています。

次の「micro」や「xlarge」は**インスタンスサイズ**を表し、大きいほうがスペックは高くなります。

図3-3-4 インスタンスタイプの表記

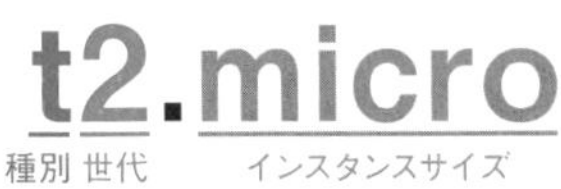

インスタンスタイプは、これらの要素を合わせてスペックを決めています。また、**EC2インスタンス作成後でもこのインスタンスタイプは簡単に変更できます**。

3.3.2 EC2で使用するIPアドレス

EC2で使用可能なIPアドレスは**プライベートIPアドレス**、**パブリックIPアドレス**、**Elastic IPアドレス**の3種類があります。それぞれの違いについて表3-3-1にまとめました。

表3-3-1 IPアドレスの比較

項目	プライベートIPアドレス	パブリックIPアドレス	Elastic IPアドレス(EIP)
種類	プライベート	グローバル	グローバル
EC2への割り当て	必須	任意	任意
IPアドレスの特徴	・固定 ・サブネット内のIPアドレスを使用	・変動 ・EC2を停止/起動すると別のIPアドレスが割り当てられる	・固定 ・デタッチして別のEC2にアタッチ可能
料金	無料	0.005USD/時間	0.005USD/時間

URL https://docs.aws.amazon.com/ja_jp/AWSEC2/latest/UserGuide/using-instance-addressing.html

パブリックIPアドレスとElastic IPアドレスの使い分け

表3-3-1のパブリックIPアドレスとElastic IPアドレスについて補足します。前提として、パブリックIPアドレスとElastic IPアドレスは、グローバルIPアドレスです。そのため、パブリックサブネットにあるEC2にどちらかを使用しないとインターネットへ通信することができません。一方、**2つのIPアドレスの大きな違いは、パブリックIPアドレスは変動、Elastic IPアドレスは固定のグローバルIPアドレスであることです。この2つの使い分けは次のように行います。**

❶ EC2のパブリックIPアドレス宛てへの通信はなく、EC2からインターネットへ通信する場合

パブリックIPアドレスを利用します。例えば、ソフトウェアやセキュリティパッチのダウンロードなどがあります。EC2からの通信であれば、EC2のIPアドレスが変わっても問題はありません。

❷ インターネットからEC2へ通信がある場合

Elastic IPアドレスを利用します。例えば、EC2がWebサーバーだとすると、クライアントはEC2のグローバルIPアドレス宛てに通信します。ブラウザでWebサイトにアクセスするときは通常URLを指定して通信しますが、裏側ではDNSサーバーと連携し、URLをグローバルIPアドレスに変換して通信しています。もし、EC2 のグローバルIPアドレスが変わり、DNSサーバーが新しいIPアドレスを知らないと通信することができなくなります。そのため、固定のグローバルIPアドレスであるElastic IPアドレスを使うことで、通信できなくなることを回避します。

なお、**Elastic IPアドレスは未使用のElastic IPアドレスを保持している場合**

でも料金がかかります。そのため、利用料金を抑えるために利用していないElastic IPアドレスは保持せず解放(AWSへ返却)します。

ENI

EC2には**ENI(Elastic Network Interface)**という、仮想ネットワークインターフェイスがアタッチされています。ネットワークインターフェイスは、パソコンのLANケーブルの差込口をイメージすると理解しやすいでしょう。AWSでは、ENIにEC2のIPアドレスを紐付けて、ネットワーク通信を行っています。

図3-3-5　EC2とENIの関係

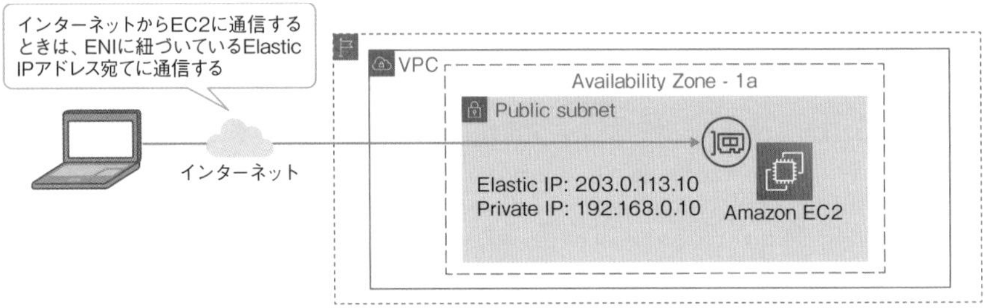

3.3.3　EC2のキーペアとライフサイクル

EC2のセキュリティを高めるために利用するキーペアと、EC2の状態を示すライフサイクルについて解説します。

キーペア

キーペアとは、**公開鍵**と**秘密鍵**のペアのことです。キーペアを作成する際は公開鍵はAWS上、秘密鍵は自分のパソコンにダウンロードして保管します。また、EC2インスタンスを作成する際にキーペアを指定して、公開鍵をEC2にコピーします。

EC2インスタンスのOSにログインする時、ユーザー名とパスワードではなく、Linuxの場合はユーザー名と秘密鍵、Windowsの場合はユーザー名と秘密鍵から復号したパスワードを使ってログインします。秘密鍵を持っている人しかログインできないので、ユーザー名とパスワードでログインするよりもセキュリティが向上します。ただし、秘密鍵が流出してしまうと悪意のある第三者がログイン可能になります。そのため、**秘密鍵はインターネット上などパブリックな空間には保管せずに自分のパソコンのみで保管するようにします**。

図3-3-6 キーペアの仕組み

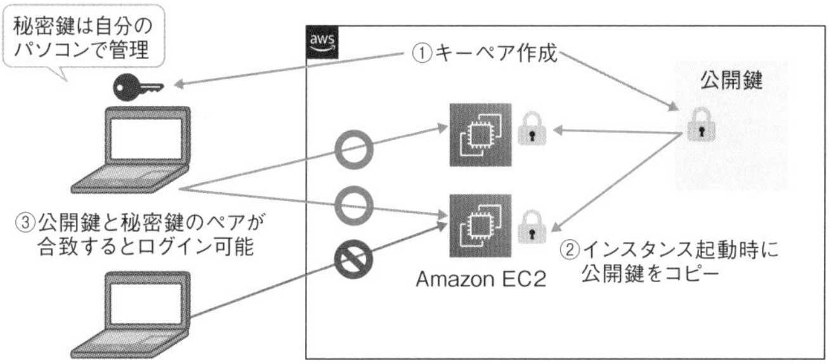

ライフサイクル

EC2インスタンスには**ライフサイクル**があり、起動したインスタンスは**実行中**/**停止済み**/**終了済み**のいずれかの状態を持ちます。

- **実行中**は、EC2インスタンスが実行中で課金される状態です。停止操作で停止済みへ、終了操作で終了済みへ遷移します。
- **停止済み**は、EC2インスタンスが停止中で課金されない状態です。起動操作で実行中へ、終了操作で終了済みへ遷移します。
- **終了済み**は、EC2インスタンスを削除した状態です。一度削除してしまうと実行中や停止済みに遷移できません。そのため、**削除操作をするときは念のためAMIを作成し、AMIから復旧可能な状態にしてから削除を行います。**

図3-3-7 EC2インスタンスとライフサイクル

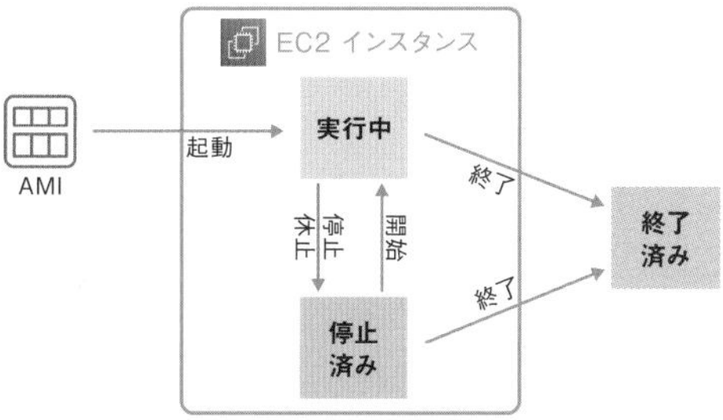

※休止はパソコンのスリープ状態と一緒で、メモリの内容をハードディスクに保存して停止し、次回起動時に休止前の状態を保ったまま起動することができます。例えば、ブラウザを開いたままにして休止すると、次回起動時はブラウザが開いたままの状態で起動します。

入門 3.4 ストレージサービス

ここからは、AWSにおいてログやデータの保管に利用するストレージサービスについて解説します。

3.4.1 Amazon EBS

Amazon EBS (Elastic Block Store) とは、EC2のデータを保存するブロックストレージです。**ブロックストレージとは、データを固定サイズのブロックという単位で保存する方式です**。特徴としては、ファイルの更新や修正が効率的に行えます。ブロックストレージで保存しているデータの更新や修正を行うときには、ファイル全体ではなく該当するブロックのみを変更することができます。ファイルストレージやオブジェクトストレージでは、ファイル全体を書き換える必要があります。

EBSの４つの特徴

❶ EBSは直接EC2インスタンスに接続しておらず､EC2インスタンスはネットワーク経由でEBSにアクセスしてデータを保存する

❷ EBSはアベイラビリティゾーンを指定して作成するが、EC2で使うことができるのは同じアベイラビリティゾーンにあるEBSのみ

❸ 基本的には１つのEBSは１つのEC2インスタンスでのみ使用するが、EBSはデタッチ/アタッチが可能で他のEC2インスタンスにアタッチして使うこともできる

❹ EBSは**スナップショット**と呼ばれるバックアップを取得し、別のアベイラビリティゾーンや別のリージョンにスナップショットをコピーすることで、スナップショットからEBSを作成できる

図3-4-1 Amazon EBSの範囲(赤枠)

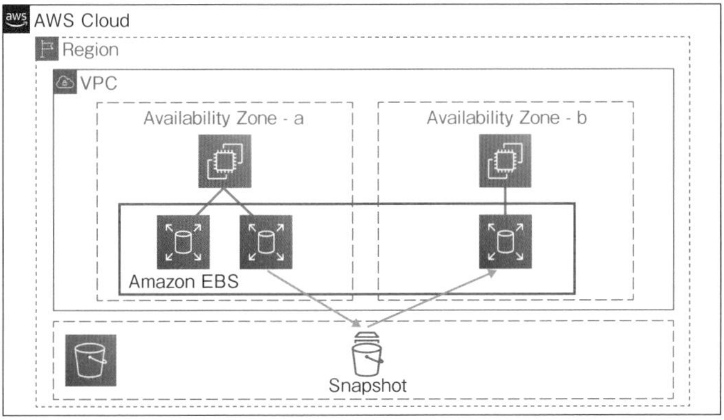

EBSスナップショットの利用メリット

スナップショットを取得するメリットは、EBS単位でバックアップが取得できることです。例えば、EC2に複数のEBSがアタッチされていて、そのうちの1つのEBSで障害が発生したとします。この障害から復旧させるためにスナップショットからEBSを作成し、障害が発生したEBSをデタッチし、作成したEBSをEC2にアタッチすることで復旧できます。**スナップショットを利用することで、EC2を停止せずに復旧可能です。**

図3-4-2 スナップショットの利用イメージ

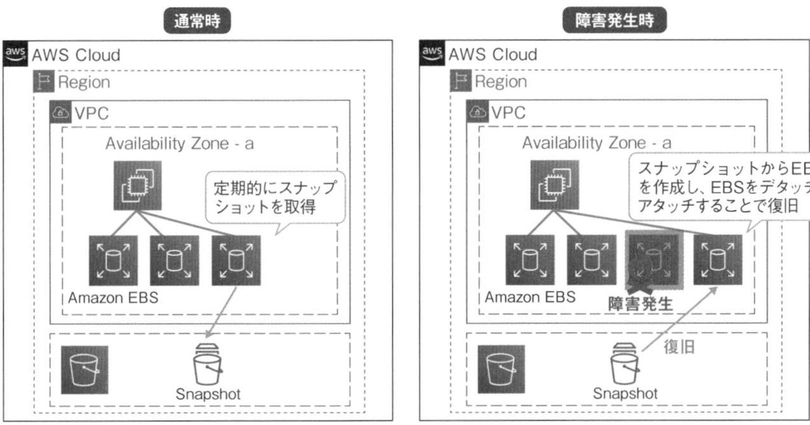

EBSの料金

EBSにはボリュームタイプがいくつかあり、速い処理が必要などの用途によって選ぶことができます。EBS作成後でもボリュームタイプの変更やディスクサイズを増やすことは可能で、起動しているEC2にアタッチしている状態でも変更できます。**ただし、ディスクサイズを減らすことはできません。**

EBSはディスクサイズで課金されます。そのため、ほとんど使用していないのにディスクサイズを大きくしてしまうと無駄な料金がかかってしまいます。そのため、まずは小さなディスクサイズで作成し、足りなくなったら増やしていくことで料金を抑えることができます。また、EC2インスタンスを作成するときに、ボリュームタイプとディスクサイズを指定すると、EC2インスタンスと一緒にEBSも作成されます。

表3-4-1 EBSの比較

	ソリッドステートドライブ(SSD)		ハードディスクドライブ(HDD)	
ボリュームタイプ	汎用SSD (gp2/gp3)	プロビジョンド IOPS SSD (io1)	スループット最適化 HDD (st1)	Cold HDD (sc1)
特徴	汎用的な用途	高いIOPS	高スループット	低コスト
ボリュームタイプあたりの最大IOPS※	16,000	64,000	500	250
ブートボリューム	サポート対象		サポート外	

※IOPS (Input/Output Per Second) とは、1秒間にディスクが読み書きできる回数です。

URL https://docs.aws.amazon.com/ja_jp/AWSEC2/latest/UserGuide/ebs-volume-types.html

3.4.2 Amazon S3

Amazon S3 (Simple Storage Service) とは、オブジェクトストレージのサービスです。**オブジェクトストレージとは、データをオブジェクトとして扱い、IDとメタデータで紐づけて管理する方式です。**身近なサービスでは、Google ドライブ、Microsoft OneDrive、Dropboxなどがオブジェクトストレージを採用しています。

図3-4-3 Amazon S3の範囲(赤枠)

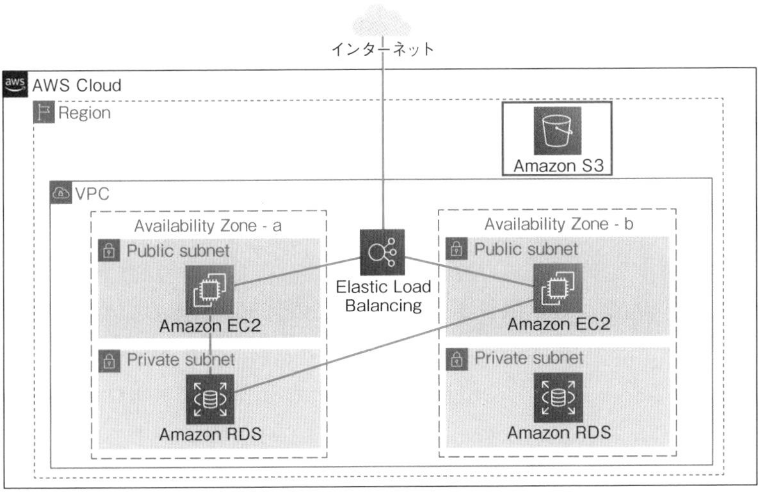

S3の特徴として、容量無制限(ただし1オブジェクト最大5TBまで)、99.999999999%(イレブンナイン)の耐久性を目指した設計になっているため、S3に保管すればほぼデータはなくなりません。

ユースケースとしては、バックアップデータの保管やビッグデータ解析用の大容量ファイルの保管などがあります。**大容量、長期間、なくなると困るデータを保管する場合は、最初にS3が使用可能かを検討することからはじめます。**

3.4.3 S3で使う用語

S3では、バケットなど特徴的な用語や考え方があります。S3をスムーズに使うために順番に理解していきましょう。

バケット

バケットは、**オブジェクトの保存場所です**。名前をつけてバケットを作成しますが、「グローバルでユニークな名前」である必要があります。例えば、筆者が利用しているAWSアカウントには「20221017-test」という名前のS3バケットがあります。そのため、他のAWSアカウントではS3バケット名「20221017-test」を使用することができません。試しにみなさんのAWSアカウントで「20221017-test」という名前のS3バケットを作成しようとすると「同じ名前のバケットがすでに存在しています」というメッセージが表示され、作成できないことを確認できます。

ユニークなバケット名を作成する命名例として、バケット名にご自身が利用しているAWSアカウントID（12桁の数字）を入れる方法があります。AWSアカウントIDは利用しているAWS環境ごとにユニークなので、この数字を含めることでユニークな名前にしやすくなります。AWSアカウントIDを確認する方法は、マネジメントコンソールにログインした後、画面右上のユーザー名をクリックすると表示されます。

オブジェクト

オブジェクトは、**バケットに保管されるログなどのデータ本体のことです**。各オブジェクトにはキーが付与され、**「バケット名 + オブジェクトキー（キー名）+ バージョンID」**が必ずユニークになるURLが作成されます。このURLに対して、HTTPをベースとしたWeb APIを使って各オブジェクトにアクセスします。

- キーの例

  https://**<バケット名>**.s3.ap-northeast-1.amazonaws.com/**<オブジェクトキー（キー名）>**?versionId=**<バージョンID>**

※URLのバケット名のあとに記載されているap-northeast-1は東京リージョンを表しています。詳細は以下のURLを参照してください。

URL https://docs.aws.amazon.com/ja_jp/general/latest/gr/rande.html#regional-endpoints

オブジェクトキー

オブジェクトキーとは、**S3バケット内のオブジェクトを一意に識別する情報です**。S3バケット内はフォルダのような階層はなくフラットな構造ですが、オブジェクトキーに**/（スラッシュ）**を入れることでマネジメントコンソール上ではフォルダ構造を表現しています。

- オブジェクトキーの例

❶ example/test1.txt

❷ work.pdf

memo

上のオブジェクトキーをマネジメントコンソールで見ると、あたかも、exampleフォルダの中にtest1.txtが保存されているように見えますが、実際は❶と❷はS3バケットの同じ階層に格納されています。

メタデータ

メタデータは、**オブジェクトを管理するための情報の1つです**。オブジェクトのサイズや最終更新日などのシステム定義メタデータやアプリケーションで必要な情報を追加できるユーザー定義メタデータがあります。

図3-4-4 オブジェクトストレージの仕組み

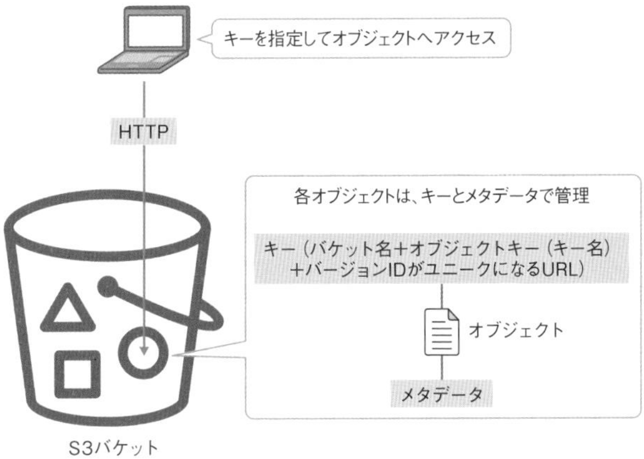

3.4.4 S3の機能

S3も他のサービスと同様、多数の機能がありますが、ここでは、ストレージクラス、バケットポリシーとACL、ブロックパブリックアクセスについて説明します。

ストレージクラス

S3は、**ストレージクラス**を指定して保管することができます。利用頻度の低いファイルは保管料金の安いストレージクラスに変更することで、コストを抑えることができます。2023年8月現在、ストレージクラスには表3-4-2のようなものがあります。なお、**ストレージクラスの低冗長化ストレージは一番保管料金が高いので、データ保管の用途に使用しないでください**。

表3-4-2 S3のストレージクラスの比較

ストレージクラス	特徴	料金（保管）	料金（その他）
Amazon S3 標準 (Standard)	複数AZにデータを複製するデフォルトのストレージクラス	高	
Amazon S3 標準 – 低頻度アクセス (S3 標準 – IA)	S3標準に比べて格納コストが安価。データの読み出し容量に対してコストがかかる		データの読み出しにコストがかかる
Amazon S3 1ゾーン – 低頻度アクセス (S3 1ゾーン – IA)	シングルAZにデータを格納、ただ、アベイラビリティゾーン障害が発生するとデータが失われてしまう		データの読み出しにコストがかかる
Amazon S3 Glacier Instant Retrieval	アクセスがほとんどないデータを保管。すぐにデータにアクセス可能		データの読み出しにコストがかかる
Amazon S3 Glacier Flexible Retrieval	低コスト。データの取り出しにコストと時間がかかる		取り出しにコストがかかる
Amazon S3 Glacier Deep Archive	最も低コスト。データの取り出しにコストと時間がかかる	低	取り出しにコストがかかる
Amazon S3 低冗長化ストレージ(RRS)	**最もコストが高く、利用が推奨されていない**	この中で一番高い	
Amazon S3 Intelligent-Tiering	アクセス頻度によって自動的にS3標準と低頻度アクセスとGlacier Instant Retrievalを最適化するストレージクラス		

ストレージクラスの選び方の例を紹介します。

例えば、Webサーバーのアクセスログとエラーログを S3に保管するとします。Webサーバーに障害が発生してログを調査するとき、大抵の場合は障害が発生した時間の付近のログを確認するはずです。最近のログはアクセスする回数が多く、古くなればなるほどアクセスする回数が減っていきます。このように時間の経過とともにデータへのアクセスが減る場合は、以下のようにストレージクラスを変更することで料金を抑えられます。

図3-4-5 Webサーバーのアクセスログとエラーログを S3 に保管する場合のストレージクラス

また、ストレージクラスの変更は、手動で変更するのはかなり手間です。S3には**ライフサイクルルール**という機能があり、時間の経過によって自動でストレージクラスを変更することができます[※4]。

※4 https://docs.aws.amazon.com/ja_jp/AmazonS3/latest/userguide/object-lifecycle-mgmt.html

バケットポリシーとACL

S3へのアクセスを制御する方法として、**バケットポリシー**と**ACL**があります。

バケットポリシーは、バケットごとにアクセス権限を設定できます。ACLはバケット単位やオブジェクト単位で簡易的に権限を設定できますが、2021年12月に新規作成のバケットではACLがデフォルトで無効となり、**バケットポリシーのみでアクセス制御することを推奨しています。**

リスト3-4-1 バケットポリシー例

```
{
    "Version": "2012-10-17", ――――――――――❶
    "Id": "S3PolicyId1", ――――――――――――❷
    "Statement": [ ――――――――――――――――❸
        {
            "Sid": "IPAllow", ―――――――――――❹
            "Effect": "Allow", ――――――――――❺
            "Principal": "* ", ――――――――――❻
            "Action": "s3:* ", ――――――――――❼
            "Resource": [ ――――――――――――――❽
                "arn:aws:s3:::DOC-EXAMPLE-BUCKET",
                "arn:aws:s3:::DOC-EXAMPLE-BUCKET/* "
            ],
            "Condition": { ―――――――――――――❾
                "IpAddress": {
                    "aws:SourceIp": "203.0.113.0/24"
                }
            }
        }
    ]
}
```

❶使用するポリシー言語のバージョン。最新は 2012-10-17

❷（オプション）ポリシーの内容を区別するために記述

❸ポリシーを定義

❹（オプション）ポリシーの内容を区別するために記述

❺ Allow（許可）、Deny（拒否）を指定

❻ AWSアカウント、ユーザー、ロールなどを指定。＊ は制限しないことを表す

❼アクションを指定

❽アクションが適用されるリソースを指定

❾ポリシーが適用される追加の条件を指定

リスト3-4-1のポリシーで許可される内容は、「送信元 203.0.113.0/24からS3バケット DOC-EXAMPLE-BUCKET に対して、S3の全てのアクションを許可する」となります。ポリシーの詳細は以下に記載されています。

IAM JSON ポリシー要素のリファレンス

URL https://docs.aws.amazon.com/ja_jp/IAM/latest/UserGuide/reference_policies_elements.html

ブロックパブリックアクセス

S3はバケットポリシーやACLで、S3バケットへのアクセスを制御できます。ただ、アクセス制御の設定を適切に行っていないことにより、S3に保管したデータの漏洩事故は起きています。

漏洩事故の1つに**バケットを意図せず外部公開してしまう**ことがあります。その対策として、**ブロックパブリックアクセス**という機能があります。バケット単位、オブジェクト単位で意図せず外部公開できないようにする設定で、デフォルトは有効になっています。もし外部公開する場合は、ブロックパブリックアクセスを無効にして、バケットポリシーやACLを設定します。

S3バケットが外部公開されているかどうかを知るには、S3のコンソール画面でS3バケット一覧のアクセスを確認します。**「公開」**はS3バケットが外部公開されている、**「非公開のバケットとオブジェクト」**はブロックパブリックアクセスが有効になっている状態を表しています。

図3-4-6 S3バケットの公開状況を確認する

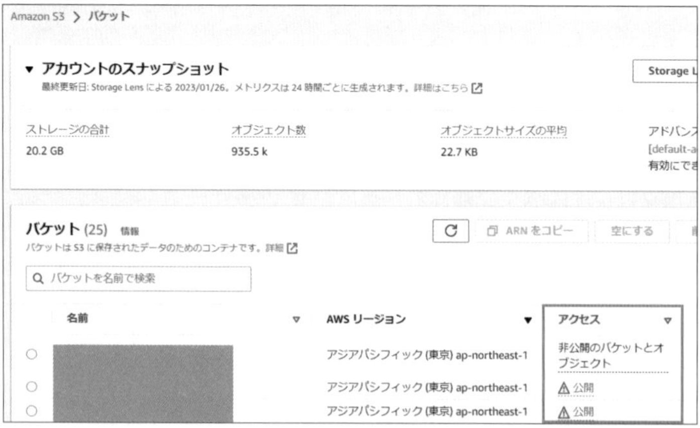

入門

3.5 データベースサービス

AWSで利用できるデータベースのサービスについて解説します。

3.5.1 Amazon RDS

Amazon RDS (Relational Database Service) とは、マネージドのデータベースのサービスで、数クリックで、DBサーバー、AWSでいうDBインスタンスを作成することができます。

図3-5-1 Amazon RDSの範囲(赤枠)

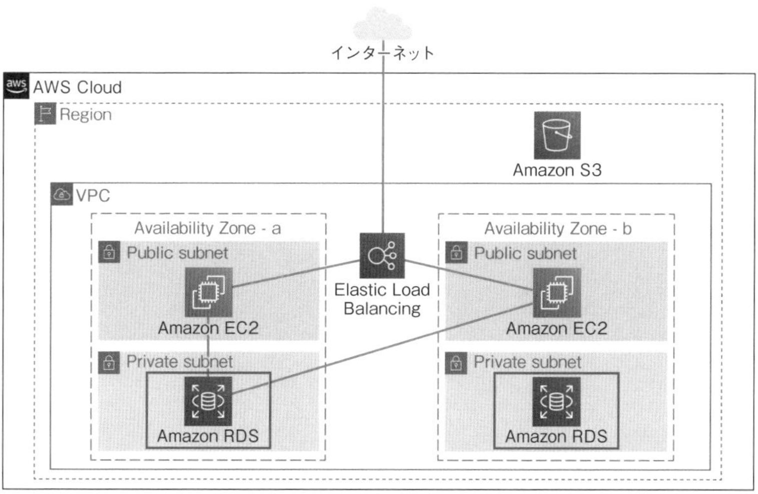

マネージドという言葉が出てきましたが、マネージドについては後ほど説明します。RDSで使用できるデータベースエンジンは**MySQL**、**MariaDB**、**PostgreSQL**、**Oracle**、**Microsoft SQL Server**、**Db2**、AWSが独自開発した**Amazon Aurora**があります。Amazon Auroraだけ簡単に解説しておきます。Amazon Auroraは、MySQLとPostgreSQLと互換性があるクラウド向けのデータベースです。特徴としては、**処理性能が高く、MySQLの最大5倍、PostgreSQLの最大3倍の性能です。また、3つのアベイラビリティゾーンに6つのデータをコピーするので、耐障害性に優れています**。

図3-5-2 Amazon Aurora

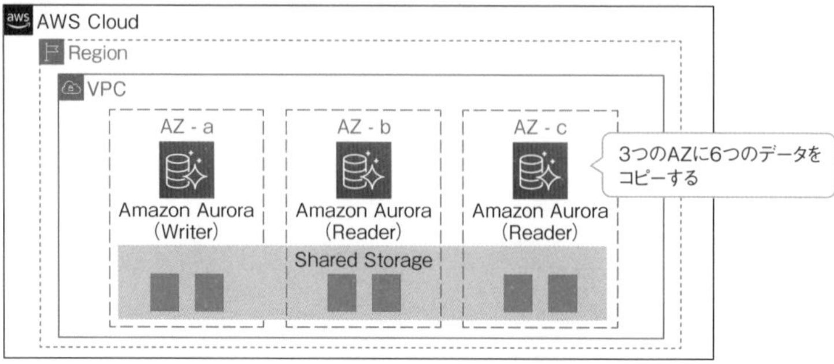

先ほど、RDSはマネージドのデータベースのサービスと説明しましたが、**マネージドというのは、ほとんどの部分をAWSが管理してくれることを表します**。オンプレミスであれば、ハードウェアからデータベースの管理まで全てを利用者が行わなければなりませんが、RDSではハードウェアからスケーラビリティまでAWSが管理するため、**利用者はアプリケーションからの利用のみを管理すればよくなり、運用負荷を軽減できます**。

図3-5-3 オンプレミス・EC2・RDSのAWSの提供内容の比較

RDSの制限と付随機能

ここまでの解説から、データベースはRDSを利用するほうがよいと思うかもしれませんが、**RDSには機能や性能に制限があります**。例えば、データベースエンジンのバージョンはAWSが提供している中からしか選べない、DBインスタンスのスペックに上限がある、DBインスタンスのOSにログインできないなどがあります。

実際にRDSを本番環境で使う場合は、事前にAWS公式ドキュメントの確認や検証環境で動作確認などをして、「想定した動作をすること」を確認しておく必要があります。もし動作確認の際に制限が見つかりRDSが使えない場合は、EC2インスタンス上にデータベースエンジンをインストールして使うなどを検討します。

RDSでは、OSにログインできないという制限に対して、OSにログインしなくてもデータベースエンジンの設定を変更できる**「パラメータグループ」**と**「オプショングループ」**という2つの機能を用意しています。

パラメータグループは、データベースエンジンの設定を管理する機能、オプショングループは、データベースエンジンごとに用意されている追加機能を有効にできる機能です。パラメータグループとオプショングループを指定せずにDBインスタンスを作成すると、デフォルトの共通設定が適用されます。**本番環境ではDBインスタンスごとに設定を調整できるように、パラメータグループとオプショングループをそれぞれ作成して適用することが推奨されています**。

DBインスタンスクラス

RDSもEC2と同様に、DBインスタンスクラスでスペックを指定することができます。DBインスタンスクラスはCPU、メモリ、ストレージ、ネットワークキャパシティーの組み合わせによって構成されていて、db.t2.microやdb.r5.xlargeのように表記されます。

最初の「db」は全てのDBインスタンスクラスにつきます。その次の「t」や「r」は**インスタンスファミリー**と呼ばれ、インスタンスの種別を表します。例えば、汎用なら「t」から始まり、メモリ最適化なら「r」で始まります。

次の数字は**インスタンス世代**を表し、数字が大きいほうが新しい世代です。世代が新しいほうが高性能でコストパフォーマンスが高いため、新しい世代の利用が推奨されています。

次の「micro」や「xlarge」は**インスタンスサイズ**を表し、大きいほうがスペックは高くなります。

DBインスタンスクラスは、これらの要素を合わせてスペックを決めています。また、**RDS作成後でもこのDBインスタンスクラスは簡単に変更できます**。

ストレージ

RDSで選択できるストレージは、**汎用SSD**、**プロビジョンドIOPS SSD**、**マグネティック**の3種類から選ぶことができます。各ストレージの特徴を表3-5-1にまとめました。

表3-5-1　RDSのストレージの比較

ストレージタイプ	汎用SSD (gp2/gp3)	プロビジョンドIOPS SSD (io1)	マグネティック
種類	SSD	SSD	ハードディスク
容量課金	あり (GBあたり)	あり (GBあたり)	あり (GBあたり)
IOPSキャパシティ課金	なし※	あり (IOPSあたり)	なし
IOリクエスト課金	なし	なし	あり
性能	100-16,000 IOPS	1,000-256,000 IOPS (MySQLの場合)	最大1,000 IOPS

※汎用 SSD (gp3) でベースラインストレージパフォーマンスを超える設定をした場合はIOPSキャパシティやスループットに課金がかかります。

https://docs.aws.amazon.com/ja_jp/AmazonRDS/latest/UserGuide/CHAP_Storage.html

マグネティックは下位互換のために用意されているため、基本的には汎用SSDかプロビジョンドIOPS SSDを選択します。IOPS (Input/Output Per Second) とは、ストレージに1秒間に読み書きできる回数のことで値が大きいほど性能は高くなります。そのため頻繁にデータベースの読み書きが発生する場合はプロビジョンドIOPS SSDを使用し、ストレージの処理がボトルネックにならないようにします。

特徴として、DBインスタンスが起動中のままでもストレージサイズを増やすことができます。**ただし、ストレージサイズを減らすことはできません。**

3.5.2 RDSの冗長構成

RDSを利用する際に意識すべき、冗長構成や利用するインスタンスについて解説します。

マルチAZ配置

マルチAZ配置は、アベイラビリティゾーンをまたいで**スタンバイインスタンス (予備機)** を作成し、**プライマリインスタンス (メイン機)** からデータベースの内容を同期する構成です。マルチAZ配置により、アベイラビリティゾーンをまたいだ冗長構成が簡単に作成できます。

もし、プライマリインスタンスに障害が起きたときは、スタンバイインスタンスに**フェールオーバー**して(切り替えて)サービスを継続することができます。

フェールオーバーの仕組みをもう少し詳しく説明します。アプリケーションはDBインスタンスを指定するときは、IPアドレスではなく、AWSが管理している**エンドポイント(FQDN、完全修飾ドメイン名)**を指定します。もしもプライマリインスタンスに障害が起きたときは、エンドポイントに紐づくIPアドレスをAWSが自動で「スタンバイインスタンスのIPアドレス」に変更してアプリケーションの接続先を変更する仕組みになっています。そのため、**本番環境ではマルチAZ配置が推奨されています**。

図3-5-4 RDSがフェールオーバーする仕組み

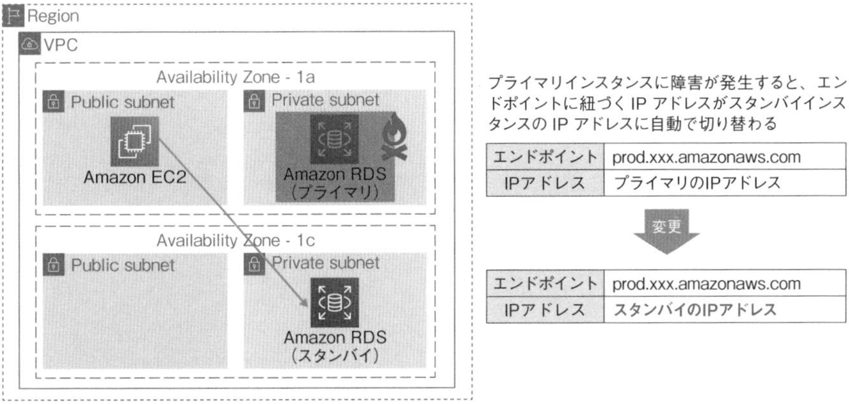

リードレプリカ

リードレプリカは、読み取り専用のDBインスタンスです。

ユースケースとしては、ショッピングサイトの商品情報のデータベースがあります。ショッピングサイトに買い物にきた顧客は、商品を検索して商品情報を確認しますが、このときはデータベースの内容を更新しているわけではなく、読み取っているだけです。商品情報を変更するのはショッピングサイトの管理者です。このケースでは、データベースへのアクセスのほとんどは読み取りです。

DBインスタンスが1つの場合は、1つで読み取りと書き込みの全ての処理をしなければならず負荷がかかる可能性がありますが、**読み取りだけをリードレプリカに分散することでDBインスタンスの負荷を軽減できます**。

図3-5-5 RDSのリードレプリカの活用例

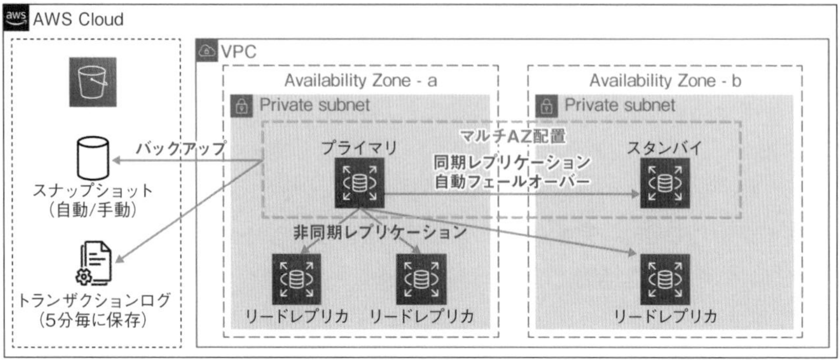

DBサブネットグループ

DBサブネットグループは「DBインスタンスを配置するサブネット」を指定する設定で、DBインスタンスを作成する前に作成しておきます。DBサブネットグループには最低でも2つのアベイラビリティゾーンのサブネットを登録する必要があります。これはマルチAZ配置を使わないシングルAZ配置の場合でも必要です。**理由は、シングルAZ配置でもあとから簡単にマルチAZ配置に変更することができる仕組みになっているためです。**

図3-5-6 DBサブネットグループ(赤枠)

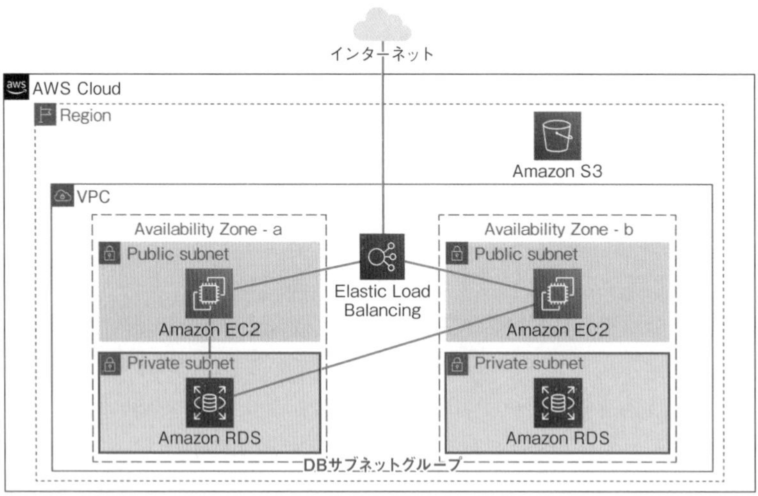

3.5.3 RDSのスナップショットとリストア

RDSで取得できるスナップショットとリストアについて解説します。

RDSのスナップショット

スナップショットとは、DBインスタンスのバックアップのことです。標準機能で、自動バックアップ(トランザクションログ※5と1日1回のスナップショット)を取得することが可能で、**最大35日間**保存できます。また、取得したいタイミングで、手動で取得し、永続保管も可能です。そのため、監査などの要件でバックアップを長期保存しなければならない場合は、手動でスナップショットを取得する必要があります。

RDSのリストア

リストアは、取得したスナップショットからDBインスタンスを作成することです。リストアの方法は2通りあり、1つはスナップショットからそのままDBインスタンスを作成する方法です。もう1つは**ポイントインタイムリカバリ**で、自動バックアップを使って、5分以上前の指定した時間の状態のDBインスタンスを作成する方法です。ポイントインタイムリカバリを使用するためには、自動バックアップを有効にする必要があります。

障害などの復旧であれば、ポイントインタイムリカバリを使用し、障害発生時刻の少し前の時間の状態に戻すことが可能です。ただし、**自動バックアップは最大で35日間しか保存できないため、35日以上前の状態に戻したい場合は手動で取得したスナップショットから戻します**。

DBインスタンスには**リネーム**という機能があり、エンドポイントの名前を変更できます。リネームを使うことで、障害が発生して復旧のためにリストアしたDBインスタンスをアプリケーション側の変更なく使うことができます(図3-5-7参照)。

※5　トランザクションログはデータベースに加えられた変更を順番に記録したものです。

図3-5-7 障害時のリネームの活用の流れ

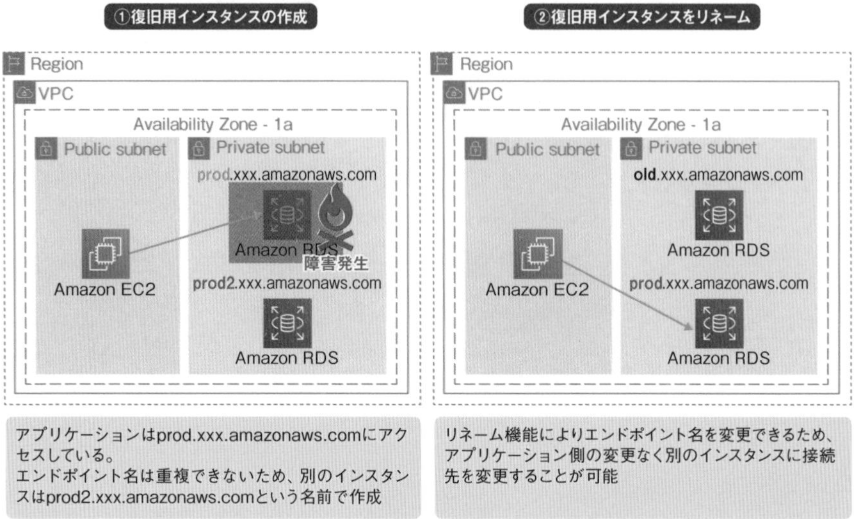
①復旧用インスタンスの作成
Region
VPC
Availability Zone - 1a
Public subnet
Private subnet
prod.xxx.amazonaws.com
Amazon RDS
障害発生
Amazon EC2
prod2.xxx.amazonaws.com
Amazon RDS
アプリケーションはprod.xxx.amazonaws.comにアクセスしている。
エンドポイント名は重複できないため、別のインスタンスはprod2.xxx.amazonaws.comという名前で作成
②復旧用インスタンスをリネーム
Region
VPC
Availability Zone - 1a
Public subnet
Private subnet
old.xxx.amazonaws.com
Amazon RDS
Amazon EC2
prod.xxx.amazonaws.com
Amazon RDS
リネーム機能によりエンドポイント名を変更できるため、アプリケーション側の変更なく別のインスタンスに接続先を変更することが可能

入門 3.6 負荷分散サービス

負荷分散とはロードバランサーに複数のサーバーを紐付けて、ロードバランサーで受けた通信を複数のサーバーに分散し、1サーバー当たりの負荷を軽減することです。

3.6.1 Elastic Load Balancing

Elastic Load Balancing(ELB)は、**負荷分散のサービスです。**AWSでは、ロードバランサーの役割をELBが行っています。

図3-6-1 ELBの範囲(赤枠)

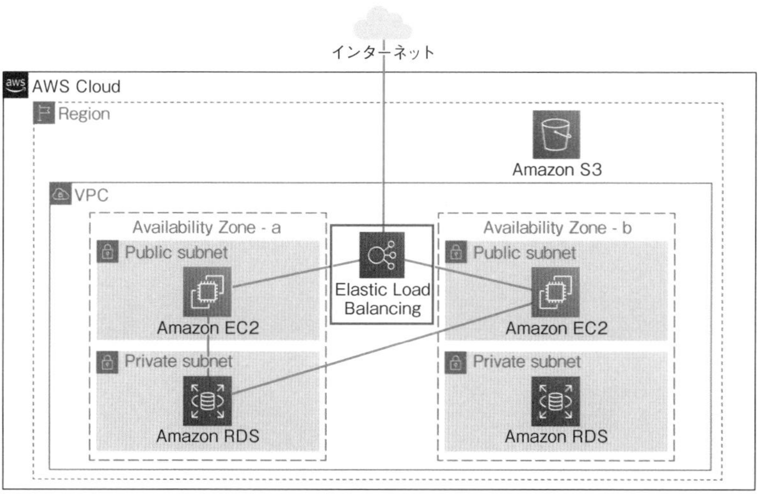

ELBが通信を振り分けて複数のサーバーで処理するので、そのうちの1つのサーバーで障害が発生して処理できなくなったとしても、残りのサーバーで処理ができるので、可用性が上がります。

もし、複数のサーバーで処理していても各サーバーの負荷が高い場合は、負荷分散対象のサーバーを増やし、負荷を軽減できます。**負荷分散をする複数のサーバーは、アベイラビリティゾーンを分けて配置することで、地理的に離れた負荷分散ができます。**

図3-6-2　ELBが実現する負荷分散

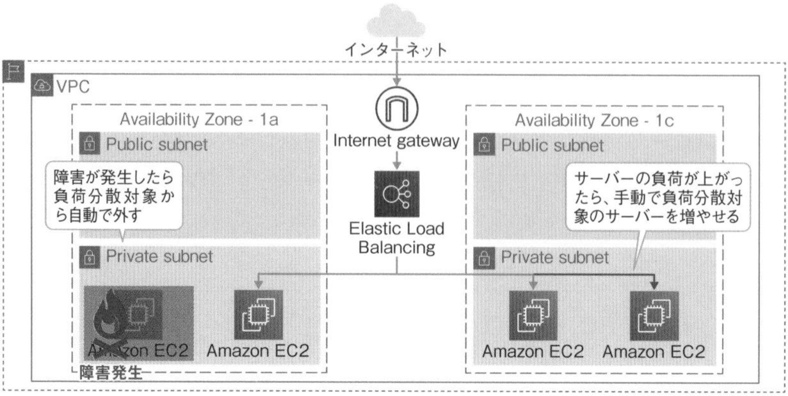

ただ、図3-6-2を見ると、ELBに障害が起きたら通信できなくなるのではないかと考える人がいるかもしれません。設定としては1つしか作らないのですが、複数のアベイラビリティゾーンを使った構成の場合は、裏側でそれぞれのアベイラビリティゾーンにELBが冗長化しているので、単一障害点にはなりません。また、ELB自体の負荷が増えた場合、ELBは自動で**スケールアップ**（スペックを上げる）や、**スケールアウト**（台数を増やす）をして、ELB自体の負荷を自動で調節します。

図3-6-3　ELBを増強した際のイメージ

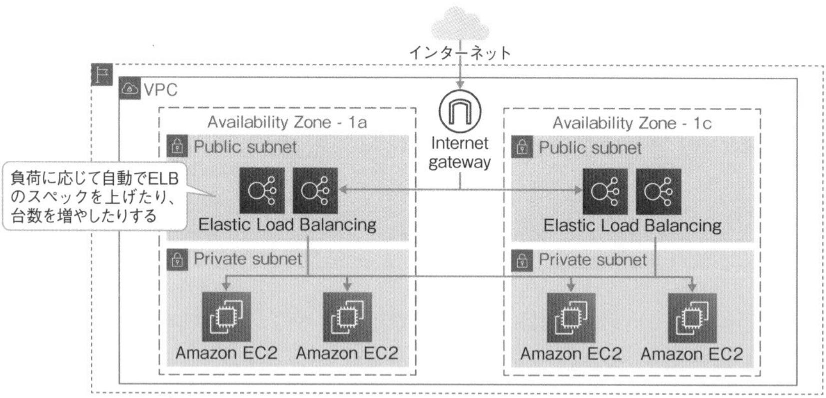

ELBには全部で4種類あるのですが、ここでは**ALB（Application Load Balancer）**と**NLB（Network Load Balancer）**について説明します。その他にはCLB（Classic Load Balancer）とGWLB（Gateway Load Balancer）がありますが、CLBは旧世代、GWLBは用途が若干異なるため、ここでの説明は割愛します。

ALBとNLB

ALBはOSI参照モデルのレイヤー7のアプリケーション層で機能し、**主にWebサーバーの負荷分散に使います**。

アプリケーション層の負荷分散の例として**パスベースルーティング**を紹介します。例えば、図3-6-4の構成でWebサーバーへの通信を負荷分散するときにALBの接続先URLが**http://example.com**とします。接続時のURLのパスに**corp**と**recruit**が含まれるとき、**corp**を含む場合は左のサーバーに転送し、**recruit**を含む場合は右のサーバーに転送するようにURL中に含まれるパスによって転送するサーバーを変えることができます。これをパスベースルーティングといいます。

図3-6-4 ALBのパスベースルーティングの仕組み

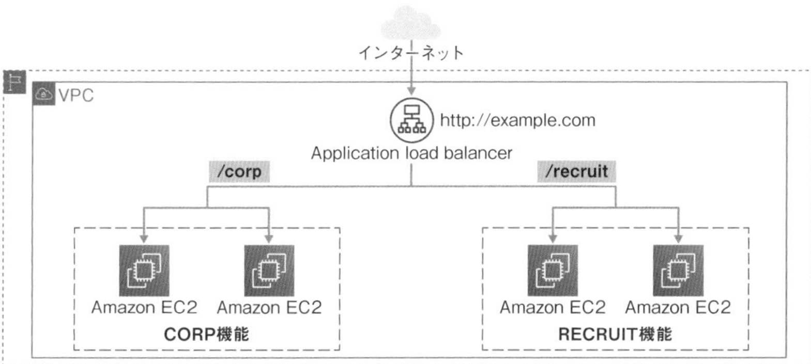

一方、NLBはOSI参照モデルのレイヤー4であるトランスポート層で機能し、**主にWebサーバー以外の負荷分散に使います**。また、低レイテンシーで高スループットな処理が可能です。

3.6.2 ALB

ここからは、ELBの代表的な種類であるALBについてもう少し掘り下げて説明します。NLBもALBと設定項目はほとんど一緒なので、ALBの内容を応用することができます。

ALBを配置するアベイラビリティゾーンとサブネット

ALBを利用する際は、配置する**アベイラビリティゾーン**と**サブネット**を選択します。インターネットからの通信を負荷分散したい場合、パブリックサブネットを選択しないとインターネットから通信することができません。

また、ALBは自動でスケールアウトしたときにサブネットのIPアドレスを使用します。**ベストプラクティスは、ALBを配置する各サブネットに少なくとも8つ以上のIPアドレスをALBが使用可能な状態にしておくことです。**

リスナー

リスナーは、ALBがどのような通信を受けつけ、どこに転送するかを決める設定です。受けつけの設定は、HTTPもしくはHTTPSプロトコルおよびポート番号を設定します。**HTTPSを選択する場合は、サーバー証明書の準備が必要です。**

リスナーの転送先については、次に説明するターゲットグループなどが指定できます。また、先ほど説明したパスベースルーティングはこの転送先の設定で行うことができます。

図3-6-5 ALBのリスナーの仕組み

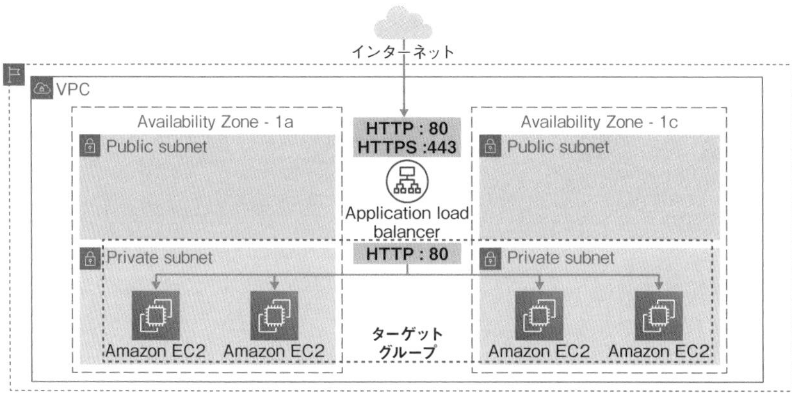

ターゲットグループ

ターゲットグループは、負荷分散の対象サーバーをまとめたグループです。ターゲットグループに含まれる各サーバーを**ターゲット**といいます。インターネットからの通信は、ALBからターゲットグループに転送され、ターゲットで処理を行います。

ヘルスチェック

ヘルスチェックは、ALBがターゲットグループ内のターゲットに対して定期的にチェックを行い、正常に稼働しているかを確認する機能です。ヘルスチェックで正常に稼働しているサーバーにのみ通信を転送します。

図3-6-6 ALBによるヘルスチェック

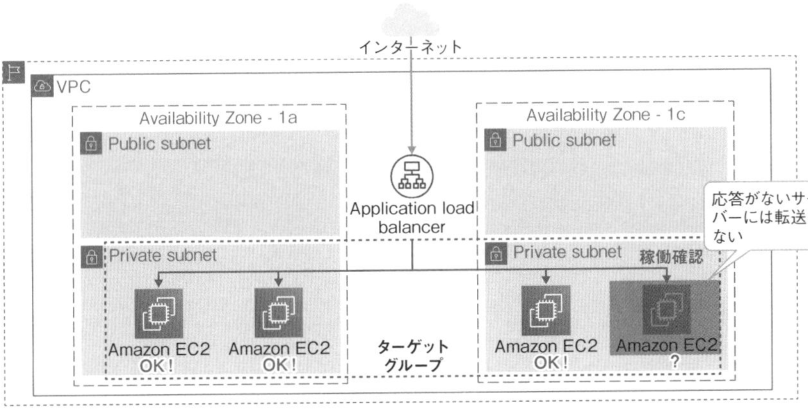

ヘルスチェックで設定できる項目を表3-6-1にまとめました。**ヘルスチェックの設定を変更して、異常なターゲットを負荷分散対象から外す時間を早くしたり、ヘルスチェックに使うポートを変更したりすることが可能です。**

表3-6-1 ヘルスチェックで確認できる項目

設定	説明	デフォルト値(ALB)
プロトコル	ヘルスチェック時にロードバランサーが使用するプロトコル	HTTP
パス	ヘルスチェックの配置先のパス	/
ポート	ヘルスチェック時にロードバランサーが使用するポート	トラフィックポート
正常のしきい値	非正常なターゲットを正常とみなすまでの、ヘルスチェックの連続成功回数	5
非正常のしきい値	ターゲットを異常とみなすまでの、ヘルスチェックの連続失敗回数	2
タイムアウト	ヘルスチェックを失敗とみなすまでの、ターゲットからレスポンスがない時間	5(秒)
間隔	ターゲットのヘルスチェックの概算間隔	30(秒)
成功コード	ターゲットからの正常なレスポンスの確認に使うHTTPコード	200

Chapter 3では、VPC、EC2、EBS、S3、RDS、ELBについて学習しました。ここで学習したAWSサービスはAWSを使ったシステム構築でよく利用されるサービスなので、どのようなサービスかしっかり理解しておきましょう。

memo

System operation using AWS

Chapter

4

アカウント運用

AWSのようなクラウドサービスを利用する場合、「アカウント」という言葉が指すのはサービスへサインアップした際に払い出される環境（テナント）と、その中で各利用者個人に紐づく「ユーザーアカウント」の2つがあります。本章では、主にAWSにおける「ユーザーアカウント」の運用について説明します。

Keyword

- AWS IAM → p.69
- IAM Access Analyzer → p.98
- AWS Organizations → p.102

基礎

4.1 アカウント運用とは

昨今のWebサービスでは、サービスの初回利用時に**アカウント登録**としてIDやパスワードの登録が求められることがほとんどです。普段何気なく耳にするこの**アカウント**とは一体何なのでしょうか。

4.1.1 アカウントとは

アカウントとは、**コンピュータやサービスなどを利用する個々のユーザーを識別するために登録する利用者固有の識別情報で、「ユーザー名」「ID」とも呼ばれます**。身近な例だとマイナンバーカードがアカウントの考え方に当てはまります。例えば、市役所で住民サービスを受ける際にマイナンバーカードの提示を求められることがあります。これはマイナンバーカードに記載されている個人番号を確認することで住民サービスを受ける個人を特定しています。この個人番号を、Webサービスにログインする際に入力を求められる「ID」(アカウント)と置き換えるとイメージしやすいでしょう。

4.1.2 アカウント運用に欠かせない「認証」と「認可」

「アカウント」を持つ利用者がコンピュータやサービスを利用する際は、システムの裏側で2つの処理が行われています。それは**認証**と**認可**です。

認証

先ほどの説明でアカウントとは利用者固有の識別情報であると述べましたが、あくまで利用者を識別するための情報であり、それだけでは利用者本人であることを確認するには情報不足です。そこで**システムではアカウント(識別情報)に加えて利用者本人しか知り得ない情報をセットで確認することで本人確認を行っています**。これを**認証**と呼びます。身近な例では、暗証番号やパスワードが認証情報の一種です。Webサービスを利用する際にIDとパスワードの入力を求められますが、これはWebサービスが「認証」を行おうとしていることを意味しています。AWSにおいてもAWSアカウントを利用する際は認証を行うための画面が表示されます。

図4-1-1 AWSアカウントの認証画面

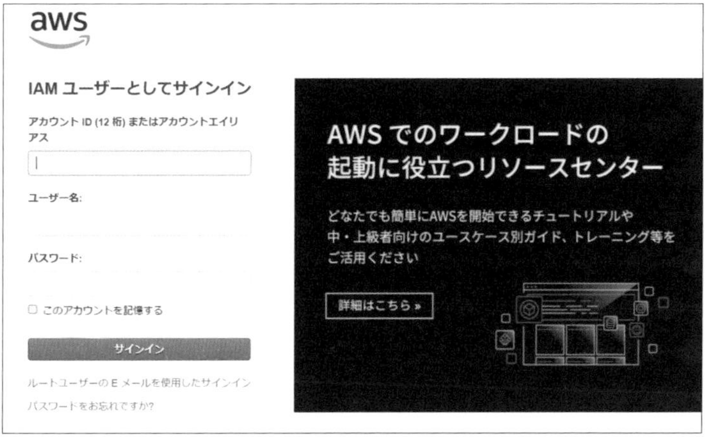

認可

認証されたアカウントに対して、サービスの利用権限を付与することを**認可**と呼びます。身近な例として、ECショップの無料会員と有料会員で利用できるサービスを分ける場合、アカウントごとにサービスの利用権限を付与します。

表4-1-1 無料会員と有料会員のECショップのサービスの違いの例

種別	最安値商品の検索	翌日配達	まとめて配達
無料会員	○	×	×
有料会員	○	×	○

図4-1-2 ECショップにおける認可のイメージ

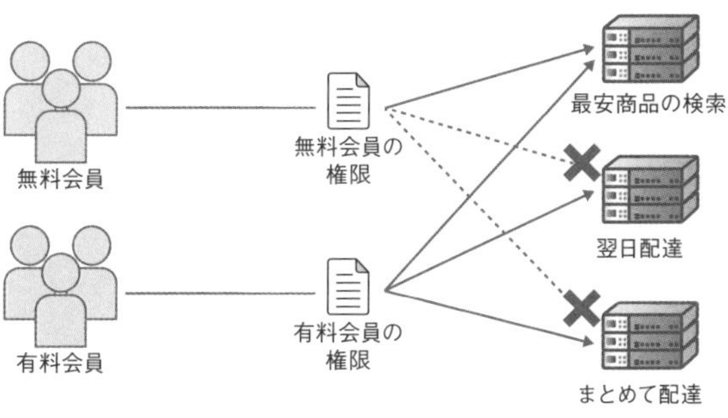

4.1.3 アカウント運用

「アカウント」「認証」「認可」の3つについて説明しましたが、もしもWebサービスを利用する際に正しいアカウント（識別情報）とパスワード（認証情報）を入力してもログインができなかったり、システム側で無断でアカウントが削除されていたり、有料会員なのに無料会員のサービスしか利用できなかったりすると利用者は混乱してしまいます。このような事態を避けるためには**システム側でアカウントに関する情報を保持し、適切に管理する必要があります**。これを**アカウント運用（アカウント管理）**と呼びます。

図4-1-3 認証・認可およびアカウント管理のイメージ

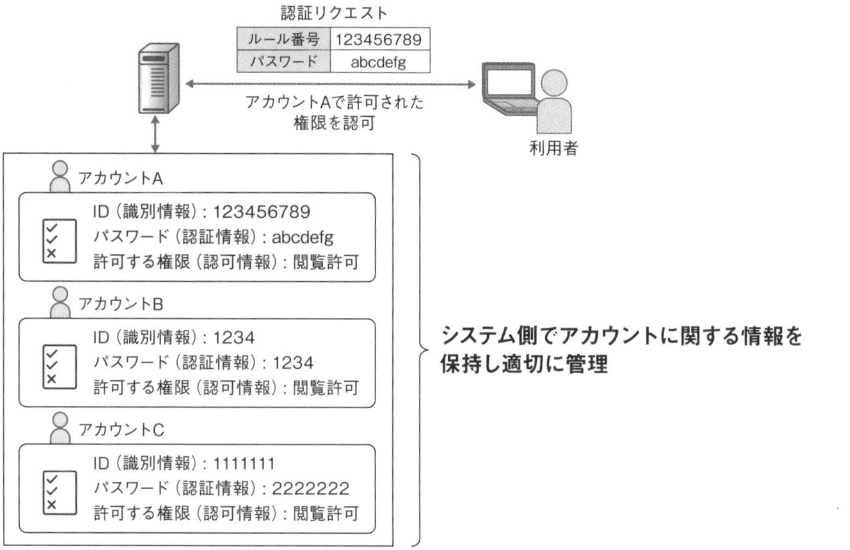

アカウント運用の対象と具体的な作業

アカウント運用の対象には、以下のようなものがあります。

- システムのサーバーOSのユーザーアカウント
- データベースのユーザーアカウント
- システムで利用している外部サービスのアカウント

これらのアカウントはシステムの開発者や運用担当者が利用します。

アカウント運用の作業として、システムの開発者・運用担当者が変更や離任になった際に、ユーザーやアカウントの作成・削除・権限の変更作業などがあります。また、担当者がパスワードを忘れてしまった際にパスワードのリセットも行います。その他にも、利用されていないアカウントがないか、権限が適切に割り当てられているかを定期的に確認します。

退職した従業員のアカウントを削除し忘れるなど、アカウント管理を適切に実施しなかった場合、退職した元従業員がそのアカウントでシステムにアクセスして機密情報を盗み出したり、最悪の場合はシステムを破壊されたりするなどのリスクがあります。

Column　アカウントへの権限付与のパターン

アカウントへの権限付与のパターンは、大きく分けて次の2つがあります。

❶あるアカウントに権限を付与し、複数人でそれを利用するパターン
❷個々人のアカウントを作成し、それぞれに必要な権限を付与するパターン

どちらで運用するのかは運用の要件によります。また、IaaSやSaaSなどのクラウドサービスであればそれらの仕様･規約にもよります。AWSの場合、❷の個々人のアカウントを作成することが多くなります。これはIAMグループ（p.74）やロールの切り替え（p.76）など、各ユーザーアカウントの権限をまとめて管理できる機能があるためです。

実務 4.2 AWSにおけるアカウント運用

AWSでシステムを稼働させる場合、必ずしも1つのAWSアカウント（テナントとしての単位）で運用するとは限りません。システムごとや部署ごとにAWSアカウントを分けることもあります。またそれに伴ってAWSアカウントを利用するユーザーや権限を管理する負荷も増えてしまいます。権限や認証情報の管理が不十分な場合、セキュリティリスクも上がります。

そのため、AWSでは効率的に管理する仕組みが用意されています。

4.2.1 ルートユーザー

AWSアカウントを作成した直後には、**ルートユーザー**でサインインして作業をします。**ルートユーザー**は、**AWSアカウント作成時に登録したメールアドレスとパスワードでログインできるユーザーです**。このルートユーザーは全てのAWSサービスへのアクセス権限を持っています。AWSアカウントの登録情報の変更や解約など、AWSアカウント自体の設定変更まで実行できます。

ルートユーザーは強い権限を持つため、上記のようなAWSアカウントに関わる変更のみ利用します（詳しくはp.84参照）。そのため、その他の定常的な作業は「4.3.1 AWS IAM」で紹介するIAMユーザーを利用します。

実務

4.3 関連するAWSサービス

AWSではアカウント上のユーザーやリソースのアクセス制御をAWS IAMというサービスで行います。

4.3.1 AWS IAM

AWS IAM (Identity and Access Management) とは、**AWSアカウント内で認証・認可を行うサービスです。**ユーザーやAWSリソース、他のAWSアカウントからのアクセスを管理します。AWS IAMは次表のようなコンポーネントで構成されます。**AWS IAMの利用自体に料金は発生しません。**

表4-3-1 AWS IAMのコンポーネント

コンポーネント	説明
IAMユーザー	AWSアカウントへのアクセスの認証単位
IAMグループ	IAMユーザーをグループ単位で管理する機能
IAMロール	AWSリソースへの操作権限の認可を行う仕組み
IAMポリシー	操作権限の認可を行う仕組み

各コンポーネントは、全てIAMのコンソールから確認できます。次の図4-3-1はIAMユーザーの例です。

図4-3-1 IAMユーザーの一覧を表示

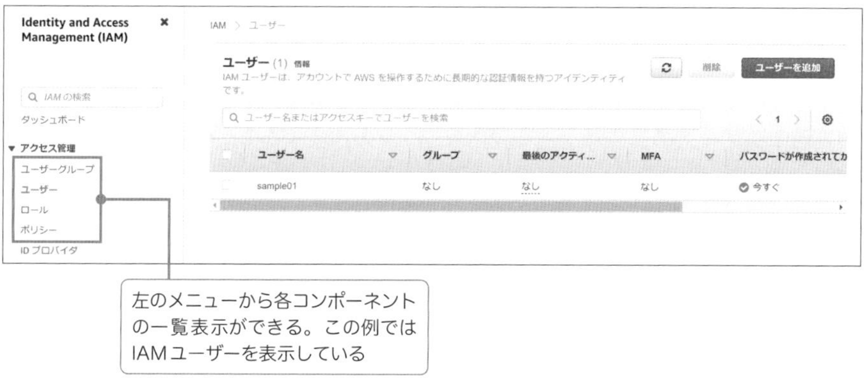

IAMユーザー

IAMユーザーとは、AWSアカウント上に作成するユーザーであり、「AWSアカウントへのアクセスの認証単位」です。4.2で解説した通り、ルートユーザーはAWSアカウント上の全ての操作権限に対する認可を受けており、どんな操作でもできてしまうため取り扱いには注意が必要です。そのため**AWSではルートユーザーを利用せず、必要最低限の操作権限に対する認可を受けたIAMユーザーを作成して利用することが推奨されています**。このように必要最低限の操作権限のみを付与することをAWSでは「**最小権限の原則**」と呼んでいます。

IAMユーザーを作成するとユーザーの認証情報が発行されます。この認証情報を利用すると図4-3-2で示す2つの方法を使ってAWSにアクセスすることができます。

図4-3-2 AWSにアクセスする方法

他にも**AWS API**、**AWS SDK**などの開発ツールを利用してAWSにアクセスし、操作することもできます。その場合、AWSから発行されるアクセスキーという文字列を認証情報として利用します。アクセスキーは、各ツールを実行する端末にて設定します。詳細な設定方法はAWSドキュメント※1を確認してください(※1のURLはAWS CLI)。

IAMロール

IAMロールとは、**AWSアカウント上で作成した各種AWSリソースに対して他のAWSリソースの操作権限を認可するための仕組みです**。AWSリソースとは、例えばEC2インスタンスやS3バケットなどです。AWSではAWSリソースを操作する際、その操作主体を大きく2つに分類することができます。1つはIAMユーザーがAWSリソースの操作を実行する場合、もう1つはAWSリソースが別のAWSリソースの操作を実行する場合です。IAMロールにおける認可は、後者の操作を

※1 https://docs.aws.amazon.com/ja_jp/streams/latest/dev/kinesis-tutorial-cli-installation.html

実行するために利用されます。

IAMロールでは、AWSリソースに認可する権限を**IAMポリシー**で定義します。**このIAMロールをAWSリソースにアタッチすることで操作権限の認可を行います。**

図4-3-3 IAMロールの利用イメージ

IAMロールがどのAWSサービス・リソースへアタッチできるかは**信頼ポリシー**でJSON（JavaScript Object Notation）と呼ばれる記述方法を用いて定義します。信頼ポリシーは各IAMロールの画面の**「信頼関係」タブ**で確認できます。図4-3-4および次ページのリスト4-3-1はEC2インスタンスへアタッチするための信頼ポリシーの例です。より詳細な記述方法はAWSドキュメント※2を確認してください。

図4-3-4 IAMロールの画面の「信頼関係」タブで信頼ポリシーを確認

※2 https://docs.aws.amazon.com/ja_jp/IAM/latest/UserGuide/reference_policies.html

リスト4-3-1 信頼ポリシーの例

```
{
    "Version": "2012-10-17",
    "Statement": [
        {
            "Effect": "Allow",
            "Principal": {
                "Service": "ec2.amazonaws.com"
            },
            "Action": "sts:AssumeRole"
        }
    ]
}
```

リスト4-3-1の例で定義されている内容について、表4-3-2で整理しています。

表4-3-2 信頼ポリシーの設定内容

要素	説明	記述内容の説明
Version	ポリシーバージョンを指定	「2012-10-17」を指定。 ポリシーバージョンとは作成日ではなく、AWSで決められた構文のルールのバージョンを指す。現行バージョンは「2012-10-17」
Statement	ポリシーを記述することを宣言	以降の記述で具体的なポリシーを定義することを宣言
Effect	操作を許可(Allow)	操作を許可(Allow)。信頼ポリシーではAllowのみ記述する
Principal	どのサービスへ委任(アタッチ)できるか	この例ではEC2 ("Service": "ec2.amazonaws.com")を指定
Action	具体的な操作内容	信頼ポリシーでは権限の委任(sts:AssumeRole)のみ記述する

IAMポリシー

IAMポリシーとは、IAMにおいて**操作権限の認可を行うための仕組み**です。IAMポリシーもJSONを用いて定義します。リスト4-3-2はIAMポリシーの例です。

リスト4-3-2 IAMポリシーの例

```
{
    "Version": "2012-10-17",
    "Statement": [
        {
            "Sid": "S3FullAccess",
            "Effect": "Allow",
            "Action": "s3:*",
            "Resource": "*",
        }
    ]
}
```

IAMポリシーはそれ単体では利用できません。IAMユーザーやIAM グループなどのIAMエンティティ(権限を与える対象)に対してIAMポリシーをアタッチ(適用)することで、はじめて利用できます。IAMポリシーをアタッチされたIAMエンティティは、IAMポリシーで定義された操作権限の認可を受けることができます。リスト4-3-2のIAMポリシーの例で定義されている内容について、表4-3-3に整理しています。

表4-3-3 IAMポリシーの設定内容

要素	説明	記述内容の説明
Version	ポリシーバージョンを指定	「2012-10-17」を指定。 ポリシーバージョンとは作成日ではなく、AWSで決められた構文のルールのバージョンを指す。現行バージョンは「2012-10-17」
Statement	ポリシーを記述することを宣言	以降の記述で具体的なポリシーを定義することを宣言
Sid	記述するポリシーの説明	この例ではS3へ全操作権限を付与するポリシーのため「S3FullAccess」と記述
Effect	操作を許可(Allow)するか、拒否(Deny)するか	操作を許可(Allow)
Action	具体的な操作内容	S3への全ての操作 (「*」はワイルドカード。「リソース名:*」で対象リソースの全ての操作を表す)
Resource	ポリシーの適用範囲(適用対象のAWSリソース)	ポリシーの適用範囲に制限は設けない

memo

IAMポリシーは、信頼ポリシーと同じ記載方法ですが、他にもConditionといった要素でより細かな制御が可能です。より詳細な記述方法はAWSドキュメント※3を確認してください。

※3 https://docs.aws.amazon.com/ja_jp/IAM/latest/UserGuide/reference_policies.html

IAMポリシーは、その特性によって以下の3つのポリシーに分類できます。

表4-3-4　IAMポリシーの3分類

ポリシー分類	概要
AWS管理ポリシー	・AWSが提供するポリシー群で複数のIAMエンティティで**使い回しが可能** ・IAMユーザーによる**編集はできない**
カスタマー管理ポリシー	・ユーザーが作成するポリシー群で複数のIAMエンティティで**使い回しが可能** ・IAMユーザーによる編集が可能であるため必要に応じて**ポリシーの追加/削除/修正が可能**
インラインポリシー	・IAMエンティティ固有のポリシー群で複数のIAMエンティティの**使い回しができない** ・ユーザーによる編集が可能であるため必要に応じて**ポリシーの追加/削除/修正が可能**

AWS管理ポリシーには「AmazonEC2FullAccess」「AmazonEC2ReedOnlyAccess」というように**AWSサービス名＋FullAccessもしくはReadOnlyAccess**というポリシー名のものが多いです。その名の通り、あるAWSサービスへの全ての操作もしくは読み取り操作が可能なポリシーです。AWS管理ポリシーには、あらかじめ各AWSサービスを利用するためのポリシーが用意されていて便利です。しかし、これらのポリシーでは利用者側で細かな制御ができないため、**特定のリソースのみに操作権限を絞りたいような場合ではカスタマー管理ポリシーを作成するよいでしょう**。カスタマー管理ポリシーの作成方法はAWSドキュメント※4を確認してください。

IAMグループ

IAMグループとは、**IAMユーザーをグループ単位で管理するための仕組み**です。IAMユーザーと同じくIAMグループへもIAMポリシーを付与できます。例えば、従業員100人に対してそれぞれIAMユーザーを作成したと仮定します。その100人分のIAMユーザーを個別に権限を認可して管理すると、管理者に大きな負担がかかります。そこで、役割ごと（権限ごと）にIAMグループを作成し、IAMユーザーをそれぞれの役割ごとのIAMグループに振り分けることで、グループ単位でIAMユーザーを管理できます。

役割ごとのIAMグループとは、例えば**AWSアカウントの管理者のIAMグループ、構築作業や設定変更作業を行うIAMグループ、参照のみができるIAMグルー**

※4 https://docs.aws.amazon.com/ja_jp/IAM/latest/UserGuide/access_policies_create-console.html

プといった具合です。

図4-3-5 IAMグループの利用イメージ

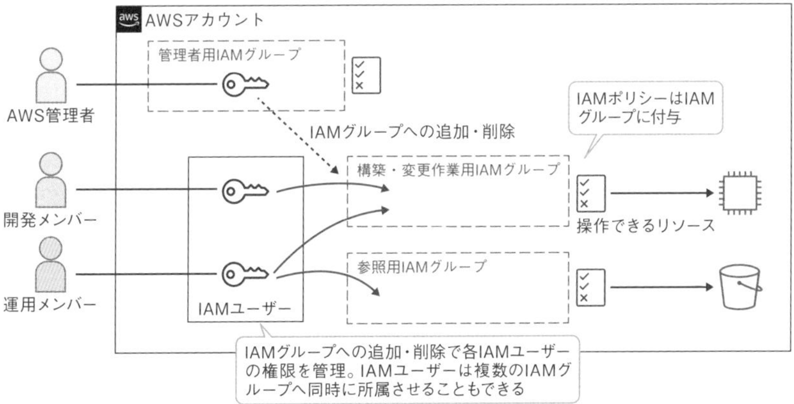

AWSでは、このようにIAMグループにIAMユーザーを振り分ける運用方法が推奨されています。IAMユーザーは、複数のIAMグループに同時に所属することもできます。そのため全てのIAMユーザーは基本の権限を持ったIAMグループに所属させ、追加で権限が必要な場合に一部のIAMユーザーを別のIAMグループにも所属させるといったことも考えられます。実際にはより細かいIAMグループ分けが必要かもしれませんが、**「プロジェクト内での役割」と「各役割のAWSリソースへのアクセス権限」を事前に定義することが、IAMグループの運用管理のコツです**。

4.3.2 複数のAWS アカウントでIAMユーザーを効率的に管理する

システムによっては、複数のAWSアカウントを所有することが考えられます。複数アカウントを所有するのは、以下のようなメリットがあるためです。

- アカウントごとに料金を管理できる
- アカウントごとに利用者のアクセスを管理できる
- アカウントごとに利用者のアクセスを管理することで、ユーザーの誤操作を防ぐことができる。

具体的には、開発環境や本番環境でそれぞれ別のAWSアカウントを用意したり、システムごとにアカウントを用意したりします。そのとき、各AWSアカウントでプロジェクトメンバーの分だけIAMユーザーを作成すると、管理する認証情報がAWSアカウント分だけ増えて管理が煩雑になり、その分セキュリティのリスクも高まります。そこで、このようなケースではIAMロールを利用して効率的な管理を実現します。

図4-3-6 複数のAWSアカウントを利用する場合のIAMユーザーの管理

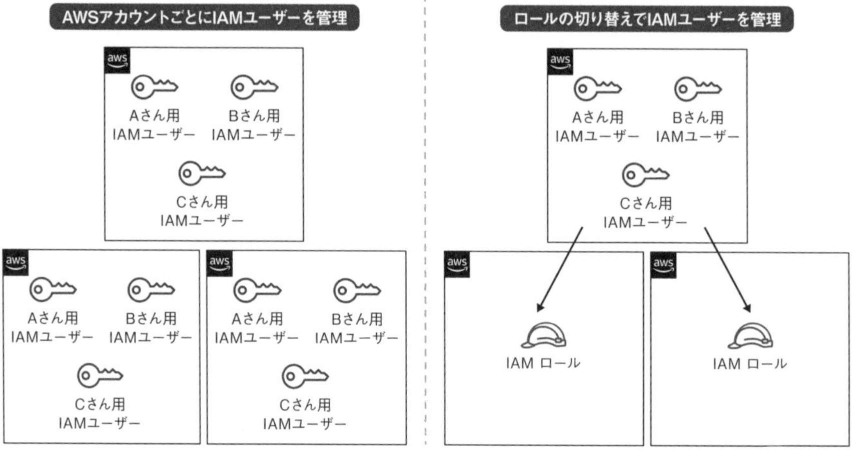

ロールの切り替え

複数のAWSアカウントへのアクセス制御には、IAMユーザーではなく、**「ロールの切り替え」**という仕組みを利用することで、管理の負荷とセキュリティリスクを低減します。**ロールの切り替えの仕組みを利用する場合、IAMユーザーでログインするAWSアカウントは1つだけ用意します**。本書ではこのアカウントを、**踏み台アカウント**と呼ぶことにします。

ロールの切り替えでは、踏み台アカウントのみにIAMユーザーでログインし、その他のAWSアカウントへはそのIAMユーザーから**権限をIAMロールに切り替えてログイン**します。ログインした先のアカウントでは、IAMロールに付与されたIAMポリシーで各AWSリソースを操作できます。これにより、1人につき1つのIAMユーザーを付与するだけで済み、管理すべきIAMユーザーの数を減らすことができます。

図4-3-7 踏み台アカウントを利用して複数アカウントをアクセス制御する

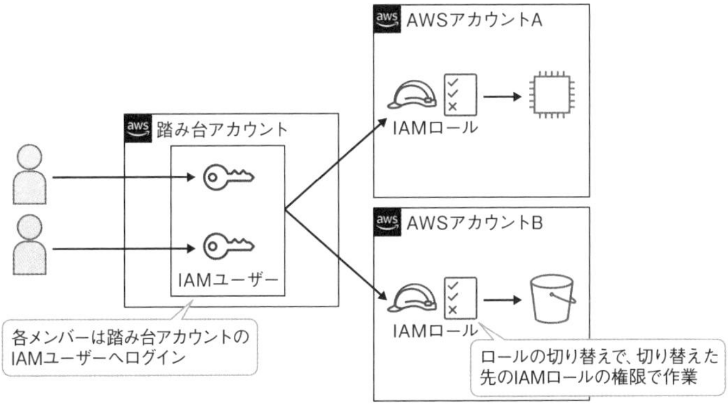

ログイン先のAWSアカウントでは、それぞれに**ロールの切り替えで使用するIAMロール**を用意する必要があります。**このIAMロールには、信頼ポリシーにて踏み台アカウントに権限を委任するよう設定します。**

リスト4-3-1 ロールの切り替えの信頼ポリシーの例（ロールの切り替え先のアカウントに作成）

```
{
    "Version": "2012-10-17",
    "Statement": [
        {
            "Effect": "Allow",
            "Principal": {
                "AWS": "arn:aws:iam::<踏み台アカウントのID>:root"
            },
            "Action": "sts:AssumeRole"          }
    ]
}
```

また、踏み台アカウントに作成するIAMユーザーのIAMポリシーにて、踏み台アカウントからログインしたいアカウントへのsts:AssumeRole[※5]を許可します。

※5 sts:AssumeRoleは、一時的な認証情報を払い出す仕組みです。詳しくは、Chapter 5で解説しますが、ロールの切り替えは、他のアカウントのリソース（ここでは図4-3-7のアカウントAのEC2インスタンス）に一時的な認証情報を用いてアクセスすることで実現しています。

リスト4-3-2 ロールの切り替えのIAMポリシーの例（踏み台アカウントに作成）

```
{
    "Version": "2012-10-17",
    "Statement": {
        "Effect": "Allow",
        "Action": "sts:AssumeRole",
        "Resource": "<ログイン先 AWSアカウントの IAMロールの ARN>"
    }
```

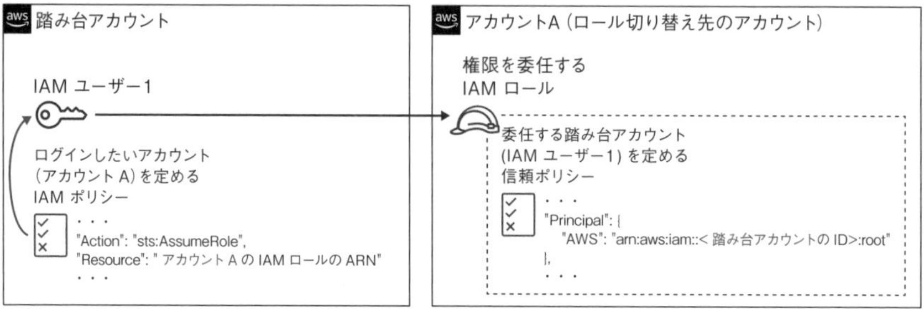

図4-3-8 設定が必要なIAMポリシー・IAMロール・信頼ポリシーの関係

ロールの切り替え先となるIAMロールは1つに限ることなく、複数用意することも考えられます。例えば、プロジェクト内での役割や権限ごとにIAMロールを用意します。よくあるのが「読み取り権限のみ付与したIAMロール」と「読み取りだけでなく操作権限も付与したIAMロール」を用意する例です。

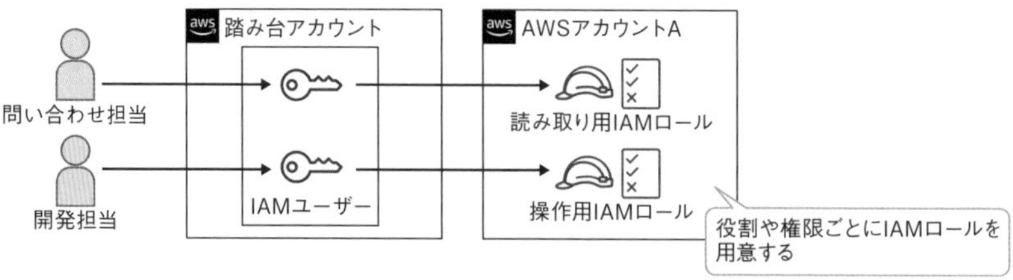

図4-3-9 切り替えるIAMロールを複数用意する

IAMグループを利用したロールの切り替え

踏み台アカウントにおいて各AWSアカウントへのロールの切り替えの制御は、**IAMポリシー**で行います。実際の運用では、メンバー全員に全てのアカウントへロールを切り替えることはなく、プロジェクトメンバーの役割によって特定のAWSアカウント、もしくは特定の権限のみにロールの切り替えを行うようにします。

例えば、Aシステムの開発メンバーは、本番・開発環境の両方のアカウントへ「操作用権限」でロールの切り替えを行います。一方、Bシステムの開発メンバーは、Aシステムのアカウントにはロールを切り替えさせないといった運用を行います。

このような特定の役割を持つユーザー群に対するロールの切り替えは、**IAMグループ**を用いて管理します。具体的には、単一もしくは複数の切り替え先のアカウントごとにsts:AssumeRoleの権限を付与したIAMグループを用意します。そこへIAMユーザーを追加し、各アカウントへのロールの切り替えの制御を行います。**アカウント管理者は、IAMユーザーのIAM グループへの追加・削除のみでIAMロールへのロールの切り替えが管理できるのです。**

図4-3-10 踏み台アカウントでIAM グループを導入する

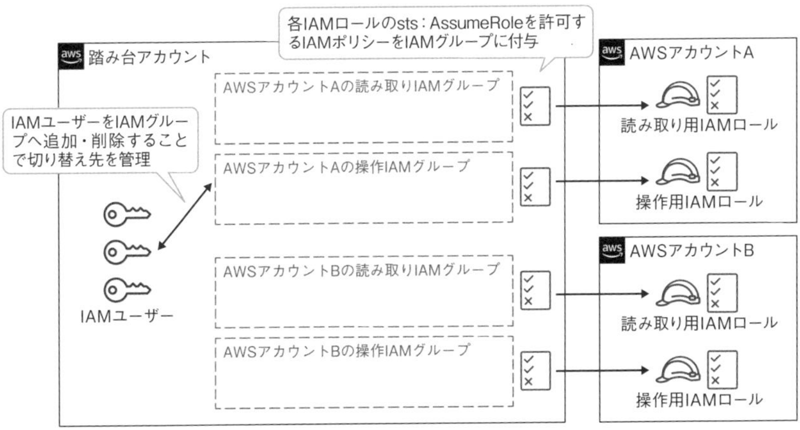

実務

4.4 サンプルアーキテクチャ紹介

ここまで説明した機能を最大限活用すると、権限を管理しやすくなります。複数アカウントを運用する際の理想的なアーキテクチャは以下のようになります。

図4-4-1 アカウント運用 サンプルアーキテクチャ

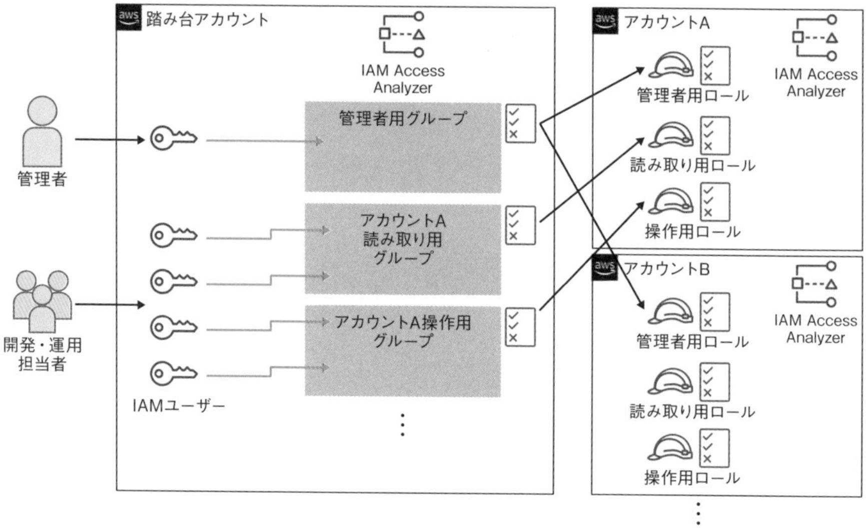

4.4.1 アーキテクチャ概要

このサンプルアーキテクチャでは、システムごとにAWSアカウントを1つ利用しています。AWSアカウントの管理者はどのアカウントでも共通ですが、システムを開発・運用するメンバーはそれぞれ異なります。

そこで、踏み台アカウントと呼ぶAWSアカウントに、各メンバーのIAMユーザーを作成し、IAMグループで、各IAMユーザーが「どのAWSアカウントのどの権限でログインするか」を管理しています。各アカウントへのログインには踏み台アカウントからロールの切り替えでログインしており、直接各システムのAWSアカウントにログインすることはできません。**アカウント運用では、踏み台アカウントを含む各AWSアカウントに対して、IAM Access Analyzerで定期的に権限の見直しを行います。**

実務

4.5 サンプルアーキテクチャの運用の注意点

アカウント運用における、運用時の注意点について解説します。

4.5.1 ルートユーザーの管理

デフォルトでは、ルートユーザー (p.68) はメールアドレスとパスワードのみで認証を行いますが、**多要素認証 (MFA)** ※6 **を有効としセキュリティを強化することが推奨されます。**

ルートユーザーのMFA設定

ルートユーザーで、AWSマネジメントコンソールへサインインする手順から解説します。まず、通常のサインインページから**「ルートユーザーのEメールを使用したサインイン」**をクリックすることで、ルートユーザーのサインインページへ移ることができます。ページの案内に従いAWSアカウント作成時に登録したEメールアドレスとパスワードを入力します。

図4-5-1 ルートユーザーにサインインする

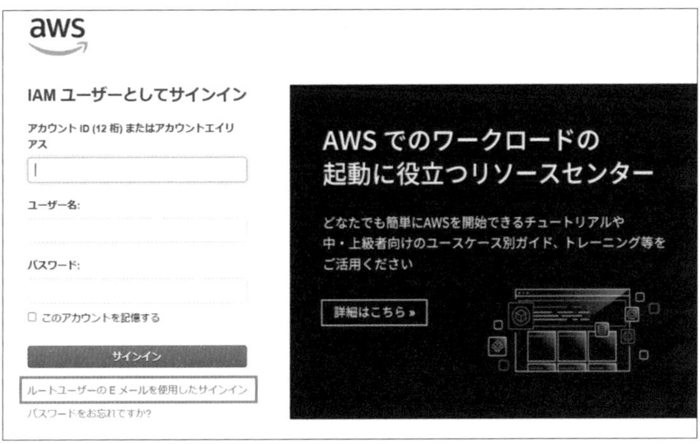

※6 Multi-Factor Authenticationの略。パスワードなどの「知識情報」、スマートフォンをはじめとするデバイスなどの「所持情報」、指紋などの「生体情報」を組み合わせた認証方法。

図4-5-2 ルートユーザーのEメールアドレスを入力する

ルートユーザーでサインインしたら、コンソール右上のアカウント名から**セキュリティ認証情報**をクリックし、AWSアカウントのセキュリティ認証情報の画面へ移ります。**「多要素認証(MFA)」**の**「MFAデバイスの割り当て」**をクリックし、MFAデバイスを登録します。MFAデバイスを選択の画面でMFAデバイスのタイプを選択し、それぞれのタイプの案内に従って登録します。

図4-5-3 アカウント名クリック後の画面

図4-5-4 セキュリティ認証情報の画面

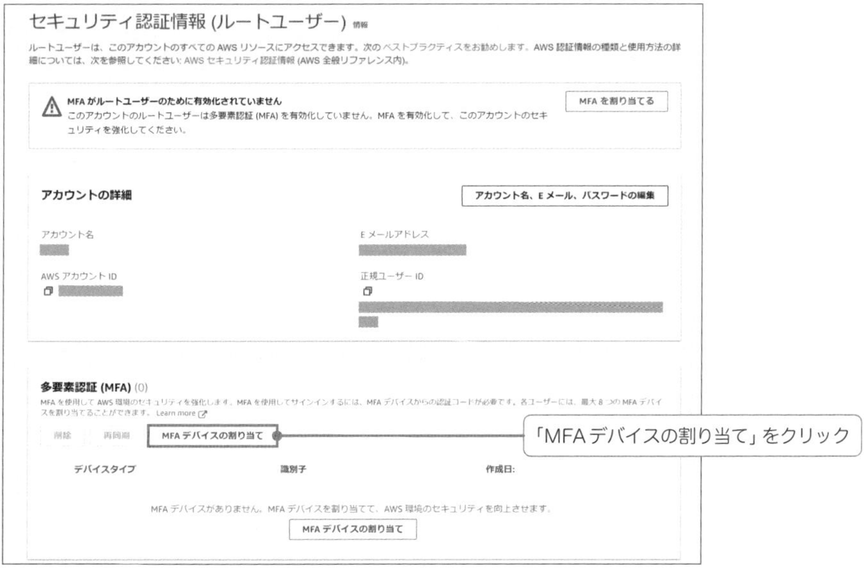

図4-5-5 MFA デバイスを選択の画面

利用されることが多いのは **認証アプリケーション**と**セキュリティキー**です。認証アプリケーションは、スマートフォンやMFA用のアプリをインストールして使用するため簡単に設定できます。セキュリティキーはYubikey※7のような物理的なデバイスを利用します。ただし、キーの購入が別途必要になります。

ルートユーザーと管理者用IAMユーザーの使い分け

ルートユーザーは、権限が強く設定のミスがシステム全体に致命的な影響を及ぼす可能性があります。 そのため、少なくとも管理者用のIAMユーザーをAdministratorAccess※8のようなAWS管理ポリシーを付与して作成し、それ以降の作業はこの管理者用IAMユーザーを使用して実施しましょう。IAMユーザーの作成方法はAWSドキュメント※9を確認してください。

ルートユーザーでの定常的な作業は推奨されませんが、下記がルートユーザーのみが行える主な作業です。**普段の業務ではIAMユーザーを利用し、以下のような特殊な作業のみルートユーザーで作業しましょう。**

- アカウントの設定変更（アカウント名、E メールアドレス、ルートユーザーパスワードなど）
- AWSアカウントの管理者が、自分自身のIAMユーザーのIAMポリシーを誤って取り消してしまった場合のIAMポリシーの編集と復元
- IAMユーザーおよびIAMロールが請求情報・コストマネジメントコンソールへアクセスすることを有効とすること
- AWSアカウントの解約
- AWSサポートプランの変更とキャンセル

4.5.2 IAMユーザーのパスワード管理

AWSアカウント管理者やプロジェクトメンバーは、IAMユーザーを利用して作業・運用業務を行います。この際、AWSマネジメントコンソールへのサインインに**パスワード**が必要です。

※7　https://www.yubico.com/yubikey/?lang=ja
※8　AdministratorAccessは、全てのAWSサービス・リソースへアクセスできるAWS管理ポリシーで、ルートユーザーしか行えない操作以外の全ての操作を実行できます。
※9　https://docs.aws.amazon.com/ja_jp/IAM/latest/UserGuide/id_users_create.html

IAMユーザーのパスワードポリシー

IAMユーザーのパスワードには、**パスワードポリシー**というものがあります。これはパスワードの要件を定義した設定で、デフォルトでは以下のような設定です。

- パスワードの文字数8〜128文字
- 大文字、小文字、数字、記号（! @ # $ % ^ & * ( ) _ + - = [ ] { } | '）のうち、最低3つの文字タイプの組み合わせ
- AWSアカウント名またはEメールアドレスと同じでないこと

IAMユーザーのカスタムパスワードポリシー

カスタムパスワードポリシーを利用すれば、**IAMユーザーへより複雑なパスワードポリシーを設定できます**。カスタムパスワードポリシーで設定できる項目は、以下の通りです。

- パスワードの最小文字数（6〜128文字）
- パスワードの強度
  - ・1文字以上のアルファベット大文字（A〜Z）を必要とする
  - ・1文字以上のアルファベット小文字（a〜z）を必要とする
  - ・少なくとも1つの数字が必要
  - ・少なくとも1つの英数字以外の文字が必要（! @ # $ % ^ & * ( ) _ + - = [ ] { } | '）
- パスワードの有効期限（1〜1,095日）
- パスワードの有効期限が切れた際は管理者によるリセットが必要か否か
- IAMユーザーにパスワードの変更を許可するか否か
- パスワードの再利用を禁止するか否か

パスワードの有効期限を設定した場合、有効期限前の数日間はAWSマネジメントコンソール上に警告が表示されます。またIAMユーザーにパスワード変更を許可しておけば、IAMユーザーの利用者はこの警告を確認し自身でパスワードを変更することができます。カスタムパスワードポリシーを利用することで強力なパスワードを強制できるだけでなく、パスワードの変更も促せるわけです。なお、**有効期限は設定すると直ちに適用されるため、既存のパスワードで有効期限を経過しているものは失効し、IAMユーザーの利用者がログインできずAWS管理者側でパスワード変更作業が発生してしまうので注意が必要です**。

IAMユーザーのカスタムパスワードポリシーの作成

実際にカスタムパスワードポリシーを設定するには、IAMコンソールから実施します。IAMコンソールの「アカウント設定」の画面から**「編集」**を開き、任意で項目を有効とし保存することで設定と変更ができます。

図4-5-6　IAMからカスタムパスワードポリシーを設定する1

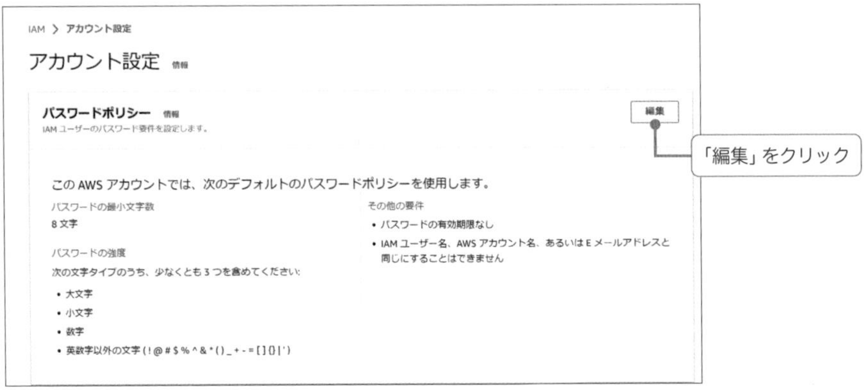

図4-5-7　IAMからカスタムパスワードポリシーを設定する2

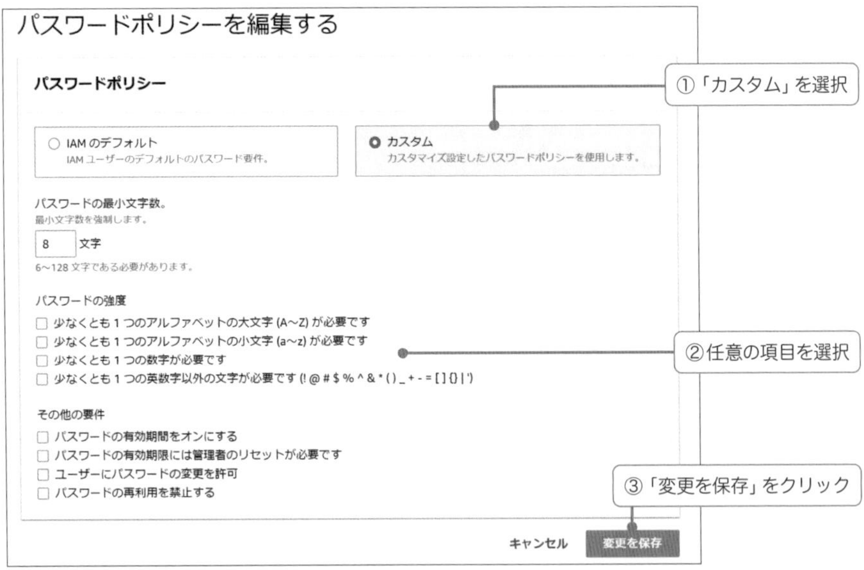

memo
Chapter 8で解説するTrusted Advisorを利用すると、AWSアカウントにおいてパスワードポリシーが有効かどうか、強力なパスワードを課されているか自体をチェックできるため、設定漏れを防ぐことができます。

利用者によるパスワードの変更

パスワード変更のパスワードポリシーで、パスワードの有効期限を設定しており、利用者にパスワードの変更が許可されているとします。この場合は、失効後のサインイン時に利用者に再設定が求められます。

IAMユーザーの利用者は、IAMユーザーのパスワードの変更を**IAMコンソール**から行えます。変更するには、IAMコンソールの**「ユーザー」**から対象の**IAMユーザー名**をクリックし詳細画面へ移ります。「セキュリティ認証情報」タブの**「コンソールアクセスを管理」**をクリックすると、パスワードに関する設定が開きます。

図4-5-8　IAMユーザーの一覧画面

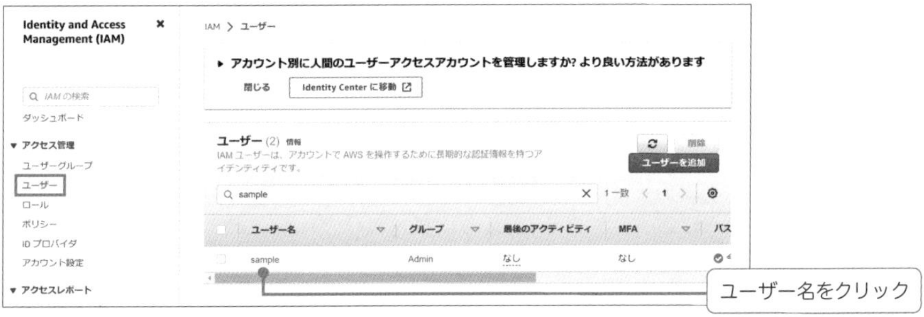

図4-5-9　ユーザー詳細の画面

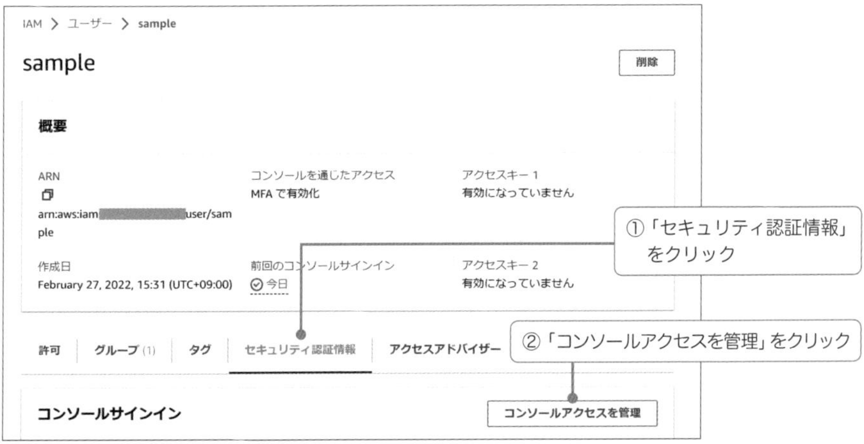

「コンソールアクセスを管理」の画面にて「**自動生成されたパスワード**」もしくは「**カスタムパスワード**」を選択します。「カスタムパスワード」の場合はパスワードも入力しましょう。「ユーザーは次回のサインイン時に新しいパスワードを作成する必要があります」にチェックを入れることで、次のサインイン時に新しいパスワードを設定できますが、利用者自身でIAMユーザーのパスワードを再設定している際には不要でしょう。各項目の設定が終わったら**適用**をクリックします。「**.csvファイルをダウンロード**」をクリックし新しいパスワードをダウンロードしておきましょう。

図4-5-10 コンソールアクセスを管理の画面

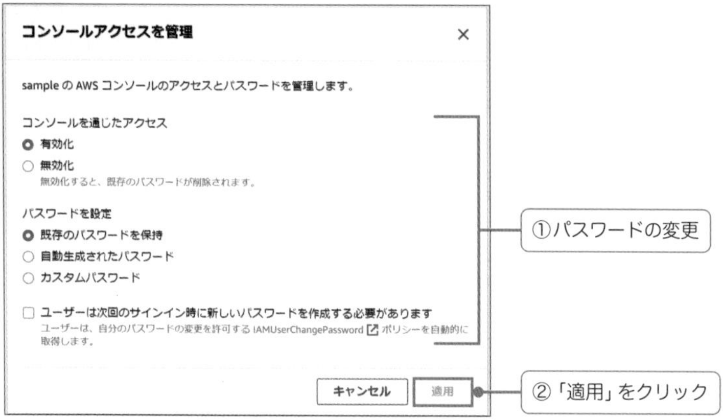

図4-5-11 パスワードのCSVファイルのダウンロード

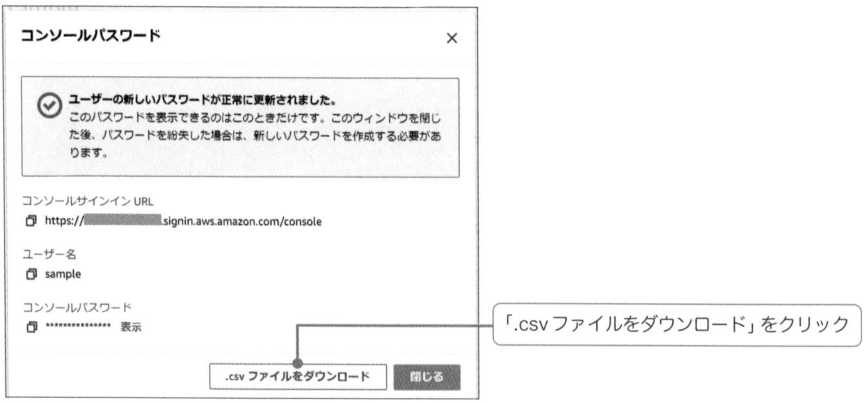

4.5.3 IAMユーザーのMFA管理

サインインに何度も失敗したユーザーを使用できなくする機能を、一般的に**ロックアウト**といいますが、**IAMユーザーにはこのロックアウトの機能はありません**。パスワードポリシーで強制した強力なパスワードであっても、偶然に認証できてしまうリスクはあります。またパスワードやアクセスキーなどの認証情報の管理は、利用者にゆだねられることが多いため漏洩のリスクもあります。**そのため各利用者のIAMユーザーについても、ルートユーザーと同様にMFAを有効とすることが推奨されます**。

IAMユーザーにMFAを強制する

MFAを全てのIAMユーザーで有効にする際、IAMユーザーのMFA設定は個々のIAMユーザーの利用者が行わなくてはいけません。そのため、管理者が設定状況を把握するのが難しくなります。そこで**MFA設定がなければ他の操作を拒否するようにIAMポリシー定義し、それらをIAMエンティティに付与する**という方法をとります。本書ではこのようなIAMポリシーを**MFA強制ポリシー**と呼びます。MFA強制ポリシーの作成手順はAWSドキュメントにも記載があります。

IAMチュートリアル: ユーザーに自分の認証情報およびMFA設定を許可する

URL https://docs.aws.amazon.com/ja_jp/IAM/latest/UserGuide/tutorial_users-self-manage-mfa-and-creds.html

このMFA強制ポリシーについても、個別にIAMユーザーへ付与するのではなくIAMグループに付与し、新規作成したIAMユーザーはそのIAM グループに追加します。これによって、IAMユーザーにMFA強制ポリシーの他に何らかのアクションを許可したポリシーが付与されていたとしても、利用者がIAMユーザーにMFAを設定していなければそれらのアクションは拒否され実行できません。これは**IAMポリシーにおいては明示的な許可よりも明示的な拒否が優先されるためです**。MFA強制ポリシーを利用しておらず後から付与しても、付与した瞬間からMFAが設定されていなければその他のアクションは拒否されます。**IAMユーザーの利用者は、MFA設定をするまで他の全ての作業ができませんが、AWSアカウント管理者からすると統制が取りやすくなります**。

図4-5-12　MFA強制ポリシーによる制御

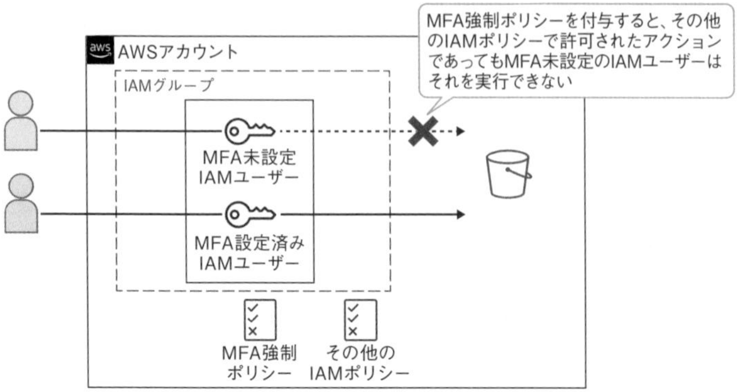

IAMユーザーのMFA設定手順

各IAMユーザーのMFA設定は、そのIAMユーザー利用者側で設定しなければなりません。実際に利用するMFAデバイスや設定方法などは、管理者側から案内することもあるため、IAMユーザーのMFA設定手順について説明します。

まずは、IAMユーザーで**IAMコンソール**を開きます。次に**「ユーザー」画面**から、利用している**「ユーザー名」**をクリックし、IAMユーザーの詳細画面を開きます。

図4-5-13　ユーザー画面から、利用しているユーザーを選択する

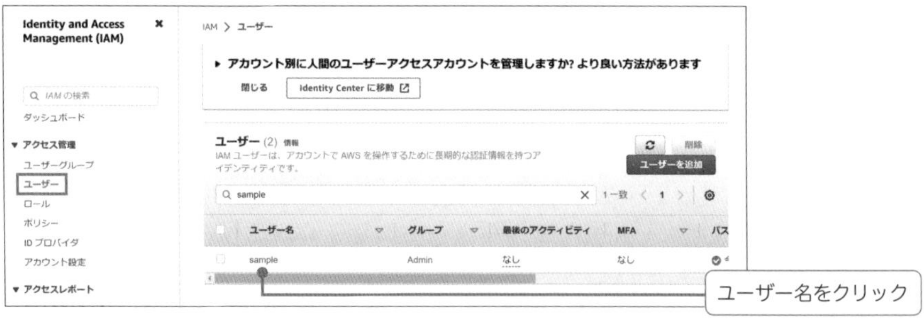

「セキュリティ認証情報」タブの**「コンソールアクセスを管理」**をクリックします。**「MFAデバイスを選択」**の画面で、使用するMFAデバイスのタイプを選択し、案内に従い設定を行います。

図4-5-14 IAMユーザーの「セキュリティ認証情報」タブからMFAデバイスを割り当てる

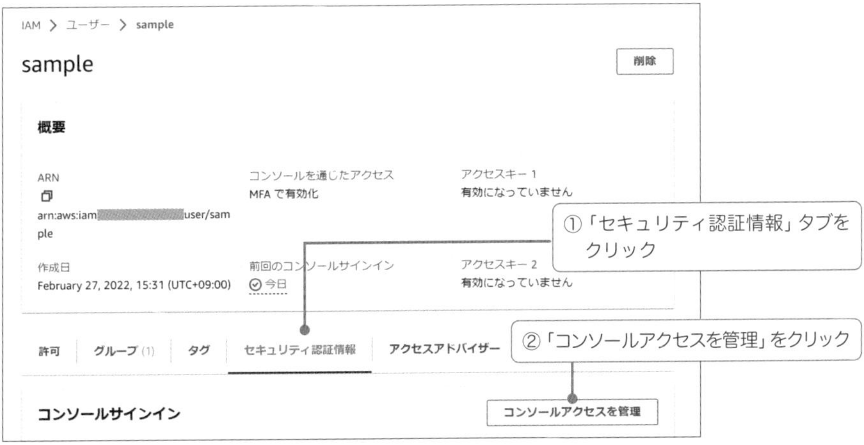

図4-5-15 MFAデバイスを選択からMFAデバイスのタイプを選択する

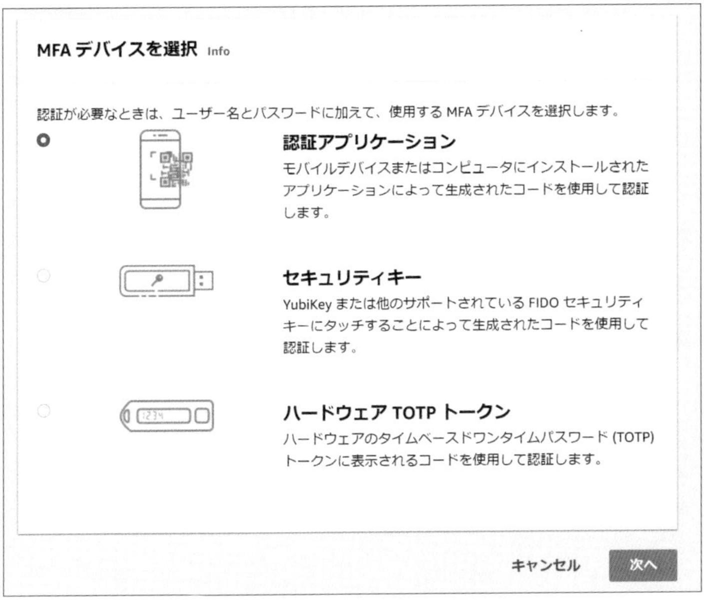

MFAデバイスは、IAMユーザー1つにつき8個まで登録できます。利用者には、MFAデバイスを紛失した際や移行し忘れた際の対策として、複数登録するよう案内してもよいでしょう。

IAMユーザーのMFA設定状況を確認する

MFA強制ポリシーを使用していれば、MFAを設定しなければ許可した操作が実行できませんが、作成したIAMユーザーに利用者がサインインせず、MFAが設定されない状態が続くのは好ましくありません。**利用者が直近でAWSでの作業が必要なくとも、MFA設定のみは行ってもらう必要があります。**

各IAMユーザーでMFA設定がされているか確認には、**IAMコンソール**を定期的に確認する方法が簡単です。IAMユーザー一覧から、各IAMユーザーのMFA設定がされているかどうかを確認できます。

図4-5-16 IAMユーザー覧からMFA設定状況を確認する

また、MFA設定状況は、IAMコンソールからダウンロードできる**認証情報レポート**でも確認できます。認証情報レポートはCSV形式のファイルで、**MFA設定有無の他にもパスワードの期限や最後に変更された日時など認証情報にかかわる情報を確認できます。**

図4-5-17 認証情報レポートをダウンロードする

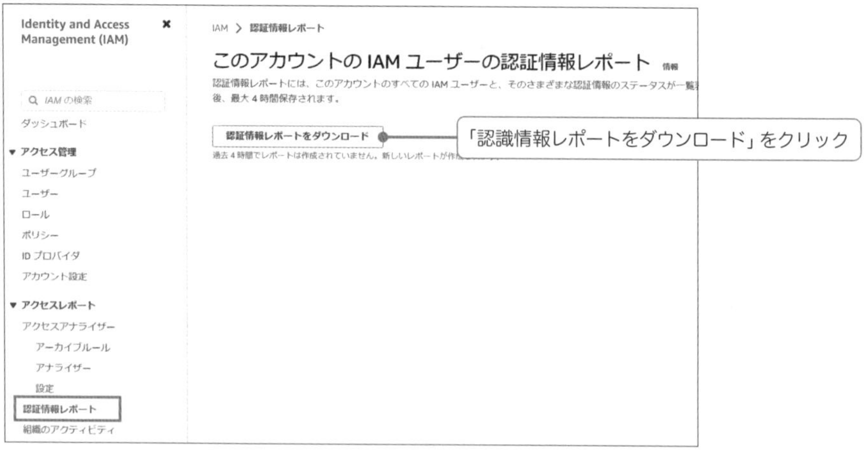

memo

AWS ConfigのConfig Rules※10には、iam-user-mfa-enabled（個々のIAMユーザーでMFAが有効かどうか）とmfa-enabled-for-iam-console-access（全てのIAMユーザーでMFAが有効かどうか）確認するというルールがデフォルトで用意されています。そのため、これらのルールをを利用してMFAが設定されていないIAMユーザーを検知することも可能です。

4.5.4 IAMユーザーのアクセスキーのローテーション

アクセスキーについても、IAMユーザーのパスワードと同様に定期的にローテーション（変更）することが推奨されます。IAMアクセスキーのローテーションは以下のような流れで行います。

❶新しいアクセスキーの作成
❷アプリケーションで使用している場合は古いアクセスキーから新しいアクセスキーへ入れ替え
❸古いアクセスキーの無効化
❹古いアクセスキーの削除

アクセスキーは無効化することもできますが、削除すると元に戻すことができません。IAMユーザー1つにつき、アクセスキーは2つまで作成できるため、アクセスキーを入れ替える際はまず古いアクセスキーは削除せずに無効にしましょう。その後に新しいアクセスキーを作成、それを利用してAWS CLIやAWS SDKを利用するアプリケーションが問題なく動作することを確認してから古いアクセスキーを削除するのがよいでしょう。本書では、アクセスキーの無効化の手順のみ解説します。その他の操作については、AWSドキュメント※11を確認してください。

アクセスキーを無効化する

アクセスキーを無効化するには、まず**IAMの変更権限を持つIAMユーザー**でマネジメントコンソールにログインし、IAMコンソールにアクセスします。次にナビゲーションペインの**「ユーザー」**をクリックします。

※10 Chapter 9で解説します。
※11 https://docs.aws.amazon.com/ja_jp/IAM/latest/UserGuide/id_credentials_access-keys.html#Using_CreateAccessKey

図4-5-18 IAMダッシュボード画面

アクセスキーを変更をするIAMユーザーを選び、クリックします。こちらの例ではsampleというIAMユーザーをクリックしています。

図4-5-19 アクセスキーを変更するIAMユーザーを選択

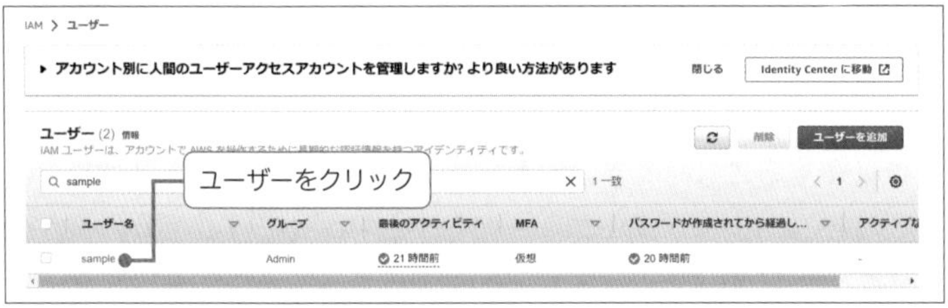

アクションのプルダウンの**「無効化」**をクリックします。

図4-5-20 認証情報タブからアクセスキーを無効化する

確認のウィンドウが表示されるので、「無効化」をクリックします。

図4-5-21　確認のウィンドウでアクセスキーを無効化する

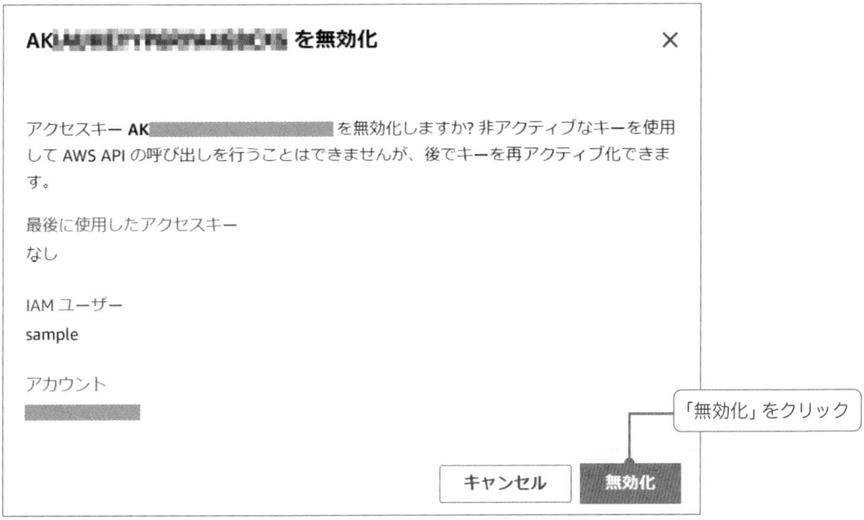

4.5.5　アカウント運用においてIAMで継続的に行う作業

アカウント運用では、利用者がAWSサービスを利用可能にするだけではなく、継続的に行う作業があります。それらの作業について解説します。

■ IAM Policy Simulatorを使ったポリシーの検証

各IAMエンティティが、どのAWSサービスやリソースにどんな操作権限を持つかを定義するのがIAMポリシーです。あらかじめAWS管理ポリシーとして用意されているIAMポリシーも利用できますが、定義されているアクセス権限が広く、誤操作のリスクや認証情報が漏洩した際のセキュリティリスクが高くなります。そのため、より細かな制御を行う場合はカスタマー管理ポリシー（p.74）を作成する必要があります。ただIAMポリシーで細かな権限を作成すると、作成したカスタマー管理ポリシーを付与したIAMユーザーで想定した操作ができず権限エラーとなり、トラブルが発生することが多々あります。**そのため、IAMユーザーにアタッチする前に、作成したIAMポリシーが想定した通りAWSサービス・リソースにアクセスできるか、もしくはできないかを検証すると、そういったトラブ**

ルが少なくなります。

そこで役立つのが**IAM Policy Simulator**です。IAM Policy Simulator自体には利用料金はかかりません。

AWSマネジメントコンソールへサインインした状態でIAM Policy Simulatorコンソール（https://policysim.aws.amazon.com/）を開くと、IAM Policy Simulatorへアクセスできます。**IAM Policy Simulator**では、**付与した権限を評価する対象のIAMエンティティとAWSサービス・リソースやアクションを選択しシミュレーションを実行することで、評価対象のIAMエンティティが対象AWSサービス・リソースへのアクションが許可されているか否かを検証することができます**。

図4-5-22 IAM Policy Simulatorでカスタマー管理ポリシーを検証する

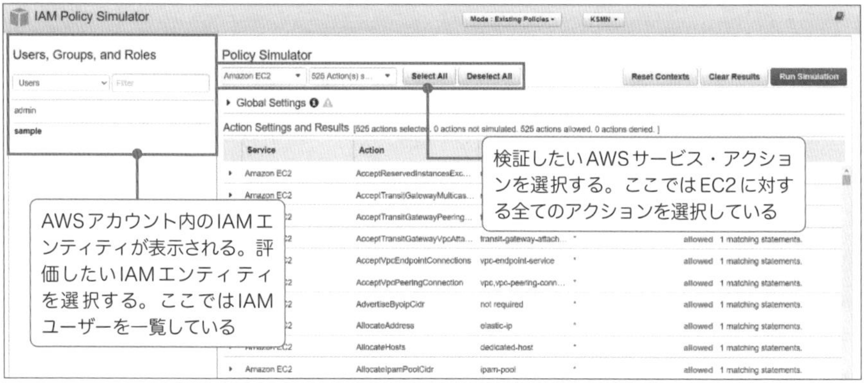

特定のAWSサービス・リソースのみにアクセスさせるようなIAMグループや特定の操作を明示的に拒否するようなIAMグループを用意する場合、IAM Policy Simulatorで想定した操作が可能かもしくは拒否されるかを確認しつつIAMポリシーを調整しましょう。

memo

IAM Policy Simulatorは、各IAMエンティティに付与されているIAMポリシーだけでなく、各AWSリソース側で定義されるリソースポリシーまでもテストし、特定のアクションが許可されているかもしくは拒否されているかを確認できます。

IAMエンティティの見直し

組織やプロジェクトでは、メンバーの異動や退職などが発生します。すでにプロジェクトから離れたメンバーや退職したメンバーのIAMユーザーが、AWSアカウントに残っていることは好ましくありません。また、プロジェクトを離れていない・退職していないとしても、役割が変わったメンバーのIAMユーザーに以前のIAMポリシーが付与され続け、現在の役割と無関係なAWSリソースにアクセスできたり、AWSアカウントへロールの切り替えができたりしてしまうことも好ましくありません。

IAMユーザーの認証情報については、パスワードポリシーやAWS Trusted Advisor (Chapter 9) でガバナンスが取れたとしても、個別の組織やプロジェクト内でのメンバーの状況に対応したIAMユーザーの管理は管理者にゆだねられています。**管理者はメンバーの異動や退職の都度、IAMユーザーの変更・削除を実施することが理想です。それが難しければ定期的に棚卸を実施します。**

アクセスアドバイザーを利用したIAMポリシーの見直し

IAMユーザーやIAMロールの見直しだけでなく、IAMポリシーも定期的に見直しが必要です。プロジェクトメンバーの作業や新しいAWSサービス利用のために追加でIAMポリシーの付与が必要となることがあるでしょう。それだけでなく必要以上に権限が付与されている場合もあります。例えば、システムを運用していく中で、IAMポリシーで付与した権限が不要となる場合や、当初のIAMポリシーの設計ミスなどで本来不要な権限を保持している場合です。

各IAMエンティティには、**アクセスアドバイザー**という機能があります。**アクセスアドバイザーは、各IAMエンティティがアクセスできるAWSサービスに「最後にいつアクセスしたか」を記録しています。**IAMポリシーを見直す際にこの記録を参考にできます。管理者は、記録から数カ月アクセスしていないサービスをピックアップし、利用者に権限が必要か確認することでポリシーから不要な権限を削除することが可能です。

アクセスアドバイザーは、各IAMエンティティの**「アクセスアドバイザー」**のタブから確認できます。

図4-5-23 アクセスアドバイザーでAWSサービスへのアクセス状況を確認する

アクセスアドバイザーには、利用料金は発生しません。

IAM Access Analyzerによる最低権限の付与

各IAMエンティティのIAMポリシーを必要な権限だけに絞る方法として、他には**IAM Access Analyzer**があります。**IAM Access Analyzer**は、**AWS CloudTrail (Chapter 10)に記録された各IAMエンティティの操作履歴を最大90日間さかのぼって分析し、利用された権限に絞って最小権限のIAMポリシー(カスタマー管理ポリシー)を生成する機能です**。生成されたポリシーはカスタマイズも可能であるため、必要な権限を追加で付与することも可能です。IAM Access Analyzerの利用自体に追加料金はかかりません。

IAM Access Analyzerでポリシーを生成する際は、まずIAMコンソールから図4-5-18の左メニューにある「ユーザー」「ロール」から**権限を見直したいIAMエンティティの詳細画面**を開きます。次に「CloudTrail イベントに基づいてポリシーを生成」にある**「ポリシーの生成」**をクリックします。**分析する期間**と**CloudTrail証跡や対象リージョン**を選択し**「ポリシーを生成」**をクリックすると、IAM Access Analyzerによる分析が開始されます。開始すると**「進行中」**のステータスとなります。

図4-5-24　「CloudTrail イベントに基づいてポリシーを生成」からポリシーの生成をクリック

図4-5-25　分析する期間とCloudTrail証跡の選択

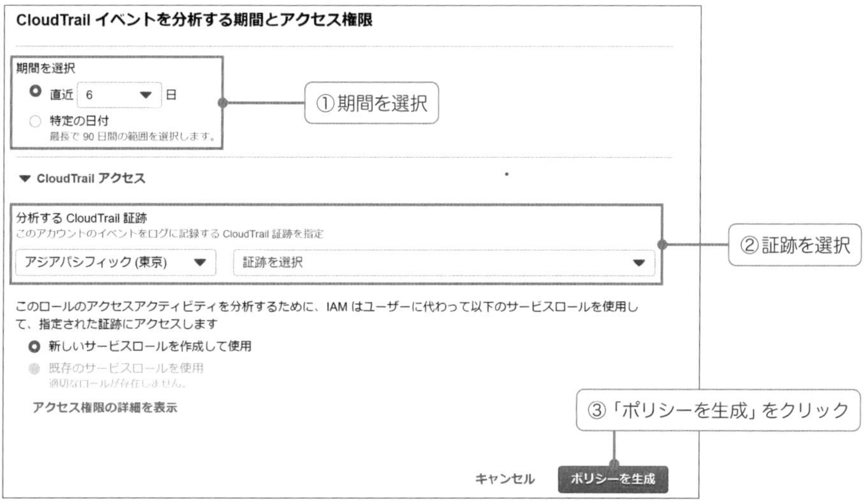

ステータスが**「成功」**となると分析は完了です。**「生成されたポリシーを表示」**をクリックします。

図4-5-26　生成されたポリシーを確認する

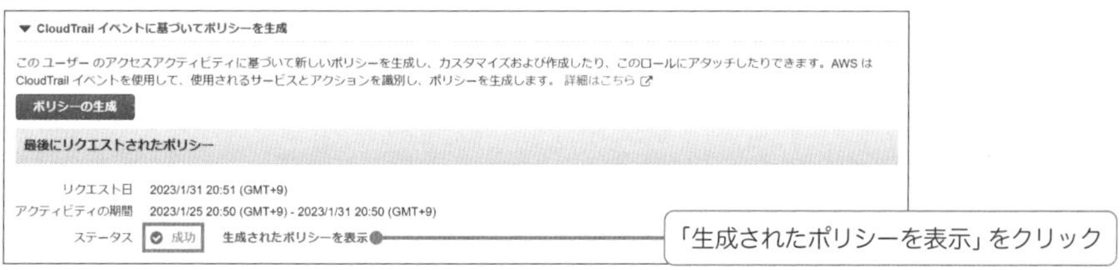

「アクセス権限を確認」画面の案内に従い、指定期間にそのIAMエンティティが使用したAWSサービスとアクションを確認します。IAM Access Analyzerが生成するポリシーには、これらのアクションが含まれます。使用したAWSサービスについては任意でアクションを追加することもできます。

図4-5-27 各IAMエンティティが使用したAWSサービスとアクションを確認し、アクションを追加する

次の画面ではIAMポリシーの**JSON**を確認します。ここでは権限が広すぎることによるセキュリティ警告やJSON構文のエラーを修正します。JSONにてエラーや警告のある行は赤く表示されます。また任意でステートメントを追加・削除するなどカスタマイズも可能です。

図4-5-28　IAMポリシーのJSONを確認する

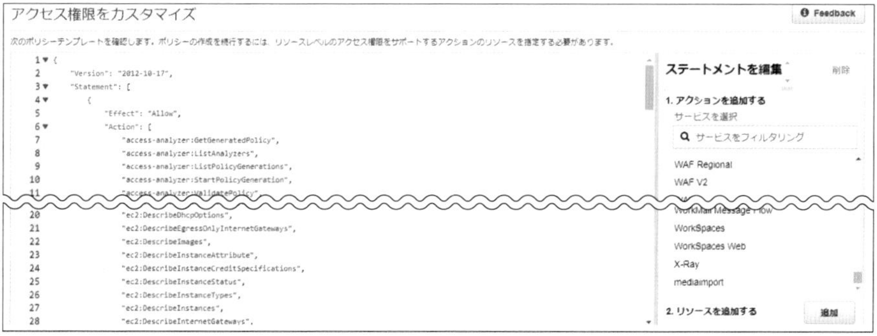

最後の画面で、**IAMポリシーのポリシー名**や**説明**を入力し作成します。**「ポリシーを○○にアタッチ」**にチェックを入れると、作成時に自動的に対象IAMエンティティにアタッチされます。作成したIAMポリシーで想定しているアクションが可能かを検証したい場合は、チェックを外して作成しましょう。その後、検証用のIAMユーザー・ロールを用意してそれらにアタッチし、動作の確認が取れてから対象のIAMエンティティへアタッチするのがよいでしょう。

図4-5-29　管理ポリシー名をつけてアタッチする

Column AWS Organizations

このChapterでは、AWSでユーザーアカウント管理で利用するAWS IAMについて主に解説しました。Chapter内でも触れた通り、複数のAWSアカウントでシステム運用がされることもあります。AWSアカウントが増えるとユーザーアカウントだけでなくAWSアカウント自体の管理の負荷も大きくなります。複数のAWSアカウントの運用には**AWS Organizations**を利用するのが便利です。

AWS Organizationsは、**AWSアカウントを一元管理するためのサービスです**。AWS Organizationsを有効にしたAWSアカウントは「**管理アカウント**」と呼ばれます。管理アカウントのOrganizationsからは、クレジットカードの登録や認証情報を設定しなくてもAWSアカウントの作成が行えます。Organizationsで作成したAWSアカウントは**「メンバーアカウント」**と呼ばれます。他のアカウントをメンバーアカウントとして招待することもできます。**各メンバーアカウントの利用料金も管理アカウントで管理できます。**Organizations自体に料金はかかりません。

Organizationsではメンバーアカウントを「組織単位(OU)」で管理します。必ずしも実際の組織と「組織単位(OU)」を一致させる必要はありません。AWSアカウントの分け方によってOUを分けます。例えばAWSアカウントがシステム・環境ごとに分かれているのであれば、それらをOUでまとめて管理します。またOrganizationsには**サービスコントロールポリシー(SCP)**というIAMポリシーと似た機能があります。ポリシーの書き方はIAMポリシーと同じですが、IAMポリシーが各IAMユーザー・IAMロールができる操作を制限する一方で、**SCPはOUやメンバーアカウントに紐づけてOU配下のAWSアカウント内でできる操作を制限します。**個別のAWSアカウント内でIAMポリシーを設定せずとも、管理アカウントのSCPで制限できるというわけです。

図4-5-30 AWSアカウント単位とOU単位の管理

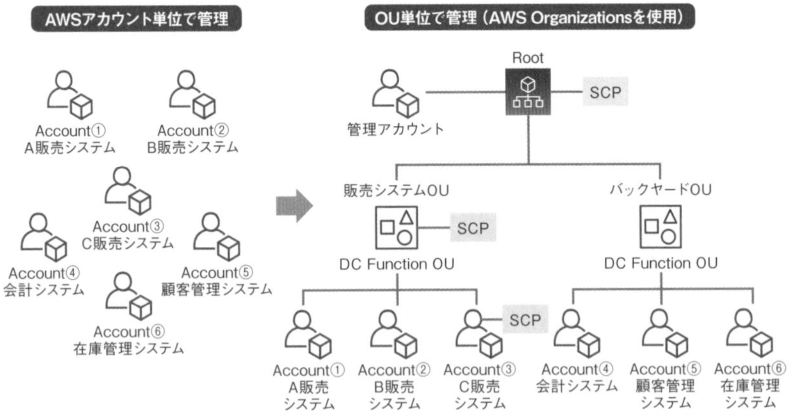

System operation using AWS

Chapter

5

ログ運用

本章ではまず、システムにおけるログ運用の概要を把握することからはじめます。概要を把握できたところで、AWSにおけるログ運用について触れ、その全体像を紹介します。その後、ログ運用に関連するAWSサービスをピックアップし、AWSサービスの概要や利用方法について説明します。最後にサンプルアーキテクチャをもとに実際のログ運用におけるアーキテクチャを考えてみます。

Keyword

- Amazon CloudWatch Logs → p.113
- 統合CloudWatchエージェント → p.114
- CloudWatch Logs Insights → p.120
- Amazon Data Firehose → p.128
- Amazon Athena → p.131

基礎

5.1 ログ運用について

AWSにおけるログ運用の話に入る前に、まずはシステムにおけるログ運用について説明します。

5.1.1 ログとは

システム運用の現場では、よく**「ログ」**という言葉が登場します。そもそも「ログ」とは何なのでしょうか。「ログ」とは元来、船の航海日誌という意味です。コンパスなどの便利な道具がなかった昔は、丸太を船の船首から海に流して、船尾まで流れる時間を砂時計や初期の機械式時計で計測し、船の速さを測っていました。当時はその記録をログと呼んでおり、そこから転じて航海日誌という意味になったといわれています。**つまり、ログとは何かの「記録」であり、システム運用においても何かを「記録」したものといえます**。

ここで身近なログの例を紹介します。みなさんがスーパーやコンビニで商品を購入した時に発行されるレシートや領収書もログの一種です。レシートを隅々まで確認してみると、商品を購入した際にレジに記録された様々な情報が記載されています。

図5-1-1 レシートから読み取れる情報

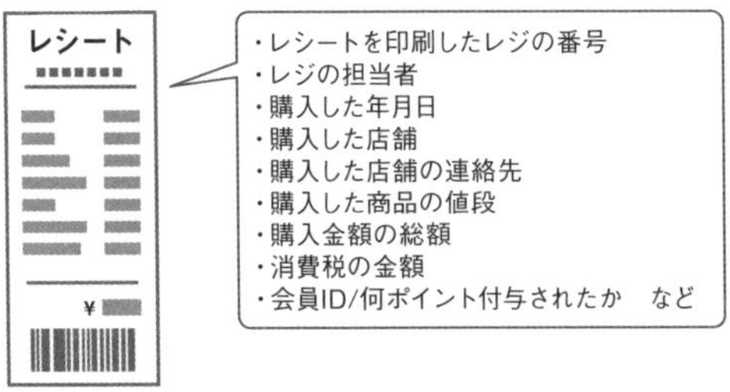

このレシートや領収書の使い道について考えてみます。みなさんはレシートや領収書の内容を家計簿や帳簿に付けて自分が何を購入したのか、そしてどの程度の金額を出費したのかを管理、分析するために利用するのではないでしょうか。しかし、家計簿にレシートの内容を1つずつ書き写す作業はとても面倒です。そこで登場するのが、スマートフォンやPCで利用することができる家計簿アプリです。家計簿

アプリがあればレシートの内容を簡単に管理することができ、過去に何を購入したのかを簡単に見返すことができるのでとても便利です。システムにおけるログについても、**情報を見返すという用途**ではレシートと同様の考え方です。みなさんが普段スマートフォンやPCでシステムやアプリを利用している時にはログが記録されています。ログはレシートのように紙に印刷されて出てこないので意識することはありませんが、ログファイルとして端末に保存されています。

5.1.2　ログの種類と利用用途

ログには、「いつ」「誰が」「どのような操作を行ったのか」などの情報が記録されています。ログの種類は多岐にわたりますが、表5-1-1はそれらの一例です。

表5-1-1　ログの種類

ログの種類	記録する情報
操作ログ	ユーザーの操作履歴を記録
認証ログ	いつ、誰が、システムにログインしたのかを記録
アクセスログ	PCやサーバーへの接続履歴を記録
イベントログ	システム内で発生した現象や動作を記録
通信ログ	端末とサーバー間の通信内容を記録
設定変更ログ	システムを設定変更した際の内容を記録
エラーログ	システムでエラーが発生した時の記録

ここで、システムにおけるログの利用用途について考えてみます。レシートは家計簿に利用しますが、システムのログは一体何のために利用するのでしょうか。以下、ログの利用用途の例を紹介します。

トラブル発生時の原因調査

システムで障害が発生した際に、その原因を突き止めるための情報源としてログはとても役に立ちます。また、システムで何らかのエラーが発生した際の原因調査にも役立ちます。操作ログやイベントログの記録を1つずつ確認することで、障害やエラーといったトラブルが発生した前後で、システムに一体何が起こったのか知ることができます。

外部からの不正アクセスの把握

外部の第三者による不正アクセスによってシステムが不正利用されることは、

企業としては何としても避けたいことです。不正アクセスは最悪の場合、個人情報流出などの被害が出る可能性があります。認証ログやアクセスログ、通信ログを確認することで外部の第三者からのアクセスに気づくことができ、システムの不正利用に対策を打つことができます。

内部統制

不正アクセスは外部だけでなく、内部から起こる可能性もあります。例えば、社員が機密情報をUSBメモリに保存して、外部に持ち出したりすることが考えられます。実際、不正アクセスや情報漏洩は外部よりも内部から起こっていることが多いという調査結果もあります。また、操作ログや認証ログ、アクセスログから誰が、いつ、どのデータにアクセスしたのかなどの情報を把握することで侵入経路を特定することができます。このような仕組みを整備することは、内部犯による犯行の抑止力としての効果も期待できます。つまり、企業内部においては防犯カメラのような役割にもなるわけです。

5.1.3 ログ運用の必要性

このようにログには様々な利用用途がありますが、ログデータが消失したり、無断で書き換えられたりすると正しく記録された情報を漏れなく確認することができなくなります。みなさんもレシートを失くしてしまったり、レシートの内容が知らない間に書き換わったりしていると、家計簿を適切に管理することができないため困るはずです。つまり、**適切にログを管理・運用する仕組みが必要になります。そこで「ログ運用」という考え方が出てきます**。

ログ運用の必要性は理解していても、ログを管理・運用する仕組みをイチから作り上げるのは骨が折れます。そういった問題を解決するために企業がソフトウェア製品として開発・販売しているログ管理ツールやOSS（オープンソースソフトウェア）として無償公開されているソフトウェアが存在します。それらを上手く利用することでイチからログ運用の仕組みを作り上げる労力を省くことができます。家計簿の例では、スマートフォンの家計簿アプリがこれに当たります。

○ ログ運用で最初に検討すべき4つの観点

ログ運用を検討・実施するにあたって、内容を明確にするために**「ログ設定」「ログ転送」「ログ保管」「ログ利用」**の4つの観点に分けると整理しやすくなります。

図5-1-2 ログ運用の4つの観点

①ログ設定	②ログ転送	③ログ保管	④ログ利用
・取得/管理するログのリストアップ ・ログ出力設定 ・ログローテーション	・ログ転送先の検討 ・ログ転送設定	・ログ保管先の検討 ・ログ保管期間の検討	・ログの閲覧、ログの分析 ・目的に沿った形でログを利用

1 ログ設定

ログ運用にあたって、取得・管理すべきログを検討・リストアップします。そして、それらのログがサーバー上に出力および保管されるように設定します。ログもデータなので、蓄積するとそれだけサーバーのストレージ容量を消費してしまいます。これを防ぐために、一定期間が経過したらログを削除するように設定(ログローテーション)したりします。

2 ログ転送

ログのデータをコピーして二次利用したい場合は、ログ保管先からのデータ転送方法について検討します。サーバー間でのデータの転送を例に挙げると、Windows OSのrobocopyコマンドやLinuxのrsyncコマンドを利用してデータを転送する方法が考えられます。サーバーからサードパーティ製のログ解析ツールにログデータを転送する場合はREST APIを利用して直接ログデータを転送したり、Logstash・Rsyslog・Fluentdなどのログ転送ツールを利用してログデータを転送したりする方法が考えられます。

3 ログ保管

保管するログの容量や保管目的に応じて、適切なログ保管先を検討します。例えば、大量のログを長期保管したいという場合は充分なストレージ容量を持った外部ストレージ、あるいはログ管理ツールを提供している企業が管理しているストレージにログを保管します。ストレージを調達する際は、ストレージ容量だけでなく調達コストや維持費用についても検討しておく必要があります。

4 ログ利用

ストレージに保管されたログは、監査証拠として利用されたり、システム改善のために分析されたり、システムに異常が発生していないかを監視したり様々な用途で利用されます。

実務 5.2 AWSにおけるログ運用

システムにおけるログ運用の概要を把握できたので、ここからはAWSにおけるログ運用について解説します。

5.2.1 AWSで取得可能なログの種類

AWSにおけるログ運用を検討するにあたっては先ほど紹介した通り、「ログ設定」「ログ転送」「ログ保管」「ログ利用」の4つの観点に分けて検討することが効果的です。そこで、まずは検討をはじめる前にAWSではどのようなログが、どのようなAWSサービスで取得できるのかを簡単に整理しておきます。

AWSアカウントに関するログ

AWSアカウント上での操作、あるいはAWSアカウントに対して実行された操作に関するログは主に**AWS CloudTrail**、**AWS Config**の2つのAWSサービスを有効化することで記録できます。

表5-2-1 AWSアカウントに関する取得可能なログの一例

ログの種類	記録する情報	AWSサービス
操作ログ	AWSアカウント上の操作履歴を記録	AWS CloudTrail
認証ログ	いつ、どの認証情報（IAM）を用いてAWSアカウントにアクセスしたのかを記録	AWS CloudTrail
アクセスログ	どの認証認可情報（IAM）を用いてAWSサービスにアクセスしたのかを記録	AWS CloudTrail
設定変更ログ	AWSアカウント上で設定変更した際の内容を記録	AWS Config
エラーログ	AWSアカウント上で発生したAPIエラーを記録	AWS CloudTrail

AWSリソースに関するログ

EC2インスタンス、RDS DBインスタンスといったAWSリソースに関するログは、AWSリソースごとにログ設定を行うことで記録することができます。

表5-2-2 AWSリソースに関する取得可能なログの一例

ログの種類	記録する情報	AWSサービス
操作ログ	AWSリソース上での操作履歴を記録	Amazon EC2 Amazon RDS
認証ログ	いつ、誰が、AWSリソースにログインしたのかを記録	Amazon EC2 Amazon RDS
アクセスログ	AWSリソースへの接続履歴を記録	Amazon EC2 Amazon RDS Amazon ELB Amazon S3
イベントログ	AWSリソースで発生した事象や動作を記録	Amazon EC2 Amazon RDS Amazon GuardDuty
通信ログ	端末とサーバー間、AWSリソース間の通信内容を記録	VPC Flow Logs AWS WAF
設定変更ログ	AWSリソースで設定変更した際の内容を記録	Amazon EC2 Amazon RDS
エラーログ	AWSリソース上でエラーが発生した時の記録	Amazon EC2 Amazon RDS

5.2.2 AWSサービスごとのログ取得方法

AWSでは利用するサービスによって、ログの取得方法が異なります。**RDSやALBのようにAWS側がOSやソフトウェアを運用管理しているサービス（マネージドサービス）の場合は、マネジメントコンソールやCLIからログの取得設定を行うことができます。**ただし、サービスによってはログ取得をサポートしていないサービスもあるため事前確認が必要です。

一方で、EC2のようにOSやソフトウェアの運用管理を利用者側で実施する必要があるサービスについては、利用者がOS上でログの取得設定を行います。

次ページの表はいくつかのAWSサービスをピックアップし、それぞれ取得可能なログ、ログ取得方法、ログ保管および転送先を整理したものです。

なお、本章では表5-2-3に記載している全てのAWSサービスのログ取得方法は解説せずに、利用シーンが多く利用者がOS上でログの取得設定を実施する必要がある**「EC2のログ取得方法」**に焦点を絞って解説します（詳細は**5.3.3**を参照）。

EC2以外のAWSサービスのログ取得方法については表5-2-4に示したURLを確認してください。

表5-2-3　AWSサービスにおけるログ取得方法の一例

AWSサービス	取得可能なログ	ログ取得方法	ログ保管・転送先
VPC	VPC Flow Logs (ENI※1の簡易的なパケットキャプチャ)	マネジメントコンソール・CLIから設定	CloudWatch Logs S3 Data Firehose
EC2	EC2内のログは基本的に取得可能	統合CloudWatchエージェントをインストール・設定し、定期間隔でログをプッシュ	CloudWatch Logs
RDS MySQL	監査ログ エラーログ 全般ログ スロークエリログ	マネジメントコンソール・CLIから設定	CloudWatch Logs
Aurora MySQL	監査ログ エラーログ 全般ログ スロークエリログ	マネジメントコンソール・CLIから設定	CloudWatch Logs
ALB	アクセスログ	マネジメントコンソール・CLIから設定	S3
NLB	アクセスログ※2	①マネジメントコンソール・CLIから設定 ②NLBが持つENIに対して、VPC Flow Logsを設定	①S3 ②S3 CloudWatch Logs Data Firehose

※1　物理環境におけるNICに相当
※2　リスナーがTLS通信の場合のみ

表5-2-4　ログ取得方法に関する参照リンク

AWSサービス	URL
VPC	・CloudWatch Logsで取得する https://docs.aws.amazon.com/ja_jp/vpc/latest/userguide/flow-logs-cwl.html ・S3で取得する https://docs.aws.amazon.com/ja_jp/vpc/latest/userguide/flow-logs-s3.html ・Data Firehoseで取得する https://docs.aws.amazon.com/ja_jp/vpc/latest/userguide/flow-logs-firehose.html
RDS MySQL	https://docs.aws.amazon.com/ja_jp/AmazonRDS/latest/UserGuide/USER_LogAccess.MySQLDB.PublishtoCloudWatchLogs.html
Aurora MySQL	https://docs.aws.amazon.com/ja_jp/AmazonRDS/latest/AuroraUserGuide/AuroraMySQL.Integrating.CloudWatch.html
ALB	https://docs.aws.amazon.com/ja_jp/elasticloadbalancing/latest/application/enable-access-logging.html
NLB	https://docs.aws.amazon.com/ja_jp/elasticloadbalancing/latest/network/load-balancer-access-logs.html

ログ保管の観点では、AWSはログを「記録元のAWSサービスとは別の場所」に出力して保管することができます。具体的にはS3や後述する**Amazon CloudWatch Logs**などがそれに該当します。AWSが提供するストレージサービス上に保管されているログはさらに**Amazon Athenaなどのクエリ実行サービス**を使って分析することでアプリケーションの改善などに役立てることができます。

図5-2-1では「ログ設定」「ログ転送」「ログ保管」「ログ利用」の4つの観点から該当するAWSサービスをマッピングしました。全てのAWSサービスはマッピングしていませんが、このように可視化することでログ運用の文脈において各AWSサービスがどのような役割を果たしているのか、そしてどのような観点で設計を実施すればよいのかを理解するのに役立ちます。**AWSにおけるログ運用では、これらのAWSサービスをどのように組み合わせて利用するかがポイントです。**

図5-2-1 ログ運用におけるAWSサービスの組み合わせの例

本節以降は、ログ運用の4つの観点において関連するAWSサービスについて紹介します。

表5-2-5 4つの観点と関連するAWSサービス

観点	関連するAWSサービス
ログ設定	・Amazon CloudWatch Logs（統合CloudWatchエージェント）
ログ転送	・Amazon Data Firehose
ログ保管	・Amazon S3についてはChapter 3にて紹介しているため割愛 ・Amazon CloudWatch Logsについてはログ設定の観点で触れるため割愛
ログ利用	・Amazon CloudWatch Logs Insights ・Amazon Athena

実務 5.3 関連するAWSサービス

ログ運用に関連するAWSサービスは、各サービスの細かな機能を利用するとより便利になります。サービスの概要から把握し、実務で使いこなすことを目指しましょう。

5.3.1 Amazon CloudWatch

Amazon CloudWatchは、EC2インスタンスをはじめとしたAWSリソースとAWS上で稼働しているアプリケーションをモニタリングし、システムのパフォーマンスやリソース使用率の最適化を行うために必要な判断材料（データ）を提供します。 CloudWatchは利用者が必要なデータを**ログ**、**メトリクス**、**イベント**の形式で提供します。その他、CloudWatchが提供する機能群とそれぞれの役割については、以下の表5-3-1を確認してください。

表5-3-1 CloudWatchの主な機能

名称	機能紹介	利用例
CloudWatch Metrics	AWSリソースのメトリクス※を収集・管理する	・EC2のCPU使用率を取得する ・RDSのストレージ空き容量を取得する
CloudWatch Logs	AWSリソースのログを収集・管理する（統合CloudWatchエージェントを利用）	・EC2のOSログを取得する ・RDSのエラーログを取得する
CloudWatch Logs サブスクリプションフィルター	CloudWatch Logsに出力されたログをリアルタイムにData FirehoseなどのAWSサービスに連携する	・ロググループに保管されているログをData Firehose経由でS3に転送する
CloudWatch Logs Insights	CloudWatch Logsに収集されたログに対してクエリを実行することでログ分析を行う	・VPC Flow Logsのログに対してクエリを実行し、Rejectされた送信元IPアドレスを調査する
EventBridge（旧：CloudWatch Events）	AWSリソースの状態（イベント）を監視する。イベントの変化をトリガーに処理を実行することも可能	・EC2の設定変更（イベント）をトリガーにしてメールで変更通知を行う

※メトリクスとは定量化したデータを加工し、評価や分析に適した形式に変換したもの

図5-3-1 CloudWatchの機能と役割

※EventBridge（旧：CloudWatch Events）は主に監視で利用されるため除外

5.3.2 Amazon CloudWatch Logs

CloudWatchは必要なデータをログ、メトリクス、イベントの形式で提供しています。中でもログの形式でデータを提供する機能を担っているものが**Amazon CloudWatch Logs**です。

CloudWatch Logsは、以下の3つの要素によって構成されています。実際にログの出力先を指定する場合はロググループを指定します。

図5-3-2 CloudWatch Logsにおける3つの構成要素

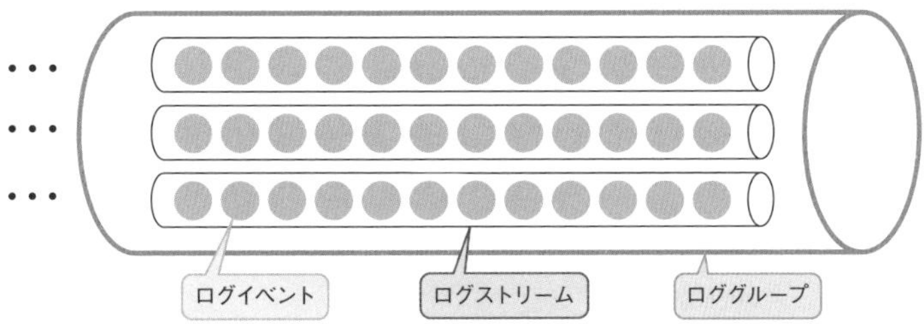

表5-3-2 3つの構成要素と利用例

コンポーネント	説明	利用例
ログイベント	モニタリングされているアプリケーションまたはAWSリソースによって記録されたアクティビティのログデータ	・CloudWatch Logsに実際に出力されたEC2インスタンスのログを閲覧する
ログストリーム	モニタリングされているアプリケーションやAWSリソースから送信された順序に従って集約された一連のログイベント	・ロググループ内でEC2インスタンスごとにログイベントの集約先を分ける
ロググループ	ログストリームをグルーピングしたもので、ログストリーム群に対してログイベントの保持期間などを一元的に設定することが可能	・CloudWatch Logsにログを出力する際、ログ出力先として指定する ・CloudWatch Logsに出力したログに保持期間を設ける

統合CloudWatchエージェント

「5.2.2 AWSサービスごとのログ取得方法」で解説した通り、EC2のようにOSやソフトウェアの運用管理を利用者側で実施する必要があるサービスについては、利用者がOS上でログの取得設定を実施する必要があります。EC2インスタンスのログをCloudWatch Logsへ出力するためには**「統合CloudWatchエージェント」**と呼ばれるミドルウェアをEC2インスタンスにインストールした上で各種設定を行います。このエージェントは、**EC2インスタンスのより詳細なメトリクスを収集したり、ログをCloudWatch Logs に出力したりすることを可能にするオープンソースのミドルウェアです。出力されたログは、CloudWatchのコンソール画面からロググループごとに確認することが可能です。**

5.3.3 統合CloudWatchエージェントを利用したEC2のログ取得設定

ここからは、統合CloudWatchエージェントを利用したEC2インスタンスのログ取得設定について、2つの手順に分けて解説します。

手順1. 統合CloudWatchエージェントの導入準備

統合CloudWatchエージェントを導入するにあたっては2つの点に注意が必要です。

1つ目は、**EC2インスタンスがインターネットと通信するためのネットワーク経路を確保することです**。統合CloudWatchエージェントは基本的にインターネットを経由してEC2インスタンスにインストールするため、Internet GatewayやNAT Gatewayを利用してEC2インスタンスがインターネットと通信することができるネットワーク経路を確保する必要があります。

2つ目は、**IAMロールの設定です**。統合CloudWatchエージェントを利用したログ出力においては**EC2インスタンスからCloudWatchおよびCloudWatch Logsに対する一部の操作を許可する**必要があります。AWSが提供しているAWS管理ポリシーの中には、**「CloudWatchAgentAdminPolicy」**という統合CloudWatchエージェントを利用する際に必要な権限がまとめられたポリシーがあります。導入準備として、このポリシーをアタッチしたIAMロールを、EC2インスタンスにアタッチします。これによって、CloudWatch Logsへのログ出力の権限をEC2インスタンスに付与することができます。

図5-3-3 統合CloudWatchエージェントを導入する際の注意点

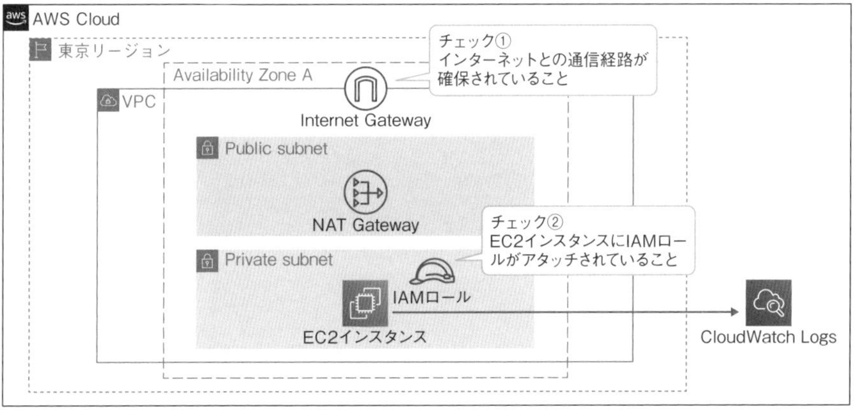

手順2. 統合CloudWatchエージェントの設定

統合CloudWatchエージェントの設定方法の1つに「**OSにログインしてウィザードを使用して設定する**」という方法があります。具体的な設定方法についてはAWS公式ドキュメント※1を確認してください。この方法には、OS上で容易に設定ができるというメリットがある反面、設定対象となるEC2インスタンスの台数が増えると、それに伴って設定の手間もかかるというデメリットがあります。

EC2インスタンスの台数が増えた場合でも効率的に統合CloudWatchエージェントを設定する方法については「5.5 アーキテクチャ運用の注意点」で解説します。

5.3.4 CloudWatch Logsの利用料金

CloudWatch Logsで取得するログには3つのカテゴリがあり、**Vended Logsのみ料金体系が異なります**。いずれにしても**CloudWatch Logsはログデータの保管料よりも取り込み料金の方が高額となります**。詳細はCloudWatchの料金ページ※2を確認してください。

※1 https://docs.aws.amazon.com/ja_jp/AmazonCloudWatch/latest/monitoring/create-cloudwatch-agent-configuration-file-wizard.html
※2 https://aws.amazon.com/jp/cloudwatch/pricing/

表5-3-3 CloudWatch Logsの3つのログカテゴリ

カテゴリ	説明
Vended Logs	AWS のサービスがユーザーに代わってネイティブに発行する、AWS のサービスに関する特定のログ。具体的にはVPC Flow Logs、Route53ログが該当
AWSサービスによって公開されたログ	Amazon API Gateway、AWS Lambda、AWS CloudTrail など、30種類以上のサービスが対象
カスタムログ	ユーザー独自のアプリケーションやオンプレミスのリソースから取得されるログ

表5-3-4 無料利用枠

無料利用枠の対象	無料利用枠
ログ	5GBまで無料(データの取り込み、アーカイブ)

※2024年3月時点の東京リージョンにおける利用料を掲載しています。

表5-3-5 通常のログにおける利用料金

課金対象	AWS利用料
収集(スタンダード)	0.76USD/GB
収集(低頻度アクセス)	0.38USD/GB
保存(アーカイブ)	0.033USD/GB

※2024年3月時点の東京リージョンにおける利用料を掲載しています。

表5-3-6 Vended Logsにおける利用料金

収集(データの取り込み)	CloudWatch Logs(スタンダード)への配信	CloudWatch Logs(低頻度アクセス)への配信	S3への配信	Data Firehoseへの配信
0~10TB	0.76USD/GB	0.38USD/GB	0.38USD/GB	0.38USD/GB
10TB~30TB	0.38USD/GB	0.228USD/GB	0.228USD/GB	0.228USD/GB
30TB~50TB	0.152USD/GB	0.114USD/GB	0.114USD/GB	0.114USD/GB
50TB以降	0.076USD/GB	0.076USD/GB	0.076USD/GB	0.076USD/GB

※2024年3月時点の東京リージョンにおける利用料を掲載しています。
※保存(アーカイブ)に関しては配信先のAWSサービスの利用料に依存します。

CloudWatch Logsの利用料の例

❶ EC2インスタンスのログを10GB/月、CloudWatch Logs(スタンダード)に配信した場合(通常のログ)

- 収集(データの取り込み)

  0~5 GB = 0 USD

  5~10 GB = 0.76 USD * 5 = 3.80 USD

- 保存(アーカイブ)

  0~5 GB = 0 USD

  5~10 GB = 0.033 USD * 5 = 0.165 USD

- 月額利用料

  3.80USD + 0.165USD = 3.965USD

❷ VPC Flow Logsを20TB/月、S3に配信した場合(Vended Logs)

- 収集(データの取り込み)

  0〜10 TB = 10 * 1024 * 0.38USD = 3,891USD

  10〜20 TB = 10 * 1024 * 0.228USD = 2,334 USD

- 保存(アーカイブ)※S3のストレージ料金

  0〜20TB = 20 * 1024 * 0.025USD = 512USD

- 月額利用料

  3,891USD + 2,334 USD + 512USD = 6,737USD

Column AWS Pricing CalculatorによるAWS利用料の見積もり試算

AWSの利用によって発生する利用料は、AWSサービスごとに設定されている料金体系にもとづいた従量課金制となっています。そのため、AWSサービスの導入を検討する際にAWS利用料の見積もりを算出するには、該当のAWSサービスの仕様をある程度理解し、ユーザー側で料金体系をもとに算出する必要があります。そのため、特に複数のAWSサービスの利用料の算出には骨が折れます。そこでAWSでは利用料の見積もり試算ツールとして**AWS Pricing Calculator**※3と呼ばれるツールが提供されています。AWS Pricing Calculatorは作成した見積もりを第三者に共有できるよう、パブリックにアクセス可能なURLを発行することもできるため、AWS利用料の概算見積もりを共有したい場合はとても便利です。詳しい利用方法についてはAWS公式ドキュメント※4を確認してください。

図5-3-4 Pricing Calculatorのホーム画面

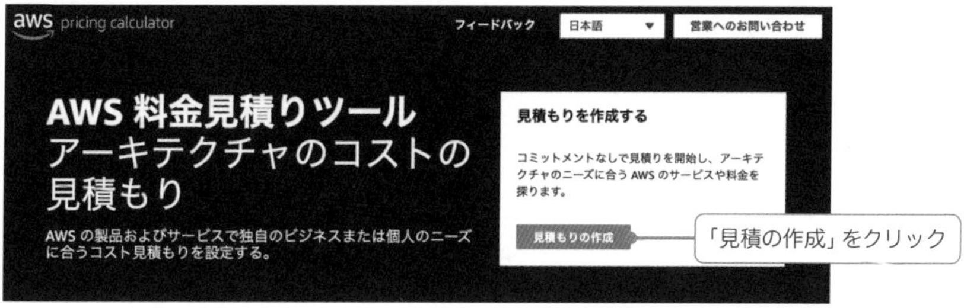

※3 https://calculator.aws/#/

※4 https://docs.aws.amazon.com/ja_jp/pricing-calculator/latest/userguide/getting-started.html

図5-3-5　試算したいAWSサービスを選択

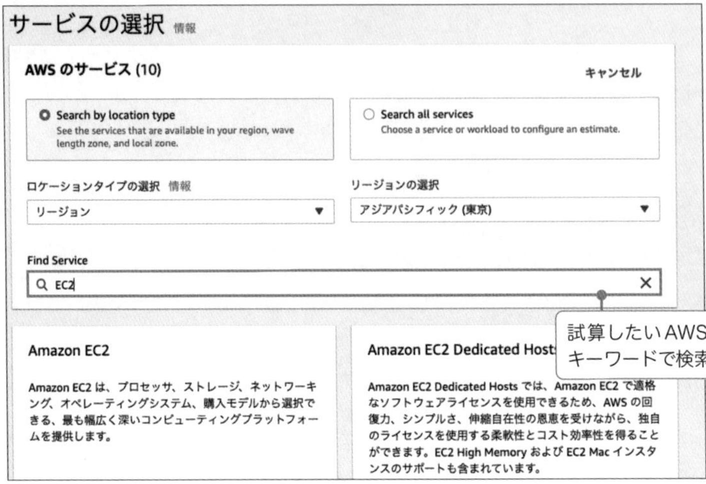

図5-3-6　AWS利用料の試算に必要な情報を入力

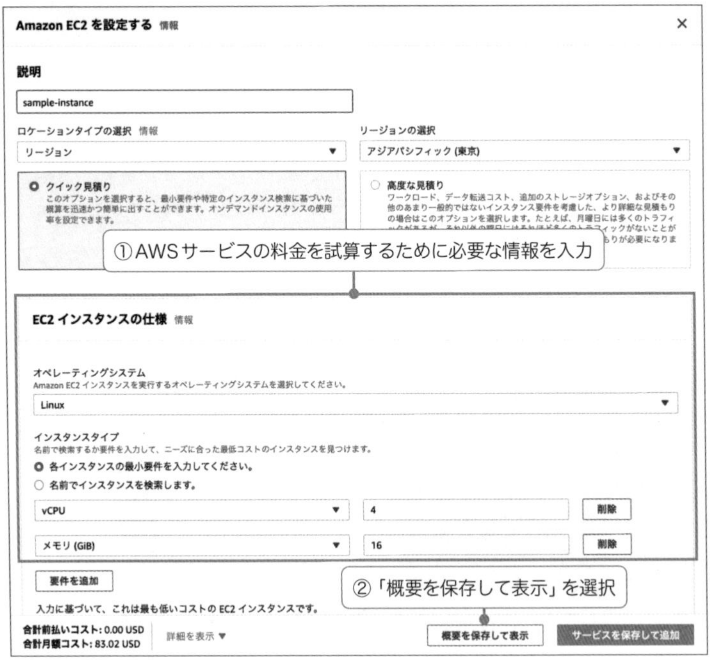

図5-3-7 AWS利用料の概算見積もり結果

図5-3-8 「共有」ボタンから試算結果にアクセス可能なパブリックURLを発行

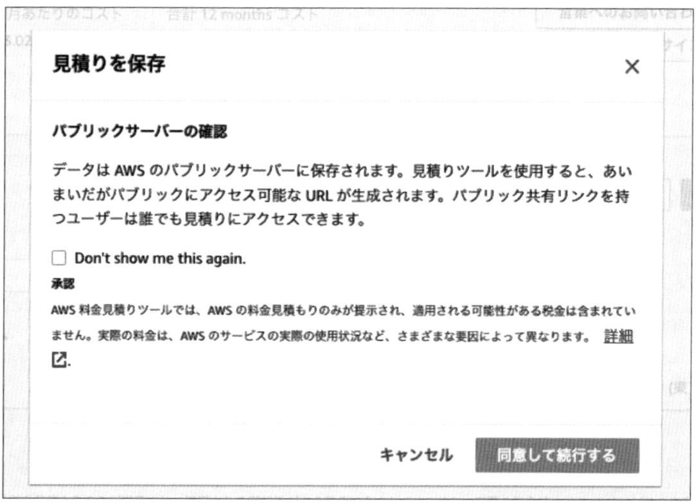

5.3.5 CloudWatch Logs Insights

CloudWatch Logs Insightsとは、**CloudWatch Logsのロググループに対してクエリを実行することでログデータを分析したり、問題発生時の原因調査(トラブルシューティング)に利用したりすることができる機能です**。クエリの実行にあたっては、専用のクエリ言語を使ったコマンドを実行する必要があるため、利用にはある程度の慣れが必要になります。以降は**VPC Flow Logsのログに対してクエリを実行すること**を前提に順を追って説明します。

VPC Flow Logs について

VPC Flow Logsとは、**VPCのENI間で行き来するIPトラフィックに関する情報をキャプチャできる簡易的なパケットキャプチャ機能です**。VPC Flow LogsはENI単位でログを記録するため、以下のようにENIを利用するAWSサービスであればログを記録することができます。ログは**CloudWatch Logs**または**S3**に保管可能で、後述する**Amazon Data Firehose**に転送することも可能です。

- Elastic Load Balancing
- Amazon RDS
- Amazon ElastiCache
- Amazon Redshift
- Amazon WorkSpaces
- NAT Gateway
- Transit Gateway
- Amazon Elastic Compute Cloud

以下、CloudWatch Logsのロググループに出力されているVPC Flow Logsのログの一例です。

リスト5-3-1 VPC Flow Logsのログの例

```
2 111111111111 eni-09234fd609f3aa6d2 10.0.20.236 172.16.0.89 49795
3389 6 3 152 1621151386 1621151388
ACCEPT OK
```

数字が羅列されており一目では理解が難しいため、最も左に記載されている値「2」から順に、ログに記録されている情報が何を示しているのか整理したものが表5-3-7です。

表5-3-7 VPC Flow Logsのログの値

値	説明
2	VPC Flow Logsのバージョン。デフォルトは2
111111111111	AWSアカウントID
eni-09234fd609f3aa6d2	トラフィックが記録されるElastic Network Interface (ENI) のID
10.0.20.236	トラフィックの送信元IPアドレス
172.16.0.89	トラフィックの送信先IPアドレス
49795	トラフィックの送信元ポート番号
3389	トラフィックの送信先ポート番号
6	IANAによって割り当てられたプロトコル番号。6はTCPプロトコル
3	転送されたパケット数
152	転送されたバイト数
1621151386	集約間隔内の最初にパケットが受信された時間 (UNIX秒)
1621151388	集約間隔内の最後にパケットが受信された時間 (UNIX秒)
ACCEPT	トラフィックに関連付けられたアクション ACCEPT – 通信を許可。REJECT – 通信を制限
OK	CloudWatch Logsに転送されたログデータのステータス OK : CloudWatch Logsに正常に記録 NODATA : 通信トラフィックなし SKIPDATA : 内部エラーなどでレコードの記録をスキップ

CloudWatch Logs Insightsで検出されるログフィールド

CloudWatch Logs Insightsでは、**CloudWatch Logsに出力されているログデータをそのデータ特性に応じてログフィールドとして自動的に検出、分類しています**。ログの種類によって検出されるログフィールドが異なりますので、詳細はAWS公式ドキュメント※5を確認してください。クエリを実行する際は、後述するクエリコマンド内で**クエリを実行するログフィールド**を指定する必要があります。

表5-3-8は、VPC Flow Logsで検出されるログフィールドを整理したものです。ログフィールドとして分類されていますが、その内容は基本的にVPC Flow Logsの値と同様の内容が多いです。

※5 https://docs.aws.amazon.com/ja_jp/AmazonCloudWatch/latest/logs/CWL_AnalyzeLogData-discoverable-fields.html

表5-3-8 VPC Flow Logsで検出されるログフィールド

ログフィールド	説明
@ingestionTime	ログイベントがCloudWatch Logsによって受信された時間（UNIX秒）
@log	AWSアカウントIDとロググループ名
@timestamp	ログイベントのtimestampフィールドに含まれるイベントのタイムスタンプ
@logstream	ログイベントが出力される先のログストリーム名
@message	ログイベントの実際のデータ。CloudWatch Logsに出力されているログデータはこのログフィールドに分類
accountId	AWSアカウントID
end	集約間隔内の最後にパケットが受信された時間（UNIX秒）
interfaceId	トラフィックが記録されるElastic Network Interface（ENI）のID
logStatus	CloudWatch Logsに転送されたログデータのステータス
start	集約間隔内の最初にパケットが受信された時間（UNIX秒）
version	VPC Flow Logs のバージョン。デフォルトは2
Action	トラフィックに関連付けられたアクション ACCEPT – 通信を許可。REJECT – 通信を制限
Bytes	転送されたバイト数。
Dstaddr	トラフィックの送信先IPアドレス
dstPort	トラフィックの送信先ポート番号
packets	転送されたパケット数
protocol	IANAによって割り当てられたプロトコル番号。6はTCPプロトコル
srcAddr	トラフィックの送信元IPアドレス
srcPort	トラフィックの送信先IPポート番号

CloudWatch Logs Insightsが検出、分類しているログフィールドはマネジメントコンソール画面から確認することができます。

図5-3-9 CloudWatch Logs Insightsで検出されるログフィールド

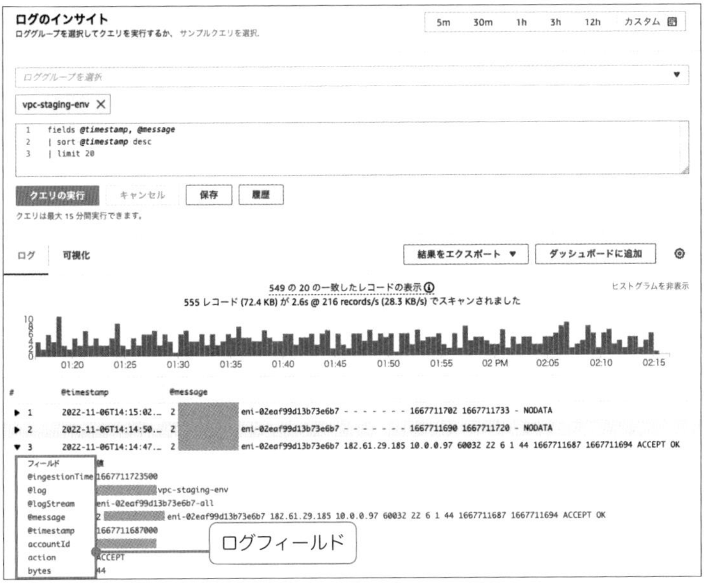

クエリの実行

VPC Flow Logsに記録されるログの値とCloudWatch Logs Insightsによって検出されるログフィールドを確認することができたら、**必要なデータを抽出するためのクエリ**を作成・実行します。クエリに利用されるクエリコマンドについては**UNIX形式のパイプ文字(|)**を使って区切ります。

表5-3-9 CloudWatch Logs Insightsで利用するクエリコマンド

クエリコマンド	説明
display	クエリ結果に表示するログフィールドを指定する
Filter	1つ以上の条件にもとづいてクエリ結果をフィルタリングする
Fields	ログイベントから取得したいログフィールドを抽出する
Sort	指定したログフィールドの値に従ってクエリ結果を昇順、降順に並び替える
Stats	指定したログタイプの値を利用して集計を行う
Limit	クエリ結果の抽出件数に制限を設ける。デフォルトでは1,000件抽出される
Parse	ログフィールドからデータを抽出し、一時的に利用可能な1つ以上のフィールド(エフェメラルフィールド)を作成する。抽出方法としてはglob表現と正規表現をサポートしている
Pattern	ログデータのパターンを自動的に識別し、関連するログを集約する(主に@messageフィールドに対するクエリ実行を想定)
Dedup	クエリ実行結果に対して重複を削除し、ユニークなレコードのみを出力する(標準SQLの「DISTINCT」に相当)
diff	特定の期間に発生したログイベントを、同じ長さの過去の期間に発生したログイベントと比較する

クエリコマンド

URL https://docs.aws.amazon.com/ja_jp/AmazonCloudWatch/latest/logs/CWL_QuerySyntax.html

リスト5-3-2は、CloudWatch Logs Insightsで実行するクエリの例です。

リスト5-3-2 通信が制限されたリクエスト数が多い送信元IPアドレスの上位20件を表示するクエリ

```
filter action="REJECT"
| stats count(*) as numRejections by srcAddr
| sort numRejections desc
| limit 20
```

AWSではサンプルクエリがログタイプごとに用意されているため、こちらも活用しながら必要なデータを抽出するクエリ文を作成しましょう。作成の手順は、以下の図を参考にしてください。

図5-3-10 サンプルクエリを利用する

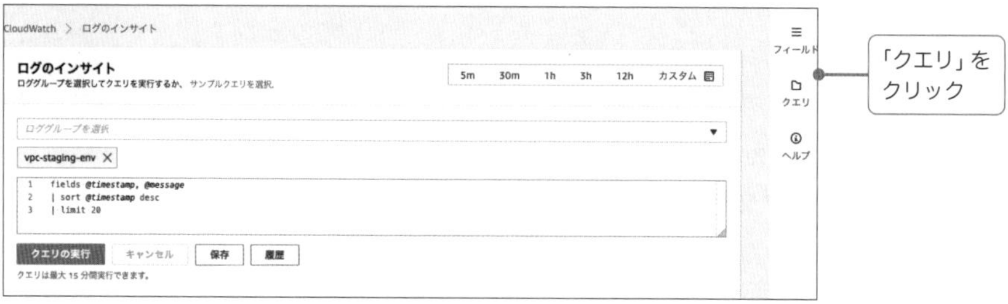

図5-3-11 サンプルクエリを選ぶ

図5-3-12 サンプルクエリを適用する

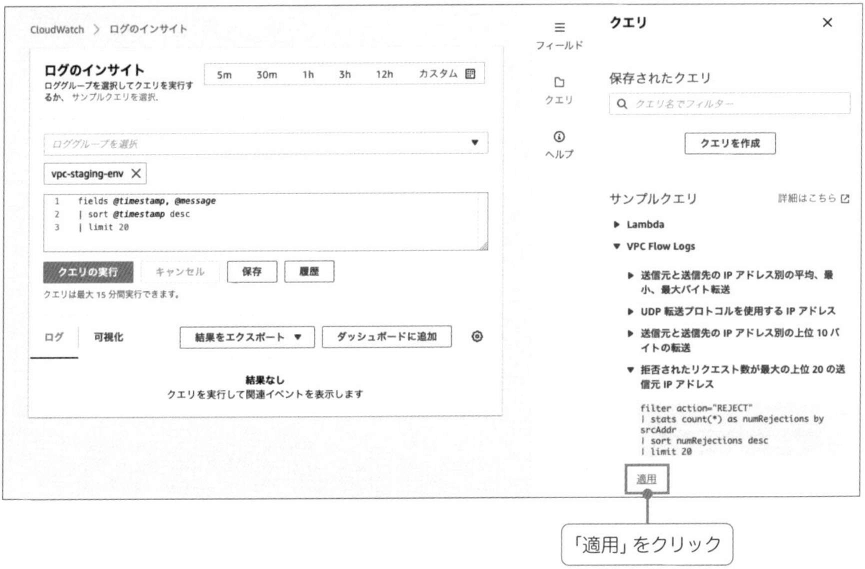

CloudWatch Logs Insightsでは、よく利用するクエリを保存することができる機能がありますので、サンプルクエリと合わせてこちらもご活用ください。

図5-3-13 クエリを保存する①

図5-3-14　クエリを保存する②

5.3.6 CloudWatch Logs Insightsの利用料金

CloudWatch Logs Insightsでは、クエリ実行によって**スキャンしたデータ量**に応じてAWS利用料が発生します。詳細はCloudWatchの料金ページ※6を確認してください。

表5-3-10　無料利用枠

無料利用枠の対象	無料利用枠
ログ	5GBまで無料（クエリ実行によってスキャンしたデータ）

※2023年8月時点の東京リージョンにおける利用料を掲載しています。

表5-3-11　利用料金

課金対象	AWS利用料
分析（クエリ実行）	0.0076USD/GB

※2024年3月時点の東京リージョンにおける利用料を掲載しています。

※6 https://aws.amazon.com/jp/cloudwatch/pricing/

CloudWatch Logs Insightsの利用料の例

❶クエリ実行に際してCloudWatch Logsに保管されているデータを100GBスキャンした場合

- 分析(クエリ実行)
  0〜5 GB = 0 USD
  5〜100 GB = 0.0076USD * 95 = 0.722 USD
- 月額利用料
  0.722 USD

5.3.7 Amazon Kinesis

Amazon Kinesisは、**大規模なストリーミングデータをリアルタイムで収集・処理するサービスです**。**ストリーミングデータ**とは、**一言で表すと、継続的に生成されるデータです**。データの種類によっては24時間365日生成されるデータもあり、そのデータ量は大規模になります。これらのストリーミングデータはリアルタイムなデータ分析に利用されたり、アプリケーションに利用されたり、様々なシーンで活用の場が広がっています。

ストリーミングデータで着目する3つの観点

ストリーミングデータを取り扱う上で、着目すべき観点が3つあります。それは**「データの順序」「データの処理能力」「拡張性(スケーラビリティ)」**です。ここでは株式取引のデータを例に挙げます。まず株式取引はリアルタイムで株の売買取引を行っているため売買が成立した時間(順序)がバラバラになってしまうと混乱してしまいます。次に、株式取引は極めて大量のデータを取り扱うため、それらのデータを高速かつ正確に処理することができる処理能力を持ったサーバーが必要になります。そしてこれらのデータ、つまり株式取引における売買が毎日どれだけ行われるかは予測がつきません。そのためデータ量が急増した際、それらのデータ処理に柔軟に対応できるだけのサーバーの拡張性(スケーラビリティ)を考慮しておく必要があります。

これらの3つの観点に対してKinesisでは、取得したストリーミングデータに**iterator**と呼ばれるシーケンス番号を割り当てることでデータの順序を適切に管理することができます。また、Kinesisは高いスケーラビリティが備わっており、データ処理に必要なサーバーなどの設備はAWSが管理しています。そして、従量課金であるため、Kinesisを利用することでサーバーを自社で保有するよりも、安価にストリーミングデータを処理する環境を調達することができます。以下、ストリーミングデータの処理内容に応じて提供されているKinesisの各種サービスです。

表5-3-12 Kinesisが提供するサービス

サービス	説明
Amazon Kinesis Data Streams	ストリーミングデータをリアルタイムでキャプチャ・処理・保存することが可能
Amazon Data Firehose※	ストリーミングデータをS3などのデータストア、DatadogやSplunkなどのサードパーティー製の分析ツールに配信することが可能
Amazon Kinesis Data Analytics	ストリーミングデータに対してクエリを実行し、リアルタイム分析を行うことが可能。データソースはKinesis Data StreamsまたはData Firehoseのいずれかを選択、実行したクエリ結果はKinesis Data StreamsやData Firehose、S3などに出力することが可能
Amazon Kinesis Video Streams	AWSによって用意されているSDK（ソフトウェア開発キット）を利用して防犯カメラ・スマートフォン・ドローン・センサーなどの動画撮影デバイスからストリーミングデータをキャプチャ・処理・保存することが可能

※2024年2月にAmazon Kinesis Data Firehoseから名称が変更になりました。

本章ではログ転送によく利用される**Amazon Data Firehose**に焦点を絞って説明を進めます。Data Firehoseが、データ転送においてサポートしている**ソース（データ送信元）**と**ディスティネーション（データ送信先）**は多岐にわたります。図5-3-15ではサンプルとしてそれぞれ3つの例を掲載していますが、その他についてはAWS公式ドキュメント※7を確認してください。

図5-3-15 Data Firehoseによるデータ転送

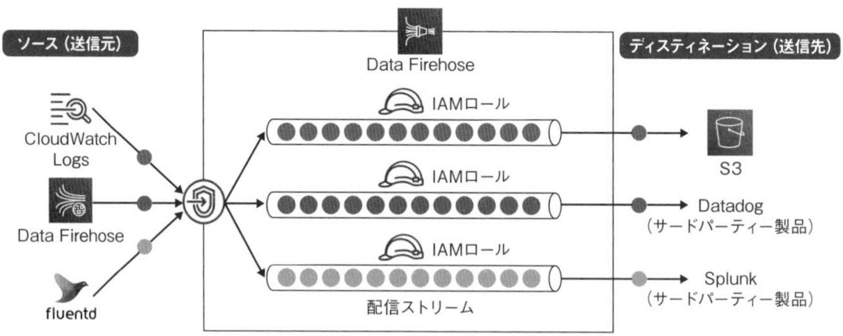

※7 https://docs.aws.amazon.com/ja_jp/firehose/latest/dev/create-name.html

Data Firehoseでは、ディスティネーションに応じて**配信ストリーム**を個別に作成します。配信ストリームは、**転送するデータを振り分ける管のようなものと考えてください**。配信ストリームではまず、**ソース(送信元)**と**ディスティネーション(送信先)**を指定します。ソースでは**「Amazon Kinesis Data Streams」「Direct PUT」**のいずれかを指定することができますが、**ソースが「Amazon Kinesis Data Streams」でない限りは「Direct PUT」を指定します**。

ディスティネーションに関しては、サポートされているサービス※8の中から選択します。他にも配信ストリームの設定では**AWS Lambda**を使ってソースから送信されたデータを加工したり、データフォーマットを変更したり、配信ストリーム内のデータを暗号化したりすることができます。配信ストリームは、データを自由にどこにでも配信できるわけではなく、IAMロールを使って配信先を制御しています。Data Firehose配信ストリームの具体的な作成手順についてはAWS公式ドキュメント※9を確認してください。

Data Firehoseのユースケースとして「CloudWatch LogsのログをData Firehoseを経由してS3へ出力する」というケースがありますが、こちらについては「5.5 アーキテクチャ運用の注意点」で実装時のポイントを解説します。

5.3.8 Data Firehoseの利用料金

Data Firehoseでは、**取り込むデータ量**に対してAWS利用料が発生します。詳細はData Firehoseの料金ページ※10を確認してください。

表5-3-13 データソースがVended Logsの場合

取り込みデータ量(月)	AWS利用料
最初の500TB	0.16USD/GB
500TB～2.0PB	0.14USD/GB
2.0PB～5.0PB	0.11USD/GB
5.0PB以上	AWSサポートへ問い合わせ(非公開)

※2024年3月時点の東京リージョンにおける利用料を掲載しています。

※8 https://docs.aws.amazon.com/firehose/latest/dev/create-name.html?icmpid=docs_console_unmapped
※9 https://docs.aws.amazon.com/ja_jp/firehose/latest/dev/basic-create.html
※10 https://aws.amazon.com/jp/firehose/pricing/

表5-3-14 データソースがVended Logs以外(Direct PUT/Kinesis Data Streams)の場合

取り込みデータ量(月)	AWS利用料
最初の500TB	0.036USD/GB
500TB～2.0PB	0.031USD/GB
2.0PB～5.0PB	0.025USD/GB
5.0PB以上	AWSサポートへ問い合わせ(非公開)

※2024年3月時点の東京リージョンにおける利用料を掲載しています。
※レコードは5KB単位で取り込まれるため、1レコードのデータサイズが5KB未満の場合、5KBに切り上げ。

Data Firehoseの利用料の例

❶ Vended Logsがデータソースの場合

- 取り込みデータ量

  配信ストリームに配信されるレコードサイズ = 0.5KB

  配信ストリームに配信されるレコード量＝100レコード/秒

  取り込みデータ量(KB)＝(100レコード/秒 * 0.5KB) * 30日/月 * 86,400秒/日＝129,600,000KB

- 月額利用料

  129,600,000KB / 1,048,576 (※) * 0.16/USD = 19.77USD

  ※1GB＝1,024MB＝1,048,576KB

❷ Direct PUTがデータソースの場合

- 取り込みデータ量

  配信ストリームに配信されるレコードサイズ = 3KB＝5KB (切り上げ)

  配信ストリームに配信されるレコード量＝100レコード/秒

  取り込みデータ量(KB)＝(100レコード/秒 * 5KB) * 30日/月 * 86,400秒/日＝1,296,000,000KB

- 月額利用料

  1,296,000,000KB / 1,048,576 (※) * 0.036/USD = 44.49USD

  ※1GB＝1,024MB＝1,048,576KB

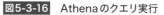

5.3.9 Amazon Athena

Amazon Athenaは、標準的なSQLを使用してS3バケット内のデータソースに対してクエリを実行することができるサービスです。

図5-3-16 Athenaのクエリ実行

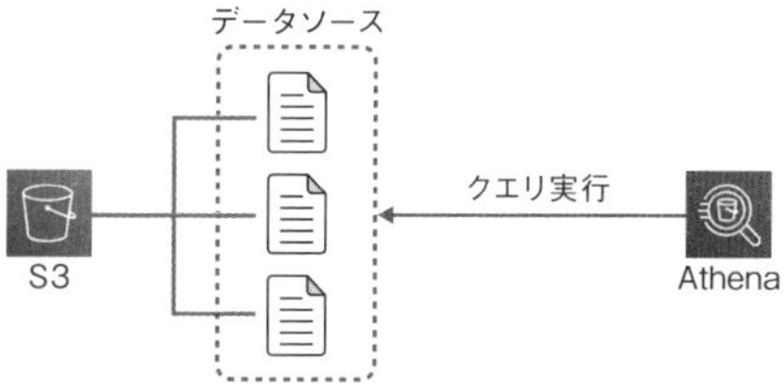

S3はRDS・Auroraのように事前に定義されたテーブルに対してデータを挿入するデータベースではなく、**様々なデータを様々な形式で保存することができるオブジェクトストレージです。**そのため構造化されていない非構造化データや半構造化データが混在していることも少なくありません。このような特性を持ったストレージである**S3に対して標準的なSQLクエリを実行できることがAthenaの大きな特徴です。**

図5-3-17 S3に保存できるデータの分類

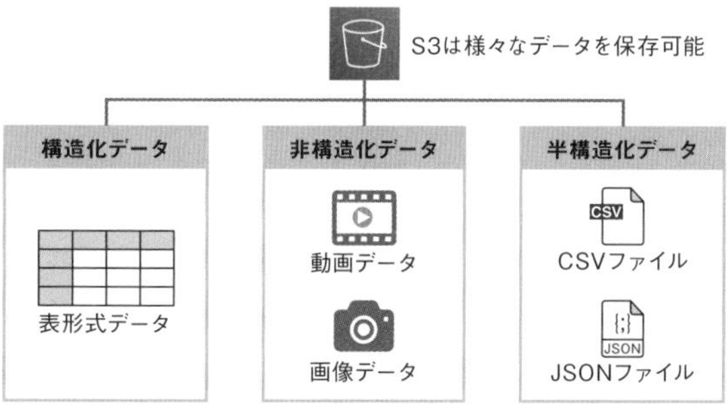

5.3.10 Athenaでクエリを実行する

Athenaでクエリを実行するまでの流れは、以下の通りです

図5-3-18 Athenaによるクエリ実行の流れ

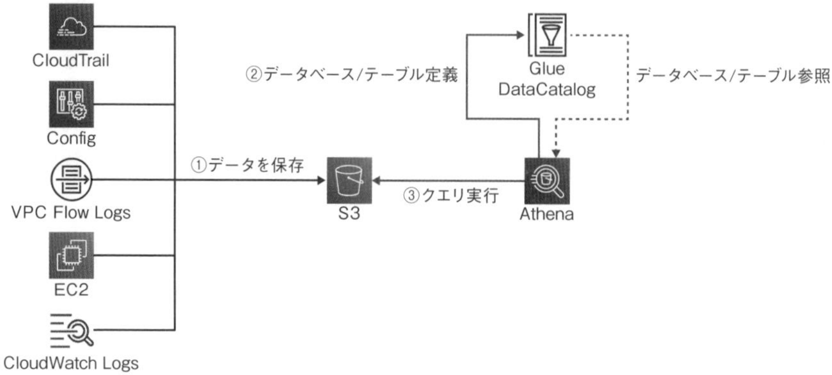

1 データをS3バケットに保存する

Athenaは、S3バケットに保管されているデータに対してクエリを実行します。そのため、S3バケットにデータを保存しておく必要があります。S3バケットへデータを保存する方法として、EC2インスタンスに保存されているログをS3バケットへ出力したり、CloudWatch Logsに保管されているログをS3バケットに出力したりする方法があります。またAWSサービスによってはS3と統合されているケースがあり、AWSサービスの設定でS3バケットへのログ出力設定を行うことができます。以下はS3と統合されているAWSサービスの一例です。

- Elastic Load Balancing (ALB・NLB)
- CloudTrail
- Config
- VPC Flow Logs
- Kinesis Data Streams
- Data Firehose
- AWS WAF
- GuardDuty

2 データベースおよびテーブルを定義する

Athenaでクエリを実行するためには、テーブル定義が必要となります。テーブル定義はクエリを実行し、抽出したいデータの属性を定義するものです。例えば、小売店で販売している商品に関するテーブル定義を実施するとします。商品データの属性を挙げてみると、「商品名」「価格」「原材料」「製造元企業名」「販売元企業名」「サイズ」「重量」など、数えるときりがありません。余計なデータ属性が含まれているとデータが扱いづらくなるため、テーブル定義によって本当に確認したいデータ属性のみを抽出します。テーブル定義は、Excelで表を作成する際に列の項目を定義するイメージに近いです。

図5-3-15 テーブル定義のイメージ

テーブル定義の情報

商品（文字）	価格（数字）	販売数（数字）	売上金額（数字）
A	100	100	10,000
B	200	200	40,000
C	300	300	90,000

テーブル定義を行う方法はいくつかありますが、本書では**Athena DDL**という方法を用いてテーブル定義を行う例をご紹介します。

DDLとはData Definition Languageの略称で、一般的には**データ定義言語**と呼ばれます。**DDLは、データベースに対する操作命令を実行するために利用されます。**データベースとはデータを入れておく箱であり、データが集積した塊（データ群）のようなものです。DDLはこのデータベースに対して命令を実行します。

Athena DDLを用いてクエリを実行する際に注意する点が2点あります。**1点目はAthenaがテーブルの作成およびクエリ実行をサポートしているデータ形式です。**例えば、AthenaではネイティブではJSON形式のデータを取り扱うことができません。そのため**SerDe（Serialize/Deserialize）というデータ処理**を行う必要があります。この処理を実行することによって、Athenaは様々なデータ形式のファイルに対してクエリを実行することができます。以下、Athenaがサポートしているデータ形式および必要なSerDeの例です。詳細はAWS公式ドキュメント※11を確認してください。

※11 https://docs.aws.amazon.com/ja_jp/athena/latest/ug/supported-serdes.html

表5-3-16 AthenaがサポートしているデータN形式および必要なSerDeの例

データ形式	SerDe
CSV	LazySimpleSerDe または OpenCSVSerDe
TSV	LazySimpleSerDe
カスタム区切り	LazySimpleSerDe
JSON	HiveJSONSerDe または OpenXJsonSerDe
Apache Avro	AvroSerDe
ORC	ORCSerDe
Apache Parquet	ParquetSerDe
Logstash ログ	Grok SerDe
Apache WebServer ログ	Grok SerDe または RegexSerDe
CloudTrail ログ	CloudTrailSerDe または OpenXJSONSerDe
Amazon Ion	Amazon Ion Hive SerDe

2点目は、Athenaが読み書きをサポートしているファイルの圧縮形式です。 Athenaでは**「BZIP2」「DEFLATE」「GZIP」「LZ4」「LZO」「SNAPPY」「ZLIB」「ZSTD」**の圧縮形式をサポート※12しています。その他Athenaに関する考慮事項および制約事項についてはAWS公式ドキュメント※13を確認してください。

それでは実際にAthenaでデータベースおよびテーブル定義をしてみます。Athenaでは「default」と命名されたデータベースが予め作成されていますが、今回は**「sample_db」**というデータベースを新規作成し、このデータベースに対して**「awsconfig」**というテーブルを作成するDDL（クエリ）を実行します。以下の例で示すクエリ文では、S3バケットに保存されているJSON形式のファイルに対してクエリを実行することを想定しています。そのため、**「ROW FORMAT SERDE」**というオプションでJSON形式のファイルを処理する**SerDe（HiveJSONSerDe）**を指定しています。

リスト5-3-3 データベース「sample_db」、テーブル「awsconfig」を定義するDDL

```
CREATE DATABASE sample_db;

CREATE EXTERNAL TABLE awsconfig (
         fileversion string,
         configSnapshotId string,
         configurationitems ARRAY < STRUCT < configurationItemVersion
```

※12 https://docs.aws.amazon.com/ja_jp/athena/latest/ug/compression-formats.html
※13 https://docs.aws.amazon.com/ja_jp/athena/latest/ug/creating-tables.html

```
: STRING,
        configurationItemCaptureTime : STRING,
        configurationStateId : BIGINT,
        configuration: STRUCT < name : STRING > ,
        awsAccountId : STRING,
        configurationItemStatus : STRING,
        resourceType : STRING,
        resourceId : STRING,
        resourceName : STRING,
        ARN : STRING,
        awsRegion : STRING,
        availabilityZone : STRING,
        configurationStateMd5Hash : STRING,
        resourceCreationTime : STRING > >
)
ROW FORMAT SERDE 'org.apache.hive.hcatalog.data.JsonSerDe'
LOCATION 's3://バケット名 /AWSLogs/アカウント名 /Config/ap-
northeast-1/2022/';
```


図5-3-19 DDLの実行

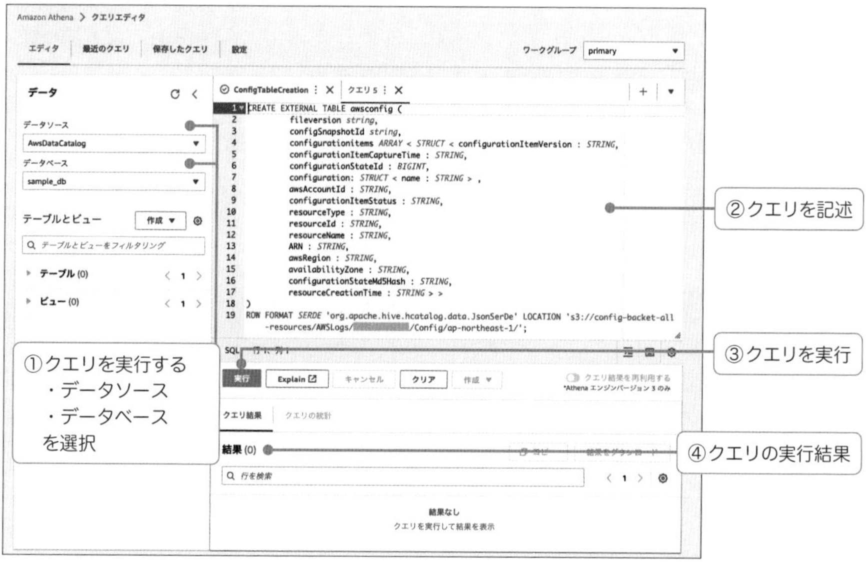

図5-3-20は、Athena DDLによってテーブル定義が実行されるイメージです。

図5-3-20 Athena DDLのテーブル定義が適用されたログ

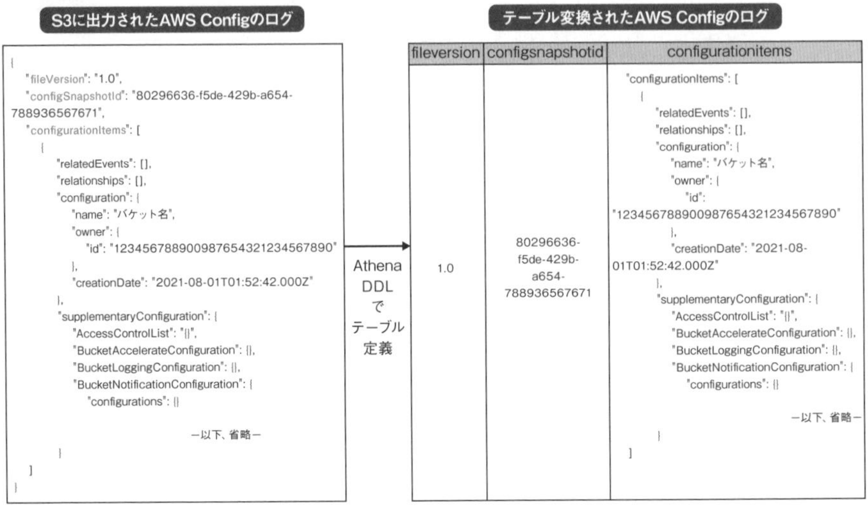

実行したテーブル定義の情報は**AWS Glue Data Catalog**と呼ばれるメタデータを管理する場所に保存されます。

AWS Glue Data Catalogに関する詳細は割愛しますが、**Athenaとは別の場所に保管されているという点を押さえておきましょう。**

図5-3-21 AWS Glue Data Catalogに保存されているテーブル定義

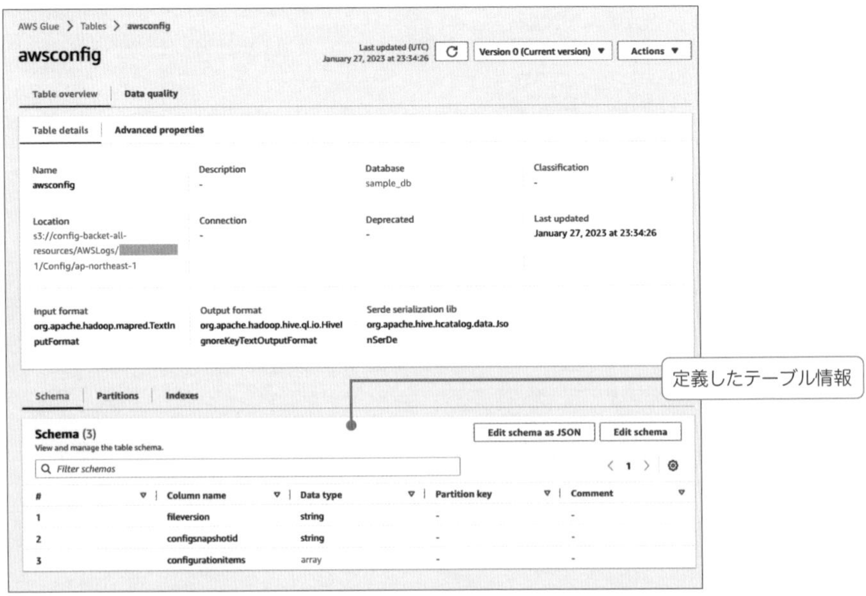

3 クエリを実行する

S3バケットにデータを保存し、テーブルを定義したらいよいよクエリを実行します。Athenaでは標準ANSI SQLに準拠したクエリを実行することができます。※14

以下のクエリはConfigにおいて、2022年6月1日から6月30日までの期間で変更があったConfiguration Itemの数をカウントするクエリです。

リスト5-3-4 Configuration Itemの数をカウントするクエリの例

```
SELECT
  configurationItem.resourceType,
  configurationItem.resourceId,
  COUNT(configurationItem.resourceId) AS NumberOfChanges
FROM
  sample_db.awsconfig CROSS
  JOIN UNNEST(configurationitems) AS t(configurationItem)
WHERE
  "$path" LIKE '%ConfigHistory%'
   AND configurationItem.configurationItemCaptureTime >= '2022-06-
01T%'
   AND configurationItem.configurationItemCaptureTime <= '2022-06-
30T%'
GROUP BY
  configurationItem.resourceType,
  configurationItem.resourceId
ORDER BY
  NumberOfChanges DESC
```

図5-3-22 Athenaでのクエリ実行結果

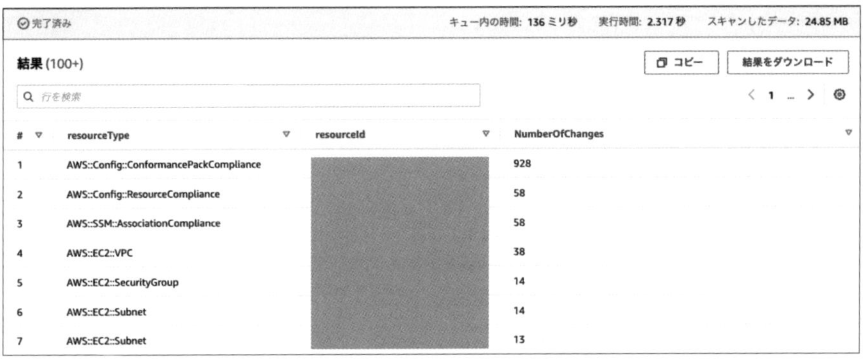

※14 ANSIとは米国規格協会と呼ばれる規格の標準化を行う米国の機関です。SQLの標準規格はこの機関によって数年に一度改訂されます。全てのデータベースが標準SQLに準拠しているわけではありませんが、標準SQLに準拠していれば基本的なSQLクエリの記述方法に対応しているといえます。

5.3.11 Athenaの便利な機能

Athenaではクエリ実行に付随した便利な設定、機能があるのでいくつか紹介します。

クエリ結果のS3出力

Athenaのクエリ結果はマネジメントコンソール上に表示されますが、**クエリ結果を指定のS3バケットにCSVファイルとして出力することができます。**出力先のS3バケットは必要に応じて変更が可能です。

図5-3-23 クエリ結果のS3出力設定①

図5-3-24 クエリ結果のS3出力設定②

図5-3-25 クエリ結果のS3出力設定③

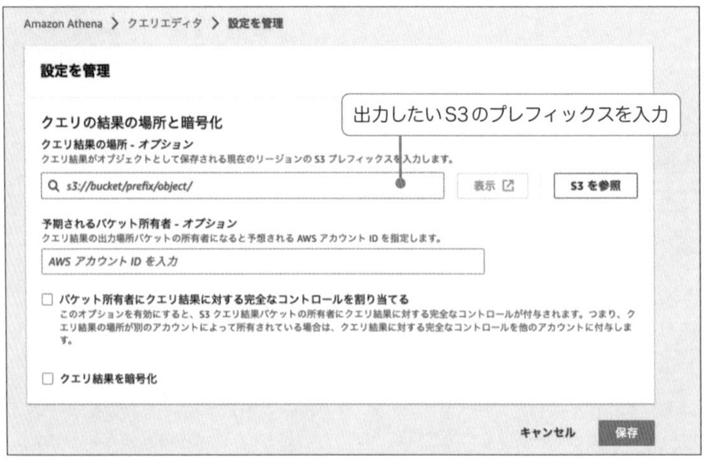

保存したクエリ

頻繁に実行するクエリを予め保存しておくことで、再利用を可能にする機能です。**この機能でAthenaを使ってよく利用するクエリを予め複数作成、保存しておくとクエリ実行時におけるクエリ作成の負荷を軽減できます。**AWSのログ運用でAthenaをよくご利用される方には、重宝される機能といえます。

図5-3-26 保存したクエリの使い方①

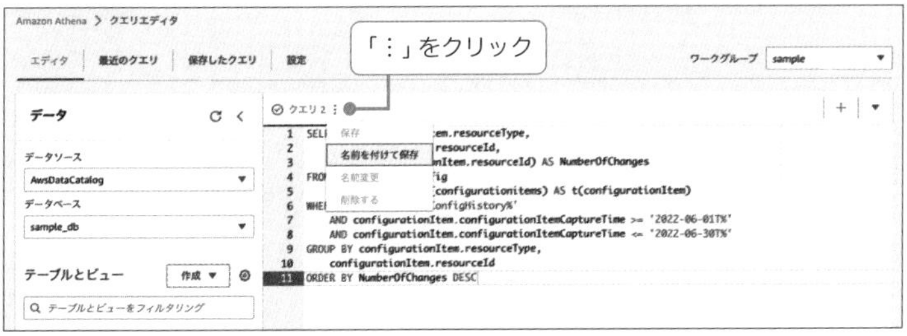

図5-3-27 保存したクエリの使い方②

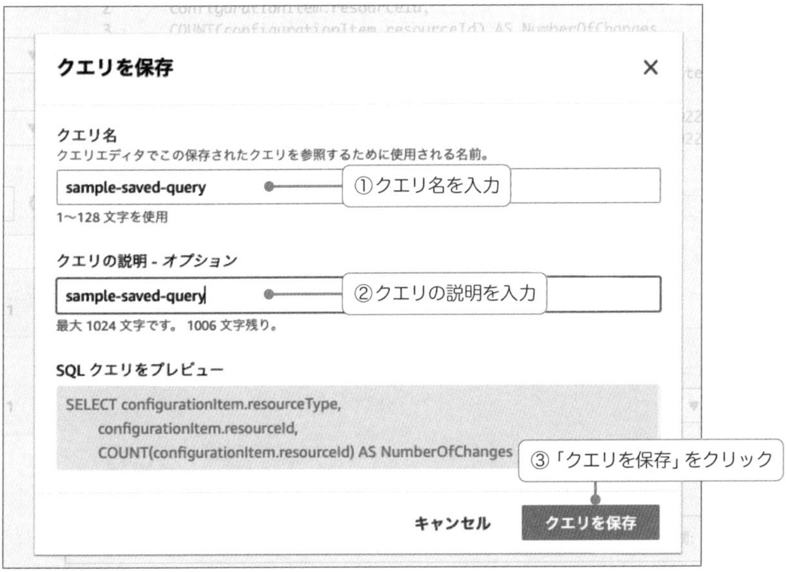

図5-3-28 保存したクエリの使い方③

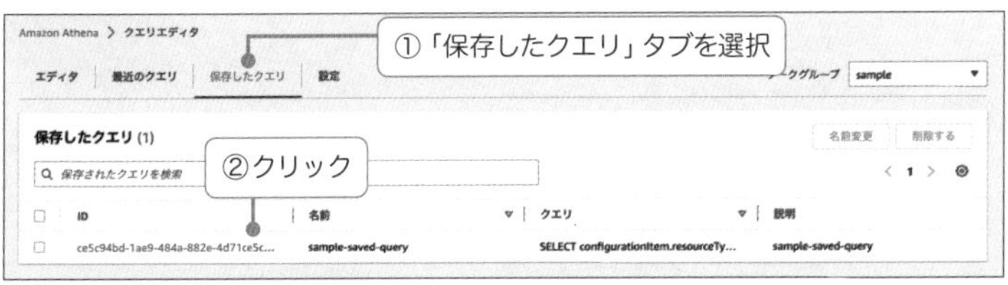

図5-3-29 保存したクエリの使い方④

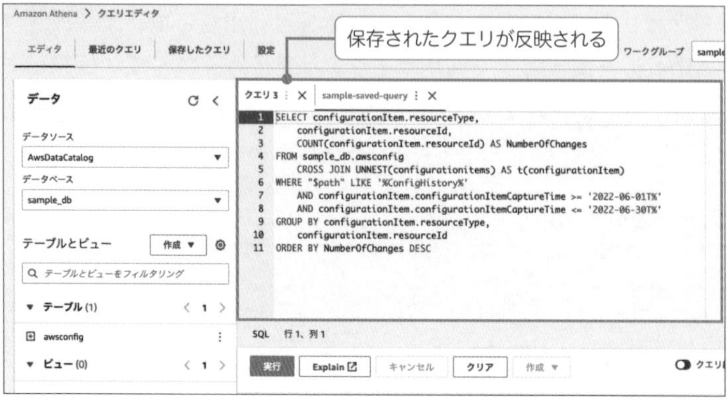

クエリ結果の再利用

1度実行したクエリ結果を、一定期間キャッシュすることができる機能です。キャッシュ期間は最小1分〜最大7日間であり、デフォルトでは60分間キャッシュする設定になっています。Athenaはスキャンしたデータ量に応じてAWS利用料が発生しますが、**この機能はクエリ結果をキャッシュする機能であるため、再度クエリ結果を実行してもS3バケットへのデータスキャンが発生しません。**例えばAthenaを利用して日次でクエリを実行する運用作業があった場合、キャッシュ期間を7日間に設定しておけば初回のデータスキャンを除けばデータスキャンは発生しないためコスト削減効果が期待できます。ただし、この機能を利用するためにはAthenaのクエリエンジンバージョンを最新のVersion3にする必要があるためご注意ください。

図5-3-30 クエリ結果の再利用イメージ（キャッシュ期間7日）

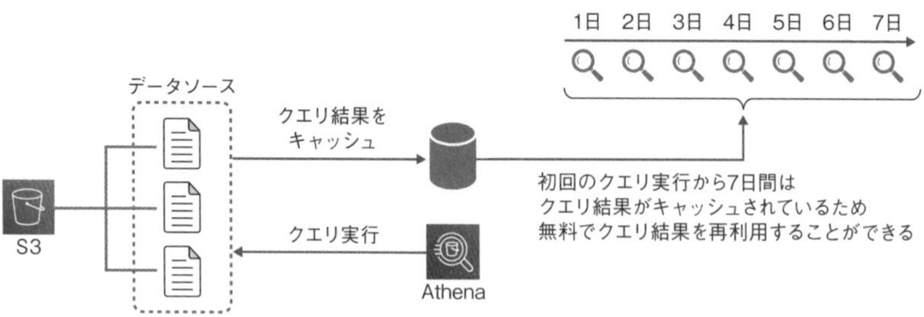

図5-3-31 クエリ結果の再利用の実行例

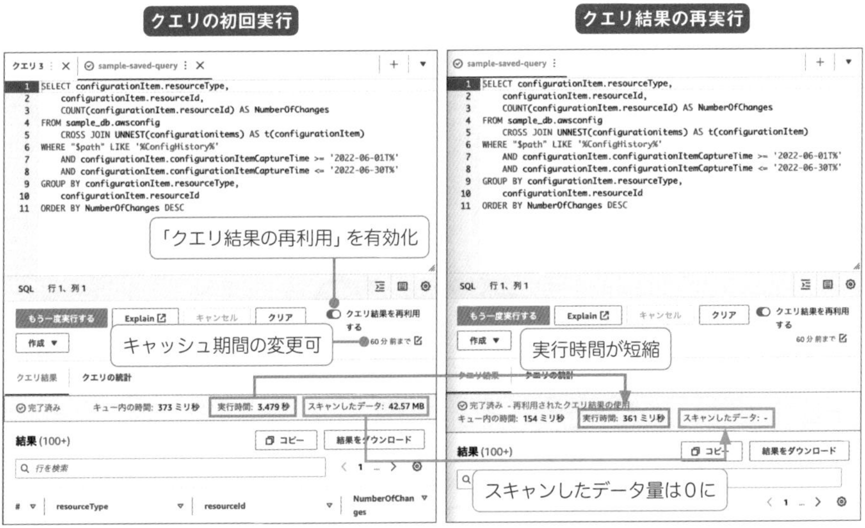

ワークグループ

Athenaにおけるクエリワークロード(クエリの使用用途)を仮想的に分離することができる機能がワークグループです。表5-3-17にワークグループを利用するメリットをまとめています。

表5-3-17 ワークグループのメリット

メリット	内容
ワークロードを分離できる	クエリ結果のS3出力先、保存したクエリ、クエリ履歴の参照、クエリのメトリクス情報、クエリ結果の暗号化設定などをワークロード毎に分離することができる。環境単位やシステム単位、クエリを実行したいAWSサービス単位でワークグループを分離することで疎結合なクエリ実行環境を維持することができる
ワークグループ単位でアクセス制御ができる	IAMポリシーを利用してワークグループ毎にアクセス制御をかけることができる。例えば、特定のワークグループに対してのみクエリ実行およびクエリ停止を許可することができる。IAMポリシーのサンプルについてはAWS公式ドキュメント※15を確認してください
クエリ単位でスキャン量上限を設定できる	AthenaはS3に対してスキャンしたバイト数に応じて利用料が発生する。そのためクエリの過剰な実行を防止するためにクエリ毎にデータスキャン量の上限を設定し、超過した場合はクエリを自動でキャンセルすることができる
スキャンされるデータ量に閾値を設定できる	AthenaはS3に対してスキャンしたバイト数に応じて利用料が発生する。そのためクエリの過剰な実行を検知するためにワークグループ単位でデータスキャン量の閾値を設定し、超過した場合に管理者に通知させることができる。なおクエリを自動でキャンセルすることはできない

※15 https://docs.aws.amazon.com/ja_jp/athena/latest/ug/workgroups-iam-policy.html

ワークグループ機能は、分離したワークグループ毎に**「保存したクエリ」**や**「クエリ結果のS3出力」**を設定したりすることができる機能です。ALB、CloudTrail、Config、VPC Flow Logsなど、分析対象ごとにワークグループを作成することにより、それぞれを個別管理することが可能になります。

なお、デフォルトで「**primary**」というワークグループが作成されていますが、利用用途に応じて新しく作成することをお勧めします。

図5-3-32 ワークグループを活用するイメージ

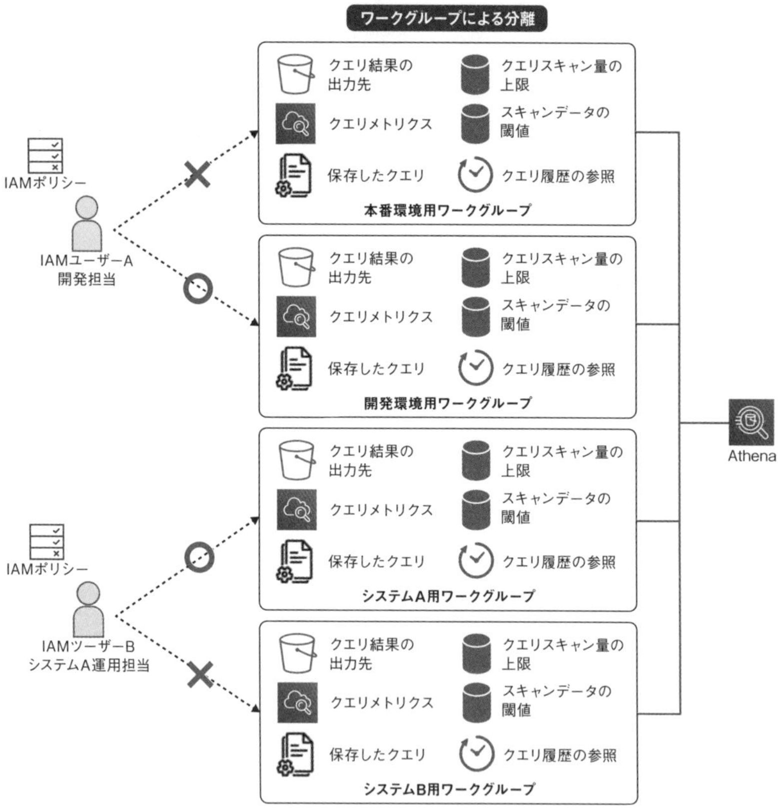

パラメータクエリ

パラメータクエリとは、**クエリ内に変数を埋め込み、クエリ実行時に「その変数に代入する抽出条件の指定」をユーザーに求めることができるクエリ実行方法です。**パラメータクエリを実行すると**「パラメーターを入力」ダイアログボックス**が表示されるので、そのテキストボックスに抽出条件を入力した上でクエリを実行します。**パラメータクエリを活用することで抽出条件が変わる際にクエリ本文を編集する必要がなく、メンテナンスの手間を省くことができます。**具体的には、抽出条件を入力する変数として「**?**」を記述することでパラメータクエリを実行できます。

リスト5-3-5 パラメータクエリの例

```
SELECT * FROM "default"."awsconfig" WHERE fileversion = ? limit 10
```

図5-3-33 パラメータクエリの実行

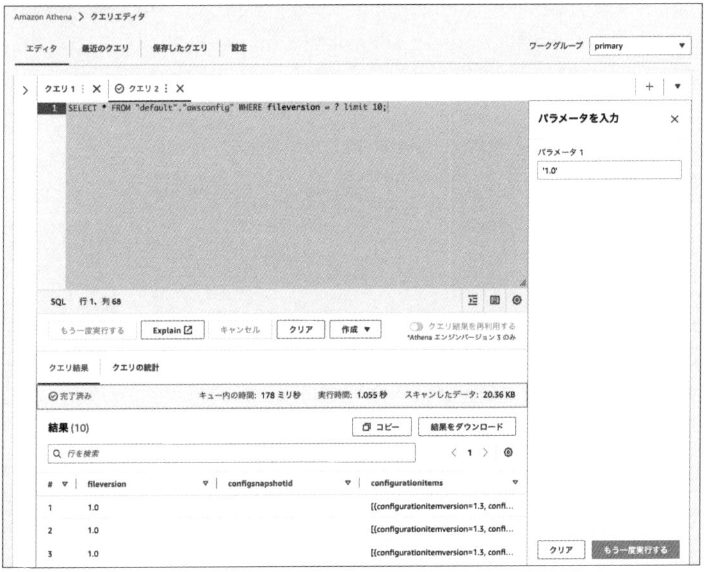

5.3.12 Athenaの利用料金

Athenaではクエリ実行によってスキャンしたデータ量に応じて、AWS利用料が発生します。詳細はAthenaの料金ページ※16を確認してください。

表5-3-18 利用料金

課金対象	AWS利用料
分析（クエリ実行）	5.00USD/TB　※0.0048USD/GB

※2024年3月時点の東京リージョンにおける利用料を掲載しています。

※16 https://aws.amazon.com/jp/athena/pricing/

Athenaの利用料の例

❶ S3内に保管されている100GBのログをスキャンした場合

- 分析(クエリ実行)

  100GB = 0.1TB

- 月額利用料

  5.00USD * 0.1TB = 0.5USD

Column **ログ利用におけるCloudWatch Logs InsightsとAthenaの使い分け**

Chapter 5ではログ利用の観点から「CloudWatch Logs Insights」と「Athena」について紹介しました。ここではCloudWatch Logs InsightsとAthenaの使い分けについて解説します。まずはAWS利用料の観点から比較してみます。

表5-3-19 CloudWatch Logs InsightsとAthenaの料金の比較

比較観点	CloudWatch Logs Insights	Athena
クエリ先のデータソース	CloudWatch Logs	S3
データ取り込みにかかる利用料	0.76USD/GB	なし
ログ保管にかかる利用料	0.033USD/GB	0.025USD/GB
クエリ実行にかかる利用料 ※スキャンしたデータ量に課金	0.0076USD/GB	0.0048USD/GB ※5.00USD/TB

※2024年3月時点の東京リージョンにおける利用料を掲載しています。

CloudWatch Logs InsightsではデータソースであるCloudWatch Logsのデータ取り込みにかかる利用料が発生するため、データソースとしてS3を利用しているAthenaよりも高価となります。ログ保管にかかるAWS利用料には大きな差はありません。次に操作性や機能面から比較してみます。

表5-3-20 CloudWatch Logs InsightsとAthenaの機能面の比較

比較観点	CloudWatch Logs Insights	Athena
クエリ実行	・専用のクエリ言語を利用するため学習コストがかかる ・実行したクエリを保存し、再利用することが可能	・標準SQLを利用できる ・実行したクエリを保存し、再利用することが可能 ・クエリ実行結果の再利用が可能
クエリ実行結果の視認性	・クエリ実行結果をレコード(行)として表示するだけでなく、グラフとして可視化することができる	クエリ実行結果をレコード(行)として表示するのみ。グラフとして可視化するには別のAWSサービスとの連携が必要
サポートされるログ	VPC Flow Logs/Route53ログ/Lambdaログ/CloudTrailログ/その他JSON形式のログ	CSV/TSV/カスタム区切り/JSON/Apache Avro/ORC/Apache Parquet/Logstashログ/Apache WebServerログ/CloudTrailログ/Amazon Ion

CloudWatch Logs Insightsは専用のクエリ言語の学習コストが発生する上に、ログタイプの種類は多くありません。そのため、サポートされるログタイプの種類においてはAthenaに軍配が上がります。ただ、Athenaの機能ではクエリ実行結果をグラフとして可視化することはできないため、視認性はCloudWatch Logs Insightsに軍配が上がります。

上記2つの観点から以下にCloudWatch Logs InsightsとAthenaの使い分け、利用シーンについて整理してみます。

表5-3-21 CloudWatch Logs InsightsとAthenaの使い分けと利用シーン

CloudWatch Logs Insights	Athena
・CloudWatch Logs に保管している少量のデータに対してクエリを実行したい場合 ・CloudWatch Logsへのログ出力のみをサポートしているAWSサービス（RDSなど）に対してクエリを実行したい場合 ⇒CloudWatch LogsからS3へログを転送するとAWS利用料が発生するため	・S3内に保管されている大量のデータに対して標準SQLを利用してクエリ実行をしたい場合 ⇒CloudWatch Logsで大量のデータを取り込むとAWS利用料が高額となるため ・CloudWatch Logs Insightsではサポートされていないログ形式のファイルに対してクエリを実行したい場合 ・同一クエリを日次で実行したい場合 ⇒クエリ結果の再利用が可能であるため

実務

5.4 サンプルアーキテクチャ紹介

ここまで解説してきたログ運用の内容を反映させたサンプルアーキテクチャを紹介します。

図5-4-1 ログ運用におけるサンプルアーキテクチャ

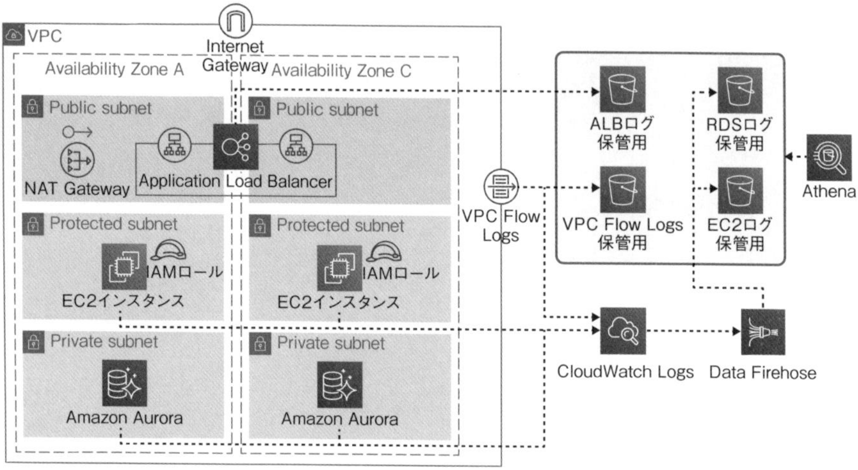

5.4.1 アーキテクチャ概要

本アーキテクチャは、インターネット公開するWebアプリケーションをデプロイする環境を**Web3層アーキテクチャ**で構築することを想定しています。これはALBを構築し、Availability Zone AおよびAvailability Zone CのEC2インスタンスにリクエストを負荷分散することで可用性を担保しています。またアプリケーション層とデータベース層を分離するために**Amazon Aurora**を利用し、EC2インスタンスからのリクエストをAvailability Zone AおよびAvailability Zone CのAurora DBインスタンスに負荷分散することで可用性を担保しています。EC2インスタンスは**Protected Subnet**※17に構築し、Aurora DBインスタンスは**Private Subnet**に構築しています。セキュリティグループでアクセス元のIPアドレスを制御することで、不特定多数のユー

※17 NAT Gatewayを経由してインターネットと接続可能なネットワーク(DMZ)

ザーがアクセスできないよう基本的なセキュリティ対策を実施しています。

ログ運用における設計のポイント

各AWSサービスから出力されるログに関しては後のログ利用を想定し、コストパフォーマンスが高いS3への長期保管を意識した設計としています。EC2とAmazon AuroraはS3と統合されておらず、直接S3バケットにログを出力できないため、**Data Firehose**経由でClouldWatch LogsからS3バケットへログを転送しています。ALBはログを直接S3に出力する方法のみがサポートされているため、ログ保管先はS3バケットとなります。また、ネットワーク周辺のログ分析やトラブルシューティングを目的に**VPC Flow Logs**を有効化しています。VPC Flow Logsは直近出力された少量のログ利用ならびにログの長期保管の観点から、CloudWatch LogsとS3の両方にログを出力する設計としています。

AWS利用料の観点ではS3に無期限でログを保管すると余計なAWS利用料が発生するので、S3のライフサイクルルールを設定し、必要に応じて**S3 Glacier Flexible Retrieval**をはじめとしたストレージクラスにアーカイブしたり、一定期間保管後にオブジェクトを削除したりすることを推奨します。

以下、本アーキテクチャで取得しているログの取得要件を整理したものです。

表5-4-1 Web3層アーキテクチャのログ取得要件

ログ取得対象	取得用途	ログ保管場所	ログ利用方法
ALB	アクセスログ	S3	Athena
EC2	OSログの取得 アプリケーションログ	CloudWatch Logs S3（長期保管用）	CloudWatch Logs CloudWatch Logs Insights Athena
Amazon Aurora	DBログ	CloudWatch Logs S3（長期保管用）	CloudWatch Logs CloudWatch Logs Insights Athena
VPC Flow Logs	通信ログ	CloudWatch Logs S3（長期保管用）	CloudWatch Logs CloudWatch Logs Insights Athena

実務 5.5 サンプルアーキテクチャの運用の注意点

図5-4-1のサンプルアーキテクチャを実装するにあたり、EC2インスタンスの台数が多い場合の運用で便利な「EC2のログ取得設定の手順」と「CloudWatch LogsのログをData Firehoseを経由してS3へ出力する際の注意点」について詳しく解説します。

5.5.1 EC2インスタンスの台数が多い場合の「EC2のログ取得設定」

「5.3.3 統合CloudWatchエージェントを利用したEC2のログ取得設定」で、「OSにログインしてウィザードを使用して設定する」という方法を紹介しました。しかしこの方法には「設定対象となるEC2インスタンスの台数が増えると、それに伴って設定の手間もかかる」というデメリットがありました。

そこで今回はこのような運用負荷を軽減する方法として**AWS Systems Manager Parameter Store**と**AWS Systems Manager Run Command**を利用した設定方法を紹介します。

具体的な統合CloudWatch エージェントの設定方法について触れる前に、AWS Systems Manager Parameter Store と AWS Systems Manager Run Command がどのようなサービスなのか解説します。

5.5.2 AWS Systems Manager Parameter Store

AWS環境の運用をサポートする機能群として、AWSでは**AWS Systems Manager (SSM)** というサービスがあります。**AWS Systems Manager Parameter Store (Parameter Store)**は、**このSSMが提供している機能の1つで、設定データおよび機密データをパラメータ(値)として安全に管理するためのストレージを提供しています**。パラメータは、プレーンテキストまたは暗号化されたデータとして保存することが可能です。統合CloudWatchエージェントに適用する設定ファイルは、パラメータとしてParameter Store上に保管することができます。設定ファイルは**「agent」「metrics」「logs」**と呼ばれる3つのセクションを持つJSONデータです。以下、各セクションの概要とJSONデータのサンプルです。詳細な設定内容についてAWS公式ドキュメント※18を確認してください。

表5-5-1 統合CloudWatch エージェントに適用する設定ファイルのセクション

セクション	説明
agent	統合CloudWatchエージェントに関する全般的な設定を定義
metrics	CloudWatch Metricsへ出力するメトリクス情報を定義
logs	CloudWatch Logsへ出力するログ情報を定義

リスト5-5-1 統合CloudWatch エージェントに適用する設定ファイルの例

```
{
    "agent": {
        "metrics_collection_interval": 10,
          "logfile": "/opt/aws/amazon-cloudwatch-agent/logs/amazon-
cloudwatch-agent.log"
    },
    "metrics": {
        "namespace": "MyCustomNamespace",
        "metrics_collected": {
            "mem": {
                "measurement": [
                    "mem_used"
                ],
                "metrics_collection_interval": 1
            },
            "logs": {
                "logs_collected": {
                    "files": {
                        "collect_list": [
                            {
                                     "file_path": "/opt/aws/amazon-
cloudwatch-agent/logs/test.log",
                                "log_group_name": "test",
                                "log_stream_name": "test",
                                "timezone": "Local"
                            }
                        ]
                    }
```

※18 https://docs.aws.amazon.com/ja_jp/AmazonCloudWatch/latest/monitoring/create-cloudwatch-agent-configuration-file.html

```
                    },
                    "log_stream_name": "my_log_stream_name",
                    "force_flush_interval": 15
                }
            }
        }
}
```

> **memo**
> Parameter Storeを利用するメリットは①パラメータのバージョン管理が可能であること、②プログラムのコードと設定データを分離して管理できること（セキュリティ向上）、③IAMを利用することでパラメータへのアクセス制御が可能であることが挙げられます。

> **memo**
> AWS Systems Managerを「SSM」と呼ぶのは、前身となった以下２つのサービスの省略名が由来です。
>
> - 「Amazon Simple Systems Manager（SSM）」
> - 「Amazon EC2 Systems Manager（SSM）」

5.5.3 AWS Systems Manager Run Command

AWS Systems Manager Run Commandは、Parameter Storeと同様にSSMが提供している機能の１つで、EC2インスタンスにOSログインすることなくコマンドやスクリプトをリモートで実行することができます。実行する処理内容は**コマンドドキュメント**と呼ばれるファイルで管理されており、AWSから予め提供されているものがありますが、ユーザー自身で新規作成することも可能です。以下はAWSから提供されているコマンドドキュメントのうち、統合CloudWatchエージェントの設定を適用する際に利用するものです。

- AWS-ConfigureAWSPackage
  統合CloudWatchエージェントをはじめとしたパッケージのインストール、アンインストールを実施するコマンドドキュメント
- AmazonCloudWatch-ManageAgent
  Amazon CloudWatch Agentにコマンドを送信（設定を適用）するコマンドドキュメント

図5-5-1 コマンドドキュメント一覧のコンソール画面

5.5.4 SSMエージェント

ここまでParameter StoreとRun Commandについてご紹介しましたが、これらを使って統合CloudWatchエージェントの設定をEC2インスタンスに適用するためには条件があります。**それは設定対象のEC2インスタンスが、SSMの管理下にある(マネージドノードである)ことです。**Run CommandがEC2インスタンスに対してコマンドをリモートで実行するということは、**SSMとEC2インスタンス間でコマンドを送受信するための通信経路**を確保が必要になります。

この一役を担っているのはAWSが提供している**SSMエージェント**と呼ばれるミドルウェアです。**SSMエージェントは、EC2インスタンス、エッジデバイス、オンプレミスサーバーおよび仮想マシン(VM)上で動作するミドルウェアで、SSMによるサーバーの更新・管理を実現します。**SSMエージェントは、AWSが提供する以下のOS用のAMIに予めインストール※19されています。

※19 https://docs.aws.amazon.com/ja_jp/systems-manager/latest/userguide/ami-preinstalled-agent.html

- Amazon Linux Base AMIs dated 2017.09 and later
- Amazon Linux 2
- Amazon Linux 2 ECS-Optimized Base AMIs
- macOS 10.14.x (Mojave), 10.15.x (Catalina), and 11.x (Big Sur)
- SUSE Linux Enterprise Server (SLES) 12 and 15
- Ubuntu Server 16.04, 18.04, and 20.04
- Windows Server 2008-2012 R2 AMIs published in November 2016 or later
- Windows Server 2016, 2019, and 2022

「上記以外のAMIを利用して構築したEC2インスタンス」に対してSSMエージェントをインストールする場合は、AWS公式ドキュメント※20にインストール方法が掲載されているためそちらを確認してください。

SSMエージェントの役割と必要な設定

EC2インスタンスにインストールされたSSMエージェントは、AWSリージョンごとに存在するSSMのリージョンエンドポイント（図5-5-2ではSystems Manager API）に対して**ポーリング（定期的な問い合わせ）**を実行します。このポーリングによって、SSMエージェントはSSMからコマンド実行などの指示を受け付けます。**ポーリングの問い合わせ先となるSSMのリージョンエンドポイントはインターネット上に存在するため、EC2インスタンスにInternet Gatewayを経由したアウトバウンド通信をあらかじめ許可しておきます。**

また、IAMロールの設定も必要になります。AWSが提供しているAWS管理ポリシーの中にはSSMのコア機能をEC2インスタンスが利用できるようにする「**AmazonSSMManagedInstanceCore**」という名称のポリシーがあるので、これをアタッチしたIAMロールをEC2インスタンスにアタッチしておきます。

❶ EC2 インスタンスにSSM エージェントをインストールすること
❷ SSM のリージョンエンドポイントとの通信経路を確保すること
❸ IAM ロールを利用してEC2 インスタンスがSSM と通信するために必要な権限を付与すること

これら3つの作業を実施することによって、EC2 インスタンスはマネージドノードとしてSSMの管理下に置かれることになります。

※20 https://docs.aws.amazon.com/ja_jp/systems-manager/latest/userguide/ssm-agent.html

図5-5-2　SSMエージェントの設定におけるチェックポイント

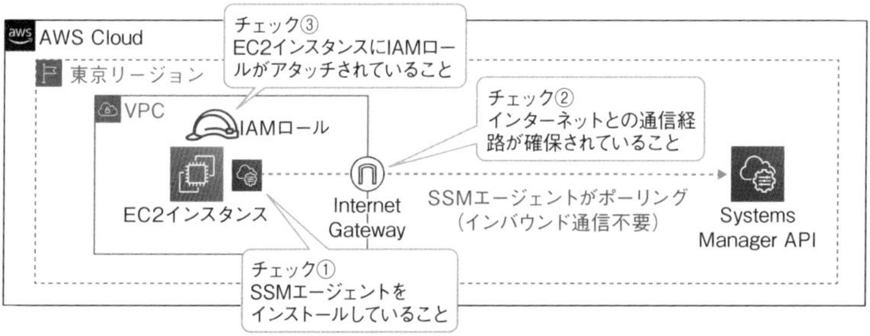

SSMの管理下に置かれたマネージドノードは、SSMのフリートマネージャーで確認可能です。

図5-5-3　フリートマネージャーでSSMで管理しているマネージドノードを確認する

5.5.5 統合CloudWatchエージェントの設定を適用

図5-5-2のチェックが完了したら、いよいよParameter StoreとRun Commandを利用して統合CloudWatchエージェントの設定を適用します。作業は以下の3ステップです。

❶ Parameter Storeに統合CloudWatchエージェントの設定ファイルを作成する
❷ Run CommandでAWS-ConfigureAWSPackageを実行し、統合CloudWatchエージェントをインストールする
❸ Run CommandでAmazonCloudWatch-ManageAgentを実行し、ParameterStoreに保存した設定ファイルを適用する

1 Parameter Storeに統合CloudWatchエージェントの設定ファイルを作成する

まずはParameter Storeに、統合CloudWatchエージェントの設定ファイルを作成します。EC2インスタンスからCloudWatch Logsに出力したいログはあらかじめ決めておきましょう。

図5-5-4　Parameter Storeのコンソール画面

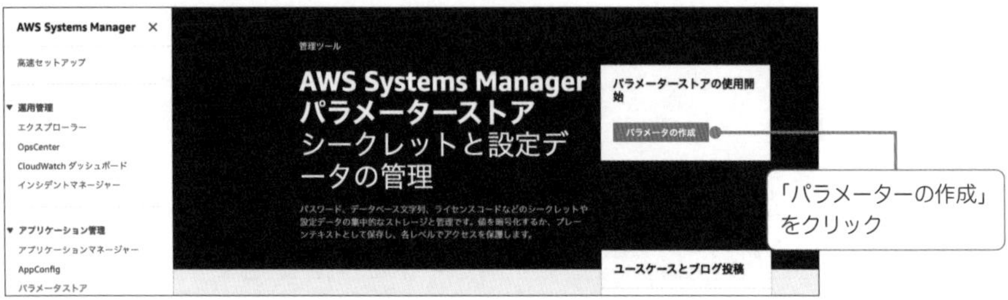

図5-5-5　Parameter Storeの作成画面

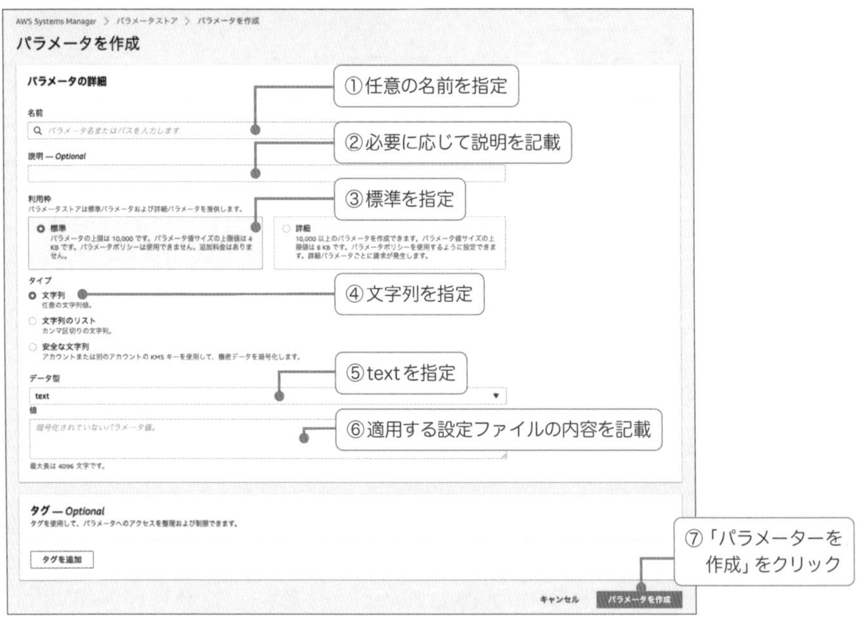

2 Run CommandでAWS-ConfigureAWSPackageを実行し、統合CloudWatchエージェントをインストールする

次にRun Commandで**「AWS-ConfigureAWSPackage」**をコマンドドキュメントとして選択し、対象のEC2に統合CloudWatchエージェントをインストールします。

図5-5-6　Run Commandのコンソール画面

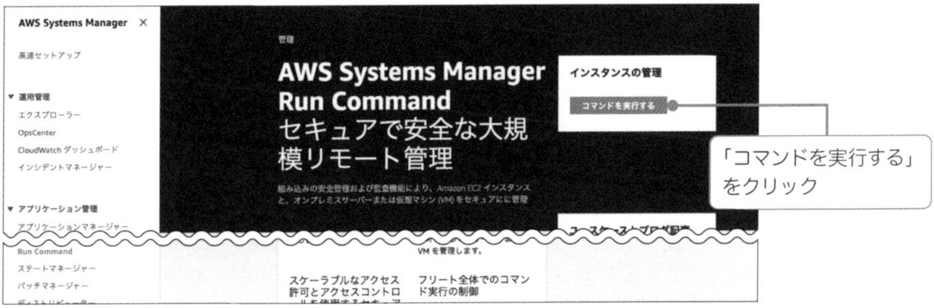

図5-5-7　Run CommandでAWS-ConfigureAWSPackageを実行

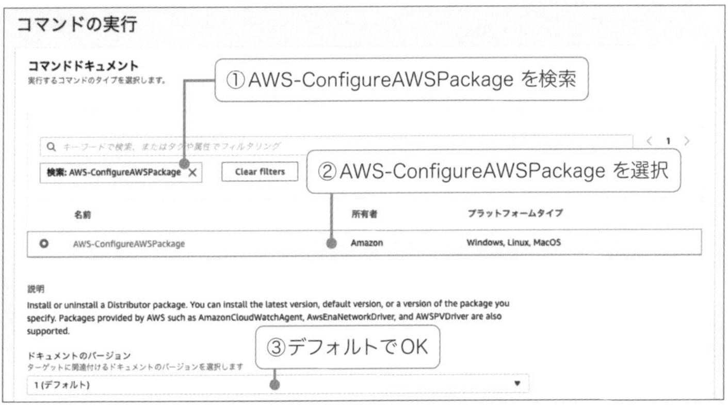

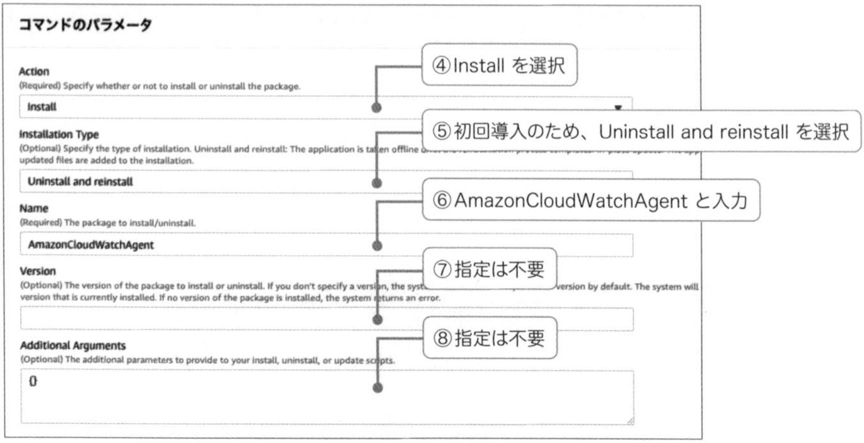

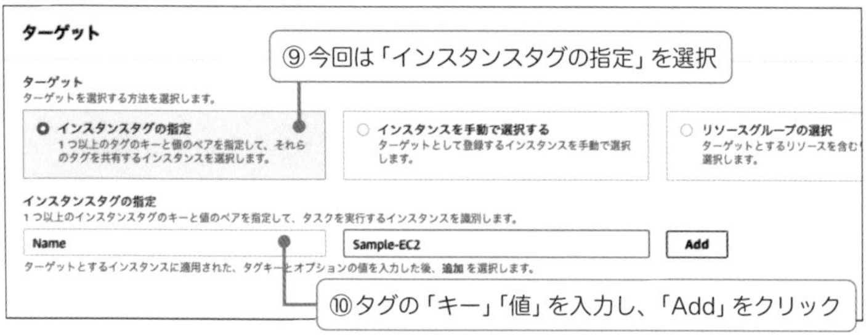

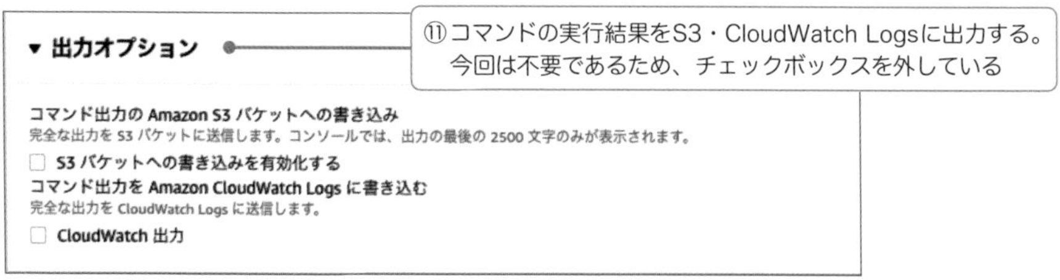

3 Run CommandでAmazonCloudWatch-ManageAgentを実行し、Parameter Storeに保存した設定ファイルを適用する

最後はRun Commandで**「AmazonCloudWatch-ManageAgent」**をコマンドドキュメントとして選択し、対象のEC2インスタンスに適用したい統合CloudWatchエージェントの設定内容をParameter Storeから選択してコマンドを実行します。

図5-5-8 Run Commandで AmazonCloudWatch-ManageAgentを実行

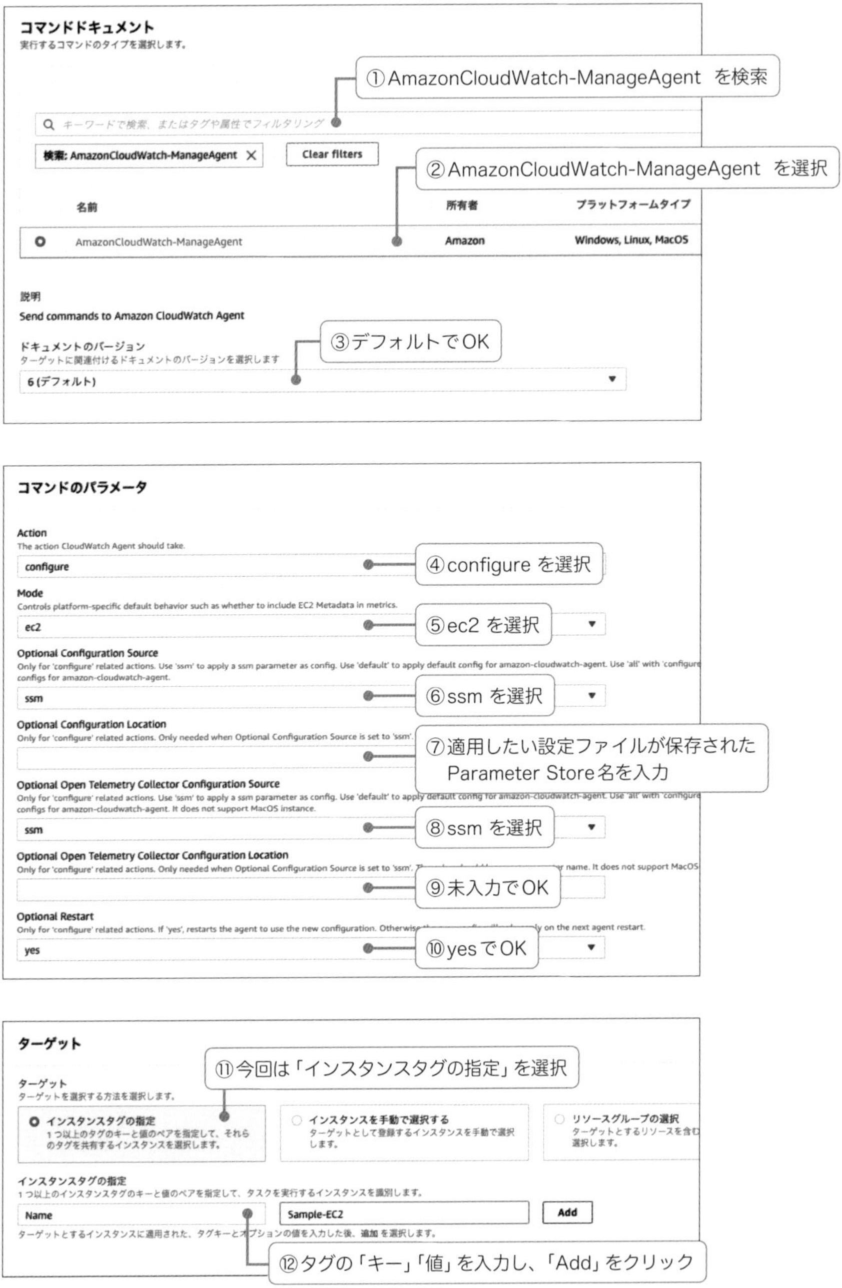

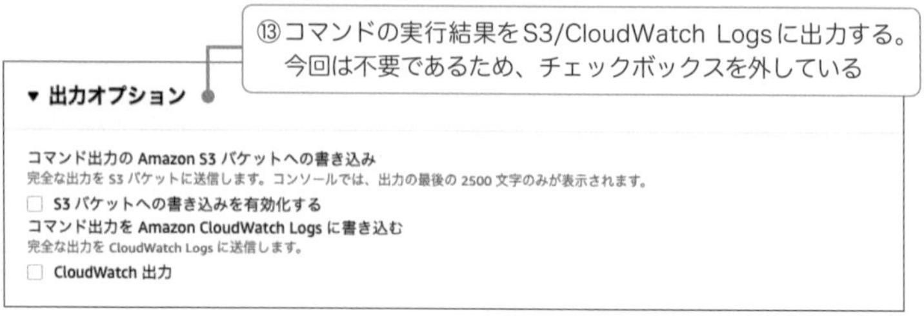
⑬コマンドの実行結果をS3/CloudWatch Logsに出力する。
今回は不要であるため、チェックボックスを外している
▼ 出力オプション
コマンド出力の Amazon S3 バケットへの書き込み
完全な出力を S3 バケットに送信します。コンソールでは、出力の最後の 2500 文字のみが表示されます。
S3 バケットへの書き込みを有効化する
コマンド出力を Amazon CloudWatch Logs に書き込む
完全な出力を CloudWatch Logs に送信します。
CloudWatch 出力

ログ運用において統合CloudWatchエージェントを利用したEC2インスタンスのログ出力は利用シーンが多いため、ぜひ利用を検討してみてください。

memo
統合CloudWatchエージェントの設定変更を実施する場合は、1で作成したパラメータを編集した後、2を同様に実施すれば変更可能です。

Column　VPCエンドポイントを活用したプライベート環境の構築

AWSアカウント内でシステムを構築する際、インターネットとの通信を許容しないプライベート環境でシステムを構築するケースがあります。このようなプライベート環境を構築する際に活用できる機能が、**VPCエンドポイント**です。**VPCエンドポイントを利用するとVPC内のAWSリソースとVPC外のリソースとの通信を、インターネットを経由することなく接続できるようになります。**

VPCエンドポイントにはインターフェイスエンドポイント、Gateway Load Balancerエンドポイント、ゲートウェイエンドポイントの3種類※21ありますが、最も利用されているのがインターフェイスエンドポイントです。インターフェイスエンドポイントは、VPC内に作成されたサブネット上にVPC外のリソースと通信するためのインターフェイスとして「プライベートIPアドレスを持つElastic Network Interface (ENI)」を作成します。「5.5.4 SSMエージェント」で、EC2インスタンスをSSMのマネージドノードにするためにはインターネットとの通信確保の確保が必要と説明しましたが、VPCエンドポイント(インターフェイスエンドポイント)を活用すれば、VPCエンドポイントを経由してSSMのリージョンエンドポイントと通信できます。※22

※21 https://docs.aws.amazon.com/ja_jp/vpc/latest/privatelink/vpc-endpoints.html
※22 https://aws.amazon.com/jp/premiumsupport/knowledge-center/ec2-systems-manager-vpc-endpoints/
※23 https://docs.aws.amazon.com/ja_jp/vpc/latest/privatelink/integrated-services-vpce-list.html
※24 https://aws.amazon.com/jp/privatelink/pricing/

図5-5-9 VPCエンドポイントを経由したSSMリージョンエンドポイントとの通信

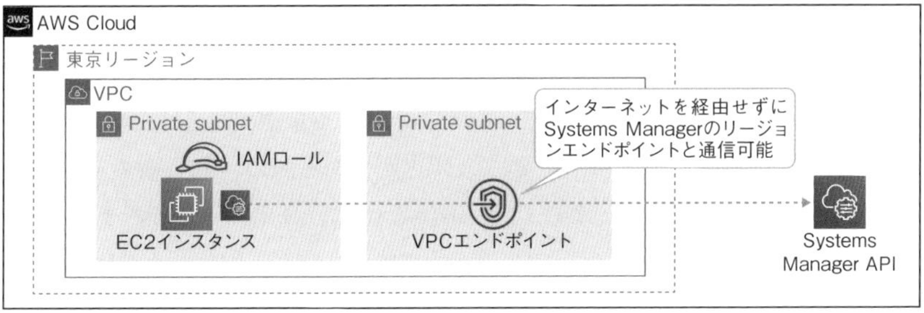

上記はSSMの例ですが、VPCエンドポイントを利用すればS3やその他のAWSサービスに対してもプライベートにアクセスすることができるため、インターネットとの通信を許容しないプライベート環境でもAWSのサービスを利用できます。VPCエンドポイントがサポートしているAWSサービスについてはAWS公式ドキュメント※23を確認してください。また、VPCエンドポイントは1つ作成するごとに0.014USD/時間のAWS利用料が発生※24するためご注意ください。

5.5.6 CloudWatch LogsのログをData Firehoseを経由してS3へ出力する

Data Firehoseを利用してCloudWatch LogsのログをS3へ出力するには、大きく分けて次の3つのステップを踏む必要があります。

1. S3バケットを新規作成
2. Data Firehoseで配信ストリームを作成
3. CloudWatch Logsサブスクリプションフィルターを作成

S3バケット、Data Firehoseの配信ストリーム、CloudWatch Logsサブスクリプションフィルターの作成手順についてはそれぞれ表5-5-2のURLを確認してください。

表5-5-2 作成手順に関する参考リンク

AWSサービス	URL
S3バケット	https://docs.aws.amazon.com/ja_jp/AmazonS3/latest/userguide/create-bucket-overview.html
Data Firehose 配信ストリーム	https://docs.aws.amazon.com/ja_jp/firehose/latest/dev/basic-create.html
CloudWatch Logs サブスクリプションフィルター	https://docs.aws.amazon.com/ja_jp/AmazonCloudWatch/latest/logs/SubscriptionFilters.html

5.5.7 考慮すべきアクセスポリシーの設計

本項では、各ステップで考慮する必要がある**アクセスポリシーの設計**に焦点を当てて説明します。アクセスポリシーの設計に焦点を当てる理由は、構築するAWSリソース自体の設計とは着目すべき観点が異なるため、初心者の方は設計時に混乱してしまう恐れがあるからです。図5-5-10は、Data Firehoseを例として、着目すべき観点が異なることを図示したものです。

図5-5-10 Data Firehoseの設計において着目すべき観点の相違点

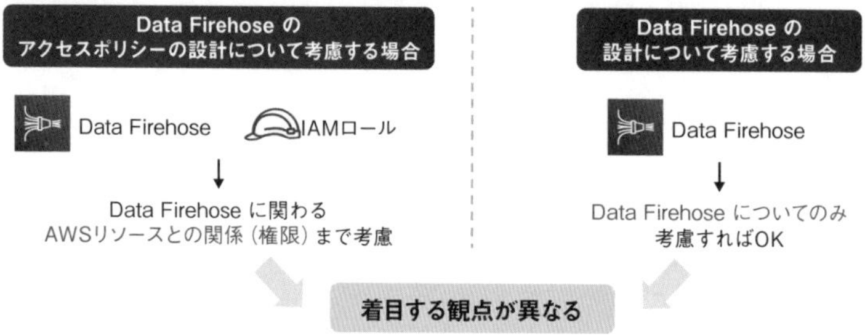

1 S3のバケットポリシー

S3バケットには、リソースベースのポリシーとして**バケットポリシー**を設定することができます。Data Firehoseの配信ストリームから出力されるログデータをS3バケットに書き込むために、**Data Firehoseからのログの書き込み(PutObject)を明示的に許可するバケットポリシーを定義しておきます。**

リスト5-5-2 Data Firehoseからのログの書き込み(PutObject)を許可するバケットポリシー

```
{
    "Version": "2012-10-17",
    "Statement": [
        {
            "Sid": "AllowWritingFromKinesisDataFirehose",
            "Effect": "Allow",
            "Principal": {
                "Service": "firehose.amazonaws.com"
            },
            "Action": "s3:PutObject",
            "Resource": [
                "arn:aws:s3:::バケット名",
```

```
                "arn:aws:s3:::バケット名/*"
            ]
        }
    ]
}
```

2 Data FirehoseにアタッチするIAMロール

Data Firehoseの配信ストリームを作成する際は、**IAMロール**をアタッチします。これは**Data Firehoseがディスティネーションのリソースに対して書き込みなどの操作を許可するために必要となります**。

配信ストリームでは、配信データの暗号化設定やCloudWatch Logsへのエラーログ出力などのオプション設定が可能です。今回はポリシーをシンプルにするためにオプション設定はせず、ディスティネーションであるS3バケットに対する操作のみを許可する権限を付与します。オプション設定をする場合のポリシーについてはAWS公式ドキュメント※25を確認してください。

まずは、IAMロールにアタッチする**IAMポリシー**を作成します。説明の便宜上、**「PolicyForFirehose」**と命名しておきます。

リスト5-5-3 Data Firehoseの配信ストリーム用のIAMポリシー「PolicyForFirehose」

```
{
    "Version": "2012-10-17",
    "Statement": [
        {
            "Effect": "Allow",
            "Action": [
                "s3:AbortMultipartUpload",
                "s3:GetBucketLocation",
                "s3:GetObject",
                "s3:ListBucket",
                "s3:ListBucketMultipartUploads",
                "s3:PutObject"
            ],
            "Resource": [
                "arn:aws:s3:::バケット名",
                "arn:aws:s3:::バケット名/*"
            ]
        }
    ]
}
```

- "s3:AbortMultipartUpload"：マルチパートアップロードを中止する
- "s3:GetBucketLocation"：S3バケットが存在するリージョン情報を取得する
- "s3:GetObject"：S3からオブジェクトを取得する
- "s3:ListBucket"：S3バケット内の一部または全部のオブジェクトをリストアップする
- "s3:ListBucketMultipartUploads"：アップロード中のマルチパートアップロードの一覧表示権限を付与する
- "s3:PutObject"：S3バケットにオブジェクトを追加する

※25 https://docs.aws.amazon.com/ja_jp/firehose/latest/dev/controlling-access.html#using-iam-s3

次にIAMロールを作成します。IAMロールはIAMポリシーをアタッチすることで権限を設定しますが、それとは別に**「信頼ポリシー」というリソースベースのポリシー**を定義する必要があります。信頼ポリシーを定義することで、指定したPrincipalに対してIAMロールが持つ権限を使用する権利を委譲することができます。信頼ポリシーにおけるPrincipalではActionで定義した操作(**sts:AssumeRole**)を実行することができるユーザー、アプリケーション、AWSアカウントを定義します。

リスト5-5-4 Data Firehoseの配信ストリーム用の信頼ポリシー

```
{
    "Version": "2012-10-17",
    "Statement": [
        {
            "Effect": "Allow",
            "Principal": {
                "Service": "firehose.amazonaws.com"
            },
            "Action": "sts:AssumeRole"
        }
    ]
}
```

上記の信頼ポリシーについて詳しく説明します。着目すべき点は**「Principal」**と**「Action」**です。このポリシーはPrincipalとして「firehose.amazonaws.com」、つまりData Firehoseを指定しています。また、Actionとして**「sts:AssumeRole」**を許可しています。**「sts」とはAWS Security Token Service (STS) を示しており、各種AWSリソースへのアクセスをコントロールする一時的な認証情報を発行するサービスです**。

そして**「AssumeRole」**はAssumeRole API Requestを示しており、STSに対して一時的な認証情報の提供をリクエストする操作です。一時的な認証情報にはIAMロールにアタッチされたIAMポリシー、ここでは**「PolicyForFirehose」**に定義した権限をもとにした認可情報が含まれています。

ここまでの内容を整理すると、リスト5-5-4の信頼ポリシーは**Data FirehoseがSTSに対し、一時的な認証情報を取得するためのAssumeRole API Requestを許可する信頼ポリシーであるということです**。以下の図5-5-11はAssumeRole API Requestのイメージです。

図5-5-11 Data Firehoseが実行するAssume Role API Request

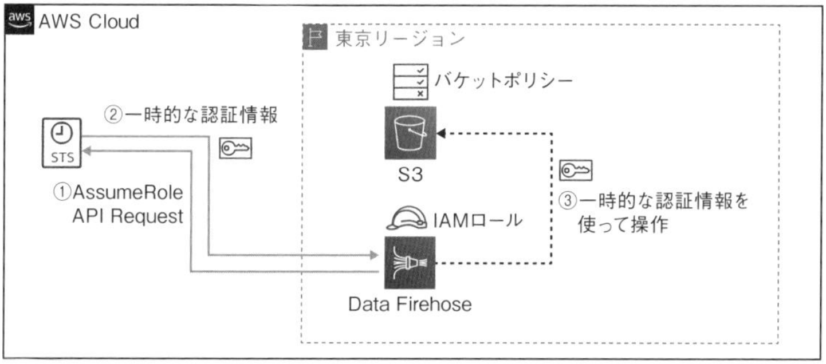

3 CloudWatch Logsサブスクリプションフィルターにアタッチする IAM ロール

CloudWatch Logsサブスクリプションフィルターは、**CloudWatch Logsに出力されたログをリアルタイムにData FirehoseなどのAWSサービスに連携することができる機能です。**例えば、EC2インスタンスやRDS DBインスタンスからCloudWatch Logsにログが出力されたことを検知してData Firehoseの配信ストリームに連携し、配信ストリームがS3バケットにログを出力・保管することができます。

CloudWatch Logsサブスクリプションフィルターを作成する場合も、Data Firehoseの配信ストリームの作成と同じくIAMロールをアタッチする必要があります。まずは、CloudWatch LogsがData Firehoseの配信ストリームに対して行う操作を許可するためのIAMポリシーを以下の通りに作成します。

リスト5-5-5 CloudWatch Logsに許可する操作を定義したIAMポリシー

```
{
    "Version": "2012-10-17",
    "Statement": [
        {
            "Effect": "Allow",
            "Action": [
                "firehose:*PutRecord"   ← 配信ストリームに単一のデータレコードを書き込む
            ],
            "Resource": [
                    "arn:aws:firehose:ap-northeast-1:アカウント ID:
deliverystream/配信ストリーム名"
            ]
        }
    ]
}
```

次に、CloudWatch Logsに**AssumeRole API Request**を許可する信頼ポリシーを定義します。

リスト5-5-6 CloudWatch LogsにAssumeRole API Requestを許可する信頼ポリシー

```
{
    "Version": "2012-10-17",
    "Statement": {
        "Effect": "Allow",
        "Principal": {
            "Service": "logs.ap-northeast-1.amazonaws.com"
        },
        "Action": "sts:AssumeRole",
        "Condition": {
            "StringLike": {
                "aws:SourceArn": "arn:aws:logs:ap-northeast-1:アカウントID:*"
            }
        }
    }
}
```

Data Firehoseで定義した信頼ポリシーと異なる点は2つあります。1点目はPrincipleとして指定したServiceのドメインの中に、リージョンの記述が含まれていることです。Data Firehoseの場合は「firehose.amazonaws.com」とリージョンの記述はありませんが、**CloudWatch Logsでは「logs.ap-northeast-1.amazonaws.com」のようにリージョンの記述が含まれているため「logs.amazonaws.com」と誤って記述しないよう注意が必要です。**

2点目はCondition句でAssumeRole API Requestを許可するPrincipleを**同一アカウント・同一リージョンに存在するCloudWatch Logsに限定している点**です。

図5-5-12 Condition句による操作条件の評価イメージ

図5-5-13 CloudWatch LogsのIAMロールが果たす役割

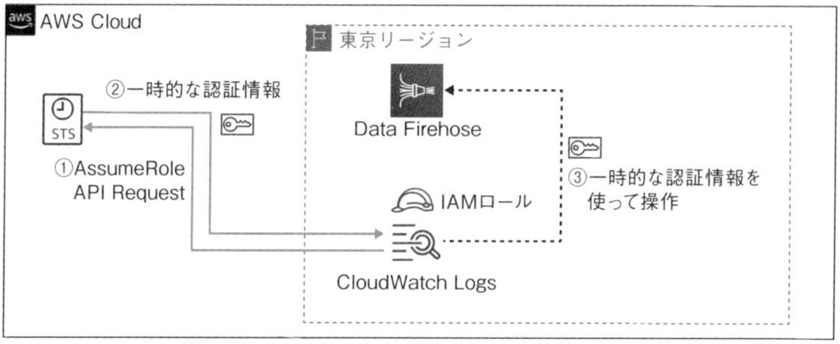

> **memo**
> Condition句で制御している理由としては、「混乱する代理問題」を回避するためです。「混乱する代理問題」とはAWSサービス間でのなりすましによる不正アクセスに関する問題です。この問題は本章のテーマから逸脱するため詳細はAWS公式ドキュメント※26を確認してください。

このようにData Firehoseを利用したログ出力では、アクセスポリシーの設計が必要となるためIAMロールやバケットポリシーがどのようにアクセス制御を行っているのか把握しておくことが大切です。最後に今回説明をしたアクセスポリシーについてその全体像を整理しておきます。

図5-5-14 CloudWatch LogsのログをData Firehoseを経由してS3バケットへ出力するアクセスポリシー

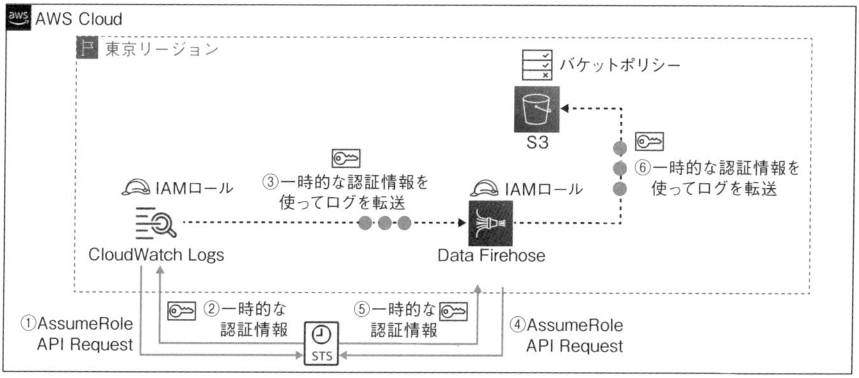

※26 https://docs.aws.amazon.com/ja_jp/IAM/latest/UserGuide/confused-deputy.html

実務

5.6 よくある質問

Q1 Amazon Athenaの利用料金が気になるのですが、コスト削減は可能ですか？

A1 Amazon Athenaがスキャンするデータ量をコントロールすることで実現可能です。

AthenaはS3に対して**スキャンしたデータ量**に応じて利用料が発生します。つまり、スキャンするデータ量をコントロールすることでコスト削減が可能です。これには次の2つのアプローチがあります。

1 スキャンするデータ量に制限を設ける

Athenaでは、ワークグループごとにスキャンするデータ量に対して制限を設けることが可能です。

図5-6-1 Athenaのマネジメントコンソール画面で該当のワークグループを編集する

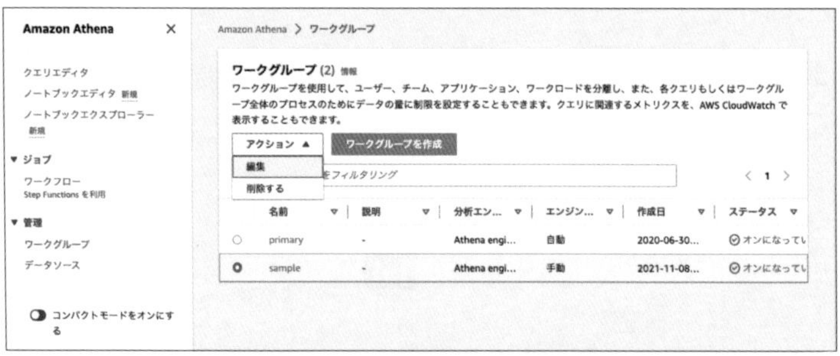

図5-6-2 スキャンするデータ量に制限を設ける

2 SQLクエリのチューニングを行う

Athenaで実行するクエリをチューニングすることでデータのスキャン量を減らし、コスト削減が可能です。具体的なチューニング方法についてはAWS公式の「Amazon Web Servicesブログ※27」に整理されているためこちらを確認してください。

Q2 ワークグループでクエリ結果のS3出力先を設定しましたが、指定のS3にクエリ結果が出力されません。

A2 ワークグループの「上書き」設定に不備がないか確認しましょう。

Athenaでクエリ結果を出力する方法は2つあります。1つは**クエリエディタの設定タブから出力設定をする方法**、もう1つは**ワークグループで出力設定をする方法**です。これらはそれぞれ設定可能で出力設定が異なる場合、**Athenaでは前者の出力設定が優先されます。そのためワークグループでクエリ結果の出力設定をしても、指定のS3バケットにクエリ結果が出力されません。**

図5-6-3 クエリエディタの設定タブから出力設定を確認する

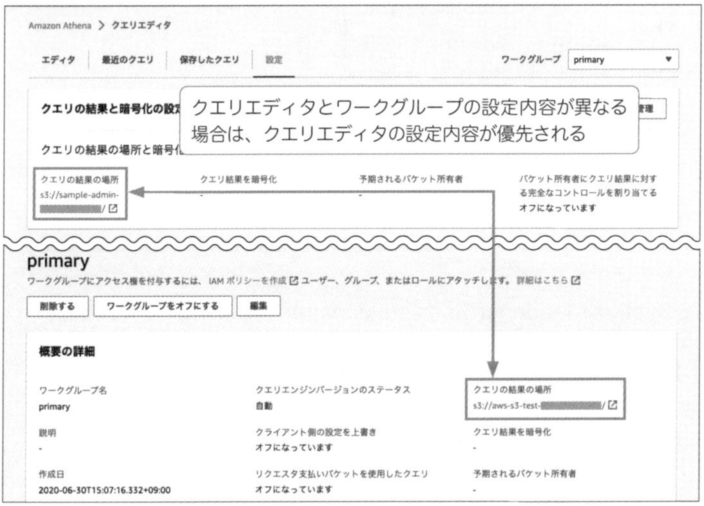

そこで、Athenaのワークグループの設定には**「上書き」**という設定があります。この設定を有効にすることにより**ワークグループで設定した設定内容が反映され**

※27 https://aws.amazon.com/jp/blogs/news/top-10-performance-tuning-tips-for-amazon-athena/

るため、ワークグループの設定で指定したS3バケットへ出力できるようになります。手順は以下の通りです。

図5-6-4　Athenaのマネジメントコンソール画面で該当のワークグループを編集する

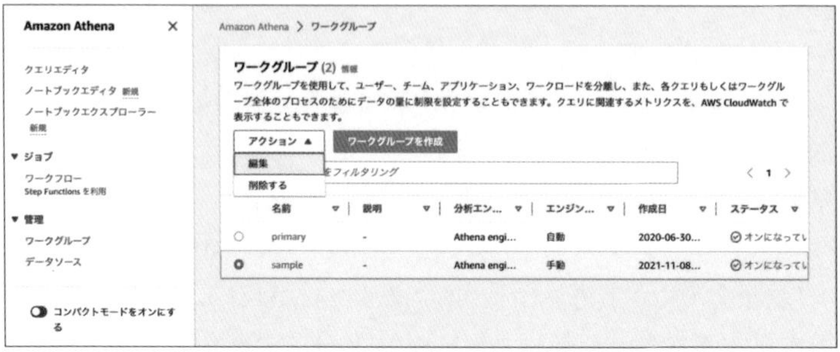

図5-6-5　「クライアント側の設定を上書き」にチェックを入れる

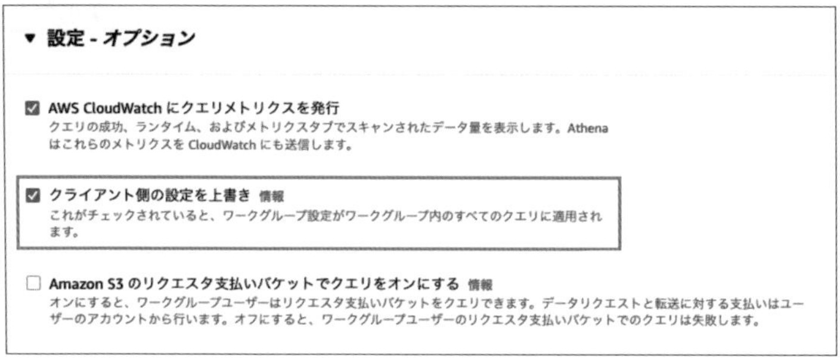

設定 - オプション
AWS CloudWatch にクエリメトリクスを発行
クエリの成功、ランタイム、およびメトリクスタブでスキャンされたデータ量を表示します。Athena はこれらのメトリクスを CloudWatch にも送信します。
クライアント側の設定を上書き 情報
これがチェックされていると、ワークグループ設定がワークグループ内のすべてのクエリに適用されます。
Amazon S3 のリクエスタ支払いバケットでクエリをオンにする 情報
オンにすると、ワークグループユーザーはリクエスタ支払いバケットをクエリできます。データリクエストと転送に対する支払いはユーザーのアカウントから行います。オフにすると、ワークグループユーザーのリクエスタ支払いバケットでのクエリは失敗します。

Column　AWS Systems Manager Session Manager によるリモートアクセス

Chapter 5では、統合CloudWatchエージェントの設定方法としてParameter StoreとRun Commandを利用した設定方法をご紹介し、その前提条件はEC2インスタンスがSSMの管理下にある（マネージドノード）ことであると説明しました。EC2インスタンスがSSMのマネージドノードである場合、ご紹介したサービスとは別に**AWS Systems Manager Session Manager**という便利なサービスがあります。

Session Managerを利用すると、マネジメントコンソール上でEC2インスタンスに対してリモートアクセス（SSH/RDP）を実行することができます。一般的にはEC2インスタンス作成時に指定したキーペアを利用して認証を行い、リモートアクセスを行いますがSession Managerではそれが不要となります（Windows OSへのRDPアクセスでは必要）。

他にも次のようなメリットがあります。

- **キーペアの作成・管理が不要になる**
  利用用途、システム毎にキーペアを作成する必要がなくなり、キーペアのローテーションなどを考慮する必要がなくなります。

- **踏み台サーバー(EC2インスタンス)が不要になる**
  従来はPrivate Subnetに配置したEC2インスタンスへアクセスするために踏み台サーバーとしてEC2インスタンスを作成する必要がありましたが、それが不要になります。**これによりEC2インスタンスの管理負荷が軽減されるだけでなく、コスト削減にもつながります。**

- **EC2インスタンスにSSHやRDPを許可するセキュリティグループのインバウンドルールが不要になる**
  先述した通り、マネージドノードはEC2インスタンスにインストールしたSSMエージェントがSSMに対してポーリングすることで機能しており、そこではHTTPS通信が使われています。**そのためセキュリティグループではSSHやRDPを許可するインバウンドルールを設定する必要がなくなります。**

図5-6-6 踏み台サーバーとSession Managerの比較

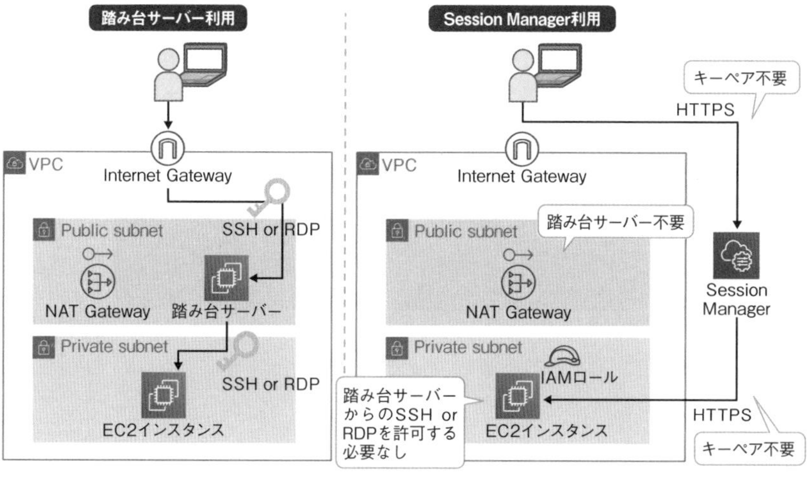

図5-6-7　マネジメントコンソールからEC2インスタンスへSession ManagerでSSH接続

図5-6-8　マネジメントコンソールからEC2インスタンスへSession ManagerでSSH接続（アクセス中）

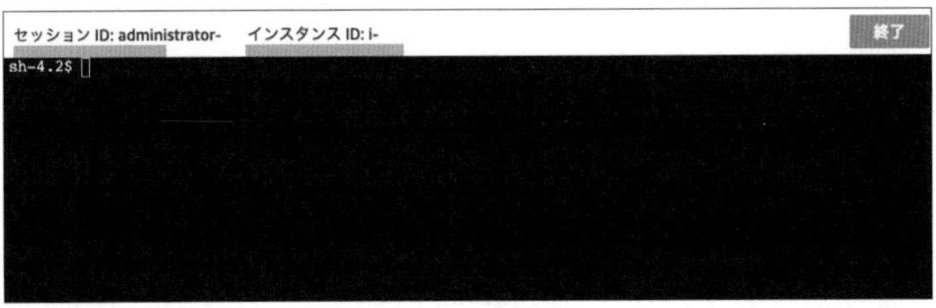

System operation using AWS

Chapter

6

監視

本章では一般的な監視の概要について説明し、その後CloudWatchやAmazon SNSを利用した監視の方法について解説します。

実際の運用ではAWSサービスではなく、DatadogやNew Relicといったサードパーティの製品・サービスを利用することでより高機能な監視・通知が可能です。しかしCloudWatchに収集されるメトリクスをそれらの製品・サービスへ連携することもあるので、サードパーティ製品・サービスを利用する場合でもCloudWatchの基本を押さえることは重要です。

Keyword

- Amazon CloudWatch Metrics→p.176
- Amazon CloudWatch Alarm→p.178
- Amazon SNS→p.180
- Amazon CloudWatch ダッシュボード→p.188
- Amazon CloudWatch Logs→p.190
- AWS Health→p.197

基礎 6.1 監視の基礎知識

そもそも監視では、どのようなことを行うのでしょうか。まずは監視の基礎知識について解説します。

6.1.1 監視とは

ある1つのシステムをとっても、サーバーやアプリケーションだけでなく、ネットワーク機器やデータベースなど様々なコンポーネントが正常に動作することで稼働します。システム運用において管理者や運用担当者は、問題が起きないよう日々各コンポーネントから情報を収集、稼働状況を把握します。また、現状の負荷に対応するため変更を加えたり、予測される負荷に対応したりします。そしてシステムがダウンする可能性がある場合、もしくは万が一問題が発生した際にはシステム管理者や運用担当者はいち早く対処する必要があります。**この各コンポーネントから情報を計測・収集し、問題が起こった場合にいち早く知ることが「監視」**です。

6.1.2 監視で行うべきこと

システムの監視において行うべきことは、主に「監視ツールの導入」「メトリクスの監視」「アラート内容の確認・精査」の3つです。それぞれ順番に確認しましょう。

監視ツールの導入

監視を実装する場合、ログやメトリクスを収集する**監視ツール**が使用されます。この監視ツールは通常、イチから作るのではなく監視ツールの製品を購入します。サーバーを立ててインストールして利用する製品もありますが、監視ツール用のサーバーの運用も必要となってしまうため、最近ではSaaSで提供される監視ツールがよく利用されます。AWSでは**CloudWatch**という監視ツールが提供されており、「5.2.1 AWSで取得可能なログの種類」で紹介したログや、次に説明する**「メトリクス」**も監視の対象になります。

メトリクスの監視

ログが「いつ」「誰が」「どういった操作を行ったのか」などの情報であるのに対して、**メトリクス**は、**「いつ」「何が」「どういう状態・値であったのか」の情報です**。「5.1.1 ログとは」ではスーパーやコンビニのレシートをログに例えましたが、メトリクスはある時点での客数や商品の在庫数といえます。

システム運用においては、**「何」にあたるのはサービス名などの機能**です。具体的には、**サーバーのCPU使用率やメモリ使用率、ネットワークのパフォーマンスなどのメトリクスを監視します**。このようなメトリクスを監視することで、サーバーの負荷を把握し問題が起きる前に適切なスペックのものに入れ替えたり、台数を増やしたりできます。また問題発生前後のシステムの状態を確認・調査することも可能となります。

取得するメトリクスはサーバーの用途によっても異なります。例えば**CPU使用率やメモリ使用率**はもちろん、外部に公開するWebアプリケーションであれば、**各HTTPステータスコードのレスポンス数**も監視対象となりえます。一方でデータベースであれば**クエリ数**や**データベースの読み書き操作であるディスクIO**なども監視対象となりえるでしょう。

メトリクスは監視ツールに収集します。監視ツールは収集だけでなく、メトリクスの可視化ができるツールも多いです。AWSでは、**CloudWatch Metrics**でメトリクスの収集・可視化ができます。

アラートの通知

監視においてはログやメトリクスは収集するだけでなく、管理者や運用担当者に通知する場合があります。これを**アラート**といいます。例えば、ログ監視はエラーや特定の文字列があればアラートを発報することが考えられます。メトリクス監視では**閾値**(しきいち)を設け、その閾値以上もしくは以下・未満でアラートを発報することが考えられます。システム運用において運用者にアラートを発報する目的は、俊敏な対応や状況把握のためです。

例えば、業務にクリティカルなシステムにおいてpingでサーバーと疎通ができないというアラートは、サービス停止を意味しており、すぐに復旧の対応が必要なため運用担当者に知らせなければならないでしょう。一方で単にCPU使用率が閾値を超えたというアラートは、一時的な現象であれば負荷の高いプロセス・サーバー自体の再起動といった対応は不要かもしれませんが、状況把握のために知らせることが考えられます。アラートは、**平常時のシステムの負荷を把握しサーバー**

台数を増やす・サーバーのスペックを見直すなどのシステム構成の改善を検討する材料となります。

アラートを発報する方法はいくつかあります。システム特性や監視項目によりますが、メールやチャットツールへのメッセージが利用されることも多くあります。クリティカルなアラートの場合はメール・メッセージでの通知だけでなく、担当者・関係者へ電話連絡することもあります。クリティカルでない場合、アラート自体をログとして残しておくことも考えられます。前述したようにシステム構成の改善の検討材料となるため、いつ負荷が高まったかといった情報は重要です。

図6-1-1 監視におけるアラート通知

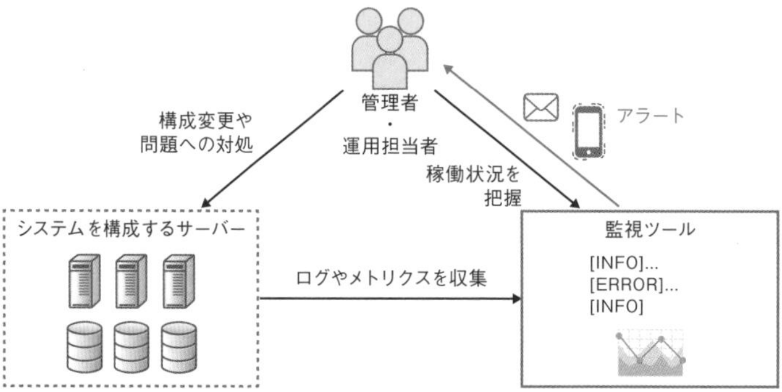

アラートの閾値の変更

アラートの閾値は、後から変更することもあります。例えば、システムのリリース前に決めた閾値が運用していく中で最適でない場合です。アラートが頻繁に上がるもののシステムの稼働は問題がない場合には、閾値を上げることがあります。アラートとして把握する必要が無い場合は、アラート自体をなくすこともあり得ます。逆に、より早く負荷が上がっていることを知るために閾値を下げることもあります。

図6-1-2 閾値のイメージ

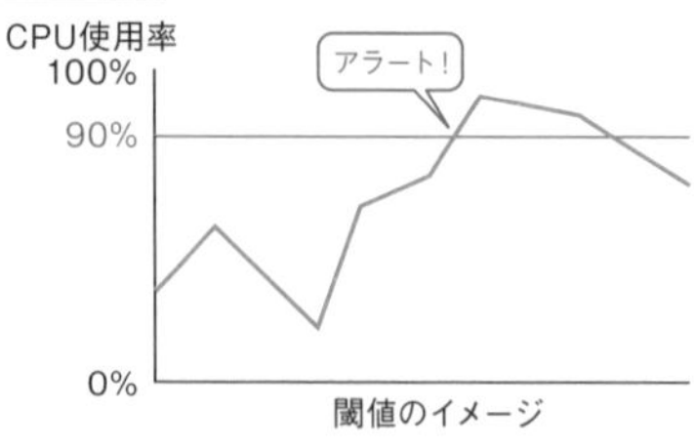

実務

6.2 AWSにおける監視

AWSリソースやAWS上で稼働するアプリケーションの監視を行う場合、AWSリソースの稼働状況を示すメトリクスやOS・アプリケーションのログなどが監視対象となります。監視の前提として、メトリクスやログの保管が必要です※1。

6.2.1 監視の全体像

監視ではメトリクスやログの収集・保管をした上で、異常やエラーをシステム管理者・運用担当者へ通知し、問題に対処しなければなりません。簡単な通知は**CloudWatch Alarm**や**Amazon SNS（Simple Notification Service）**で可能です。またシステムの利用・稼働状況によって監視の設定は定期的に見直すため、一目で稼働状況を確認できる**ダッシュボード**が必要になります。CloudWatchではダッシュボードも簡単に作成できます。クラウドサービスという特性上、個別のAWSリソースやアプリケーションだけでなく、AWSが管理する基盤側でも障害やメンテナンスが発生する場合もあります。そのような事象は**AWS Health**の通知を確認します。

図6-2-1 AWSの監視で利用する主なサービス

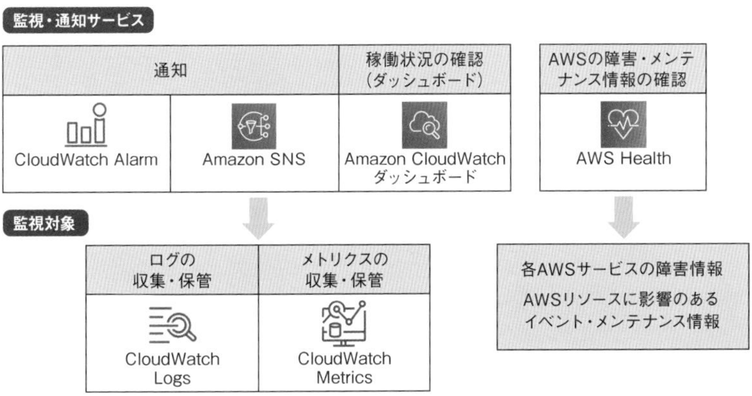

※1 ログに関しては「Chapter 5 ログ運用」で説明した通り、CloudWatch Logsにて収集と保管が可能です。また、メトリクスに関してはCloudWatch Metricsにて収集と保管が可能です。

実務

6.3 関連するAWSサービス

実務において、監視で利用する代表的なAWSサービスの概要について解説します。すでにAWSでシステムを運用されている方は、本書を読んだ後に実際に画面を見ると理解が深まります。

6.3.1 Amazon CloudWatch Metrics

Amazon CloudWatch Metricsは、AWSリソースのパフォーマンスに関するデータを確認できるAWSサービスです。メトリクスは無料で提供され、ほとんどのAWSサービスがCloudWatch Metricsに対応しています。詳細な料金は料金ページを確認してください※2。

実務においてCloudWatch Metricsのコンソールを利用することで、**現在・過去のAWSリソースの稼働状況を可視化して把握できます**※3。

次に、CloudWatch Metricsの画面からメトリクスをグラフ化する手順を紹介します。まず、**可視化するメトリクス**をコンソールから選択します。図6-3-1では例として、「SystemA-web」というEC2インスタンスのCPU使用率（CPUUtilization）を選択しています。

図6-3-1 CloudWatch Metricsの画面でメトリクスを選択し、グラフ化する

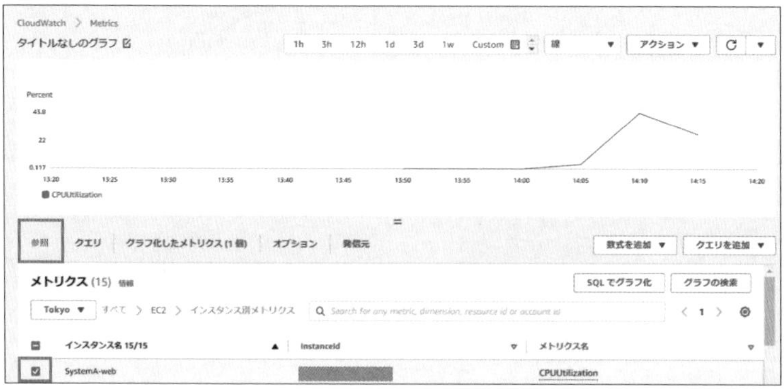

※2 https://aws.amazon.com/jp/cloudwatch/pricing/
※3 メトリクスによっては各AWS サービスやリソースの詳細画面で確認できるものもあります。

グラフ化したメトリクスは、デフォルトでは**平均値**で期間は**5分間隔**で表示されます。必要に応じて**「グラフ化したメトリクス」**タブで変更します。

図6-3-2　グラフの表示する値や期間を変更する

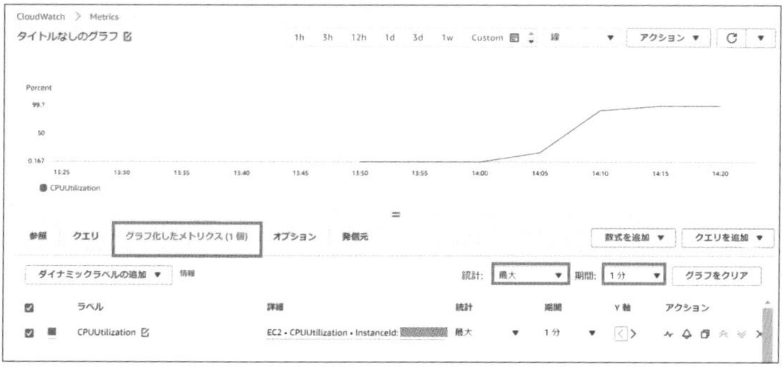

CloudWatch Metrics Insight

CloudWatch Metricsでは、**CloudWatch Metrics Insightと呼ばれる機能のクエリを利用して「該当するメトリクスをまとめて可視化すること」**もできます。この機能であれば、グラフ化するメトリクスを1つずつ選択せずに済みます。図6-3-3では例として、あるEC2インスタンスの**CPU使用率(CPUUtilization)の最大値**を可視化しています。図で選択している**名前空間**とは、**各メトリクスをひとまとめにしたグループのようなものです**。図の例では「AWS/EC2」「インスタンス別メトリクス」が名前空間にあたり、各AWSサービスで取得されるメトリクスは各AWSサービスごと・リソースの種類ごとに名前空間があらかじめ設定されています。

図6-3-3　Metrics Insightでグラフ化するメトリクスを絞り込む

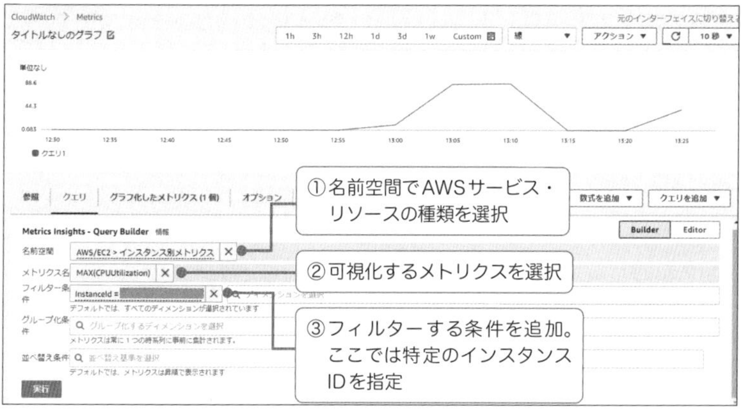

Metrics Insightでは、**1つのグラフの中に複数のメトリクスを可視化することもできます**。同じリソースの異なるメトリクスを表示させたり、異なるリソースの同じメトリクスを表示させたりして、リソースの稼働状況を把握することができます。

図6-3-4　複数のメトリクスをグラフに表示する(CPU使用率の最大値とEBSの読み書きの量を可視化した例)

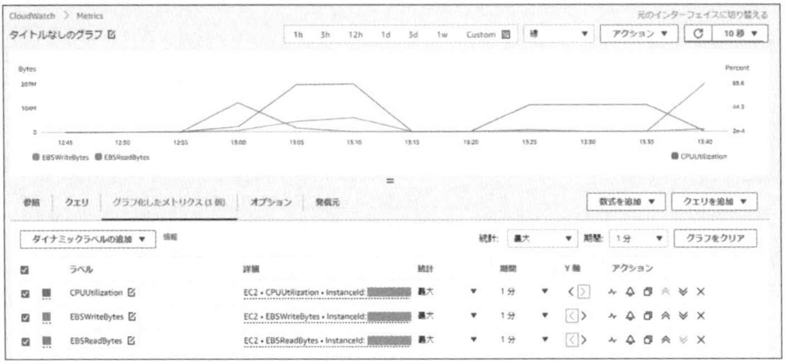

統合 CloudWatchエージェント

メトリクス関連のサービスとして、**統合 CloudWatchエージェント**があります(Chapter 5参照)。統合CloudWatchエージェントは、EC2インスタンスへインストールした場合、EC2でデフォルトで収集されるメトリクスに加えて、メモリ使用率やディスク使用率などOSレイヤーで取得されるメトリクスを収集できます。

6.3.2　Amazon CloudWatch Alarm

Amazon CloudWatch Alarmは、**監視対象から異常を検知した際、アラームを発報する機能です**。CloudWatch Alarmは、CloudWatch Metricsにアラームを発報する**閾値**や**数式**を定義します。またそのアラームの状態が変わった際のアクションも設定できます。料金の詳細は料金ページを確認してください※4。

アラームの種類と状態

アラームには表6-3-1のような種類があります。**これらのいずれかのアラームで定義した閾値を超えた時もしくは閾値の範囲内に戻った時にアラームの状態が変化します。**

※4 https://aws.amazon.com/jp/cloudwatch/pricing/

表6-3-1 アラームの種類

静的な閾値にもとづくアラーム	1つのメトリクスに対する静的な閾値によるアラーム
異常検出にもとづくアラーム	過去のメトリクスの分析をもとに自動で異常検出するアラーム
数式にもとづくアラーム	1つ以上のメトリクスに数式を適用した閾値によるアラーム
複合アラーム	他の複数のアラームの状態を監視するアラーム

アラームはOK、ALARM、INSUFFINCIENT_DATAの3つの状態に変化します。この状態はコンソールのアラーム一覧からも確認できます。

表6-3-2 アラームの状態

OK	閾値の範囲内
ALARM	閾値の範囲外
INSUFFICIENT_DATA	データ不足でアラームの状態を判定できない状態(アラーム運用開始直後、メトリクスの欠落など)

図6-3-5 アラームの一覧

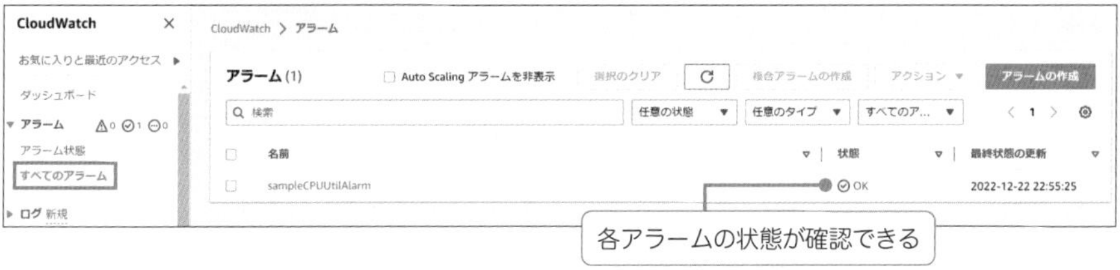

コンソールでは「アラーム状態」で、ALARM状態のみのアラームを一覧で表示することもできます。

図6-3-6 ALARM状態のアラームの一覧

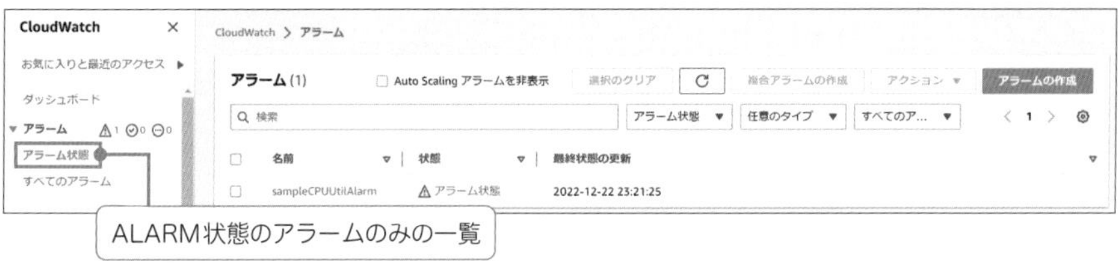

アラームの評価期間

CloudWatch Alarmでは閾値だけでなく、アラームの状態を適切に変更するために**メトリクスを評価する期間・タイミング**も設定します。

表6-3-3 CloudWatch Alarmが状態を評価するための要素

期間	アラームの閾値の範囲内か範囲外か評価する間隔。評価された時点は「データポイント」と呼ばれる
Evaluation Period	アラームの評価の対象となる直近のデータポイント数
Datapoints to Alarm	Evaluation Periodのうちアラームの状態を決定するのに必要なデータポイント数

閾値の範囲内か範囲外かは、期間で設定した間隔で評価されます。アラームの評価対象期間は、**Evaluation Period**で設定した**データポイント数**を利用して計算されます。例えば期間が3分でEvaluation Periodが「10」の場合、評価対象期間は直近の3分×10=30分となります。

Datapoints to Alarmは、**Evaluation Periodのうちアラームの状態を決定するのに必要なデータポイント数です**。先ほどの例でDatapoints to Alarmを「8」とすると、3分おきにメトリクスが評価され直近30分の評価対象期間のうち8回閾値の範囲外となればアラームの状態が変化することになります。クリティカルなシステムでは異常時に即座にアラーム状態に変化することが望ましいのでより短い期間・タイミング、例えば期間を「1分」、Evaluation Periodを「5」、Datapoints to Alarmを「3」として、5分間のうち3回閾値を超えたらアラーム状態とすることも考えられます。

アラームアクション

アラームの状態が変わった時の動作を設定するのが、**アラームアクション**です。このアクションは**OK**、**ALARM**、**INSUFFICENT_DATA**それぞれの間で状態が変わったときに設定できます。アラームアクションで、運用担当者に通知を発報するのが一般的な使い方です。この通知に利用するAWSサービスが次に紹介する**Amazon SNS**です。

6.3.3 Amazon SNS

Amazon SNS (Simple Notification Service)は、**メッセージの送受信を仲介するマネージドサービスです**。詳細は、「Chapter 9 セキュリティ統制」で解説します。また、料金の詳細は料金ページを確認してください※5。

Amazon SNSでは、様々なAWSサービスや機能を**メッセージのSubscriber(受**

※5 https://aws.amazon.com/jp/sns/pricing/

信先）として指定できます。**SNSの最もシンプルな使い方は、Eメールや SMSを受信先に指定し、運用担当者への通知に利用することです**。他にも、AWS Chatbot や AWS Lambda を組み合わせて社内のコミュニケーションツールへ通知したり、Amazon Kinesis や Amazon SQS を経由して別のアプリケーションへメッセージを連携したりできます。CloudWatch Alarm を利用した監視においては、SNS を組み合わせることで簡単な通知機能を実装できます。

図6-3-7 SNSがメッセージの送受信を仲介するイメージ

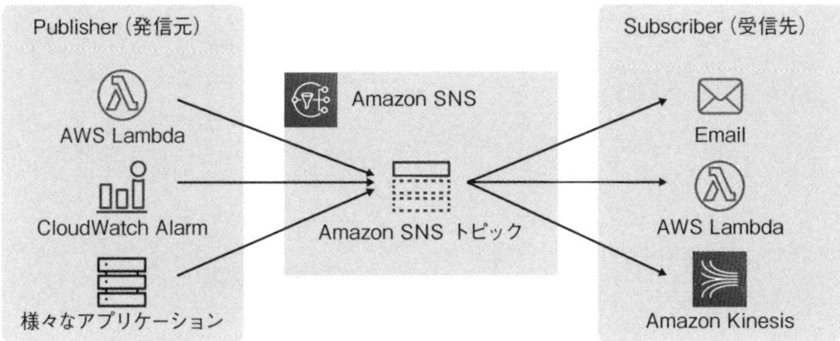

Amazon SNSを利用したCloudWatch Alarmの通知設定

Amazon SNS を利用した CloudWatch Alarm の通知設定の流れは、以下の通りです。ここでは例として、ある EC2 インスタンス1台の**CPU使用率が90%以上となった際に通知するアラーム**を作成します。まずは、CloudWatch Alarm から**「アラームの作成」**をクリックし、続いて**「メトリクスの選択」**をクリックします。

図6-3-8 CloudWatch Alarmから「アラームの作成」をクリック

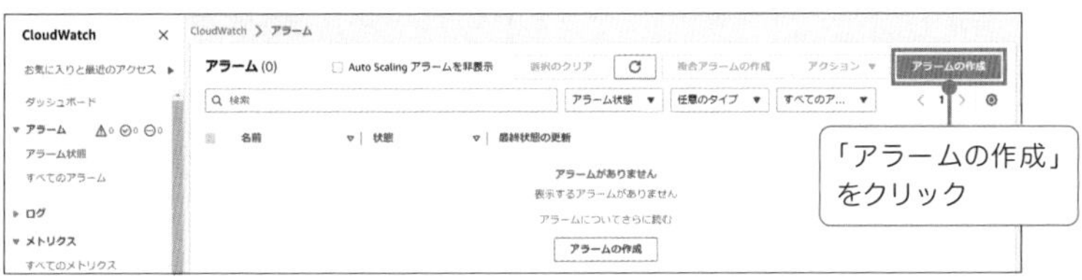

図6-3-9 「メトリクスの選択」をクリック

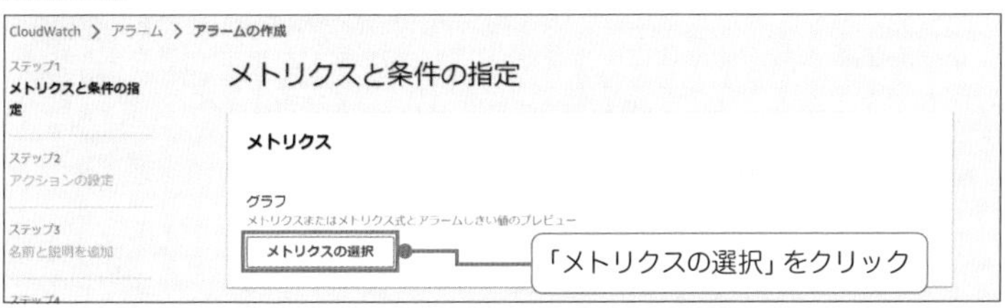

CloudWatch Metricsで可視化するのと同様に、**アラームを設定したいメトリクス**を選択します。

図6-3-10 メトリクスを選択し、「メトリクスの選択」をクリック

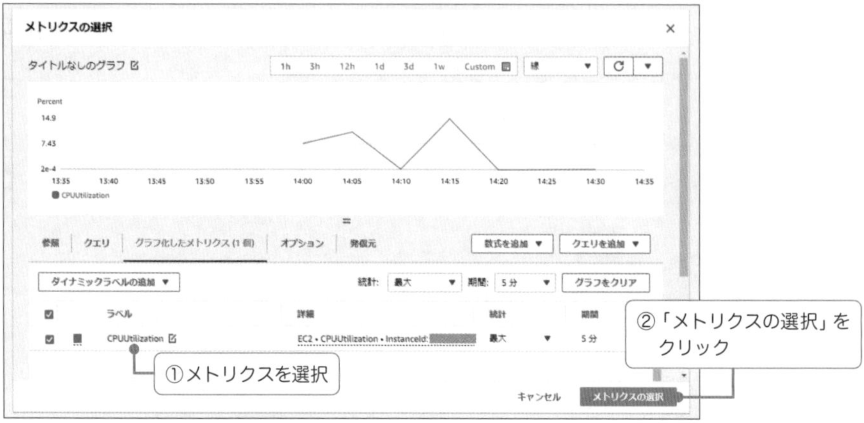

続いて、**CloudWatch Alarmの期間**を指定します。ここでは1分とします。

図6-3-11 CloudWatch Alarmの期間を指定する

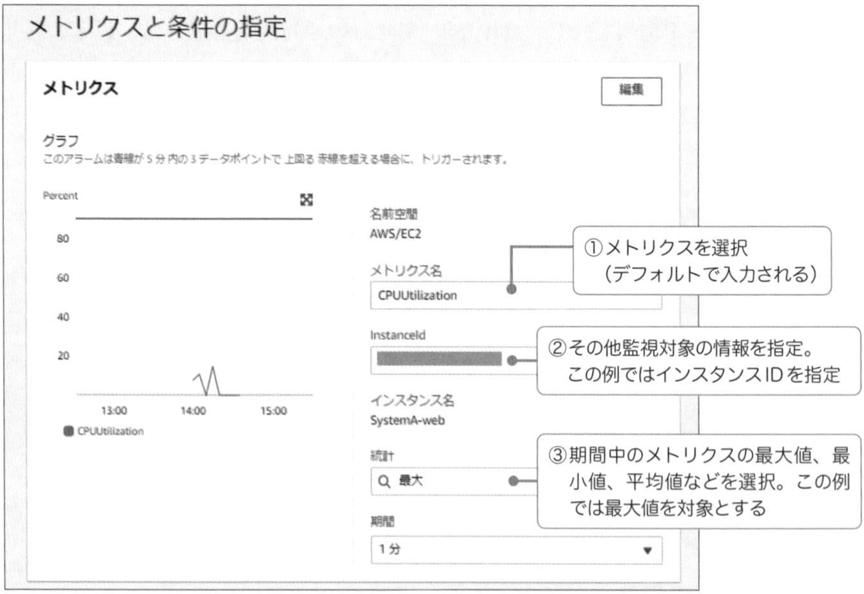

memo

図6-3-11の期間は1秒から指定可能ですが、各AWSリソースで自動で取得されるメトリクスは最短1分おきに保存されています。
対象のAWSサービスやメトリクスによって「メトリクスと条件の指定」画面の設定項目は異なるのでご注意ください。

図6-3-12の条件には、**静的閾値**として**90以上**と指定します。6.3.2で説明したEvaluation PeriodとDatapoints to Alarmについても指定します。Datapoints to Alarm/Evaluation Periodのように指定しますがここでは**3/5**としています。期間は1分なので、このアラームは**1分間隔でデータを取得し、過去5回（=評価対象期間5分）のうち3回90%以上であればALARMの状態となるアラーム**となります。

図6-3-12 条件を入力する

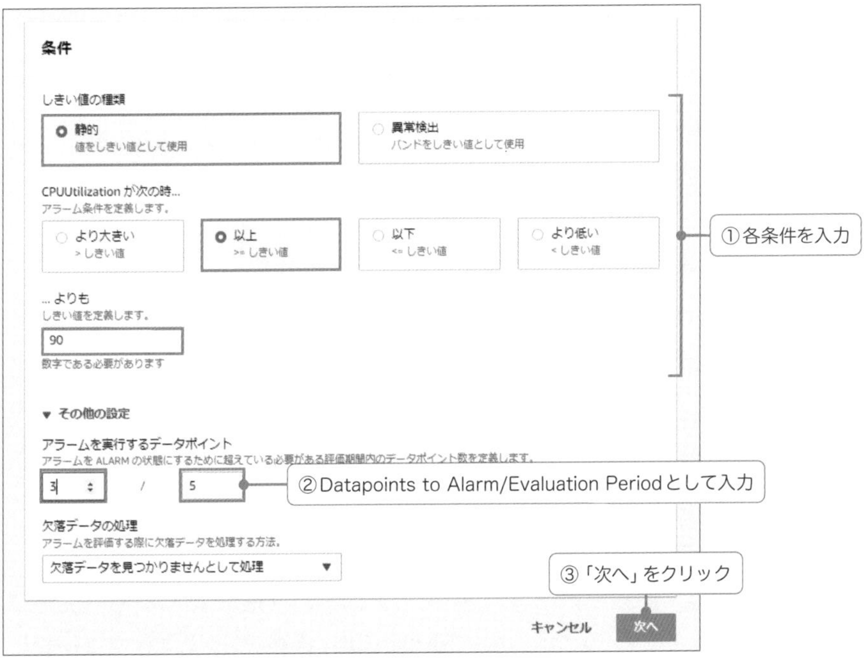

閾値を設定後は通知先を設定します。ここではAmazon SNSを経由してメールで通知します。あらかじめ作成しておいたSNSトピック（メッセージを受け付ける場所）を指定することも可能ですが、**通知の追加と同時にSNSトピックを作成することもできます**。

図6-3-13　通知先を追加する

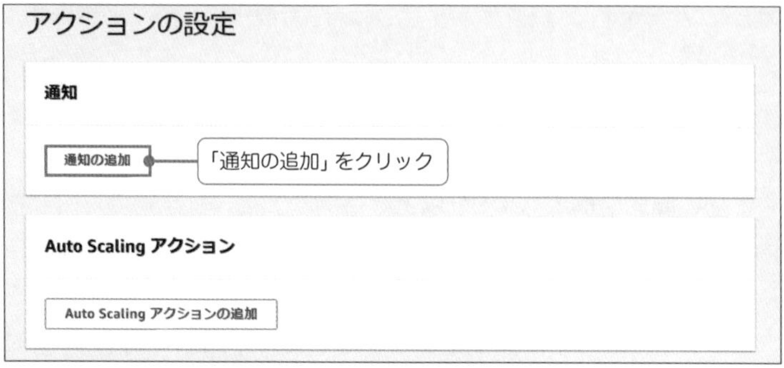

図6-3-14　通知の内容設定とトピックの作成を行う

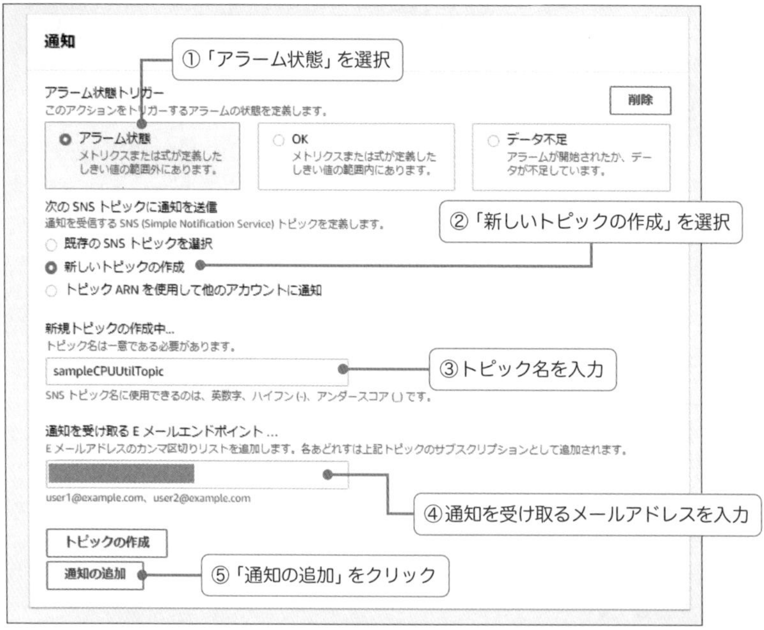

ALARM状態へ変わったときの通知だけでなく、OK状態へ変わったとき(ALARMが解消したとき)の通知も、**「通知の追加」**をクリックして作成できます。この通知によって、メトリクスが正常に戻ったことも知ることができます。必要であればINSUFFICIENT_DATA状態(データ不足の状態)のアラームも作成しましょう。ここではALARM状態・OK状態の通知の送信先として同じSNSトピックを指定しています(図6-3-15)。**同じメトリクスの監視であれば、SNSトピックを分ける必要はないので、同じ通知先へ通知しましょう。**

図6-3-15 OK状態のアラームも作成する

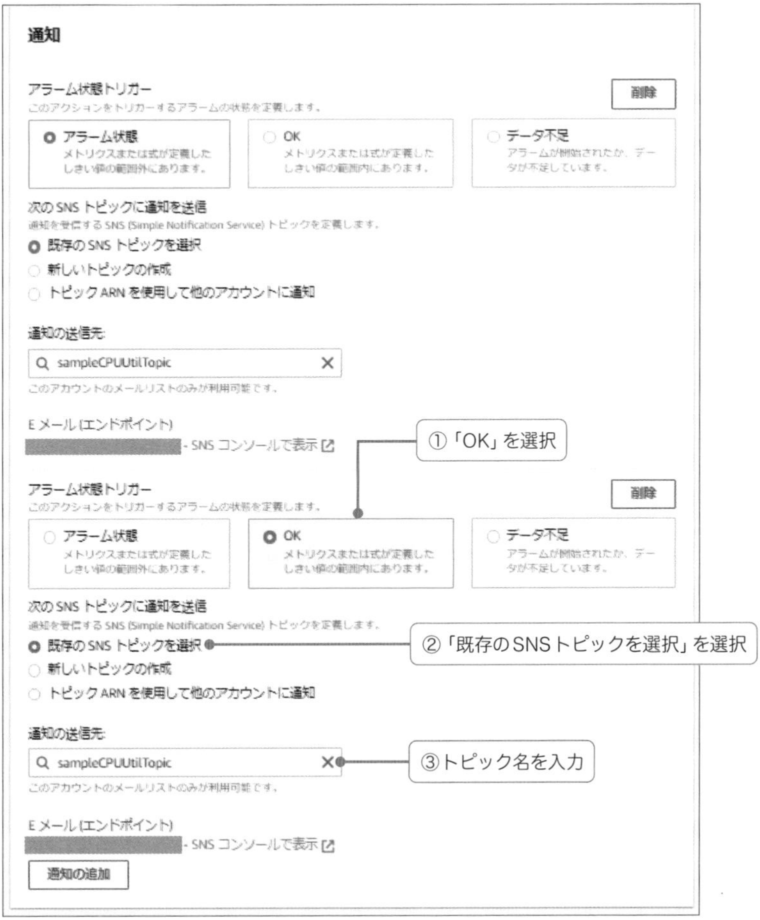

最後にアラーム名を設定し作成完了です。**アラーム名は対象のシステムやリソース、また監視しているメトリクスなどを含めるとアラームが増えたときに管理しやすいです**。また、前述した通り、作成当初はデータ不足により **INSUFFICIENT_DATA** の状態となります。

図6-3-16 アラーム名を設定する

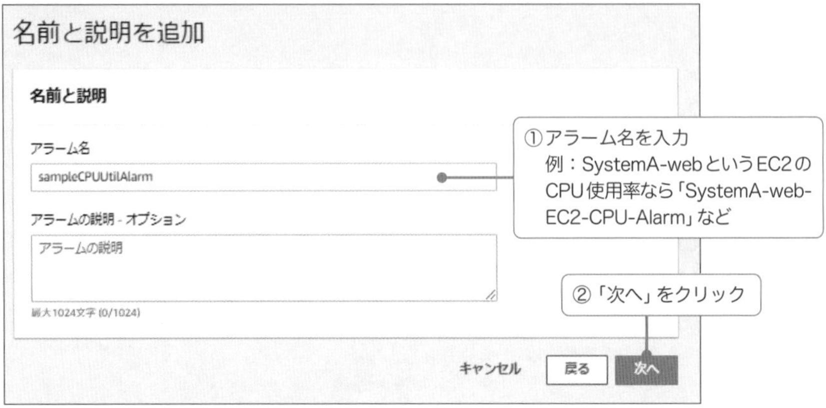

図6-3-17 アラームの設定完了画面

ここでSNSトピックの作成とEメールアドレスの指定（サブスクリプションの作成）も行いました。サブスクリプションが**Eメールの場合、通知先のメールアドレスに配信の許可を求めるメールが送信されます**。こちらのメールの**「Confirm subscription」**にアクセスしない限りサブスクリプションは検証中となり、通知が配信されません。**設定後は必ずアクセスし検証済みとしましょう（関連p.327）**。

図6-3-18 アラームの配信を許可する

SNSのコンソールからも、作成したSNSトピックとサブスクリプションが確認できます。アラーム作成後に通知先を追加する場合は、こちらから追加しましょう。「6.3.3 Amazon SNS」の冒頭で説明した通り、Eメール以外にも様々なサブスクリプションのタイプを選択できます。

図6-3-19 SNSからトピックとサブスクリプションを確認し、通知先を追加する

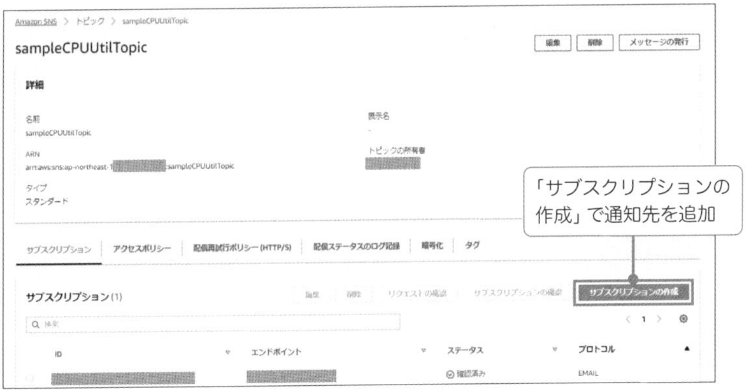

図6-3-20 SNSから通知先を追加する

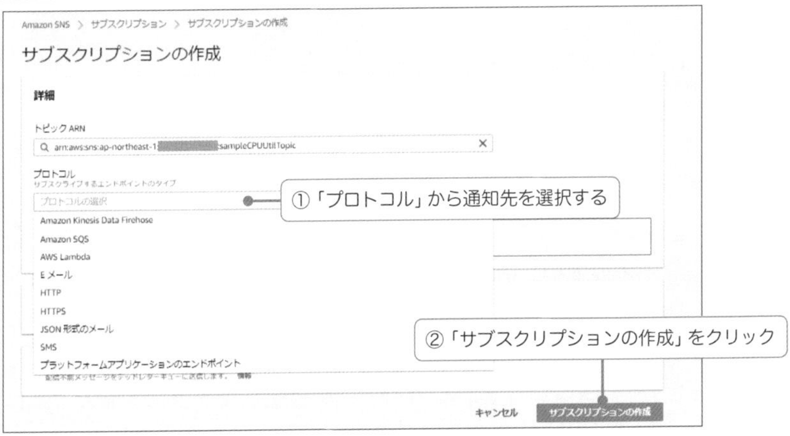

Amazon SNSによるアラームのメール

アラームのメールは図6-3-21のような形式で届きます。メールには**アラームのリンク**が添付されているため、すぐにコンソールを開いて確認できます。**またアラームの名前(Name)やその状態(State Change)、監視対象のメトリクス**

（Monitored Metirc）が記載されているため、通知の文面からも何のアラームか、異常か解消かなどの状態がわかります。

図6-3-21 アラームメールの例

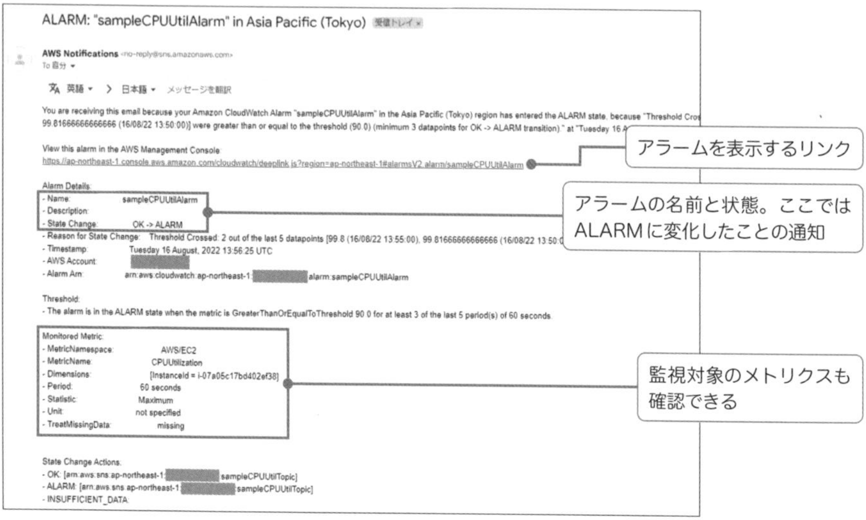

6.3.4 Amazon CloudWatchダッシュボード

CloudWatchは、メトリクスを単一の画面に表示する**ダッシュボード**を作成できます。料金については料金ページを確認してください※6。ダッシュボードでは、**表示するメトリクスを任意で設定し、その都度グラフ化せずとも常にメトリクスを表示してAWSリソースの稼働状況を把握できます**。1つのダッシュボードを複数のIAMユーザーで閲覧できるので、複数の管理者・運用担当者で共有できます。また、CloudWatchダッシュボードはCloudWatch Metrics以上に**ウィジェット（可視化の種類）**が充実しています。**定常的にリソースの稼働状況を確認するのであれば、あらかじめCloudWatchダッシュボードを作成しておくことが推奨されます**。

CloudWatchダッシュボードを作成する

CloudWatchダッシュボードを作成するには、**「ダッシュボードの作成」**をクリックし、**ウィジェット**（表示形式）を選択します。

※6 https://aws.amazon.com/jp/cloudwatch/pricing/

図6-3-22 CloudWatchの「ダッシュボード」から、「ダッシュボードの作成」をクリックする

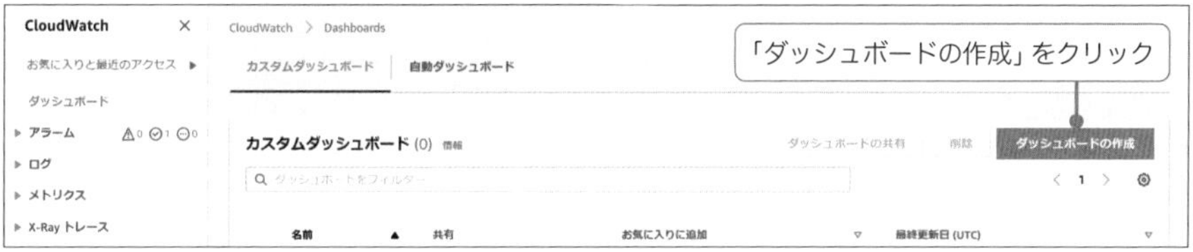

図6-3-23 CloudWatch ダッシュボードのウィジェットを選択する

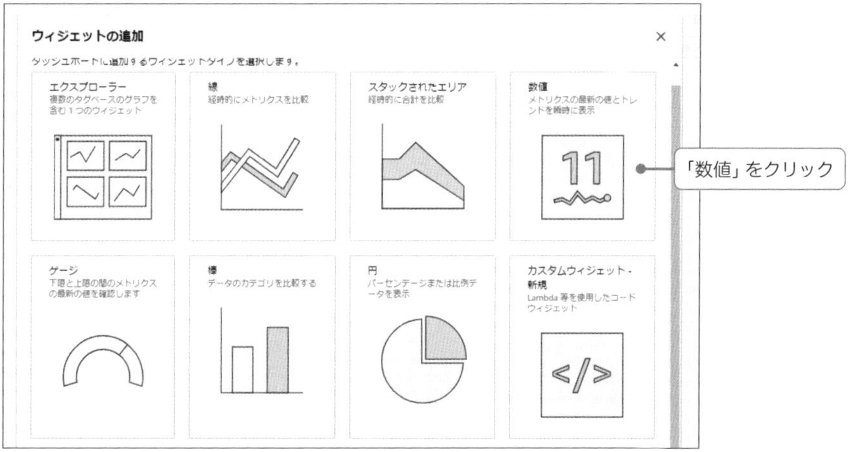

ここでは、例として**「数値」**を選択しCPU使用率を可視化します。可視化するメトリクスの選択はCloudWatch Metricsと同様です。また、デフォルトではグラフの名前が**「タイトルなしのグラフ」**となっているので**グラフ名**を変更しましょう。タイトルには**監視対象のシステムやリソース、メトリクスなどを含めると何を可視化したグラフなのかわかりやすくなります**。

図6-3-24 可視化するメトリクスを選択して、名前をつける

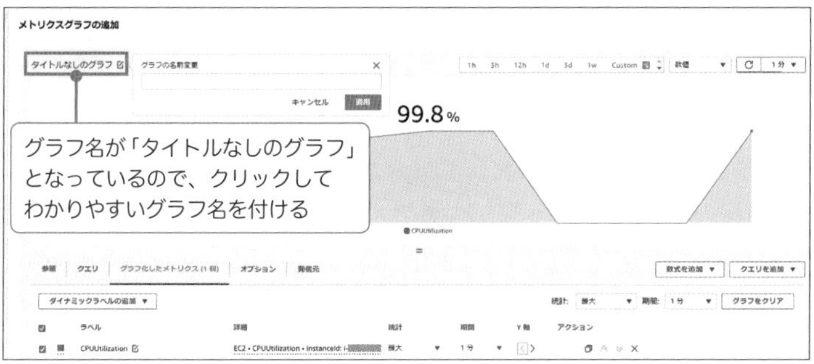

ウィジェットを追加したら**「保存」**をクリックしましょう。

図6-3-25　ダッシュボードを保存する

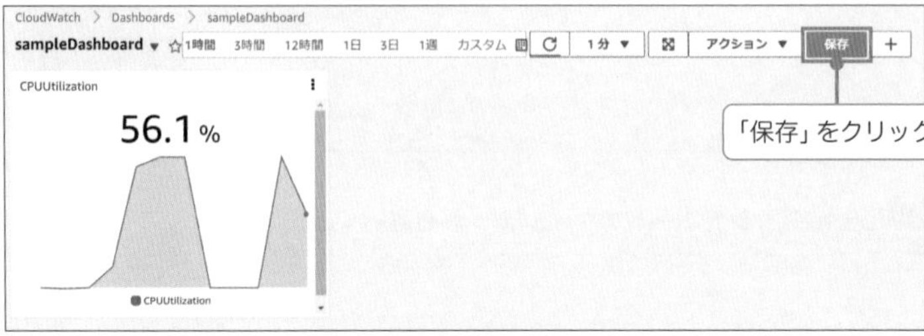

もちろんウィジェットを複数並べることも可能です。1つのシステムのメトリクスを複数のウィジェットとして可視化しておくことで、一目で稼働状況が確認できます。

図6-3-26　ダッシュボードに複数のウィジェットを追加して可視化する

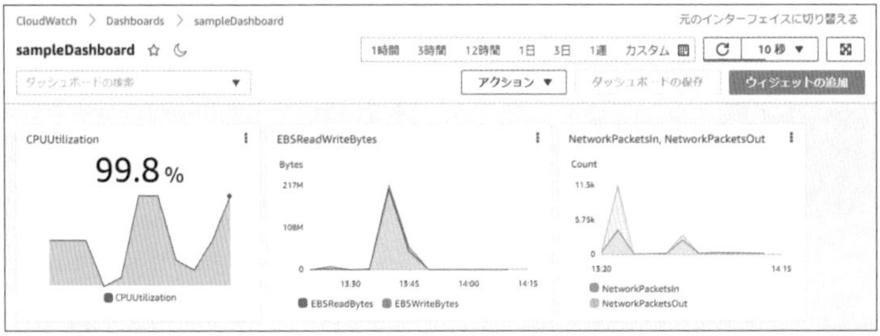

6.3.5 Amazon CloudWatch Logs

CloudWatch Logsについては「Chapter 5 ログ運用」で解説しましたが、ログ監視に利用できる機能もあります。

Amazon CloudWatch Logsメトリクスフィルター

メトリクスフィルターは、**CloudWatch Logsが受け取るログをフィルタリングし、数値としてCloudWatch Metricsへ送信する機能です**。この機能を使うことでCloudWatch MetricsではAWSリソースのパフォーマンスのデータに加え、**アプリケーションのログのエラー**や**文字列**をカウントして可視化・アラートの設定ができます。

図6-3-27 メトリクスフィルターのイメージ

例えば**「ERROR」という文字列を検知するメトリクスフィルター**を設定する場合は、以下のように行います。まず、CloudWatch Logsのロググループから**アクションのプルダウン**を開き、**「メトリクスフィルターを作成」**をクリックします。

図6-3-28 CloudWatch Logsのロググループから、メトリクスフィルターを作成する

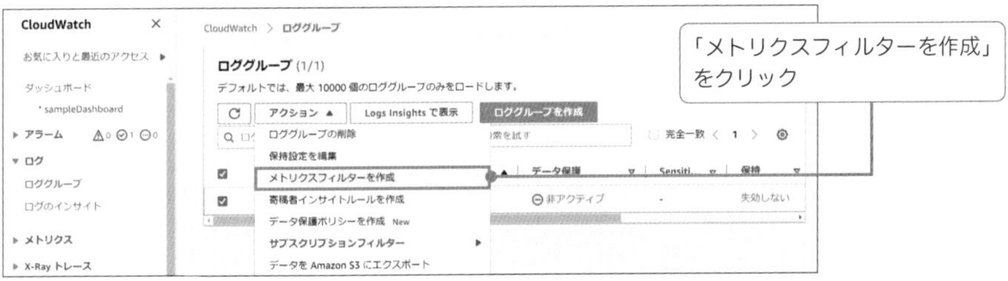

次に、フィルターパターンに**「ERROR」**を入力します。

図6-3-29 フィルターパターンを設定する

続けて、**フィルター名**と**メトリクスの詳細**を設定します。フィルター名は、何をフィルターしているのかわかりやすい名前にしましょう。

図6-3-30の**メトリクスの詳細**は、**CloudWatch Metricsで表示する際の設定です**。メトリクスフィルターは、利用者がメトリクスを新たに作成する方式です。**どの名前空間にメトリクスを作成するか**、もしくは**名前空間も新規作成するのか**を設定します。その他、フィルターに一致したら**メトリクスに送信する値（メトリクス値）**や**それ以外の場合で送信する値（デフォルト値）**、**値の単位（Unit）**も設定できます。

ここではメトリクス値を「1」とし、デフォルト値とUnitは設定していません。

図6-3-30　フィルター名とメトリクスの詳細を設定する

次の画面で内容を確認し**「メトリクスフィルターを作成」**をクリックします。

図6-3-31 メトリクスフィルターを作成

> **memo**
> 図6-3-29のフィルターパターンは、ログから特定の文字列を抽出するための構文を記載するエリアです。詳しい書き方については、AWSドキュメント※7を確認してください。また、図6-3-29の**「パターンをテスト」**をクリックすると、フィルターパターンに記載した構文をテストし、想定した通りログを抽出できるか確認できます。

CloudWatch Logsサブスクリプションフィルター

サブスクリプションフィルターは、メトリクスフィルターと同じくCloudWatch Logsが受信したログをフィルターする機能ですが、フィルターしたログをCloudWartch Metricsではなく、AWS LambdaやAmazon Kinesisへ送信します。「Chapter 5 ログ運用」ではサブスクリプションフィルターを利用し、Amazon Kinesis経由でS3バケットへログを出力する方法を紹介しました。監視の用途ではログを**文字列**などでフィルターし、AWS Lambdaを介してAmazon SNSで通知を発報することもできます。

※7 https://docs.aws.amazon.com/ja_jp/AmazonCloudWatch/latest/logs/FilterAndPatternSyntax.html

図6-3-32 サブスクリプションフィルターのイメージ

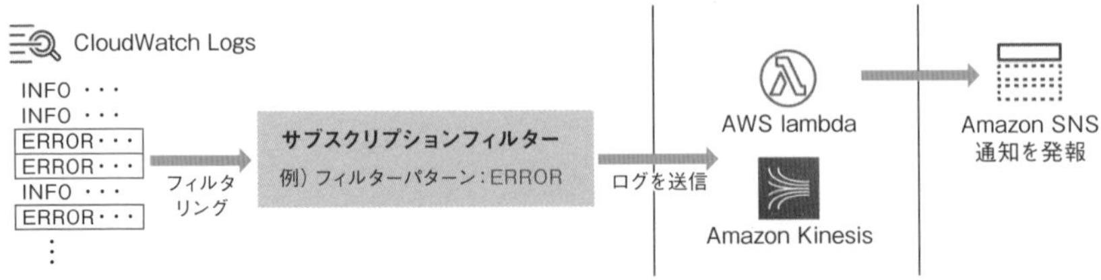

6.3.6 EC2のステータスチェックとオートリカバリー

EC2インスタンスを運用する場合、**ステータスチェック**と**オートリカバリー**について気を付けて監視しなければなりません。

ステータスチェック

ステータスチェックとは、**EC2インスタンスの稼働に対して影響を与える問題を自動でチェックする機能です**。この機能はデフォルトで利用でき、コンソールの**EC2インスタンス一覧**からも確認できます。

図6-3-33 EC2のステータスチェック

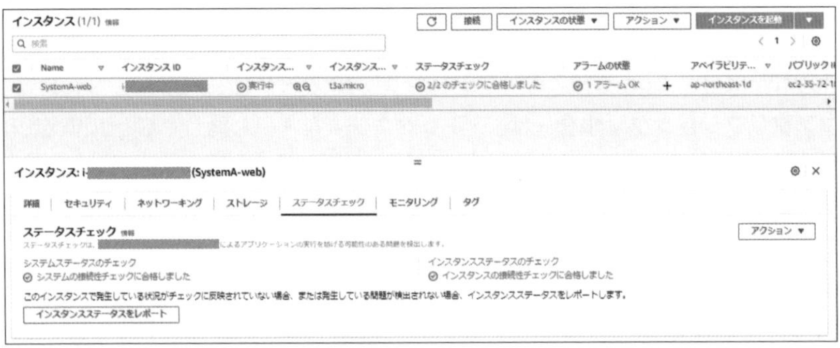

ステータスチェックには、**インスタンスステータスチェック**と**システムステータスチェック**の2種類あり、それぞれチェックする内容が異なります。**どちらのステータスチェックが失敗してもEC2インスタンスが応答しない状態となり、クリティカルな問題に発展する恐れがあります**。

表6-3-4 EC2の2つのステータスチェック

インスタンスステータスチェック	それぞれのインスタンスのネットワークやリソースをチェック。 NIC※に対してARPリクエストを送信しチェックされる チェックが失敗する例）CPUやメモリの枯渇、ネットワーク設定の誤り
システムステータスチェック	インスタンスが稼働するAWS基盤をチェック チェックが失敗する例）AWS基盤の障害

※ENI（Elastic Network Interface）を指す

ステータスチェックは、それぞれ**CloudWatch Metricsに記録されるため、個別にアラームを設定することが可能です**。

オートリカバリー

オートリカバリーは、**アラームをトリガーに、自動でEC2インスタンスを停止・起動・復旧する機能です**。CloudWatch Alarmでは、EC2のメトリクスに関するアラームアクションとしてEC2インスタンスの停止・終了・再起動・復旧を指定できます。前述したステータスチェックのメトリクスをアラームとして設定し、EC2の復旧を実行する仕組みがオートリカバリーです。

システムステータスチェックでAWS基盤に問題が発見された場合については、デフォルトで**オートリカバリー機能がオン**となっているインスタンスタイプもあります。**しかしインスタンスステータスチェックについては、デフォルトでオンとなっているインスタンスタイプはないため、オートリカバリーを設定することが推奨されます**。オートリカバリーがデフォルトでオンとなっているインスタンスタイプとオン・オフについてはAWSドキュメントを確認してください※8。

またオートリカバリーと同時に**SNSトピックによる通知**も設定することで、復旧が発生した際にすばやく把握することができます。

オートリカバリー時にSNSトピックで運用担当者に通知する

オートリカバリーを**SNSトピックから通知する設定（ステータスチェックアラーム）**は、以下のように簡単に行えます。まずは、対象のEC2インスタンスの「ステータスチェック」タブから、**「ステータスチェックアラームを作成」**をクリックします。

※8 https://docs.aws.amazon.com/AWSEC2/latest/UserGuide/ec2-instance-recover.html

図6-3-34 EC2インスタンスのステータスチェックアラームを作成する

続いて、**アラームの通知先のトピック**と**アラームアクションの「復旧」**を選択します。**アラームのしきい値はデフォルトで値が入ります。**

図6-3-35 ステータスチェックアラームを設定する

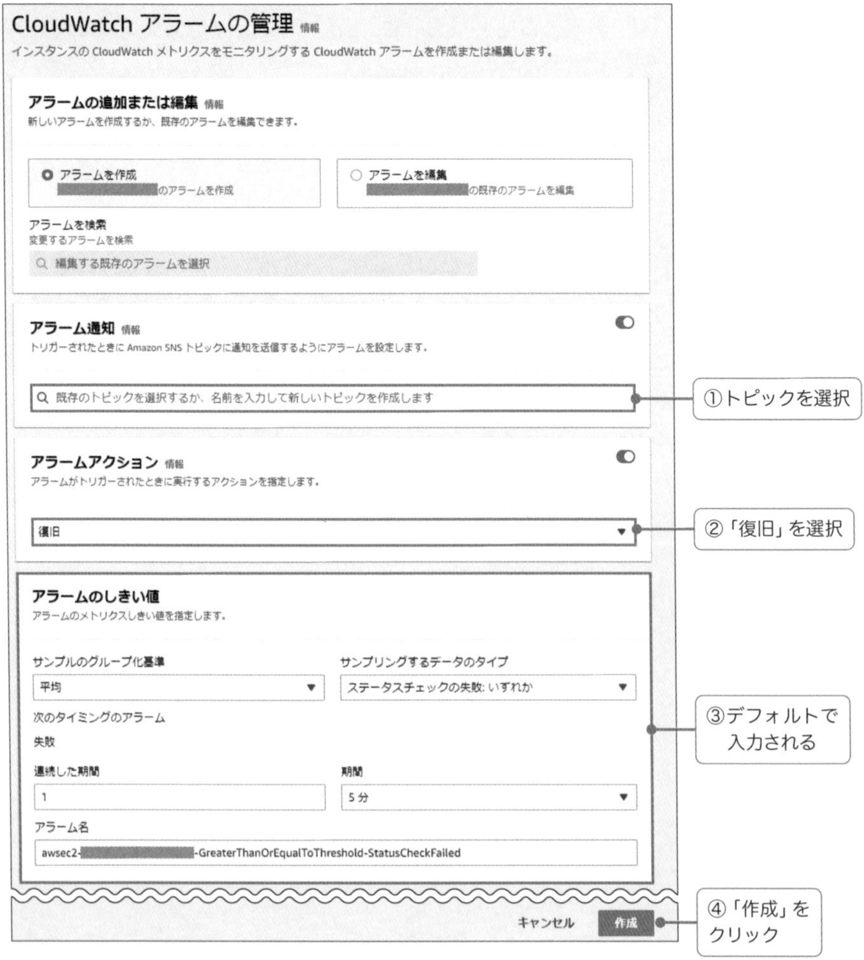

作成が完了するとEC2インスタンス一覧画面へ戻り、「作成されたCloudWatchアラーム」と表示されます。

図6-3-36　ステータスチェックアラームの作成完了

6.3.7 AWS Health

AWSでは、クラウドサービスを提供しているAWSの基盤側でのメンテナンスや障害により、利用しているAWSアカウント内のリソースに何らかの影響が及ぶイベントが発生する場合があります。そのようなイベントを確認できるのが**AWS Health**です。**AWS Health**では、**AWSサービスの障害情報や個別のAWSリソースに影響があるイベントを確認できます**。AWS Healthには大きく分けて**Service health**と**Your account health**の2つの機能があります。

Service health

Service healthは、**各AWSサービスのリージョン規模での障害情報を確認できます**。一般的に**ステータスページ**と呼ばれ、AWSアカウントにログインしなくても閲覧できます。

図6-3-37　Service healthでAWSサービスのリージョン規模の障害情報を確認する

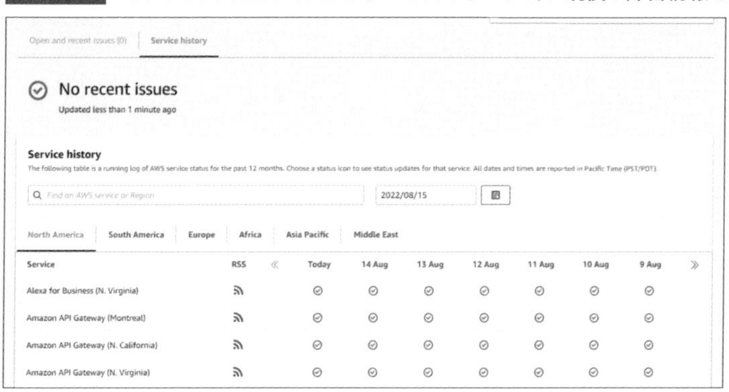

Your account health

Your account healthでは利用しているリソースのうち、**イベントの詳細・影響を受けるAWSリソース・イベントへ対応するための推奨事項がある場合それらを確認できます**。AWS側のサービスメンテナンスなど、将来的なイベントが予定された場合もYour account healthで**Scheduled changes**として通知されるため、対応を計画するのに役立ちます。また、AWS障害時にも影響を受けているAWSリソースは、Your account healthにて**Open and recent issues**として通知されるので影響範囲の把握とその対応について確認できます。

図6-3-38　Your account healthでリソースへ影響するイベントがあるか確認する

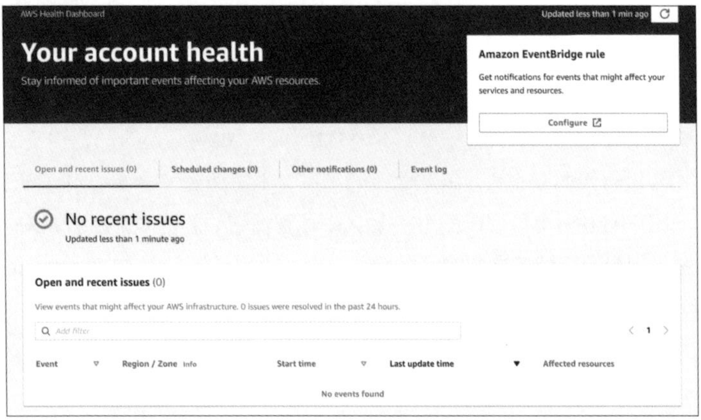

また**Event Logs**にて過去のイベントについても確認できます。もし通知を見逃していてシステムに影響が出ていた場合、遡って原因を確認することができます。

図6-3-39　Your account healthのEvent Logsで過去のイベントを確認する

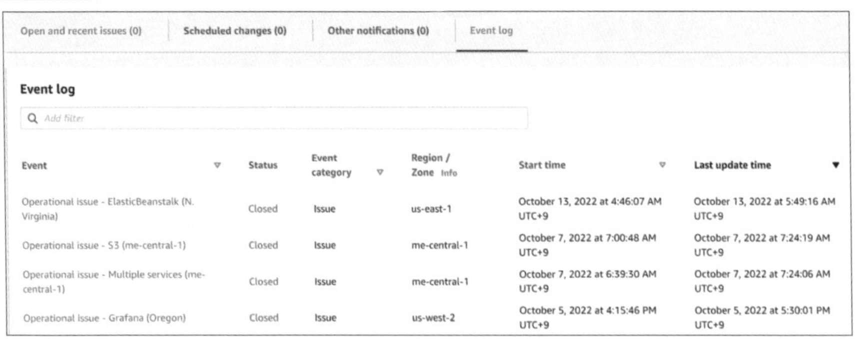

6.3.8 Your account healthの2つの通知

AWS HealthのYour account healthを実務で活用する際に、「運用者が設定できる通知」「特に注意すべき通知」について解説します。

Amazon EventBridgeによるAWS Healthイベントの通知

AWS HealthのうちYour account healthへ通知される内容は、「Chapter 9 セキュリティ統制」で解説する**Amazon EventBridge**と**Amazon SNS**を利用して通知できます。Amazon SNSを利用するので、通知先はEメールなどを設定できます。**ただし設定はリージョンごとに行う必要があります。**通知の設定は、Your account health右上の**「Configure」**からはじめます。

図6-3-40 Your account healthで「Configure」クリックする

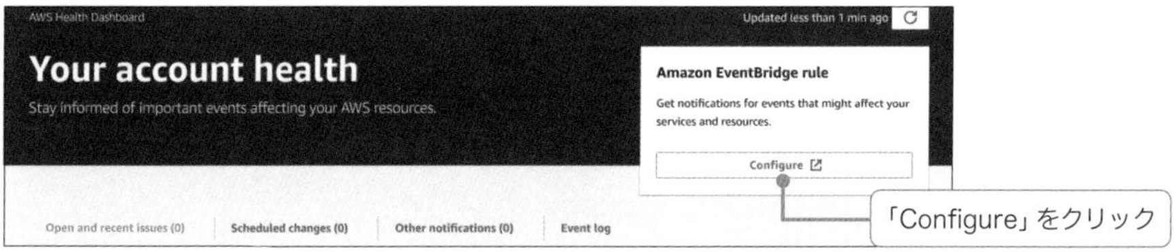

図6-3-41 EventBridgeのルールを設定する

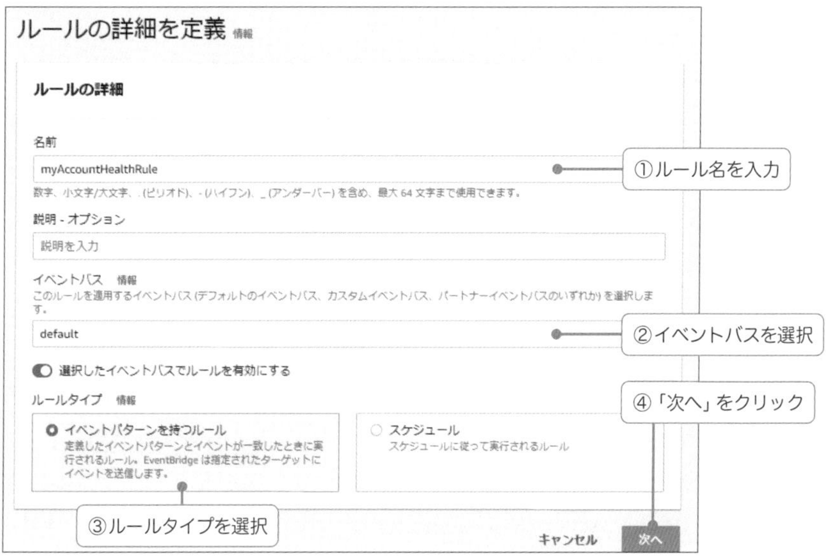

次に、イベントパターンにてAWSのサービスは**「Health」**、イベントタイプは**「すべてのイベント」**を選択します。これによって、AWS Healthへ通知されるイベントを全てEventBridgeで通知できます。また、イベントソースなどの設定はデフォルトで選択されます。

図6-3-42　通知するイベントパターンを設定する

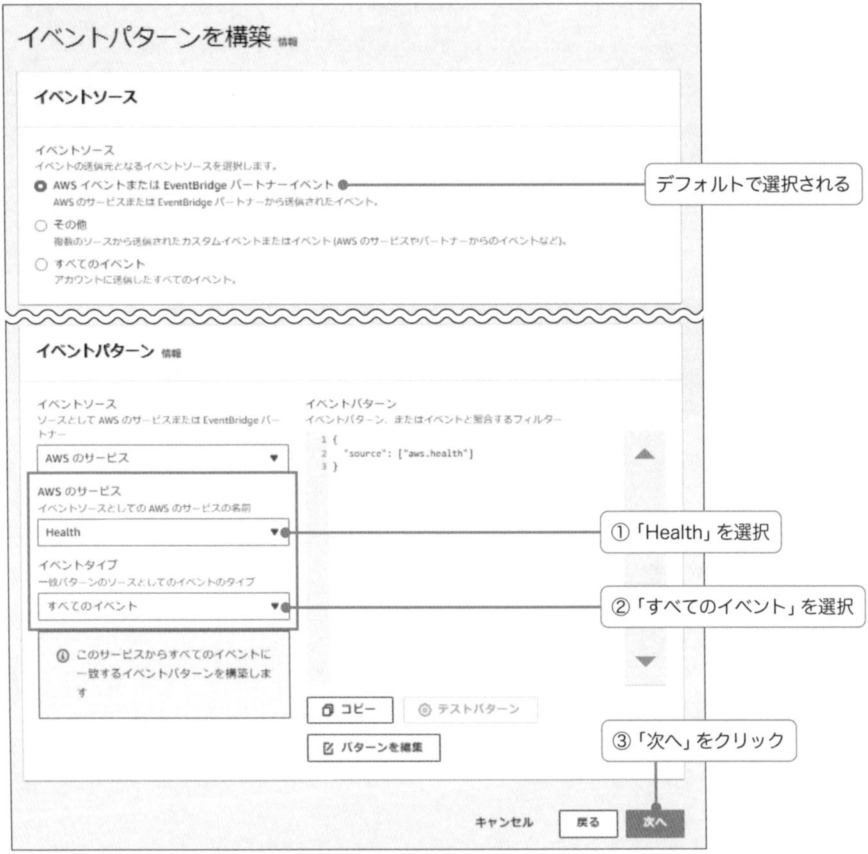

また、イベントタイプに**「特定のヘルスイベント」**を選択して特定のAWSサービス、もしくはリソースに絞って設定することも可能です。図6-3-43では、全てのEC2インスタンスのscheduledChangeイベント（予定された変更）を通知します。ここでは**任意のイベントタイプのコード**と**任意のリソース**を選択し、全てのEC2インスタンスの全種類のscheduledChangeイベントを通知するようにしています。右上のJSON形式の記述は実際に設定されるイベントパターンです。左側の各項目を入力すると自動入力されます。

図6-3-43 「特定のヘルスイベント」で特定のAWSサービスやリソースに絞った設定も可能

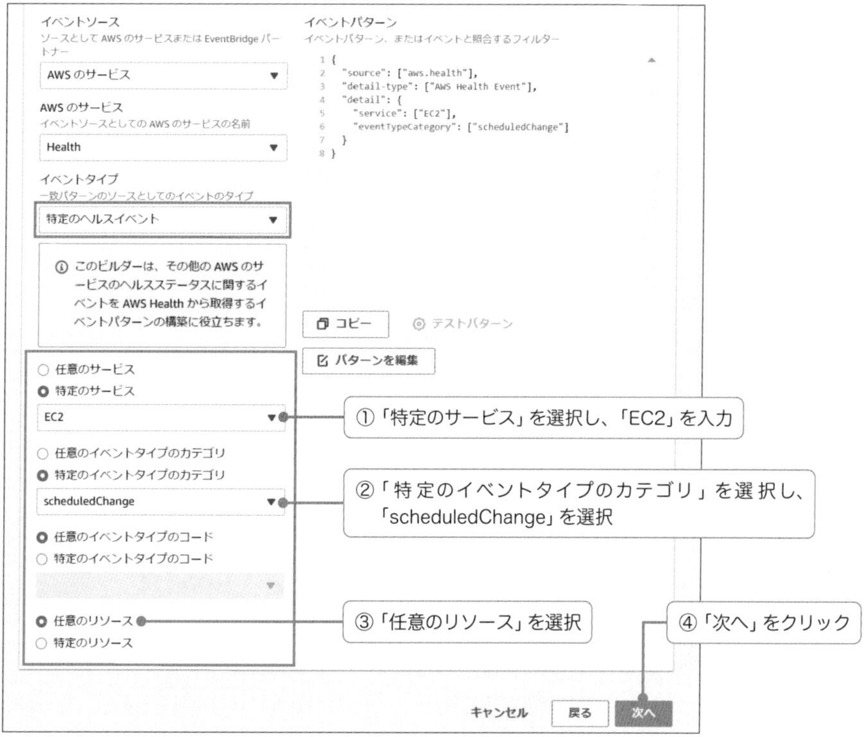

続いて、通知先として**SNSトピック**を指定します。

図6-3-44 通知先をSNSトピックとして設定する

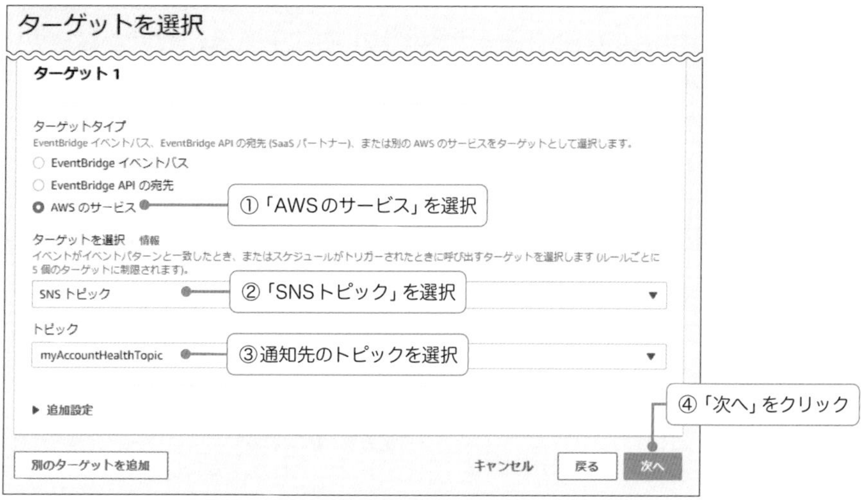

詳細は割愛しますが、タグ設定やレビューを経てルールの設定が完了です。

図6-3-45 ルールの設定が完了

EC2のリタイア通知

Your account healthでよく通知されるイベントの1つに**EC2のリタイア**があります。EC2のようなインフラ機器であるサーバーを提供するIaaSの場合、EC2インスタンスが稼働するAWS基盤側のメンテナンス※9で停止せざるを得ないタイミングがあります。これを**リタイア**といい、**EC2インスタンスが稼働しているAWS側のサーバー機器の入れ替えと理解すればよいでしょう**。EC2の仕組みの前提として、EC2インスタンスは停止すると、次に起動したときは基盤側では別のサーバーで立ち上がります。そのため、リタイアの通知がきた場合は、利用者側で一度EC2を停止・起動することで、リタイアするサーバーとは別のサーバーでEC2を利用することができます。

リタイアが通知されると、通知内のAWS側で予定された日時に、EC2インスタンスは強制的に停止されます。停止を回避する手段はありませんが、**リタイア予定日時までの任意の日時に停止・起動**を実施するとリタイア予定日時には停止されません。これは事前の停止・起動によってEC2インスタンスの基盤のサーバーがすでに替わっているためです。常時稼働するインスタンスなどでは、業務影響の少ない時間帯に前もって停止・起動をスケジュールします。

※9 AWSが管理している物理サーバーのメンテナンスや機器の入れ替えなど。

実務 6.4 サンプルアーキテクチャ紹介

ここまで解説したサービスと機能を利用した監視のサンプルアーキテクチャ、監視要件について解説します。

図6-4-1 AWSにおける監視

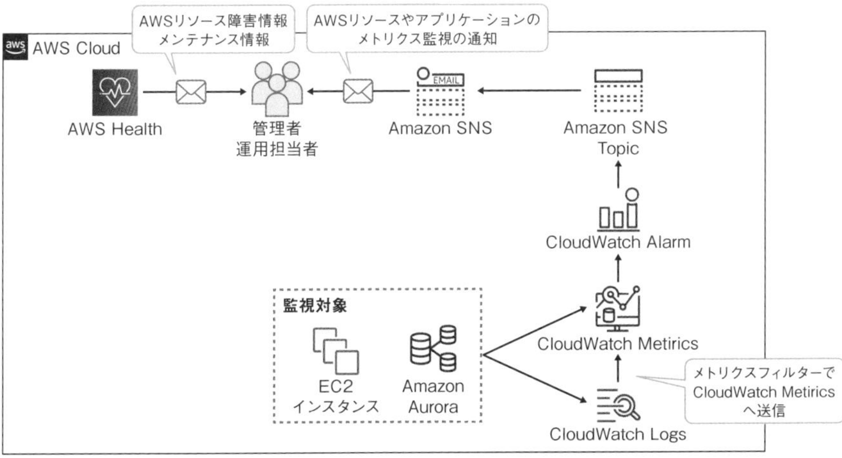

6.4.1 アーキテクチャ概要

このアーキテクチャではEC2、Auroraを監視しています。「Chapter 5 ログ運用」と同じくEC2のOSログやアプリケーションログは、CloudWatchエージェントを利用してCloudWatch Logsへ出力しています。AWSリソースの稼働状況を示す様々なメトリクスはデフォルトで、**CloudWatch Metrics**に保存されます。CloudWatch Logsへ保存されるログも、一部のログについては**メトリクスフィルター**を利用して**CloudWatch Metrics**へ送信しています。アラートの発報には**CloudWatch Alarm**と**Amazon SNS**を利用し、メールで各担当者へ通知しています。また、AWSリソースのメンテナンス情報と障害情報の通知と確認には**AWS Health**を利用しています。

6.4.2 監視要件

監視の要件として、以下の3点があると想定しました。

❶メトリクス監視
AWSリソースの稼働状況を監視し、異常があれば通知する
❷ログ監視
OSやアプリケーションのログを監視し、エラーを通知する
❸ AWSのメンテナンス・障害情報
利用しているAWSリソースに影響するAWS基盤側のメンテナンス情報・障害情報を通知する

このサンプルアーキテクチャでは、それぞれ下記のAWSサービスを利用して設計しています。

表6-4-1　サンプルアーキテクチャで利用しているサービス

メトリクス監視	・CloudWatch Metrics ・CloudWatch Alarm ・Amazon SNS
ログ監視	・CloudWatch Logs メトリクスフィルター ・CloudWatch Metrics ・CloudWatch Alarm ・Amazon SNS
AWSのメンテナンス・障害情報	・AWS Health

実務 6.5 サンプルアーキテクチャの運用の注意点

運用担当者が監視の設定をした後も、継続的に次の作業を行う必要があります。

6.5.1 アラートの閾値の見直し

システムを運用するにつれて、設計時の監視要件と運用現場でギャップが生じることがあります。例えば、アラートが多すぎる、過敏すぎる監視設定でアラートは上がるもののシステム・業務に影響はないといった事象です。業務に影響はないアラートとは、定期的な処理で定常的に閾値よりも高い負荷がかかっているが、システムの処理自体に影響は出ていないといったケースがあります。

実際にアラートが多く、システムへ過剰な負荷がかかり業務に影響が出る場合には、**リソースのスケールアウト**や**スケールアップ**を検討しましょう。一方で業務に影響が出ない場合にはアラートは単にノイズとなり、システムに影響が出たアラートを調査する際に、原因が把握しづらくなります。**そのため、運用者はCloudWatchダッシュボードやCloudWatch Alarmの履歴を定期的に確認し、現在の監視の閾値が妥当か見直しましょう**。CloudWatch Alarmの監視履歴はコンソールから確認できます。

図6-5-1 CloudWatch Alarmの監視履歴を確認する

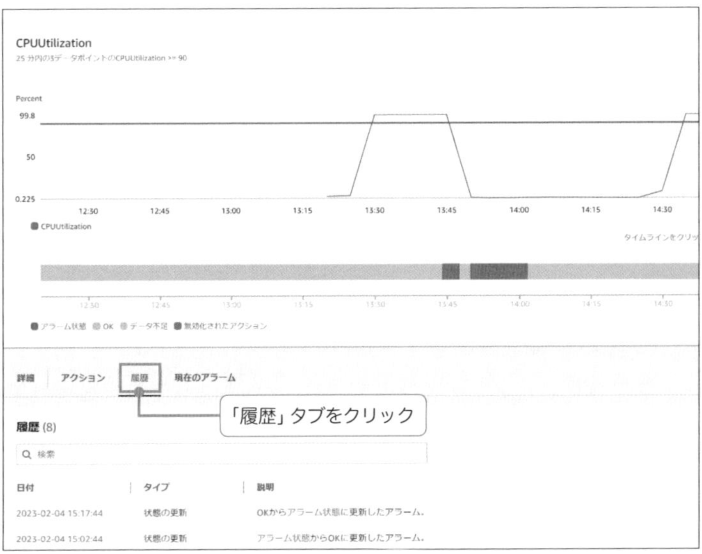

6.5.2 通知先の見直し

通知先は、管理者・運用担当者が変わるたびに変更する必要があります。このサンプルアーキテクチャではAmazon SNSからメールで各担当者へ通知しています。「6.3.3 Amazon SNS」で説明した通り、通知先としてメールアドレスを設定します。**全ての担当者のメールアドレスを設定するのはAmazon SNSの管理が煩雑になるため、メーリングリストを作成しそのメールアドレスで設定するのがよいでしょう。もしくは社内にてSlackのようなチャットツールを利用しているのであればそちらへ通知するのが便利です。**

また、Amazon SNS自体も以下のようなメトリクスを発行しています。そのためこれらを確認することでも**トピックに送信されたアラート数やトピックからの通知の送信が失敗している数**などが確認できます。

表6-5-1　Amazon SNSが発行するメトリクス

NumberOfMessagesPublished	トピックに対して発行されたメッセージ数
NumberOfNotificationsDelivered	トピックから正常に送信されたメッセージ数
NumberOfNotificationsFailed	トピックから送信が失敗したメッセージ数

6.5.3 アラームの通知のコントロール

CloudWatch Alarmは、アラームアクションを削除せずとも、設定を**「有効化・無効化」**とすることで通知しないようにできます。アラームアクションを削除する時は、**無効化で運用して問題ないことが確認できてから削除しましょう。**

図6-5-2　CloudWatch Alarmでアラームアクションを無効にする

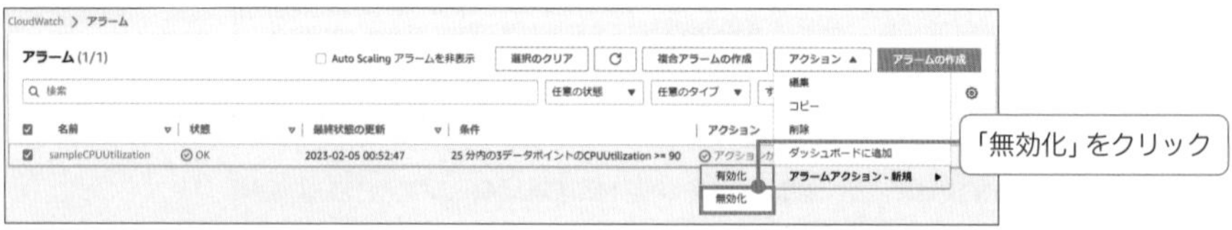

ただし、有効化・無効化とするスケジュールをCloudWatchで事前に指定できません（有効化・無効化にしたいタイミングで、CloudWatchの設定を手動で変更する必要があります）。そのため、定期メンテナンスのようなアラートを止めたい時間帯がある場合は、AWS Lambdaなどでその時刻に有効化・無効化に変更するよう実装する必要があります。

System operation using AWS

Chapter

7

パッチ適用

OSやOS上で稼働するミドルウェアやアプリケーションを部分的に修正･更新するプログラムデータのことをパッチと言います。システム運用では、不具合の修正やセキュリティリスク低減のためにパッチを適用します。本章ではパッチの適用作業の概要、AWS Systems Manager Patch Managerを利用したパッチ適用について解説します。

Keyword

- AWS Systems Manager Patch Manager → p.211

基礎

7.1 パッチ適用の基礎知識

システム運用では、OSやソフトウェアに対して必要なメンテナンス作業があります。

7.1.1 パッチとパッチ適用

OSやソフトウェアの開発者は、リリース前に正常に動作するかのテストを行いますが、不具合がリリース後に発見されることがあります。また、利用者はこの不具合によって悪意のある第三者から攻撃を受けて、不正アクセスなどの被害を受ける可能性があります。そのため、OSやソフトウェアの開発者は不具合を解消するためにプログラムを修正して再度リリースを行います。

パッチとは、**OSやソフトウェアを部分的に修正・更新をするための追加分のプログラムのことです**。OSやソフトウェアの一部に問題があった場合、全体を再度ダウンロードしてインストールすると時間がかかるなど効率が悪いため、**パッチとして必要な部分だけをダウンロードして適用する対応をします**。これを**パッチ適用**といいます。

みなさんがお使いのパソコンでもパッチの適用をしています。例えば、ご利用のパソコンのOSがWindowsであれば、月に1回Windows Updateを行っていると思いますが、この作業がパッチ適用にあたります。

パソコンを家に例えて説明すると、パッチを適用していない状態とは、家の壁に穴があいているような状態です。壁に穴があいていると泥棒など悪意のある人が侵入しやすくなり、大切なものが盗まれてしまう可能性があります。パッチ適用によりこの穴を塞ぎ、悪意のある人が入ることを防ぎます。

図7-1-1 パッチ適用のイメージ

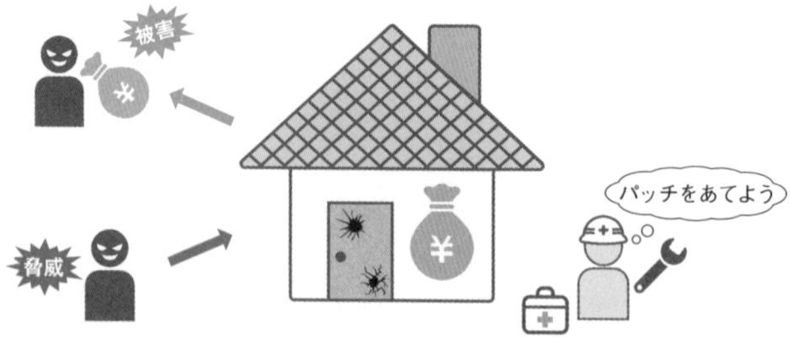

パッチを適用せずにパソコンを利用し続けている人の中には、「私が使っているパソコンには大切なデータは入っていないので、不正アクセスされても被害はないよ」と思う人がいるかもしれませんが、本当に被害はないのでしょうか。流出すると困るデータは入っていないのかもしれませんが、踏み台(別のパソコンにアクセスする際に利用されるパソコンのこと)として利用され、知らない間に悪意のある第三者に加担している可能性があります。

このようなことを防ぐために、パッチがリリースされたら、できるだけ早めに適用するようにしましょう。企業においては、最新のパッチの情報をWebなどで取得し、すぐに反映するようにしましょう。

7.1.2 パッチ適用の作業内容

企業で管理しているサーバーは数十台から数百台以上あるため、**計画的なパッチ適用作業**が必要です。パッチ適用を手動で行う場合には以下のような作業があります。特に作業当日のサーバー全台にパッチを適用するのは、かなりの労力がかかります。

事前準備

- 検証環境でパッチ適用後の動作確認
- 関係部署へパッチ適用作業の実施連絡·作業日程の調整
- 手順書の作成

作業当日

- サーバーにログイン
- パッチのダウンロード
- パッチの適用作業
- 必要に応じてサーバーの再起動
- パッチ適用後の動作確認
- 関係部署へパッチ適用作業完了の連絡

サーバーの再起動に伴い、サーバーを利用している部署との作業日程の調整をしなければならないことがあります。都度調整するのは手間なので、事前に**メンテナンスウィンドウ**という**再起動を伴う作業をしてもよい時間を決めておくことで調整時間を短縮することができます。**

実務 7.2 AWSにおけるパッチ適用

AWSのほとんどのマネージドサービスでは、OSやミドルウェアの管理はAWS側で行われるためオンプレミスに比べ運用の負荷は軽くなります。しかし、AWSの責任共有モデルに定義されている通り、IaaS※1に分類されるAWSサービスのOS以上の管理はユーザー側に任されるため、**OSやミドルウェア、アプリケーションのパッチ適用についてはユーザーの責任になります**。

7.2.1 AWSでパッチ適用が必要なサービス

AWSのユーザー側でパッチ適用が必要なサービスとして、**EC2**があります。なお、Amazon ECSやAWS Fargateなどで実行するDockerコンテナについてもユーザー側の責任となりますが、初心者の方はまずはEC2を意識すればよいでしょう。

memo

Dockerとは、コンテナと呼ばれる仮想環境を実行するプラットフォーム（ソフトウェア）です。Dockerが使用される環境であれば、コンテナでアプリケーションを早く簡単に開発・デプロイ・実行できます。Amazon ECSとAWS Fargateは、DockerコンテナをAWS上で実行するためのAWSサービスです。

※1 ハードウェアやインフラ基盤を提供するクラウドサービスの形態。

実務 7.3 関連するAWSサービス

この節では、EC2のパッチ適用に利用する**AWS Systems Manager Patch Manager**をメインに解説します。

7.3.1 AWS Systems Manager Patch Manager

AWS Systems Manager Patch Managerは、**OSやアプリケーションへのパッチ適用を自動化するツールです**。単にパッチ適用をスケジュールして自動化するだけでなく、パッチ適用の承認·拒否や、脆弱性がどのパッチで解決するかなどを確認できます。ダッシュボードもあり、一目で運用中のサーバーのパッチ適用状況を確認できます。Patch Managerには主に以下の2つのコンポーネントがあります。

- パッチベースライン
- パッチポリシー

図7-3-1 パッチ適用の全体像

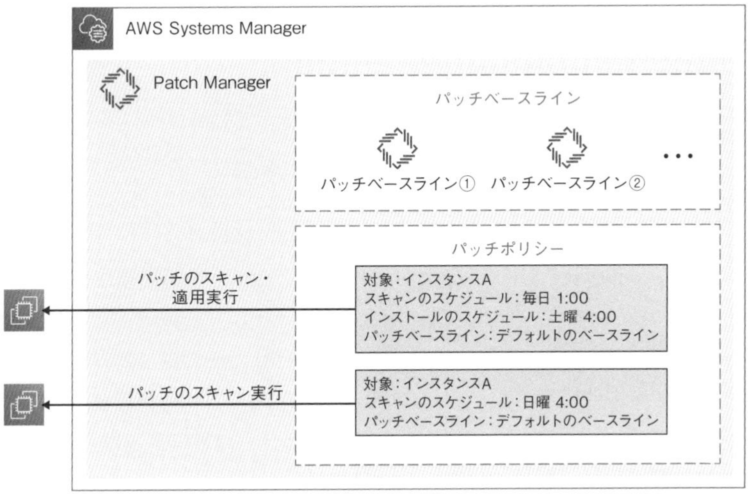

AWS Systems Manager Patch Managerの料金

Patch Managerは、追加料金なしで利用できます。しかし一部のオプションについては、後述するAWS Systems Managerの機能が裏で動くため、その機能に対して料金が発生する場合があります。詳細は料金ページ※2を確認してください。

7.3.2 パッチベースライン

パッチベースラインとは、**マネージドインスタンスに「どのパッチの適用を承認もしくは拒否するか」を定めたルールです**。パッチベースラインに該当するパッチは、自動で承認·拒否されます（承認されたパッチは、7.3.3で後述するパッチポリシーに設定した通りに自動で適用されます）。**承認ルール**は以下のような項目で、どのようなパッチが何日たてばパッチ適用を承認するかを定義しています。このパッチベースラインの中では、承認ルールがいくつも定義されています。設定項目の**コンプライアンスレポート**は、Patch Managerの機能の1つで、適用されていないパッチでかつ、特定の重要度以上のものを一覧で確認できる機能です。詳細は後述します。

表7-3-1 パッチベースラインの承認ルールの設定項目

設定項目	説明
製品	対象とするOS。Amazon Linux 2,、RHEL 8.5、RHEL 7.9、WindowsServer 2022、WindowsServer 2019といったバージョンやリリース番号単位で選択する
分類	Security、Bugfixなどのパッチの種類
重要度	Critical、Importantなどのパッチの重要度
自動承認	自動承認するまでの日数もしくは日付
コンプライアンスレポート	どの重要度（Critical、High、Lowなど）以上のパッチをコンプライアンスレポートとして出力するか
セキュリティ以外の更新を含める	承認ルールに該当するセキュリティ以外のパッチもインストールするか否か

Patch Managerでは、対応する各OSの種別ごとにAWS側で**「事前定義されたベースライン」**が用意されています。パッチベースラインをイチから作成せずとも「事前定義されたベースライン」をパッチ適用のルールとして利用できます。事前定義されたベースラインは、基本的にあらかじめ各OSの**「デフォルトのベースライン」**に指定されています。デフォルトのベースラインの詳細については「7.5.1 デフォルトの

※2 https://aws.amazon.com/jp/systems-manager/pricing/

パッチベースラインの変更」で解説します。

　Windows向けの事前定義されたベースラインは複数ありますが、そのうち1つだけがWindowsのデフォルトのベースラインに指定されています。これはデフォルトのベースラインが各OSにつき1つしか指定できないためです。事前定義されたパッチベースラインの一覧と詳細はAWSドキュメント※3を確認してください。

図7-3-2　コンソールで事前定義されたパッチベースラインを確認する

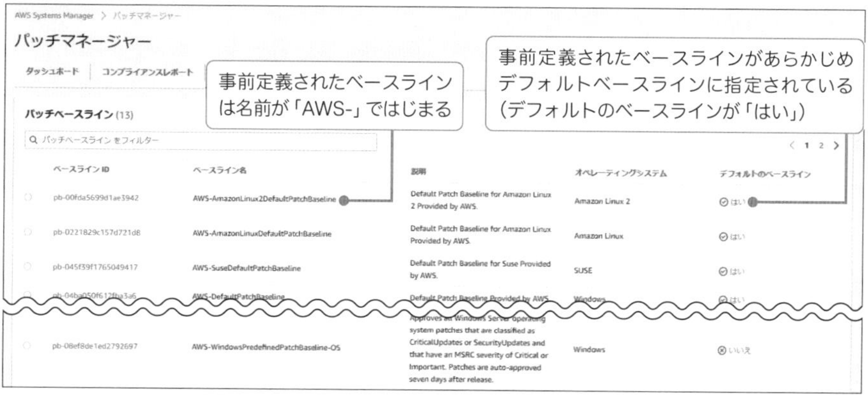

事前定義されたベースラインの設定内容は、編集できません。そのため必要に応じて組織やプロジェクトのポリシーに従ったベースラインを作成します。自身で作成したパッチベースラインを**カスタムベースライン**と呼びます。

パッチベースライン(カスタムベースライン)を作成する

　パッチベースラインを作成する場合、まずは**対象のベースラインの名前やOSの種類**を指定します。ベースラインの名前には対象のOS名やシステム名を含めると見分けがつきやすくなります。特にパッチベースライン内の**設定値(分類、重要度など)**も含めると、より一目でわかりやすくなります。

※3 https://docs.aws.amazon.com/ja_jp/systems-manager/latest/userguide/patch-manager-predefined-and-custom-patch-baselines.html#patch-manager-baselines-pre-defined

図7-3-3 パッチベースラインを作成する

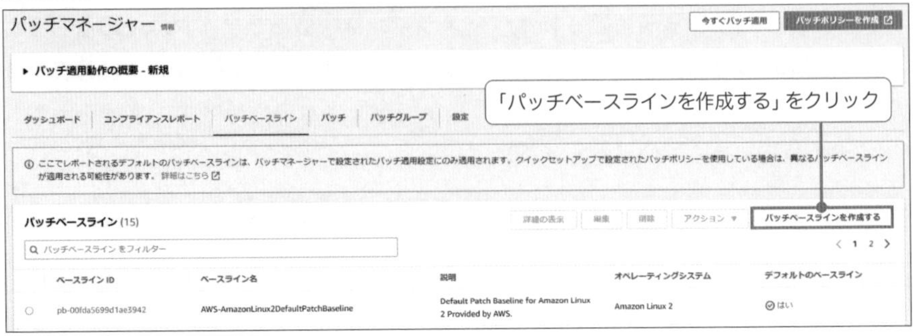

図7-3-4 パッチベースラインの詳細を設定する

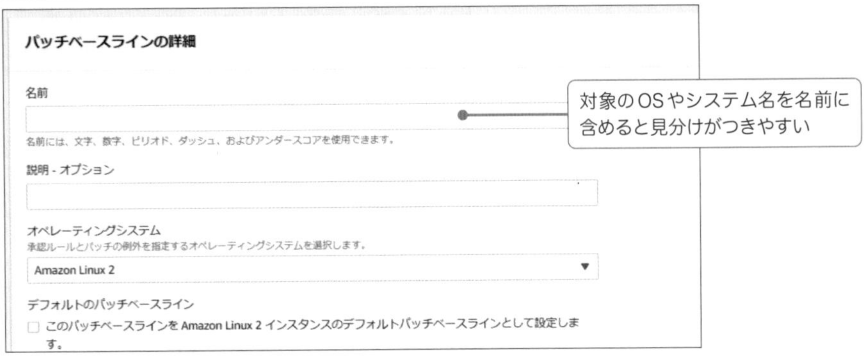

続いて、**承認ルール**を追加します。承認ルールは1つのベースラインに複数追加できます。そのため、**承認ルールを分けてパッチの分類・重要度ごとに異なる自動承認の期間を設定することも可能です。**

図7-3-5 承認ルールを設定する

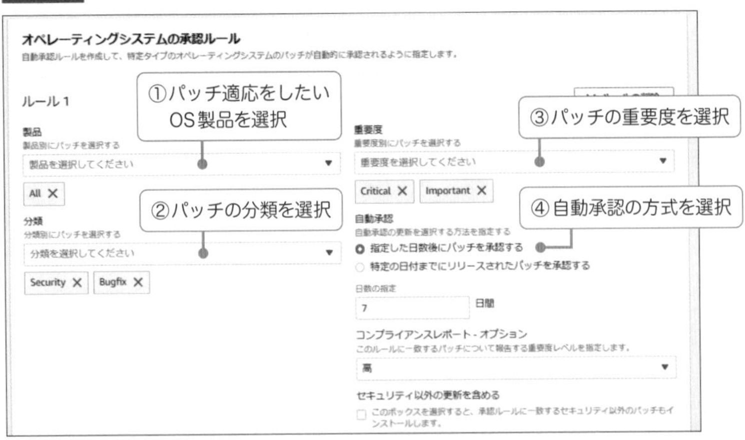

パッチの例外を設定する

このように自動承認の承認ルールを設定できますが、図7-3-6のパッチベースライン作成画面内の**「パッチの例外」**にて**承認ルールの例外とするパッチを明示的に指定することもできます**。これはパッチベースライン作成後でも追加で設定できます。例えば、特定のパッチの自動承認を待たずに適用して動作確認したい場合、もしくはアプリケーションの動作に問題が出るパッチを適用したくない場合にそれぞれ**「承認済みパッチ」「拒否されたパッチ」**として指定します。対象のパッチは、それぞれの**パッケージ名**で指定します。

図7-3-6 パッチの例外を設定する

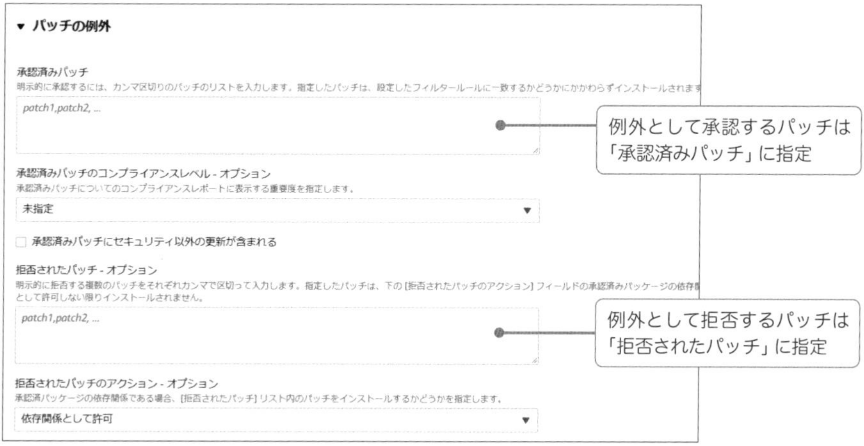

コンプライアンスレポート

コンプライアンスレポートとは、**「特定の重要度以上で適用されていないパッチ」を一覧で確認できる機能です**。承認ルールの**コンプライアンスレポート**の項目にて設定した重要度以上で、パッチが適用されていないミドルウェアやアプリケーションがあれば**「非準拠」**とします。また、スキャン※4後に**Patch Managerのコンソール**からその数と一覧を確認できます。

具体的には、コンソールでインスタンスごとに、**非準拠のミドルウェア・アプリケーション数**が表示されます。**非準拠の数**をクリックするとさらにその一覧画面へ移動します。

※4 どのパッチの適用が必要か洗い出すこと（インストールは行わない）。

図 7-3-7 コンプライアンスレポートの画面で「非準拠の数」を確認する

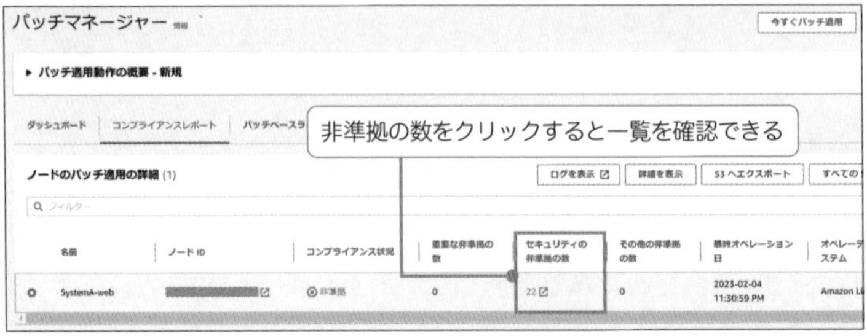

図 7-3-8 コンプライアンスレポートの画面で「非準拠」の詳細を確認する

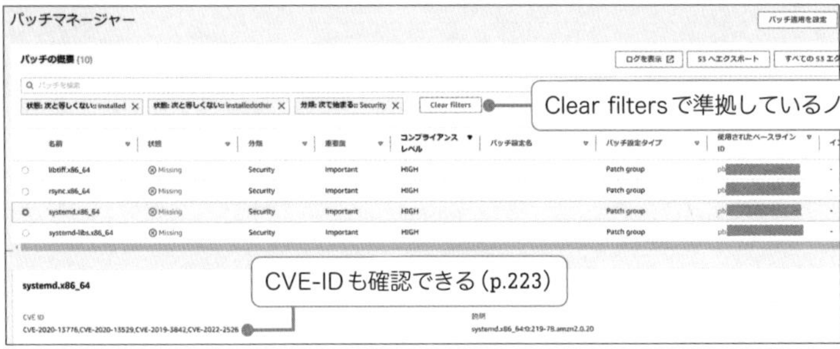

ちなみに、図7-3-8の一覧はすでに**非準拠のミドルウェアやアプリケーション**を表示するようにフィルターされたものです。ここで、**「Clear filters」**をクリックしフィルターをなくせば準拠しているものも含めて確認できます。**非準拠のものは、状態が赤文字で表示されています**。状態の種類は以下の表の通りです。

表7-3-2 状態の種類

状態	説明	準拠か非準拠か
Installed	インストール済み	準拠
Installed Other	パッチベースラインに含まれない、もしくは承認されていないパッチがインストール済み	準拠
Installed Rejected	インストールが拒否された状態	非準拠
Missing	インストールされていない状態	非準拠
Failed	インストールに失敗した状態	非準拠

図7-3-9 準拠しているミドルウェアやアプリケーションも含めた一覧

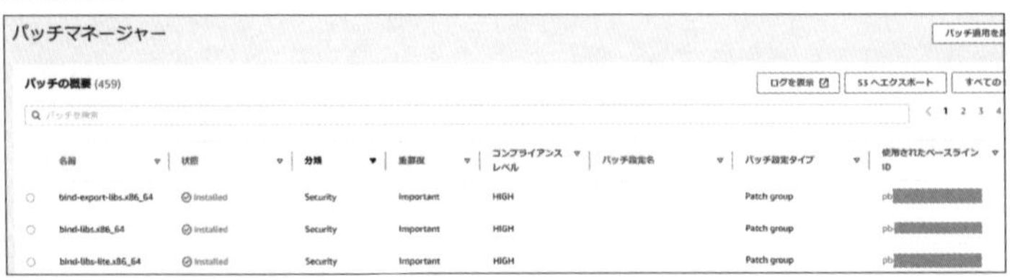

7.3.3 パッチポリシー

Patch Managerでは、パッチベースラインのみではパッチ適用は自動化されません。パッチ適用を自動化するには、**パッチポリシー**を作成する必要があります。**パッチポリシーを作成するとその設定に通りに、対象のインスタンスへパッチがスキャンもしくは適用されます**。パッチポリシーに設定する項目は表7-3-3の通りです。

表7-3-3 パッチポリシーの設定項目

設定	説明
設定名	・パッチポリシーの名前
スキャンとインストール	・「スキャンのみ実行」もしくは「スキャンとパッチの適用実行」 ・「スキャン」もしくは「スキャンとパッチ適用のスケジュール」
パッチベースライン	・「デフォルトのベースライン」もしくは「カスタムベースライン」
ターゲット	・対象のインスタンス
レートの制御	・パッチ適用の同時実行数もしくは割合 ・パッチポリシーによるパッチの適用を失敗とするインスタンスの数もしくは割合

パッチポリシーは、**AWS Systems ManagerのQuick Setup**で利用できる機能の1つです。**Quick Setupは、AWS Systems Managerの様々な機能を簡単に早く設定するためのツールです**。パッチポリシーを含めたQuick Setupは、「Chapter 4」のコラムで紹介したAWS Organizationsを利用するようなユースケースで、複数のAWSアカウントでも利用できます。Quick Setupの詳細はAWSドキュメント※5を確認してください。本書では、1つのAWSアカウントでパッチポリシーを利用する想定で解説します。

パッチポリシーの作成

実際のパッチポリシーの作成は、Patch Managerで**「Create patch policy」**をクリックしてはじめます。

※5 https://docs.aws.amazon.com/systems-manager/latest/userguide/systems-manager-quick-setup.html

図7-3-10　パッチポリシーの作成

次に、各設定項目を入力します。**パッチポリシーの設定名**は、対象のリソース名やシステム名などを含めるとわかりやすいです。**「スキャンとインストール」**ではパッチのスキャンのみを実行するか、パッチのスキャンとインストール（パッチ適用）の両方を実行するかを選択し、実行時間を設定します。図7-3-11ではスキャンを選択しています。**スキャンのスケジュール**は「推奨される既定値を使用」を選択するか、「カスタムスキャンスケジュール」で任意の時間に設定します。また**「最初のCRON間隔までターゲットのスキャンを待ちます。」**にチェックを入れています。**これにチェックを入れない場合は、EC2インスタンスがパッチポリシーの対象なると同時にスキャンが実行されます。**

図7-3-11　設定名・スキャンとインストールの設定

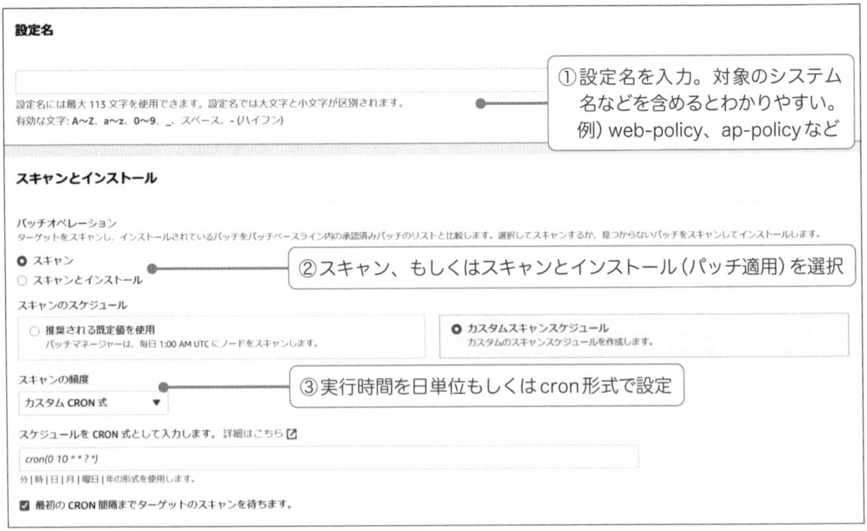

表7-3-4 スキャンのスケジュール

スキャンのスケジュール	説明
推奨される既定値を使用	デフォルトのパッチポリシーのスケジュール。毎日1:00 AM UTCに実行される
カスタムスキャンスケジュール	任意の実行時間を設定する。日単位で時刻を設定するか、cron形式で設定する

「スキャンとインストール」を選択する場合は、スキャンのスケジュールとは別に**インストールスケジュール**も設定します。こちらもスキャンと同様に「推奨される既定値を使用」を選択するか、「カスタムインストールスケジュール」で任意の時間に設定します。また前述の通り、「最初のCRON間隔まで更新プログラムのインストールを待ちます。」にチェックを入れなければ EC2インスタンスがパッチポリシーの対象になると同時にパッチの適用(インストール)が実行されてしまいます。インストールについては**「必要に応じて再起動」**というチェック項目があります。これにチェックを入れると、パッチの適用後にEC2インスタンスは再起動されます。**パッチによってはOSの再起動が必要になることもあるため、これにチェックを入れてEC2インスタンスを再起動することが推奨されますが、再起動の間はEC2インスタンスが利用できないため注意が必要です。**

図7-3-12 スキャンとインストールを選択した場合

表7-3-5 インストールのスケジュール

インストールのスケジュール	説明
推奨される既定値を使用	デフォルトのパッチポリシーのスケジュール。日曜日の2:00 AM UTCにパッチをインストール
カスタムインストールスケジュール	任意の実行時間を設定する。日単位で時刻を設定するか、cron形式で設定する

画面をスクロールして次の設定に進みます。次はパッチポリシーで利用する**パッチベースライン**を選択します。「推奨される既定値を使用」を選択すると、デフォルトのパッチベースラインが適用されます。「カスタムパッチベースライン」を選択すると、OSごとに使用するベースラインを選択できるので必要に応じて選択します。

図7-3-13 パッチベースラインの設定

スクロールして次の設定に進みます。**「ログストレージにパッチ適用」**の**「S3バケットに出力を書き込む」**にチェックを入れるとパッチ適用実行時のログをS3バケットへ保存できます。**「S3 URI」**では、保存先のS3バケットを入力します。**ターゲット**では、パッチポリシーの対象とするリージョンとEC2インスタンスを選択します。**リージョン**は「現在のリージョン」でパッチポリシーを作成中のリージョンを選択、もしくは「リージョンを選択」で手動でリージョンを選択します。EC2インスタンスの選択方法は、表7-3-6の方法があります。図7-3-14では、リージョンは「現在のリージョン」、「ノードタグを指定」でインスタンスを指定しています。

図7-3-14 ログストレージとターゲットの設定

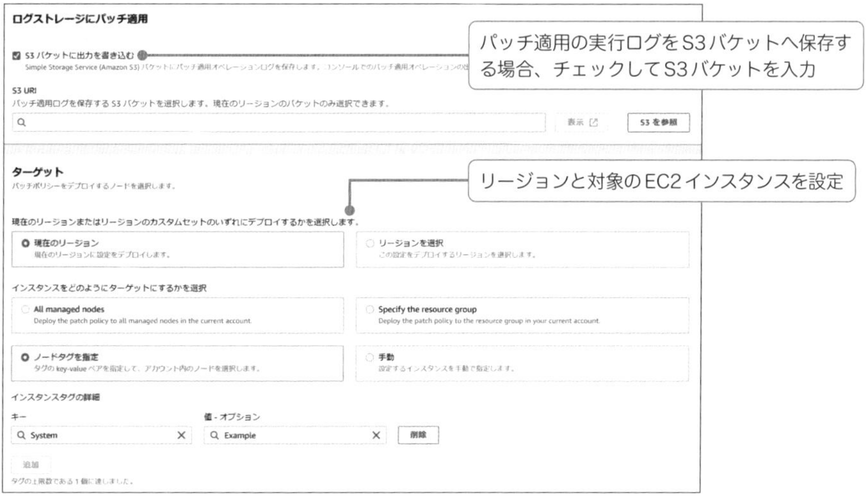

表7-3-6 ターゲットのEC2インスタンスの選択方法

項目	説明
All managed nodes	AWS Systems ManagerのマネージドノードであるEC2インスタンスすべてをターゲットとする
Specify the resource group	リソースグループを指定し、そのリソースグループに含まれるEC2インスタンスをターゲットとする。リソースグループは多数のAWSサービスのリソースをグループ化したもので、詳細はAWSドキュメント※を参照
ノードタグを指定	EC2インスタンスに付与されているタグ・キーを指定してターゲットを選択する
手動	手動でマネージドノード一覧からEC2インスタンスを選択する

※https://docs.aws.amazon.com/ja_jp/ARG/latest/userguide/resource-groups.html

スクロールして最後の**レートの制御**を指定します。**レートの制御**では、パッチポリシーの同時実行数とエラーのしきい値を指定します。それぞれ「ノード数」をインスタンス数で指定、「ノードの割合」を対象のインスタンスの割合(%)で指定します。図7-3-15ではそれぞれ「ノード数」で指定しています。**同時実行数**は、文字通りパッチポリシーによってスキャンもしくはスキャン・インストールを同時に実行するインスタンス数もしくは割合です。**エラーのしきい値**はパッチポリシーの実行をエラー(失敗)とする閾値です。**パッチのスキャンもしくはスキャンとインストールに失敗したEC2インスタンス数が、ここで指定した数・割合を超えた場合にパッチポリシーの実行も失敗します。「インスタンスプロファイルのオプション」**にチェックを入れると、対象のマネージドノード(EC2インスタンス)へ必要なIAMポリシーを自動で追加できます。

図7-3-15　レートの制御とインスタンスプロファイルのオプション

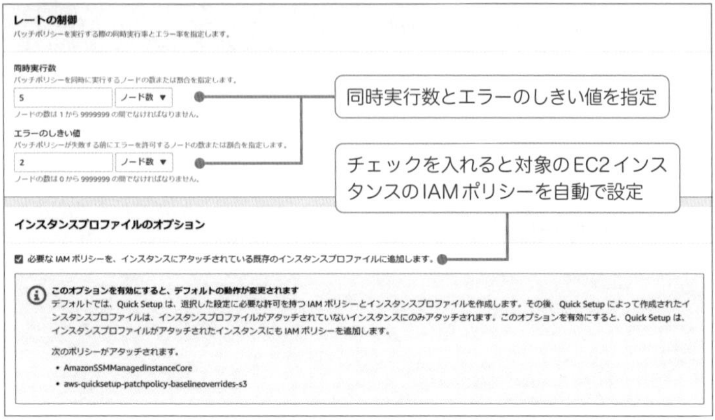

スクロールし設定を確認したら**「作成」**をクリックします。

図7-3-16　パッチポリシーの設定の確認と作成

図7-3-17の画面へ移り、パッチポリシーの設定のデプロイが実行されます。

図7-3-17　パッチポリシーの設定のデプロイ

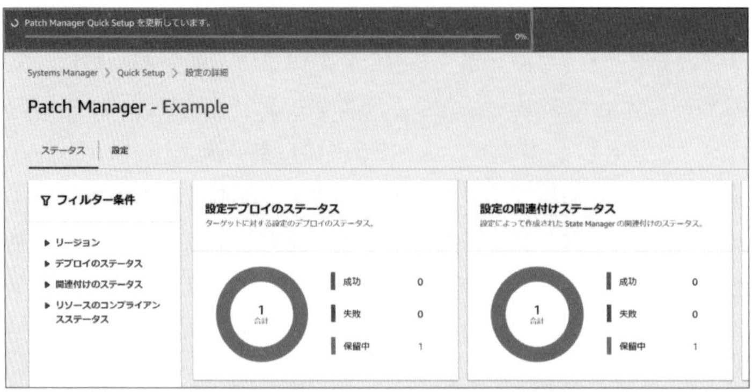

デプロイが成功すると、**「設定デプロイのステータス」の円グラフ**で成功の数が表示されます。また**「設定の詳細」**では各AWSアカウント・リージョンの**「設定デプロイのステータス」**も確認できます。図7-3-18は、あるAWSアカウントの1つのリージョンへ、パッチポリシーを設定した例です。

図7-3-18 「設定デプロイのステータス」が成功の例

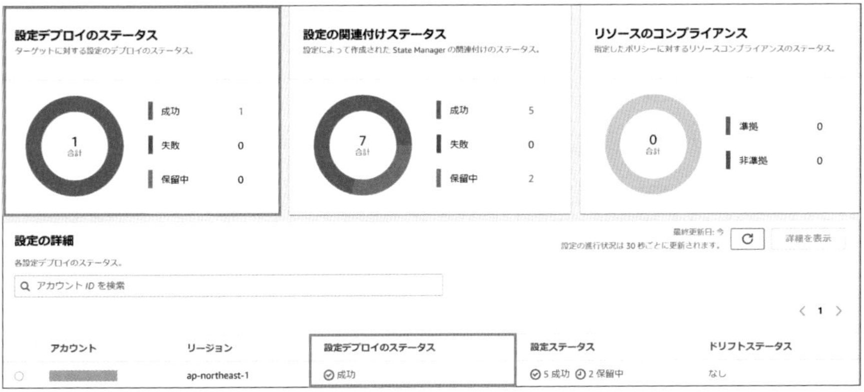

Column　共通脆弱性識別子（CVE）

ミドルウェアやアプリケーションの脆弱性には個別の識別子が割り当てられており、**Common Vulnerabilities and Exposures（共通脆弱性識別子）**、略して**CVE**といいます。それぞれの脆弱性には**CVE-ID**という識別番号が割り振られています。CVEはインターネットで公開されており※6、製品についての脆弱性がベンダーなどから公表されるときには大抵CVE-IDも一緒に公表されます。CVE-IDという用語は、AWSにおけるパッチ適用でも登場するので覚えておきましょう。

※6 https://cve.mitre.org/

Column　特定のインスタンスに関わるパッチを確認するには

特定のEC2インスタンスに関わるパッチは、AWS Systems Managerの**フリートマネージャー**から確認できます。フリートマネージャーには、インスタンスが**マネージドノード**として一覧として表示されています。確認したいEC2の**インスタンスID**をクリックすると、パッチの情報と適用状況（インストール済みか未インストールか）を確認できます。

図7-3-19　フリートマネージャーから確認したいインスタンスIDを選択する

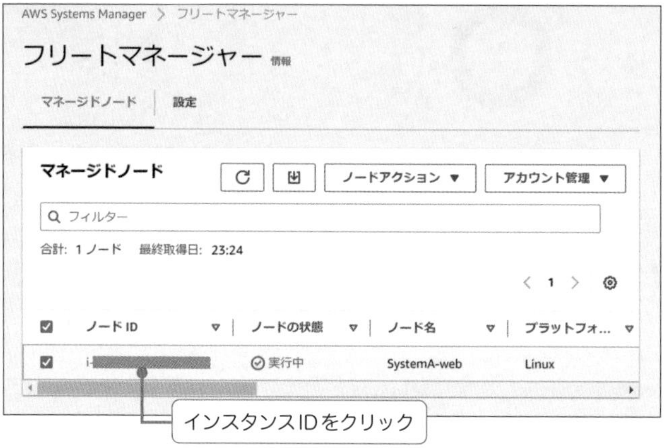

図7-3-20　確認したいインスタンスに関わるパッチが表示される

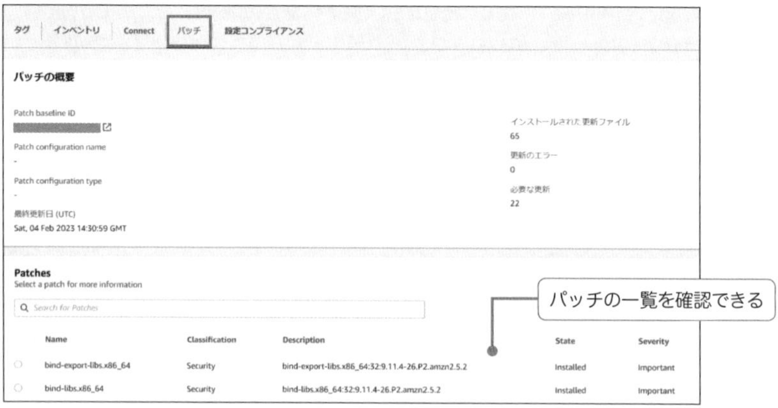

実務 7.4 サンプルアーキテクチャ紹介

ここでは、EC2で運用しているアプリケーションがいくつかあるとします。OSは様々でLinuxもあればWindows Serverもあります。それらのEC2インスタンス全て**SSMエージェント**がインストールされ(p.151)、Amazon Systems Managerで**マネージドノード**として管理されています。Amazon Systems Managerには運用で役に立つ様々な機能があり、本章で紹介したPatch Managerもその1つです。

図7-4-1 パッチ適用のサンプルアーキテクチャ

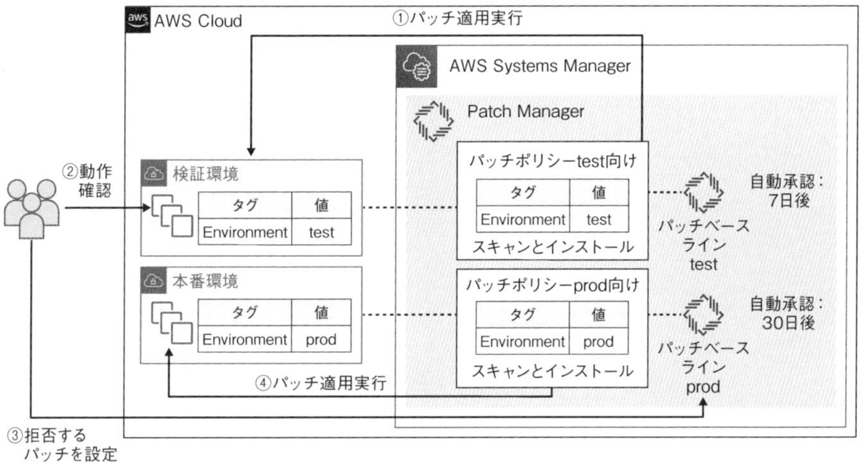

7.4.1 アーキテクチャ概要

このサンプルアーキテクチャでは、検証環境·本番環境のEC2インスタンスはそれぞれSystems Managerのマネージドインスタンスです。パッチ適用は**Patch Manager**で自動化しています。Environmentタグに、検証環境のEC2インスタンスには**「test」**、本番環境のEC2インスタンスには**「prod」**という値を設定しています。このサンプルアーキテクチャでは、パッチポリシーのターゲットは**Environmentタグの値**で指定しています。各Environmentタグごとにリソースグループがあれば、それを指定することも考えられます。パッチポリシーtest、prodには異なるパッチベースラインを設定し、自動承認までの期間を本番環境の方を長く設定しています。パッチ自動承認までの流れは以下の通りです。

❶検証環境に自動でパッチを適用する
❷本番適用までに、検証環境にて動作を確認する
❸問題があったパッチは、本番環境のパッチベースラインにてパッチの例外として**拒否するパッチ**に設定する
❹必要なパッチのみを本番環境に適用する

実務

7.5 サンプルアーキテクチャの運用の注意点

7.4で紹介したサンプルアーキテクチャを運用する際に注意すべき点について、解説します。

7.5.1 デフォルトのパッチベースラインの変更

「7.3.3 パッチポリシー」で説明した通り、パッチポリシーの設定でベースラインに「推奨される既定値を使用」を選択するとデフォルトのパッチベースラインが適用されます。「デフォルトのパッチベースライン」は、AWS側で事前定義されたパッチベースラインがあらかじめ指定されています。また、各OSにつき1つのベースラインだけ「デフォルトのベースライン」に指定できます。**「デフォルトのパッチベースライン」を変更したい場合は、他のカスタムベースラインをデフォルトのベースラインとして指定しなければいけません。運用においてはシステム・環境ごとにパッチポリシーを作成することが推奨されます**。もし、特にパッチ適用の要件が決められていないサーバーがあれば、**事前定義されたパッチベースライン**、もしくは**組織のポリシーに従ったカスタムベースライン**を作成し、それらをデフォルトのベースラインとしてパッチ適用もしくはスキャンをするのがよいでしょう。

カスタムベースラインを**「デフォルトのパッチベースライン」**とする場合、カスタムベースラインの作成時、もしくはベースラインの一覧から対象のカスタムベースラインを選択し、デフォルトへ変更します。

図7-5-1 カスタムベースライン作成時に、デフォルトのパッチベースラインに変更する場合

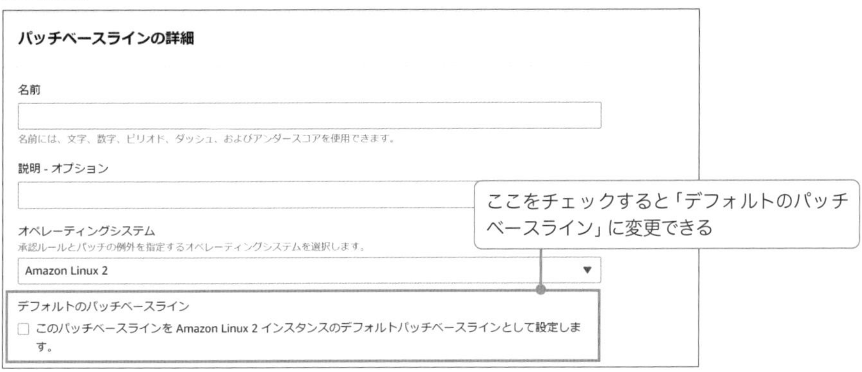

図7-5-2 パッチマネージャーのパッチベースラインの一覧から、デフォルトパッチベースラインに変更する場合

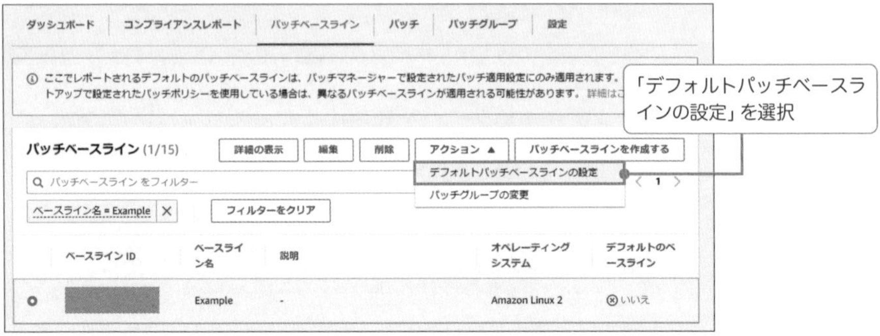

7.5.2 パッチポリシーで指定するパッチベースラインの制約

パッチポリシーでは、AWS Systems Managerが対応しているOSにつき1つのパッチベースラインを指定します。複数のOSが混在しているシステムであっても、1つのパッチポリシー内で各OSのパッチベースラインを1つずつ指定できます。**もし同一のOSの種類で別のパッチベースラインを指定したい場合はパッチポリシーを分ける必要があります。**

図7-5-3 複数OSが存在するシステムのパッチポリシーのイメージ

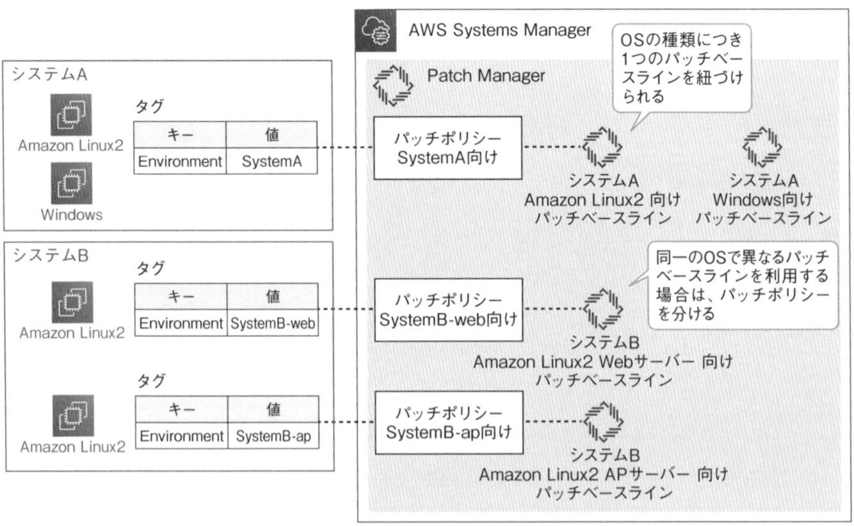

7.5.3 パッチの検証

Patch Managerでは個別のマネージドインスタンスやパッチポリシーにおいて、**パッチ適用後のシステムの動作はテストされません。Patch Managerは、あくまでもパッチ適用のみを自動化する機能です**。そのためそのパッチがシステムにどのような影響を与えるか、システムの動作に問題がないかは運用管理者が別途検証する必要があります。

一般的にシステムにおいて検証環境が用意されている場合、パッチ適用についても検証環境にて適用後の動作を検証し、問題なければ本番環境へ適用します。Patch Managerで管理する場合でも同様にすることが推奨されます。Patch Managerでは**パッチベースラインを検証環境・本番環境で分け、パッチポリシーも同様に分けてそれぞれのパッチベースラインを設定します**。

パッチ適用を自動で実行したい場合、サンプルアーキテクチャのように検証環境の方が早くパッチが自動承認され、十分な期間を空けて本番環境にもパッチが自動承認されるようにパッチベースラインを設定します。検証環境に自動でパッチの承認と適用がされた後、本番環境への自動承認までの間、検証環境にてパッチ適用後の動作を検証します。システムに問題が出ることがわかった場合、本番環境のパッチベースラインにて当該パッチを拒否します。

7.5.4 オンデマンドでパッチ適用

Patch Managerのメリットは、あらかじめパッチ適用をスケジュールし自動化する点にありますが、運用者が作業したいタイミングでオンデマンドでパッチのスキャン･適用を実施することも可能です。例えば、ゼロデイ脆弱性に対して早急にパッチを適用する必要がある場合などに有用です。

図7-5-4 オンデマンドでパッチを適用する

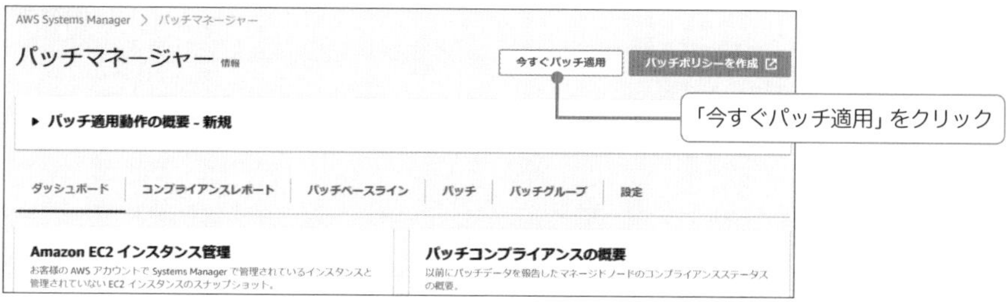

オンデマンドで適用する場合、パッチポリシーの設定を作成する場合と設定項目が一部異なります。こちらでも、パッチの適用操作は、**スキャンかスキャン・インストール両方**のどちらかを実行できます。パッチを適用するインスタンスの選択については、**インスタンスのタグ、手動、リソースグループ**のいずれかで指定します。「ログストレージのパッチ適用中」という項目では、ログの保存先のS3バケットを選択します。「ログを保存しません」を選択すればログは保存されません。

図7-5-5 オンデマンドでパッチの適用条件を設定する

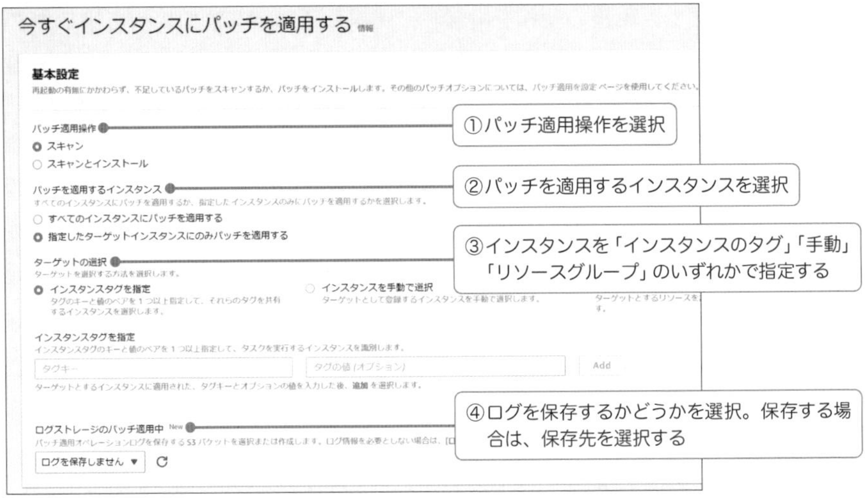

System operation using AWS

Chapter

8

バックアップ/リストア運用

本章では、一般的なシステム運用におけるバックアップについて解説します。その後、AWS Backupを利用したバックアップ/リストア運用と、運用時の作業や注意すべき点について解説します。

Keyword

- EC2のバックアップ→p.239
- RDSとAuroraの自動バックアップとスナップショット→p.240
- AWS Backup→p.242

基礎

8.1 バックアップとは

まずは「バックアップ」そのものと、基礎知識について解説します。

8.1.1 身近なバックアップ

みなさんは過去にスマートフォンで撮影・保存した写真や動画をうっかり削除してしまった経験はありませんか。削除してしまったデータが大切なものであれば、とてもがっかりしたことでしょう。誤って削除した時のためにiPhoneであればiCloudと呼ばれる**クラウドストレージ**にデータをコピー・保存しておくことでデータが完全に失われることを回避することができます。**このようにデータの消失、破損などに備えてあらかじめデータを別の保管場所に保存しておくことを「バックアップ」と呼び、バックアップから復元することを「リストア」と呼びます。**

8.1.2 システム運用に欠かせないバックアップ

システム運用の現場においても、**データベースのデータやシステムのログのバックアップ**はとても大切な業務です。うっかり削除してしまったデータが顧客情報や個人情報であれば会社の信頼を失うことは避けられません。データの消失、破損は人によるミスだけではなく、機器の故障やシステムのバグ、ウイルス感染などが原因となることがあります。原因は多岐にわたりますが、**データを復旧してシステムを継続的に稼働し続ける**ためにバックアップやリストアは大切な取り組みです。

バックアップを実施するにあたってよく検討される内容のうち、以下のAWSにおいても考慮すべき内容について紹介します。

- バックアップの取得方法
- バックアップの取得単位
- バックアップの世代管理

8.1.3 バックアップの取得方法

バックアップの取得方法には大きく「オフラインバックアップ」と「オンラインバックアップ」の2種類があります。

オフラインバックアップ

オフラインバックアップは、**システムを停止した状態でバックアップを行う方法です**。データの更新頻度が低く、頻繁なバックアップが必要ないシステムに適しています。頻度としては、週1回や月1回といった具合で取得します。注意すべきこととして、**システム停止が可能な時間帯(バックアップウィンドウ)**と**バックアップ取得に必要な時間**を把握することの2つが挙げられます。

図8-1-1 オフラインバックアップ

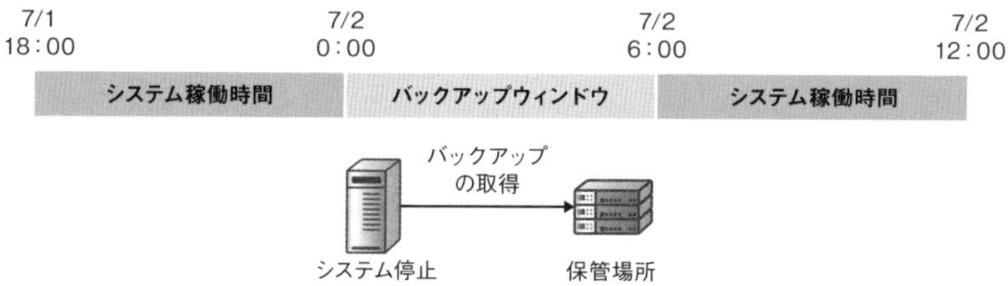

オンラインバックアップ

オンラインバックアップは、**システムを稼働させている状態でバックアップを行う方法です**。データの更新頻度が高いシステムに適しています。ただし、システムを稼働させたままバックアップを取得するため、システムに負荷が掛かり、またストレージへの書き込み(保存)が多いシステムではデータの不整合が起きる可能性もあります。そのため、**業務時間外のデータの更新・利用者が少ない時間帯に取得する**など、バックアップ取得のタイミングには気をつけなければなりません。

図8-1-2 オンラインバックアップ

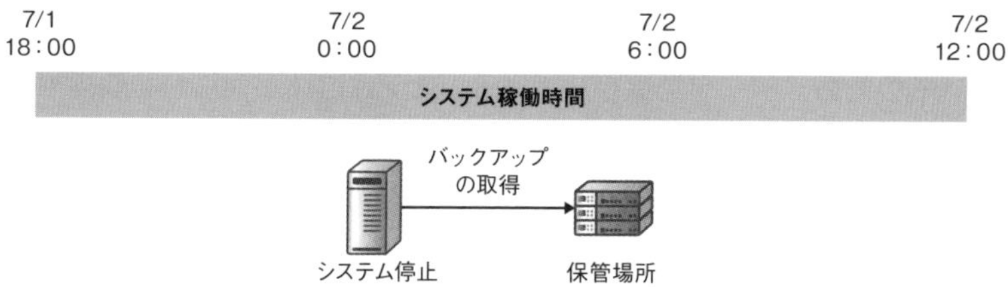

8.1.4 バックアップの取得単位

運用するシステムのバックアップデータを取得する単位について説明します。

■ ファイル単位のバックアップ

システムを**ファイル単位**でバックアップする方法です。身近な例を挙げるとUSBメモリにバックアップとしてファイルをコピーする方法がこれにあたります。コピーするファイルが変更中の場合は、変更が適切に反映されない可能性があるため、一般的には**オフラインバックアップ**が推奨されます。

ファイル単位で取得したバックアップには、**システムが保存しているデータ**のみが保管されています。そのためシステムが保存しているデータが何らかの理由で消失、破損してしまった場合はデータのリストアによる復旧は可能ですが、**システム自体が破損してしまった場合はリストアによる復旧はできません。**システムを維持する基盤運用の観点ではAWSでファイル単位のバックアップを取得することは多くありません。

図8-1-3 ファイル単位のバックアップ

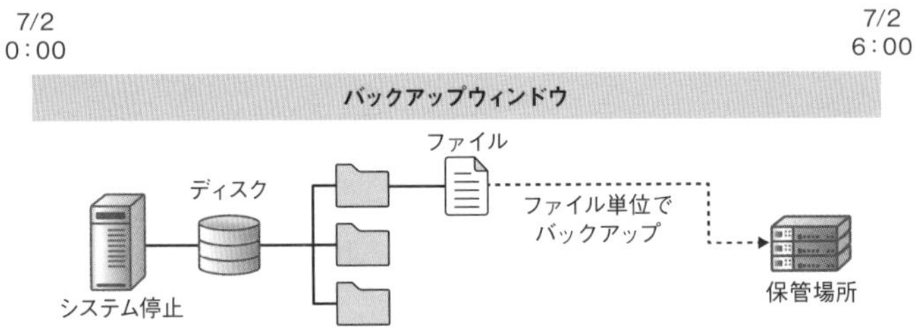

■ イメージ単位のバックアップ

システムを**イメージ単位**でバックアップする方法です。**イメージ**とは、**ファイルやフォルダの構造を保ったまま複製・保存したデータです。**イメージファイルをバックアップとして取得することでシステムが保存しているデータだけでなく、**システム自体の構成情報(メタデータ)**もあわせてバックアップとして取得することができます。**そのため、データを保存しているシステム自体が何らかの理由で破損してしまった場合でも、システムの構成データとシステムが保存しているデータの両方をリストアしてシステムを復旧させることが可能です。**各AWSサービスにバックアップ取得の機能があり、AWSにおけるバックアップはイメージ単位(個別のAWSリソース単位)で実施することが多いです。

図8-1-4 イメージ単位のバックアップ

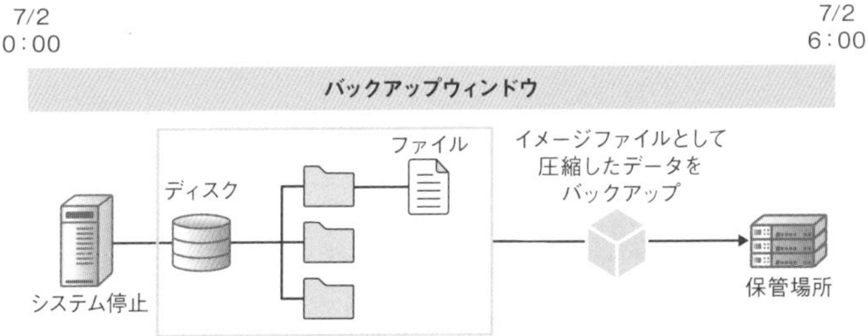

8.1.5 バックアップの世代管理

バックアップの世代管理とは、**最新のバックアップだけではなく、それ以前のバックアップも保存し続けて管理することです。**このバックアップとして保存し続ける数を**「世代」**と呼びます。例えば1日に1度バックアップを取得し、過去7日分のバックアップを保存している場合は「7世代」のバックアップを世代管理しているといえます。

バックアップの世代管理では、「1世代前のバックアップ」と「新しく取得するバックアップの差異」をどのように扱うかを考えます。例えば、もしもの時に備えて毎日バックアップを取得し、1年間(365世代)のバックアップを取得すると仮定します。バックアップもデータなので365世代も取得するとデータ量が増加し、コストがかさんでしまう可能性があります。そのためバックアップのデータの差異をどのように扱うのか考える必要があるのです。

世代管理では**「フルバックアップ」「増分バックアップ」「差分バックアップ」**の3つの観点からバックアップの差異の扱い方を考えます。**AWSでは各AWSサービスにバックアップ取得機能が備わっており、ほとんどのサービスでは増分バックアップでバックアップが取得されます。**

フルバックアップ

フルバックアップは、**文字通り全てのデータをバックアップとして取得します。** ただしバックアップするデータ量が多いほど時間がかかります。

図8-1-5 フルバックアップ

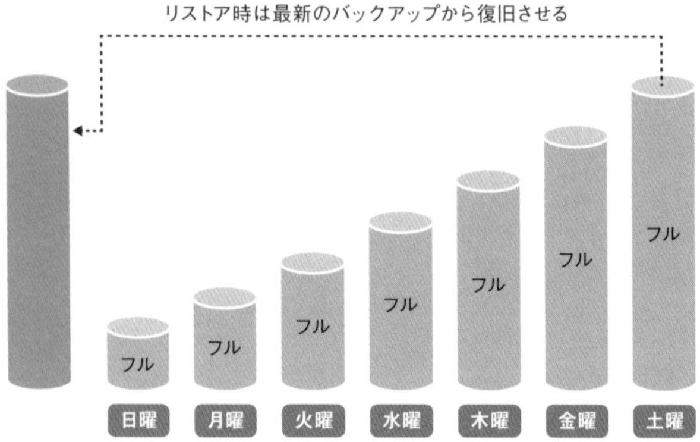

差分バックアップ

差分バックアップは、**前回のフルバックアップから「更新されたデータのみ」をバックアップとして取得します。** そのためフルバックアップと比較して、取得するデータ量が少なくなります。リストアをする際は、フルバックバックアップと差分バックアップを足し合わせます。

図8-1-6 差分バックアップ

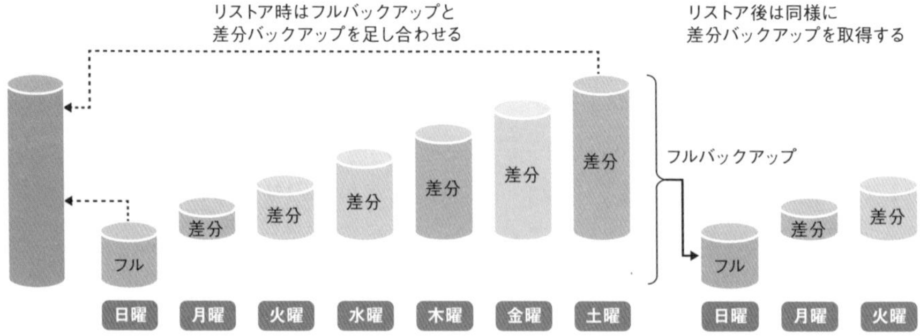

増分バックアップ

増分バックアップは、前回のバックアップから更新されたデータをバックアップとして取得します。そのためフルバックアップや差分バックアップと比較して、1回のバックアップで取得するデータ量が少なくなります。しかし、リストアする際は増分バックアップを1つずつリストアしていくためリストアまでに時間がかかります。

図8-1-7　増分バックアップ

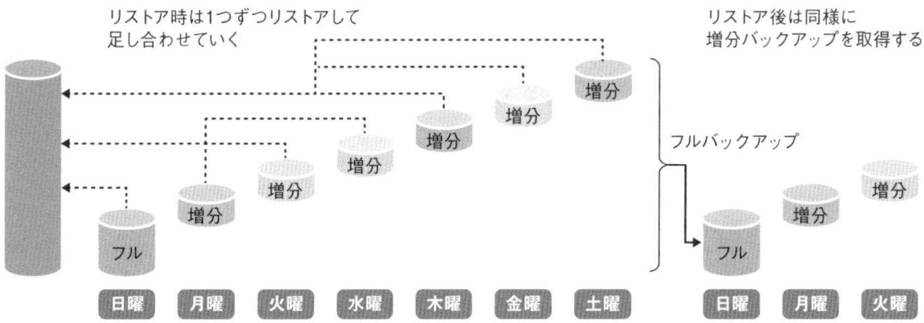

Column　リストアにおけるRTOとRPOの考え方

バックアップからリストアを行ってシステムを復旧させるには、ある程度のまとまった時間が必要です。また、リストアするデータ量が多ければ多いほど復旧に時間がかかります。しかしながら、システムを復旧させるということは、そのシステムおよびサービスは「復旧が完了するまでの間は利用できない」ということです。システムの復旧はとても大切な作業ですが、例えば復旧作業によってそのサービスが1カ月間利用できなければサービス利用者の業務・ビジネスに影響が出ます。**そのためシステムを復旧させるにあたっては業務・ビジネスへの影響を考慮した目標復旧時間を決めておく必要があります。**この考え方をRecovery Time Objective (RTO) と呼びます。

リストアによってデータを復旧したとしても、業務上必要なデータが復旧されていなければ業務が滞ってしまいます。そのため、**バックアップしたデータをリストアによって復旧する場合に「どの時点までのデータ」を復旧させる必要があるのかを考える必要があります。**この考え方をRecovery Point Objective (RPO) と呼びます。RPOは短ければ業務・ビジネスへの影響は少なく 、短いに越したことはありませんが、その分バックアップの頻度が高くなり、コストが上がります。そのため、そのシステムのデータの更新頻度やプロジェクトのコストなどを考慮し決定します。

実務 8.2 AWSにおけるバックアップ/リストア運用

AWSには様々なマネージドサービスがありますが、EBSのようなストレージサービスやRDS・Auroraなどのデータベースサービスの多くではバックアップの取得・管理・リストアはユーザーにゆだねられています。また、1つのシステムの中で、複数のデータベースサービスやストレージサービスを併用することも珍しくありません。さらに、AWSサービスごとにバックアップ/リストアの仕様が異なるため、**運用においてはいかに一元的に管理・自動化するかがポイントとなります。**

8.2.1 AWSで実現する効率的なバックアップ/リストア運用

AWSでは**AWS Backup**を利用することで、簡単にAWSリソースのバックアップ/リストア運用ができます。図8-2-1は、AWS Backupで管理できる代表的なAWSサービスです。

図8-2-1 AWS Backupで管理できるバックアップデータ

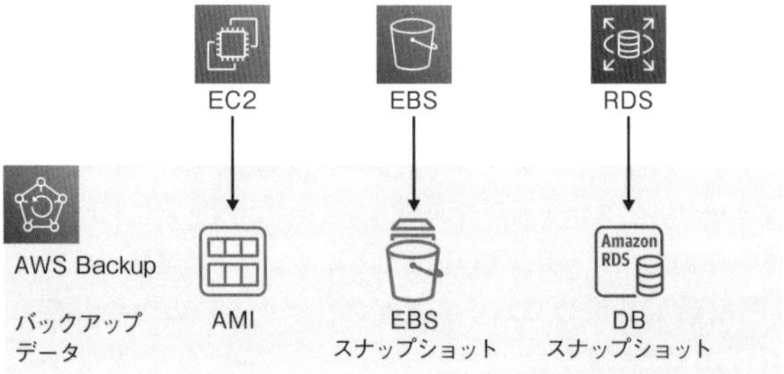

次からは8.4のサンプルアーキテクチャでも掲載する、**EC2**と**RDS・Aurora**のバックアップ/リストアの方法や機能について紹介します。

8.2.2 EC2のバックアップ

EC2の運用において、バックアップは2種類の方法があります。**EBSスナップショットを取得するか、Amazonマシンイメージ(AMI)を取得するか**です。

EBSスナップショットは、EBSボリューム(EBSで作成したストレージ)から取得するバックアップです。EC2にアタッチされた特定のEBSボリュームのみをバックアップする場合は、EBSスナップショットが便利です。

一方で**AMIは、OSの情報やどのEBSをインスタンスへ紐づけるかなど、EC2の起動に必要な情報をひとまとめにしたテンプレートのようなものです**。AMIにはEBSスナップショットも含まれるため、EC2からAMIを取得することでそのEC2にアタッチされているEBSボリューム全てからEBSスナップショットが取得できます。EC2インスタンスを復元できることから、**多くの場合でバックアップ用途にAMIを取得しますが、EC2にアタッチされている特定のEBSボリュームのデータのみをバックアップしたい場合はEBSスナップショットを取得するとよいでしょう**。

図8-2-2 EC2で取得できる2つのバックアップデータ

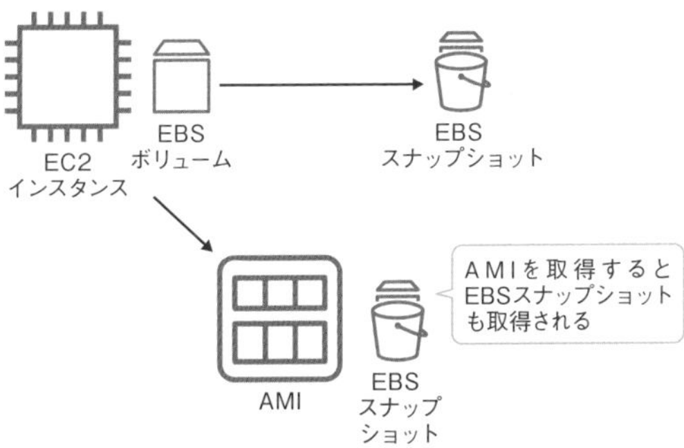

EBSスナップショットとAMIの料金

EBSスナップショットの保管には**1GB単位**で料金がかかります。EBSスナップショットは増分バックアップで、最初にスナップショットを取った後に次の世代のバックアップを取る場合は、変更された分だけさらに料金が加算されます。

AMI自体は無料で作成・保管できます。**ただしAMIと同時に作成されるEBSスナップショットは、EBSスナップショット単体で利用する場合と同じく料金が発生します**。詳細な額はEBSの料金ページ※1を確認してください。

※1 https://aws.amazon.com/jp/ebs/pricing/

8.2.3 RDSとAuroraの自動バックアップとスナップショット

データベースサービスのRDSとAuroraには3つのバックアップ機能があります。1つ目は、**自動の日次バックアップの機能**です。自動バックアップでは、バックアップウィンドウとバックアップ保持期間は任意で指定できます。バックアップ保持期間は1日から35日までです。

2つ目の機能は**スナップショット**です。これは自動バックアップと違い、保持期間は設けられません。つまり、運用者が削除するまで半永久的にデータを保存できます。普段の運用では自動バックアップを利用し、RDSやAurora DBクラスター※2への何らかの変更作業をする場合には、事前に手動でスナップショットを取得するといった使い分けをします。

また自動バックアップとスナップショットは、**S3バケット**へのエクスポートも可能です。**コストを抑えつつ長期間にわたってデータを保管したい場合や、DBに負荷をかけず分析用途でデータを利用したい場合に、S3バケットへエクスポートします。**

取得された自動バックアップ・スナップショットそれぞれに容量に応じた料金が発生します。料金は利用するRDSとAuroraで異なります。詳細は料金ページ※3を確認してください。

3つ目の機能は**ポイントインタイムリカバリ**です。これは特定時点のDBインスタンス・DBクラスターをリストアする機能です。ポイントインタイムリカバリは自動バックアップとトランザクションログから特定時点のDBインスタンス・DBクラスターを復旧する仕組みで、自動バックアップ保持期間内であれば任意の時点でリストアできます。リストアすると新たにDBインスタンス・DBクラスターが作成されます。ポイントインタイムリカバリの注意点として、**RDSの自動バックアップが無効 、つまりバックアップ保持期間を「0日」とした場合にはポイントインタイムリカバリは利用できません。**バックアップ保持期間が「0日」では復旧元となる自動バックアップが存在しないため、ポイントインタイムリカバリによる復旧もできません。なお、Auroraはバックアップ保持期間を0日にはできませんので、

※2 複数のサーバーを1つの仮想サーバーとして扱うこと。Auroraでは1つ以上のDBインスタンスで、DBクラスターが構成されます。

※3 https://aws.amazon.com/jp/rds/pricing/

ポイントインタイムリカバリが利用できないことはありません。

8.2.4 Auroraのリストア機能(バックトラック)

RDSにない、Auroraのリストア機能について説明します。Amazon AuroraのMySQL互換エディションのみ利用できる**バックトラック**というリストア機能があります。

自動バックアップやスナップショットからリストアする場合、新しいクラスターを起動するため時間がかかります。**バックトラックは新しいクラスターを起動するのではなく、既存のクラスターをある特定の時点の状態に巻き戻す機能です**。例えば、DBテーブルへ誤った操作をしてしまった場合などに作業前の状態に巻き戻し、比較的早く復旧することができます。バックトラックでは**巻き戻す最大の期間(最大24時間)**を設定しますが、Auroraのデータベース上で変更されたレコードはこの期間保持されます。この変更されたレコード100万件ごとに時間あたりで料金が発生します。料金はリージョンによって異なるため詳細は料金ページ※4を確認してください。

memo
AuroraにはPostgreSQL互換とMySQL互換があります。バックトラックはそのうちMySQL互換のみしか対応していないので注意が必要です。

※4 https://aws.amazon.com/jp/rds/aurora/pricing/

実務

8.3 関連するAWSサービス

AWSでバックアップ/リストア運用をするにあたり、**AWS Backup**を避けて通ることはできません。逆に**AWS Backup**を使いこなすことで、効率的に管理できるようになります。

8.3.1 AWS Backup

AWS Backupとは、**多数あるAWSサービスのバックアップを一元管理・自動化する機能です**。AWS Backupを構成するコンポーネントには、主に以下のようなものがあります。

表8-3-1　AWS Backupを構成するコンポーネント

バックアッププラン	バックアップを取得するポリシー
復旧ポイント	各バックアップに割り当てられる論理ID
バックアップボールト	復旧ポイントを管理する単位

memo

本書で主に取り上げているRDS・AuroraやEBS以外にも、AWSには様々なデータベースサービスやストレージサービスがあります。AWS Backup登場以前は、各サービスで個別にバックアップを設定・取得する必要があり、自動取得・世代管理の標準機能もありませんでした。そのためサードパーティのサービスを使用して管理するかLambdaなどで作り込む必要がありました。AWS Backupの登場により、複数のAWSリソースに対して簡単にバックアップ取得・管理が可能になりました。

8.3.2 バックアッププラン

AWS Backupでは要件に合ったポリシーを作成し、設定を行います。このポリシーを**バックアッププラン**といいます。

図8-3-1 バックアッププランと関連システムの関係

バックアッププランの作成

バックアッププランの作成は、AWS Backupのコンソールから実施します。

図8-3-2 AWS Backupからバックアッププランを作成する

バックアッププランの作成時には、詳細を**バックアップルール**として以下の項目を設定します。

- バックアップボールト：復旧ポイント（バックアップ）の保管先
- バックアップ頻度：バックアップの取得頻度。cron形式でも指定可能で、最短1時間おき
- 継続的なバックアップの有効化：AWS Backupでもポイントインタイムリカバリが可能。ポイントインタイムリカバリのためのバックアップを「継続的なバックアップ」と呼ばれます。継続的なバックアップに対応しているAWSサービスについてはAWSドキュメント※を確認してください
- バックアップウィンドウ：バックアップの取得が開始される期間。デフォルトでは5:00（UTC）、8時間以内。カスタムすることが可能
- コールドストレージへの移行：一部のAWSサービスではバックアップをコールドストレージに移行できる。そのようなリソースのコールドストレージへの移行の有無とその期間
- 保持期間：バックアップを期限切れとするまでの期間
- コピー先にコピー：別リージョンにコピーする場合のコピー先リージョン

※ https://docs.aws.amazon.com/aws-backup/latest/devguide/point-in-time-recovery.html

このバックアップルールは、1つのバックアッププランの中で複数作成することも可能です。例えばあるリソースのバックアップのスケジュールの要件が複数ある(日次・週次で取得し保持期間も異なるなど)場合や、バックアップのスケジュールと別リージョンへのコピーのスケジュールが異なる場合に、それぞれの要件に合ったバックアップルールを1つのバックアッププラン内に作成します。

例えば、バックアップルールとして図8-3-3のような設定をしたとします。

図8-3-3 バックアップルールの設定例

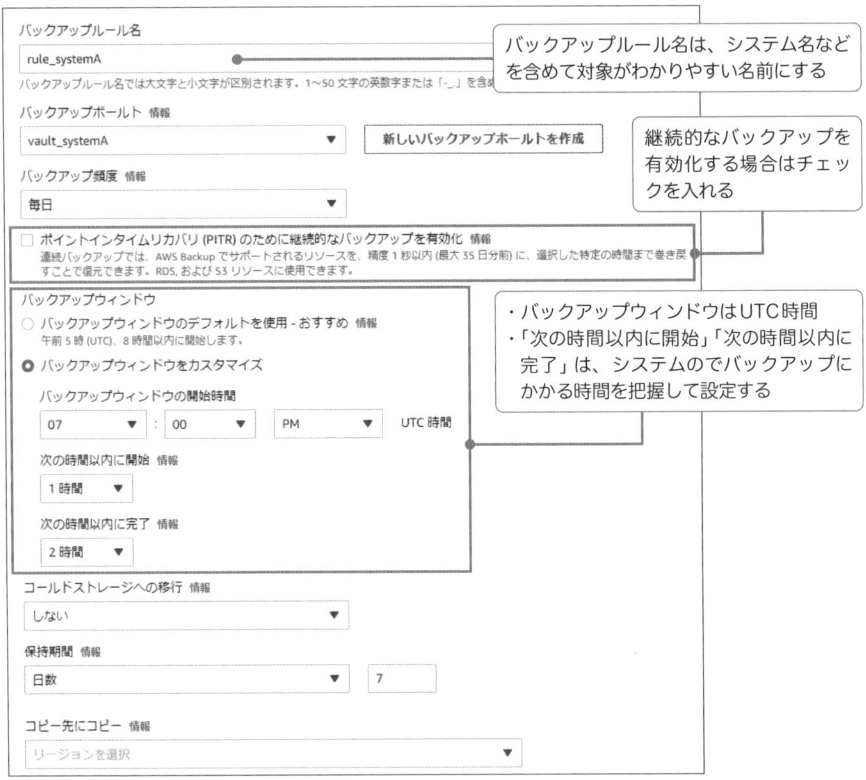

注意しなければならないのは**バックアップウィンドウ**です。**UTC時間で設定するため、日本時間から計算して設定します**。ここではUTC時間で7:00PMとしていますが、つまり、開始時間は日本時間4:00AMで設定していることになります。またバックアップウィンドウで指定する時刻はあくまでも**バックアップ取得が実行される期間**です。**開始時間きっかりに確実にバックアップ取得が開始されるわ**

けではなく、「バックアップウィンドウの開始時間」から「次の時間以内に開始」で設定した時間以内にバックアップ取得が開始されます。さらに「バックアップウィンドウの開始時間」から「次の時間以内に完了」までの時間以内にバックアップのためのデータ転送が完了しなければ、**バックアップがExpired（期限切れ）となり取得が完了しません。**

AWS Backupが対応しているAWSサービスでは一部を除いて**増分バックアップ**なので、前回のバックアップからよほどデータの変更がある用途でない限りは「次の時間以内に完了」は1～2時間でよいと考えられます。ただし、増分バックアップではないAWSサービスで大規模なデータを保持している場合、バックアップ取得に時間がかかります。AWS Backupで実運用する前に、「8.3.4 AWS Backでのバックアップの取り扱い」で解説するオンデマンドバックアップや各AWSサービスのバックアップ機能で検証し大まかな時間を把握しておくなどして、**「次の時間以内に完了」は余裕を持った時間を設定するのがよいでしょう。**

表8-3-2 「次の時間以内に開始」と「次の時間以内に完了」の注意点

次の時間以内に開始	バックアップウィンドウ開始時間から、この時間以内にバックアップ取得が開始される
次の時間以内に完了	バックアップウィンドウ開始時間から、この時間以内にバックアップ取得のためのデータ転送が完了しなければExpiredとなる

8.3.3 バックアップリソースの割り当てとサービスのオプトイン

バックアッププランはバックアップルールだけでは機能せず、**そのバックアッププランで管理するAWSリソースを指定しなければなりません。**この指定を**リソースの割り当て**といいます。リソースの割り当てができるAWSサービスは、AWS Backupの**サービスのオプトイン**と呼ばれる設定を有効としたAWSサービスのみです。**サービスのオプトイン**とは、**アカウント内・リージョン内にあるAWSサービス・リソースをAWS Backupに設定する機能です。**

図8-3-4 サービスのオプトイン

リソースの割り当てでは、このサービスのオプトインで有効とした全てのAWSサービスを管理対象とすることもできます。しかし実際には、**複数のシステムを運用している場合が多く、システムごとの管理がしにくくなるため、バックアッププランの対象とする「特定のAWSサービス」もしくは「特定のリソースのタグ」を指定してリソースの割り当てを設定します**。タグとはAWSリソースに付与できるラベルのようなもので、**キー**と**値**で構成されています。リソースにタグを付与して用途や所有者などをわかりやすくできます。

リソースの割り当てもバックアップルールと同じく1つのバックアッププラン内で複数のリソースの割り当てを作成できます。また、同じシステムのAWSリソースであっても命名規則やタグ付け規則が異なる「複雑な命名規則やタグ付け規則」で運用している場合があります。そういった場合には**バックアッププランに同じシステムで利用しているリソースをまとめて割り当てることで、システム単位でバックアップを管理できるようになります**。

図8-3-5　バックアッププランに「タグ付け規則が異なる複数のリソース」を割り当てるイメージ

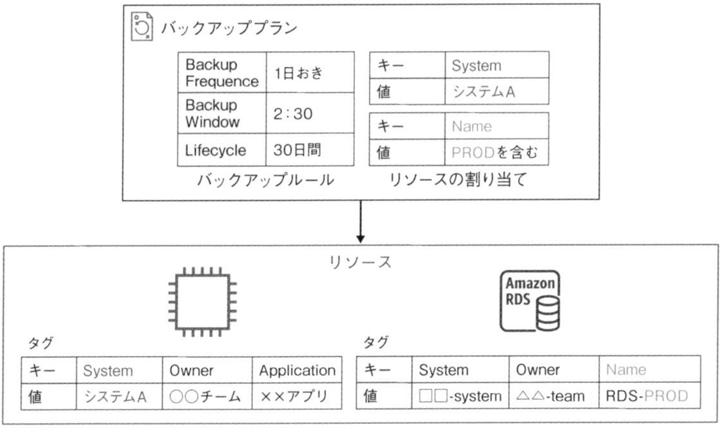

memo

バックアッププランのリソースの割り当ては、**AWSリソースのID**※5でも可能です。しかしIDはリストア時に変わるため、タグで指定するのが便利です。

バックアッププランにリソースを割り当てる

特定のタグのついたEC2インスタンスのAMIを取得する場合、リソースの割り当ては次のように設定します。

図8-3-6　バックアッププランへリソースを割り当てる①

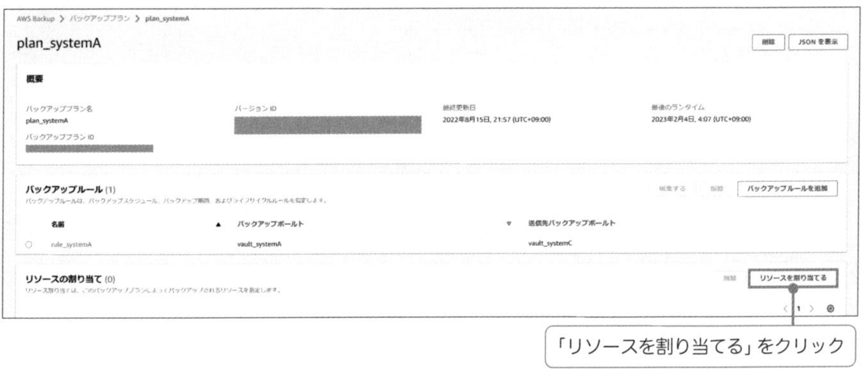

※5 AWSの各サービスを利用開始時に、AWSから自動で割り振られる識別子。

図8-3-7 バックアップププランへリソースを割り当てる②

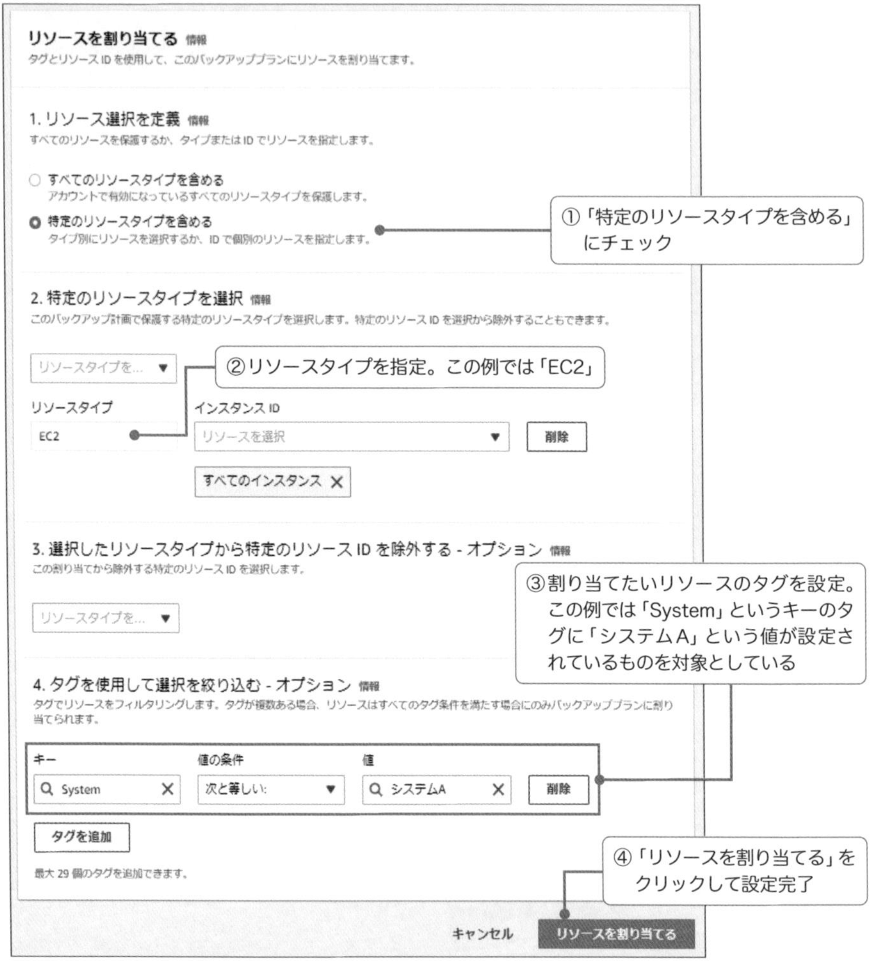

バックアッププランで管理する対象のリソースは、AWS Backup上では**保護されたリソース**と呼ばれます。AWS Backupにより1度でもバックアップが実行されたリソースは**保護されたリソースとしてAWS Backupにて確認できます**。

図8-3-8 AWS Backupで保護されたリソースを確認する

8.3.4 AWS Backupでのバックアップの取り扱い

ここからは、AWS Backupで取得したバックアップをどのように取り扱うのかに焦点を当てて解説します。

復旧ポイントとバックアップボールト

バックアップルールの中で**バックアップボールト**を指定しましたが、これは簡単にいうとバックアップの格納先です。**AWS Backupは、バックアップボールトで保管先を分けることでバックアップを管理しています**。バックアップが管理される流れは次のようになります。

まずバックアッププランのポリシーに従い、AWS Backupが各AWSリソースに対しバックアップを実行します。これはAWS Backup上でバックアップジョブとして実行・管理されます。このバックアップジョブの実行と同時に、復旧ポイントが作成されます。**復旧ポイント**はバックアップボールトでひとまとまりとして管理します。**復旧ポイント**とは、**各AWSリソースから取得したバックアップに割り当てられる論理IDです**。実際のバックアップについては各AWSサービスの機能で取得されていますが、AWS Backup内では復旧ポイントとして管理します。どのバックアップボールトに復旧ポイントを保管するかはバックアップルールにて指定しています。複数のシステムがある場合、バックアップボールトを分けることで復旧ポイントが管理しやすくなります。

図8-3-9 復旧ポイントとバックアップボールト

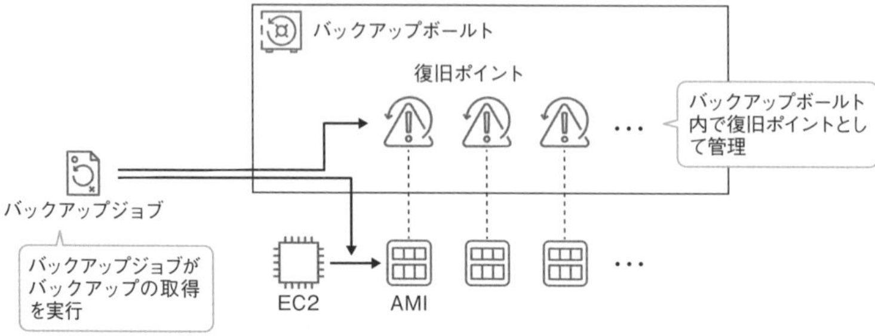

バックアップボールトには、AWS Backupであらかじめ用意された**「Default」**というバックアップボールト名のバックアップボールトもあります。どのシステムもDefaultを使用してしまうと1つのバックアップボールトで複数システムの復旧ポイントを管理しなくてはなりません。この場合、1つのバックアップボールトで管理する復旧ポイントが多くなるだけでなく、あるシステムの担当者が誤って別のシステムの復旧ポイントからリストアしてしまうことも考えられます。**そのため、バックアップボールトはシステムごとやリソースごとに分けることが推奨されます。**

バックアップボールトを作成する

バックアップボールトはバックアップルール作成時にも作成可能ですが、あらかじめ作成しておくこともできます。

図8-3-10 AWS Backupで事前にバックアップボールトを作成する①

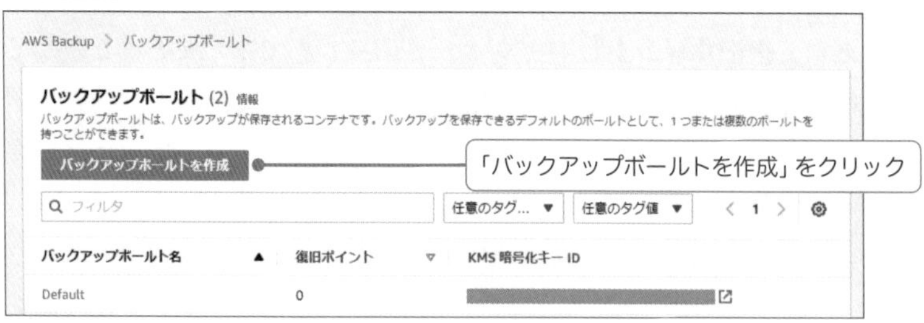

図8-3-11 AWS Backupで事前にバックアップボールトを作成する②

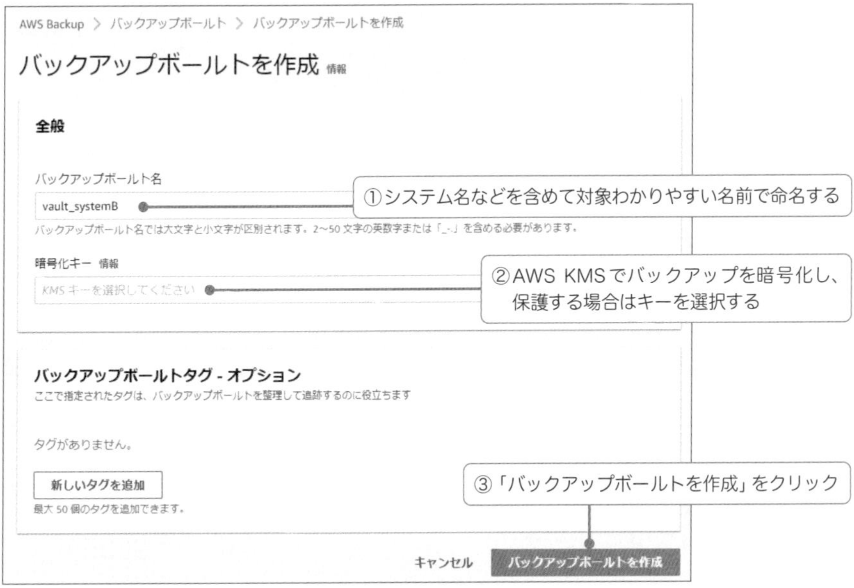

AWS KMSについては「Chapter 9 セキュリティ統制」で解説します。

別リージョンへのバックアップのコピー

AWS Backupでは単に各AWSサービスのバックアップ取得を自動化するだけでなく、それらの**別リージョンへのコピー**も自動化可能です。「8.3.2 バックアッププラン」のバックアップルールの設定項目で触れたとおり、バックアップルールの中で**コピー先リージョン**を指定できます。この時、あわせてコピー先の**バックアップボールト・コールドストレージへの移行の有無・保持期間**を指定します。これらの設定後に、バックアッププランに従いバックアップジョブが実行されると、自動で対象のAWSリソースからバックアップを取得し、別リージョンのバックアップボールトへコピーされます。

図8-3-12 バックアップルールの設定画面の「コピー先にコピー」でコピー先リージョンを選択できる

オンデマンドバックアップの取得

AWSリソースを運用していく中で、バックアップルールによる定常のバックアップ取得だけでなく、**設定変更作業などに伴うバックアップ取得**が求められる場合もあります。この場合もAWS Backupでのバックアップ取得が可能です。AWS Backupには**オンデマンドバックアップ**の機能があり、**保護されたリソースに対して任意のタイミングでバックアップが取得できます**。オンデマンドバックアップではバックアップルールと同様にバックアップウィンドウを指定することも可能で、あらかじめオンデマンドバックアップの取得時間を業務時間外に指定しておくことができます。また取得するバックアップの保持期間を指定できるため、後々削除し忘れることもありません。

オンデマンドバックアップは以下のように「保護されたリソース」の詳細画面の**「オンデマンドバックアップを作成」**から各項目の設定をして取得します。

図8-3-13 AWS Backupから「保護されたリソース」の詳細画面へ移動

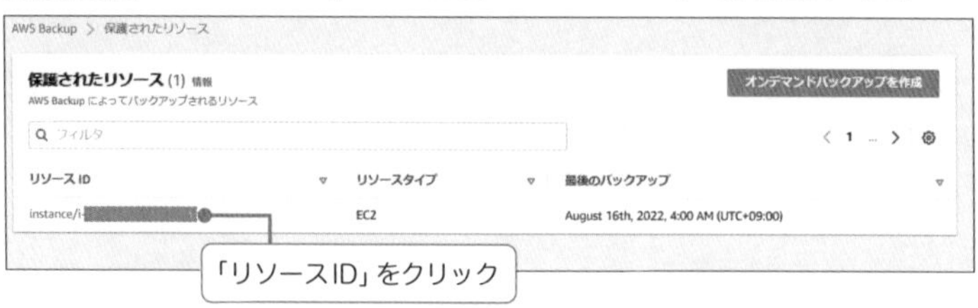

図8-3-14 AWS Backupでオンデマンドバックアップを取得する①

図8-3-15 AWS Backupでオンデマンドバックアップを取得する②

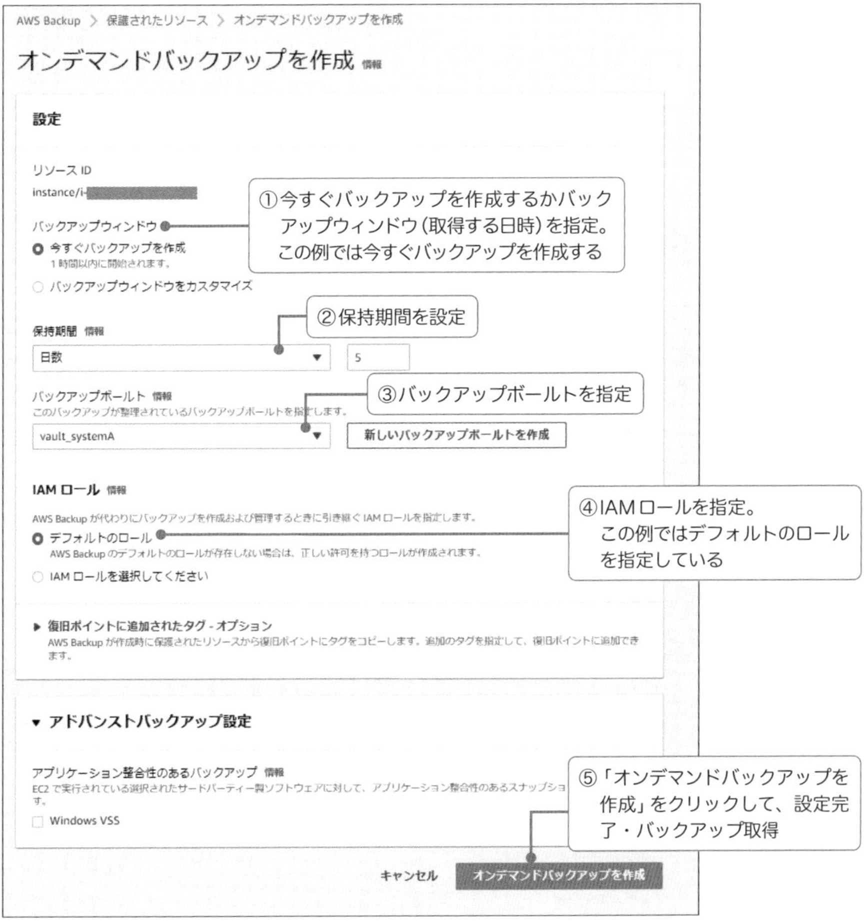

図8-3-15でIAMロールの設定が登場しています。**「Chapter 4 アカウント運用」でも解説しましたが、IAMロールとは AWSアカウント上の各種AWSリソースが他のAWSリソースの操作権限を認可するための仕組みです。**AWS BackupもこのIAMロールで**各AWSサービスのバックアップをする権限**を与えます。AWS BackupのためのデフォルトのIAMロールがありますが、組織のルールや要件によって必要以上の権限を与えたくない場合には、別途IAMロールを作成して指定できます。

AWS Backupの料金

AWS Backupではバックアップデータの容量と別リージョンへコピーしたデータの容量によって料金が発生します。またAWS Backupで管理できる一部のAWSサービスは、復旧ポイントからのリストアにも料金が発生します。料金はAWSサービスによって異なります。詳細な額は料金ページ[※6]を確認してください。

8.3.5 Amazon Data Lifecycle Manager

Amazon Data Lifecycle Managerとは、**AMIとEBSスナップショットの取得・保持・削除を自動化する機能です。**対象のAWSサービスは EC2とEBSに限られますがAWS Backupと同様に管理する対象のリソースをタグで指定、取得時間のスケジュール、保持期間の設定ができます。運用対象のAWSリソースがEC2インスタンスだけの場合、AWS BackupではなくData Lifecycle Managerも運用管理ツールとして利用できます。Data Lifecycle Manager自体に料金は発生せず、取得されるEBSスナップショットには料金が発生します。

※6 https://aws.amazon.com/jp/backup/pricing/

実務

8.4 サンプルアーキテクチャ紹介

1つのAWSアカウントかマルチアカウントかにかかわらず、複数のシステムがAWS上で稼働することは少なくありません。システムごとにバックアップ/リストア要件が異なることもあります。業務にクリティカルなシステムであればより厳しい要件が求められるでしょう。ここでは、3つのシステムをバックアップ/リストア運用をする想定で解説を行います。

図8-4-1　AWS Backupを利用したバックアップ管理

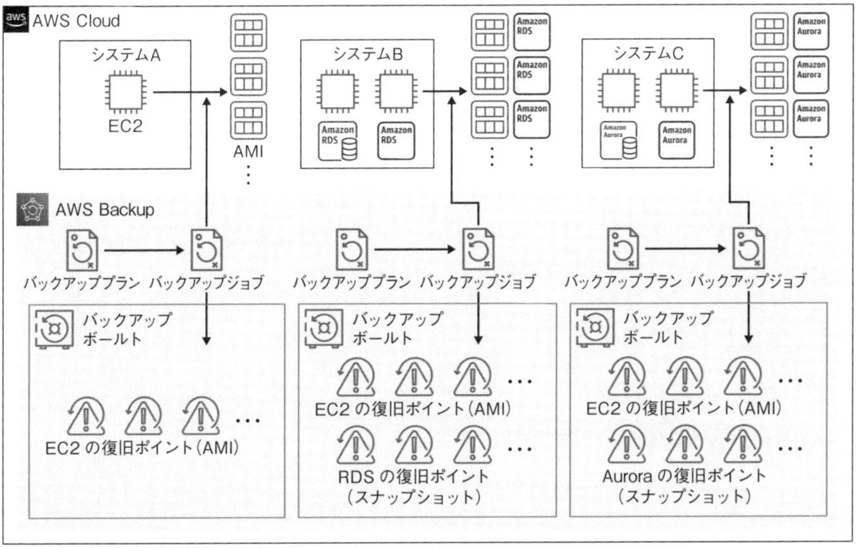

8.4.1 アーキテクチャ概要

ここでのサンプルアーキテクチャでは、1つのAWSアカウント上にシステムA、B、CのAWSリソースが稼働しています。それぞれのシステムでEC2、RDS・Auroraを使用しています。図8-4-1ではシステムごとにEC2を1台もしくは2台で記載していますが、実際には複数台になることも考えられます。本アーキテクチャにおいて考慮が必要な事項は、大きく2点です。

- 各システムでバックアップ/リストア要件が異なるため、**システムごとにリソースをまとめて管理すること**
- EC2とAuroraで**バックアップ/リストア機能の仕様が異なること**

このように複数のシステム、複数のAWSサービスのバックアップ/リストア運用を行う場合、AWS Backupが有効です。ここでは各システムのバックアップ管理及びリストアは、**システムごとにバックアッププランを作成して実施しています。**

8.4.2 バックアップ取得要件

このアーキテクチャでバックアップを取得する対象となるのは、各システムで利用されるEC2とRDS・Auroraです。それぞれのシステムのバックアップ取得要件は以下とします。実際のシステム運用ではより細かい要件もありますが、ここではサンプルとして簡単なものにしています。

❶システムA
(1) EC2のバックアップは日次で1:00 – 2:00の間で取得する
(2) バックアップは7日間保持する

❷システムB
(1) EC2、RDSのバックアップは日次で2:00 – 3:00の間で取得する
(2) バックアップは30日間保持する

❸システムC
(1) EC2、Auroraのバックアップは日次で4:00 – 5:00の間で取得する
(2) バックアップは30日間保持する
(3) 取得したバックアップは別リージョンへコピーする

このようにシステムによってバックアップ要件が異なる場合でもAWS Backupでは**バックアッププラン**や**バックアップボールト**を分けることで管理が可能です。

実務 8.5 サンプルアーキテクチャの運用の注意点

本アーキテクチャにおいて、注意すべきことについて解説します。

8.5.1 AWS Backupバックアッププランのためのタグ設計

AWS Backupによるバックアップ/リストア運用をはじめる前に、対象リソースに**タグ**をつける必要があります。「8.3.3 バックアップリソースの割り当てとサービスのオプトイン」で解説した通り、AWS Backupのバックアッププランではタグを指定することでバックアッププランの対象とするリソースを絞ることができます。複数のシステムのバックアップをAWS Backupで管理する場合、バックアップ要件が各システム同じとは限らないため、**システム・要件ごとにAWSリソースにタグ付けし、バックアッププランもそれらごとに作成してバックアップを管理します**。

タグ付けのパターンはいくつかありますが、一般的に使用されるのは**システム・サブシステムごとにタグを付与する方法**です。このタグ付けのパターンは単にAWS Backupのためだけでなく、Chapter 11で解説するコスト管理でも有効です。今回のサンプルアーキテクチャでは3つのシステムがあり、それぞれでバックアップ取得要件が異なります。そのためシステムごとにAWSリソースにタグ付けします。

図8-5-1 システムA,B,Cにおけるタグ付けの例

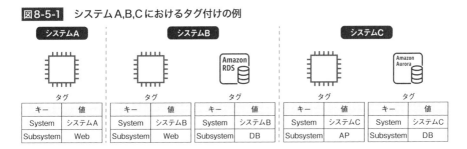

システムA（タグ）

キー	値
System	システムA
Subsystem	Web

システムB（タグ）

キー	値
System	システムB
Subsystem	Web

システムB Amazon RDS（タグ）

キー	値
System	システムB
Subsystem	DB

システムC（タグ）

キー	値
System	システムC
Subsystem	AP

システムC Amazon Aurora（タグ）

キー	値
System	システムC
Subsystem	DB

8.5.2 AWS Backupの復旧ポイントからのリストア

AWS Backupはバックアップ取得を自動化・管理を簡単にするサービスではありますが、**リストアは自動では行えません**。そのため手動でリストアを実施するか、もしくは自動でバックアップするような仕組みを作り込む必要があります。AWS Backupでバックアップを管理している場合、各リソースのバックアップは**復旧ポイント**として管理されます。復旧ポイントはコンソールから確認できます。

具体的なリストアの手順としては、図8-5-2のようにAWS Backupのバックアップボールトから対象の**AWSリソースの復旧ポイント**を選択しリストアします。これはEC2の例ですが、実際の設定項目はAWSリソースによって異なります。EC2の場合、プライベートIPアドレスなど細かな設定まではAWS Backupの画面では指定できないため、必要であれば「バックアップを復元」の画面の**「インスタンス起動ウィザード」**をクリックし復旧用にインスタンスをあらためて作成します。

図8-5-2 バックアップボールトからEC2をリストアする①

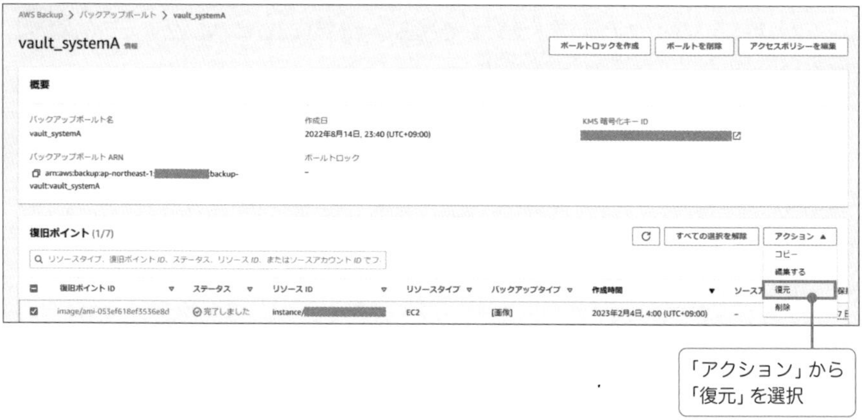

図8-5-3　バックアップボールトからEC2をリストアする②

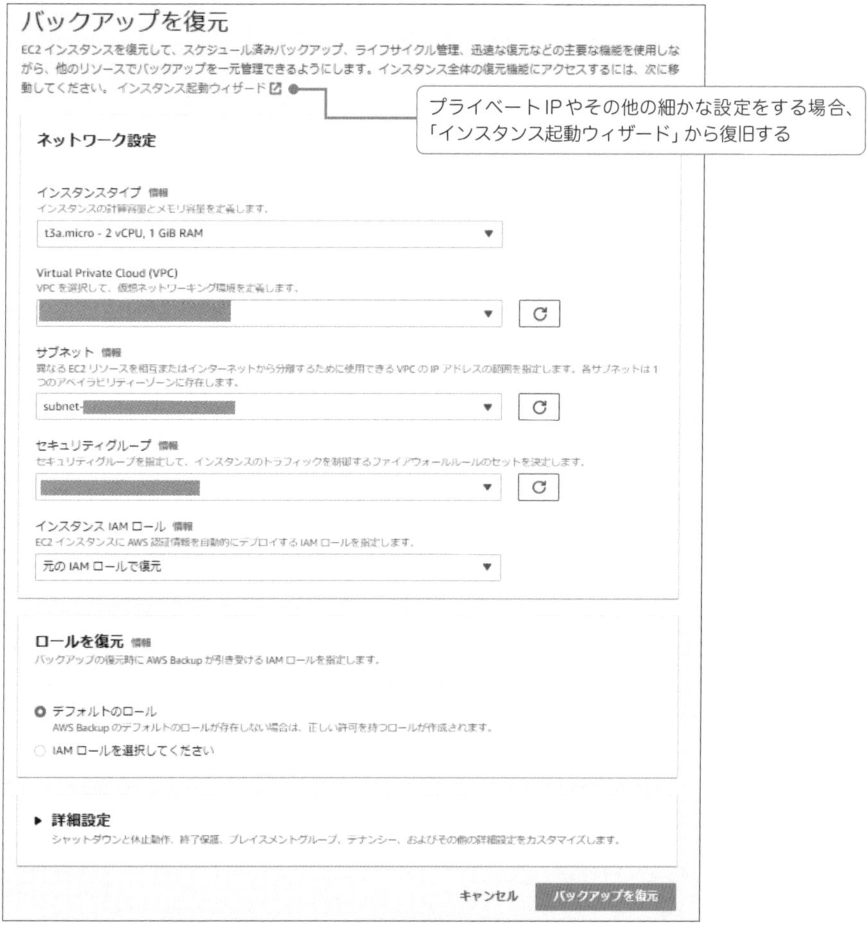

「バックアップを復元」のネットワーク設定では、EC2インスタンスを新しく作成するため、インスタンスタイプやVPCを設定できます。**これらの設定項目は復旧対象のEC2インスタンスの設定のものが自動で選択されます。もし別のインスタンスタイプやVPC・サブネットでリストアする場合は適宜変更しましょう。**

memo

リストアの際は過去のリソースは削除されず、異なるIPや異なる命名で復旧します。しかし対象のリソースが別のシステムやアプリケーションからアクセスされていると、それらのアクセス元によりアクセス先の変更が難しい場合もあります。そういった場合、**EC2インスタンスを同じIPや命名で復旧しなければならず、あらかじめ対象リソースを削除してから復旧する必要があります。**

8.5.3 EC2で注意すべき EBSのファーストタッチペナルティ

AWSリソースのリストア後に注意しなくてはならないのは、**ファーストタッチペナルティ**と呼ばれる現象です（ファーストタッチレイテンシーとも呼ばれます）。これは、リストアした後にEBSボリュームやRDSにアクセスするとレスポンスの低下が発生する現象です。AWSの仕組みとして、AMIやEBSスナップショット、RDSの自動バックアップ・スナップショットは**AWS管理のS3バケット**に保管するように実装されています。**そのため、リストアした時点ではS3バケットからボリュームにデータはコピーされておらず、各ブロックに最初にアクセスした際に初めてボリュームにコピーされる状況が発生します**。ファーストタッチペナルティは、IOの高い用途ではクリティカルな問題となります。

図8-5-4　EBSのファーストタッチペナルティが起こる理由

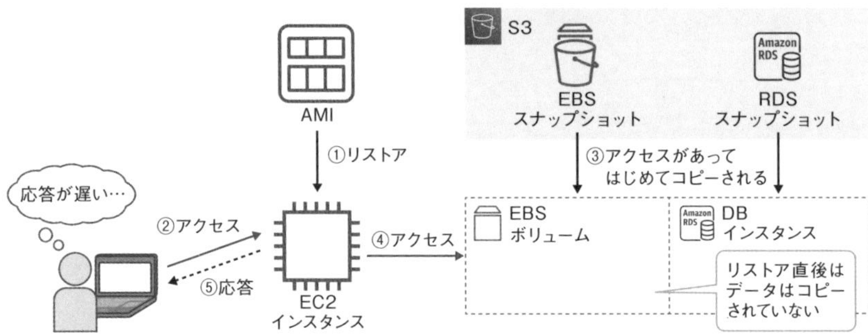

EC2でファーストタッチペナルティを回避するには

EC2でファーストタッチペナルティを回避するためには、EBSボリュームに対して**「初期化」**という作業を実施する必要があります。**「初期化」**とは、**リストア後にEBSボリュームを総読み取りする作業を指します**。具体的には、初期化のためにあらかじめディスクやデータを読み取るようなコマンドを用意しておきます。そして、リストア時にEC2インスタンスのOS内でそのコマンドを実行し**全てのブロックに読み取り**を行うことで、スナップショットからEBSボリュームへデータがコピーされ本来のパフォーマンスで使用できるようになります。RDSの場合も同様に自動バックアップやスナップショットからのリストア時には、RDSにアクセスしてあらかじめ用意したコマンドを実行してデータを読み取るとファーストタッチペナルティを回避できます。

また、EBSでは、スナップショットごとに**高速スナップショット復元**※7を有効にする機能があります。この機能を有効にしたEBSボリュームでは初期化なしに本来のパフォーマンスで利用できます。EC2をAWS Backupの管理ではなく**Data Lifecycle Manager**でEBSスナップショットを管理している場合は、高速スナップショット復元を有効にしたEBSスナップショットを取得できます。

8.5.4 RDS・Auroraのリストア

コンソールからAWS Backupで**RDS・Aurora**を復旧ポイントからリストアする場合、RDSであればDBインスタンス、AuroraであればDBクラスターが新たに作成されます。**これはRDSのDBインスタンス識別子**※8**やAuroraのクラスター識別子はリージョン内で一意である必要があるためです。**

この仕様のためRDS・Auroraを自動バックアップもしくはスナップショットからリストアする場合も、対象のDBインスタンスもしくはAuroraクラスターが残っていれば同じ識別子では復元できません。別の識別子で復元するとデータベースとの接続ためのエンドポイントも変わるため、**接続元のアプリケーション側で接続先のエンドポイントを変更する必要があります**(図8-5-6)。エンドポイントを同じまま接続させるには、既存のDBインスタンス識別子・Auroraクラスター識別子をあらかじめ変更しておくなどの作業が必要となります(図8-5-7)。

※7 高速スナップショット復元を有効にしたEBSスナップショットには追加で料金が発生します。詳細は料金ページを確認してください。https://aws.amazon.com/jp/ebs/pricing/

※8 RDS・Auroraにおいてインスタンスやクラスターにつける固有の名前。命名した識別子はエンドポイントの一部に使用されます。

図8-5-5　リストア前の状態

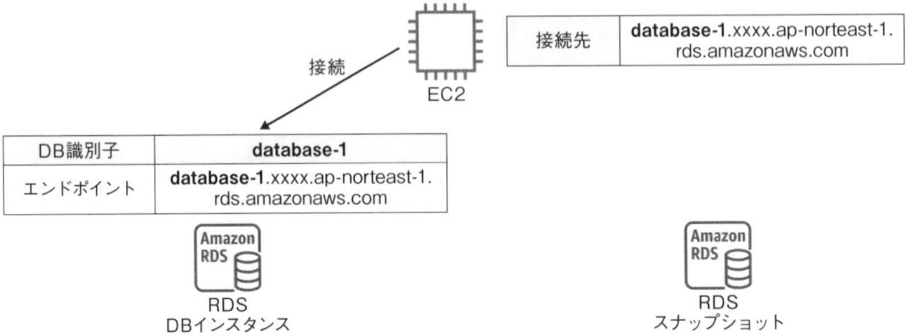

図8-5-6　リストア後に接続元のアプリケーション側でエンドポイントを変更するパターン

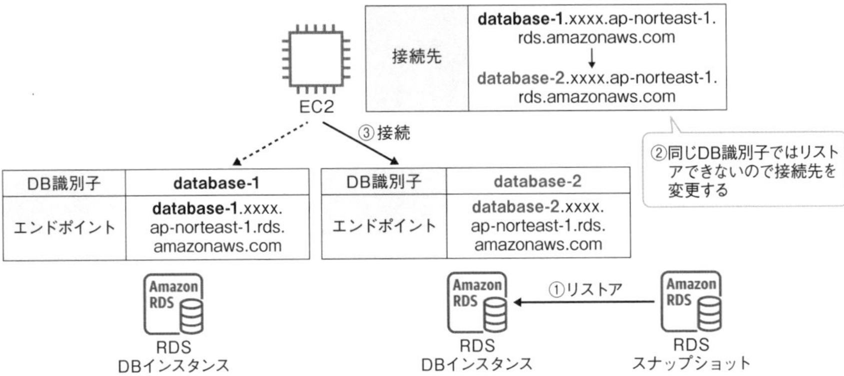

図8-5-7　リストア前に既存の識別子を変更しておくパターン

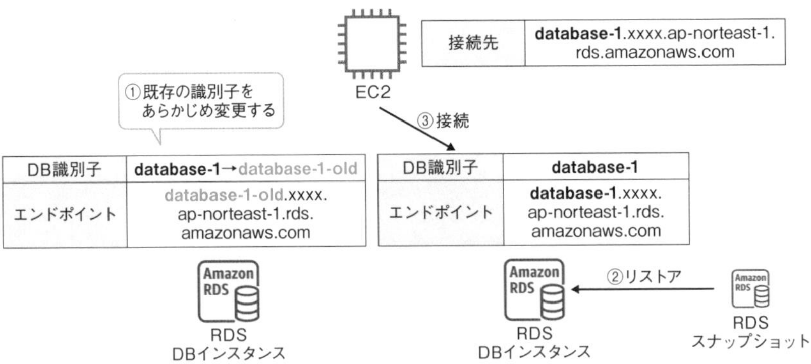

System operation using AWS

Chapter

9

セキュリティ統制

セキュリティ統制とは、企業が策定したセキュリティポリシーやルールにもとづき、適切なセキュリティ対策を講じることです。本章ではまず、セキュリティの基礎知識を押さえます。その上でAWSにおけるセキュリティのベースとなる考え方として「責任共有モデル」「Well-Architectedフレームワーク（セキュリティの柱）」について解説します。その後、適切なセキュリティ対策を講じるために実際に利用するセキュリティ関連のAWSサービスをピックアップし、その概要や利用方法について説明します。最後にサンプルアーキテクチャをもとに実際のセキュリティ統制におけるアーキテクチャを考えてみます。

Keyword

- AWS Certificate Manager →p.275
- セキュリティグループ→p.280
- AWS WAF→p.286
- Amazon KMS→p.292
- AWS Config Rules→p.300
- AWS Security Hub→p.308
- Amazon GuardDuty→p.318
- Amazon SNS→p.325
- Amazon EventBridge→p.329
- Amazon Trusted Advisor →p.340

基礎

9.1 セキュリティについて

「セキュリティ」とはラテン語のsēcūra（セクーラ）「心配がないこと」が語源で、転じて「安全」という意味を示すようになった言葉です。そして「安全」とは「危険のないこと、壊れたり、盗まれたりする心配がないこと」を意味する言葉です。本項ではシステムにおける「セキュリティ」について解説します。

9.1.1 セキュリティの基礎知識

システムにおける「セキュリティ」とは、**不特定多数の第三者から情報資産を守り、安全な状態を維持することです**。情報資産を守るということから、システムにおけるセキュリティは**「情報セキュリティ」**とも呼ばれます。

情報資産とは

企業が経営を行っていくためには「ヒト」「モノ」「カネ」「情報」の4つの「経営資源」が必要です。情報資産はこのうち**「情報」**に該当する資産です。情報資産には、情報そのものと、情報を収集・処理・保管するための装置が含まれます。企業には様々な情報資産があり、顧客情報、サーバー、人の知識や経験など、多種多様な形態をとります。

図9-1-1 情報資産の一例

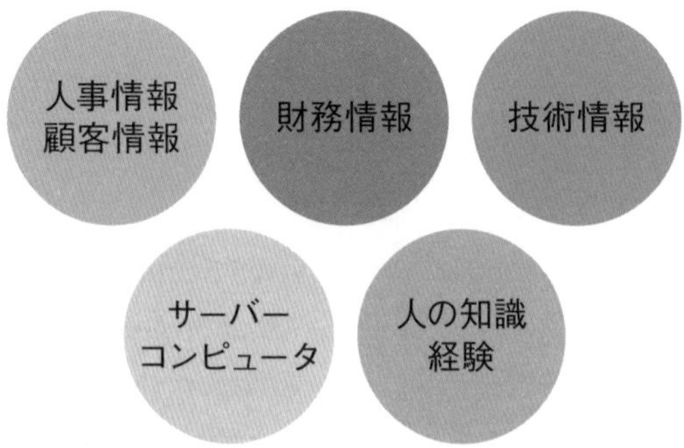

9.1.2 セキュリティの三要素

システムやインターネットは今や必要不可欠な生活インフラとなりました。その一方で、**不正アクセス**などの攻撃による被害が増加しています。そこで組織における情報資産のセキュリティを維持・管理・改善するための仕組みとして**情報セキュリティマネジメントシステム(ISMS)**があります。

ISMSは、情報セキュリティの3要素として**「機密性(Confidentiality)」「完全性(Integrity)」「可用性(Availability)」**をそれぞれ以下のように定義しています。

機密性(Confidentiality)

機密性とは、**許可された個人やコンピュータだけがシステムやデータを利用可能な状態であることを指します**。

企業では個人情報をはじめとした機密情報を多く保持しているため、それらに対して誰でもアクセス可能な状態を作ってしまうと情報漏洩のリスクが高まります。そのため、企業が保持している情報を重要度に応じて分類し、それぞれに対して利用可能な個人やコンピュータを定めています。機密性の観点に立つと、AWSでは**IAMをはじめとするアクセスポリシーを利用した権限管理**によって機密性を高めることができます。

完全性(Integrity)

完全性とは、**データに対して改ざんや破壊が行われておらず、情報の正確性が保たれた状態であることを指します**。

例えば、完全性が保たれていない状態として、社外の第三者からインターネットを経由してシステムが攻撃を受け、データを盗まれたり改ざんされたりするケースが考えられます。また、社内に目を向けると重要な機密データを誤って書き換えてしまうといった情報の管理ミスなどが考えられます。「完全性が保たれていない状態」は言い換えると、「企業が持つ情報を信用できない状態」ということです。

このように完全性は企業の信用問題につながります。完全性の観点に立つと、AWSでは**AWS KMSを利用したデータ暗号化、AWS WAFを利用したインターネット経由の攻撃の緩和、AWS Backupを利用したデータバックアップの自動取得**などによって完全性を高めることができます。

可用性（Availability）

可用性とは、**障害（機器の故障や災害など）が発生した場合でも影響を最小限に抑え、システムを稼働し続けられる状態であることを指します**。

仮に機密性と完全性が保たれていたとしても、肝心のシステムが使えないのであれば意味がありません。機器の故障はもちろんですが、日本は台風や地震などの自然災害が発生しやすい国であるため、可用性を保つことはシステムを安定的に稼働させる上で大切な要素です。可用性の観点に立つと、AWSでは複数の**AWSリージョン/アベイラビリティゾーンにまたがったActive/Active、Active/Standbyな冗長構成の採用**、**障害に備えたAWS Backupを利用したデータバックアップの自動取得**によって可用性を高めることができます。

9.1.3 セキュリティ対策のジレンマ

情報セキュリティの3要素について簡単に説明しました。一方で各要素のセキュリティを高めるために様々な対策を講じてリスクをゼロにする、つまり完璧なセキュリティ対策で全ての脅威を未然に防ぐことは現実的ではありません。それには大きく3つの理由があります。

1 コストの問題

セキュリティ対策は、**コストとトレードオフの関係**にあります。セキュリティ対策を実施すればするほど、情報セキュリティはより強固になりますが、その反面セキュリティ対策にかかる費用がかさみます。また、セキュリティ対策を維持するためには、適切な人員配置および人材教育が必要になることから維持費用も発生します。これらを継続的に実施するためには、相応の予算を投下し続けるだけの資金的な体力が企業には要求されます。

2 周囲の理解が必要

通常、セキュリティ対策によって**得られる効果は目に見えにくいこと**が多いです。例えば、情報セキュリティにおける完全性を高めるためにサーバーにウイルス対策ソフトを数百万円のコストをかけて導入した場合、ウイルス対策ソフトによって攻撃に対処しているため何も起こらず、その効果は目に見えて実感しにくいものです。また、セキュリティ対策は何らかの脅威から企業の身を守ることはできても、直接的に企業に売上などの利益をもたらすことはありません。セキュリティ対策を実施した方がよいということは理解できても、その効果が目に見えてわからないこと、企業に直接的な利益をもたらさないことから、セキュリティ対策に予算を投下するには周囲の理解が必要となります。

3 ウイルスなどの攻撃手法の進化

システムを脅かす外部からの攻撃（ウイルスなど）は日々進化しており、時間の経過と共に新種のウイルスや脅威が次々に現れています。それらはいつ、どのような形で現れるのか予測がつかないため、仮に多額の資金を投じてセキュリティ対策を実施したとしても、それらが**新しい脅威**によって破られる可能性は否定できません。

上記3つの理由から完璧なセキュリティ対策を講じて全ての脅威を未然に防ぐことは現実的ではありません。では、セキュリティ対策は一体どの程度まで検討・実施すればよいのでしょうか。**このようなセキュリティに対する考え方・方針を可能な限り具体的かつ網羅的に規定した文書に「セキュリティ標準」があります**。企業や業界によっては、このセキュリティ標準を1つの指針としてセキュリティ対策を検討・実施しているところもあります。必要に応じて参考資料として確認してください。

表9-1-1 セキュリティ標準の一例

関連団体/機関	セキュリティ標準
内閣サイバーセキュリティセンター（NISC）	政府機関の情報セキュリティ対策のための統一基準
米国国立標準技術研究所（NIST）	Cybersecurity Framework
FISC（The Center for Financial Industry Information Systems）- 金融情報システムセンター	FISC安全対策基準（金融機関等コンピュータシステムの安全対策基準・解説書）
Payment Card Industry Security Standards Council	PCIデータセキュリティスタンダード（PCI DSS）

セキュリティ標準に沿ってセキュリティ対策を実施したとしても、やはり万全とは言い切れません。そのため、未然に防げずにリスクや脅威が顕在化した際に**「早期発見および迅速な対処を実現する」という観点が重要であり**、これを**発見的統制**と呼びます。一方で**リスクや脅威が顕在化することを未然に防ぐという観点を予防的統制**と呼びます。AWSにおけるセキュリティ統制においても、発見的統制および予防的統制の2つの観点からセキュリティ対策を実施することは重要です。

Column 誰から情報資産を守るのか

情報資産の安全を脅かす不特定多数の第三者と聞くと、企業の外部の人間からの不正アクセスやウイルス感染が原因だと考えてしまいますが、実情は異なります。東京商工リサーチの調査[※1]によると2022年は情報漏洩や紛失事故が発生した社数、事故件数がともに過去最多となりました。その原因の内訳を見ると**「誤操作・誤送信」「紛失・誤廃棄」**が全体の41.1%を占めています。つまり情報資産の安全を脅かす不特定多数の第三者には、**「社外の人間」だけでなく「社内の人間」も含まれており、それぞれから情報資産を守る必要があることがわかります。**

図9-1-2 情報漏洩・紛失事故件数と原因比率（東京商工リサーチ）

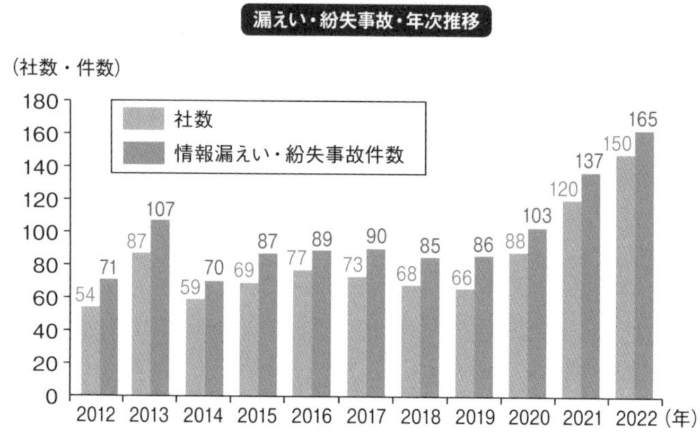

※社数は年毎にカウント

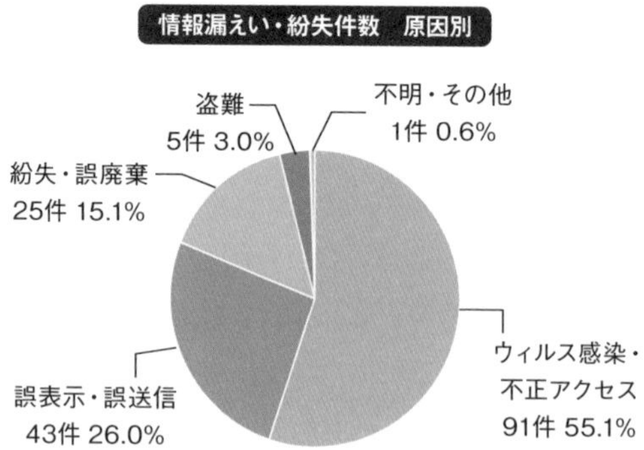

※1 https://www.tsr-net.co.jp/data/detail/1197322_1527.html

実務

9.2 AWSにおけるセキュリティ

具体的なセキュリティ対策の話を進める前にAWSが提唱する**責任共有モデル**、AWSが公開している**Well-Architectedフレームワークの1つである「セキュリティの柱」**の2つの観点から、AWSにおけるセキュリティの全体像を押さえましょう。

9.2.1 AWSにおけるセキュリティの全体像

AWSにおけるセキュリティを検討する上で必ずといってよいほど登場する概念が**「責任共有モデル**※2**」**です。**これはお客様（AWSの利用者）とAWS（サービス提供事業者）のそれぞれの担当範囲を明確化し、運用上の責任を共有する考え方です。**図9-2-1ではお客様側の責任範囲をさらに「①アプリケーションの設計や運用」「②AWSサービスの設計や運用」の2つに分類しています。前者はお客様側でコーディングをしてアプリケーションを開発・運用する際のセキュリティに関する責任を示しており、具体的にはセキュアコーディングやOS・ミドルウェアのアップデートなどが該当します。後者はお客様側でAWSから提供されているセキュリティ関連のサービスを適切に組み合わせて利用することで堅牢なセキュリティを実装・維持する責任を示しています。

図9-2-1 責任共有モデル（著者が一部改変して作図）

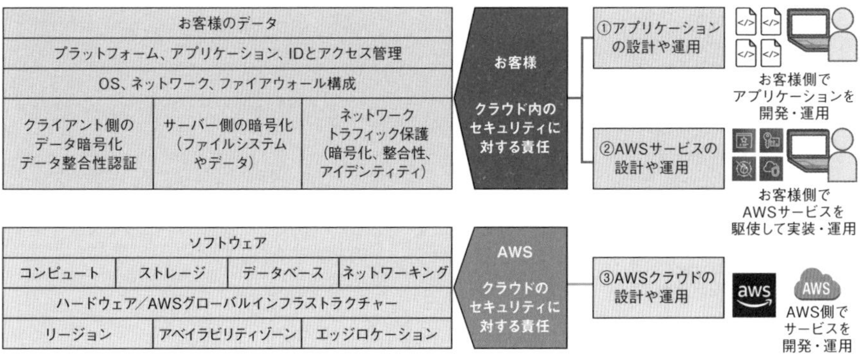

※2 https://aws.amazon.com/jp/compliance/shared-responsibility-model/

Chapter 9では、AWSユーザーが担当する責任範囲「②AWSサービスの設計や運用」の中から、以下の3つの項目について触れます。

- ネットワークトラフィック保護（暗号化、整合性、アイデンティティ）
- ネットワーク、ファイアウォール構成（OSについては「Chapter 7 パッチ適用」で触れるため除外）
- サーバー側の暗号化（ファイルシステムやデータ）

ユーザー側でAWSにおけるセキュリティについて詳細に検討する際は、AWSが公開しているWell-Architectedフレームワークの1つである**「セキュリティの柱」**に7つの設計原則※3が示されているため、確認しておくことをお勧めします。

表9-2-1 セキュリティの柱の7つの設計原則

設計原則	内容
強力なアイデンティティ基盤の実装 →主にIAMに関する内容	・最小特権の原則※4をもとにポリシー設計をすること ・ポリシーは不用意に使い回わさずに役割ごとに分割し、それぞれ必要なポリシーを設計すること ・ID管理を一元化し、認証情報は定期的にローテーションすること
トレーサビリティの実現	・環境（AWSアカウントやリソースなど）に対するアクションや変更をリアルタイムで監視、警告、監査すること ・ログやメトリクスの収集をシステムに統合し、自動的に調査や対策を行うこと
全レイヤーでセキュリティを適用する	・エッジロケーション/VPC/ELB/EC2/OS/アプリケーション/コードなど、複数のレイヤーでセキュリティ対策を適用し、多層防御を講じること
セキュリティのベストプラクティスを自動化する	・自動化されたセキュリティソフトウェアを利用することで迅速で、費用対効果が高く、安全にシステムをスケールさせること ・Infrastructure as Code※5を利用して、セキュアなアーキテクチャを採用した構成情報をテンプレートとしてバージョン管理し、利用すること
伝送中および保管中のデータの保護	データを機密性のレベルに分類し、必要に応じて暗号化、トークン化、アクセス制御などのメカニズムを使用すること
データに人の手を入れない	機密データを取り扱う際の誤操作や改ざんのリスク、ヒューマンエラーのリスクを低減するためにツールを用いて、データへの直接アクセスや手作業の必要性を低減・排除すること
セキュリティイベントに備える	・組織の要件に合わせたインシデント管理および調査のポリシーとプロセスを導入し、インシデントに備えること ・インシデントに備えたシミュレーションを実行し、自動化されたツールを使用して、検出、調査、復旧のスピードを向上させること

※3 https://docs.aws.amazon.com/wellarchitected/latest/security-pillar/security.html
※4 https://docs.aws.amazon.com/ja_jp/IAM/latest/UserGuide/best-practices.html#grant-least-privilege
※5 コードやスクリプトを使用してインフラのプロビジョニングと設定を自動的に行う方法。

memo
表9-2-1で紹介した7つの設計原則とは別に「セキュリティの基礎」「アイデンティティとアクセス管理」「検出」「インフラストラクチャー保護」「データ保護」「インシデント対応」の6つの観点から、AWSにおけるセキュリティについて論じられているため、こちらも併せて確認することをお勧めします。

Chapter 9では責任共有モデルからピックアップした3つの観点に加えて、7つの設計原則の中から以下の項目について触れます。

- セキュリティイベントに備える

図9-2-2は、責任共有モデルならびにWell-Architectedフレームワーク（セキュリティの柱）の7つの設計原則の中からChapter 9で触れる内容について整理したものです。

図9-2-2 Chapter 9で扱うセキュリティの内容

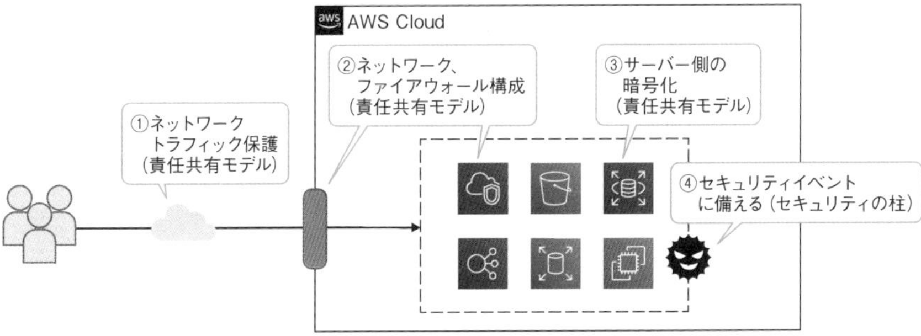

以降では、上記4つの内容においてポイントとなるAWSサービスについて紹介していきます。表9-2-2はセキュリティにおける2つの観点（予防的統制・発見的統制）からChapter 9で扱う内容を分類し、関連するAWSサービスをマッピングしたものです。

表9-2-2 セキュリティにおける2つの観点とChapter 9で扱う内容

観点	内容	関連するAWSサービス
予防的統制	ネットワークトラフィック保護	・Amazon Certificate Manager
	ネットワーク、ファイアウォール構成	・セキュリティグループ ・AWS WAF
	サーバー側の暗号化	・AWS KMS
発見的統制	セキュリティイベントに備える	・AWS Config Rules ・AWS Security Hub ・Amazon GuardDuty ・Amazon SNS ・Amazon EventBridge ・AWS Trusted Advisor

図9-2-3　紹介するセキュリティ統制の全体像

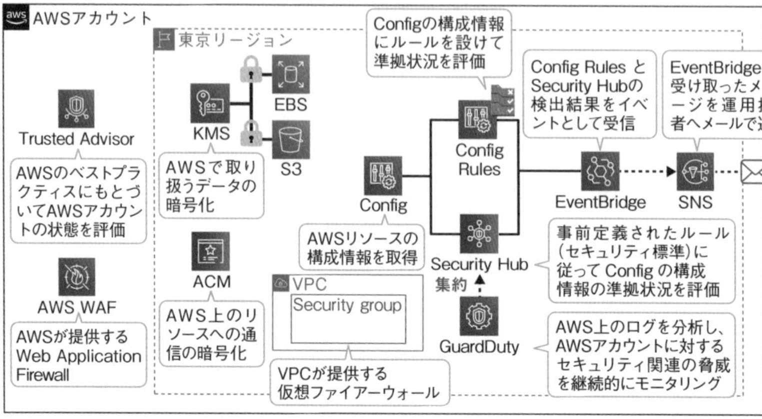

Column　Well-Architectedフレームワークの６本目の柱「持続可能性」

2021年12月に、Well-Architectedフレームワークの６本目の柱となる**「持続可能性」**が追加されました。**「持続可能性」**には、**環境への影響、特にエネルギー消費量と効率に焦点を当て、資源を過剰に利用しないアーキテクチャ設計について触れられています。**このコラムでは「持続可能性」が採択された意義について筆者なりの考察を述べたいと思います。

企業は、経営をしていく上での資金を金融機関などの第三者機関から調達しています。その中には「投資家」と呼ばれる方がいます。上場企業で考えると「株主」にあたる方々です。投資家はもちろんその企業の成長率や利益などを見て将来性がある企業に投資しようと考えます。なぜなら中長期的に投資したお金を上手く運用してくれると考えるからです。

しかし、企業に投資する際に利益などの財務情報だけでなく、**環境や社会への責任**を果たしているかどうかを重視すべきだと10年以上前に国連から提言されました。これを受けて2010年に世界最大級の機関投資家である**GPIF**がこの提言に賛同したことを１つのきっかけとして、**日本企業は機関投資家から「汚染物質の排出状況や商品の安全性」などのこれまでの財務情報とは関係のない「環境や社会への責任をどのように果たしているか」といった情報の開示が求められるようになりました。**そして投資家はこれらの情報も１つの判断基準として企業へ投資するようになり、これは**ESG投資**と呼ばれています。

つまり、従来の「企業価値＝高収益」という考え方ではなく「企業価値＝高収益 + 社会貢献度」のような価値観のパラダイムシフトが起きています。こういった考えは世界的にも**SDGs**という目標として掲げられています。

図9-2-4 SDGsの概要

URL https://www.unic.or.jp/activities/economic_social_development/sustainable_development/2030agenda/sdgs_logo/

- 普遍性：先進国を含め、**全ての国が行動**
- 包括性：人間の安全保障の理念を反映し**「誰一人取り残さない」**
- 参画型：**全てのステークホルダーが役割を**
- 統合性：社会・経済・環境に**統合的に取り組む**
- 透明性：**定期的にフォローアップ**

このような社会情勢の中、AWSでは使用する電力を2025年までに100%の再生可能エネルギー（クリーンエネルギー）でまかなうことでCO_2排出量の大幅な削減に取り組んでいます[※6]。SDGsでは「⑦エネルギ―をみんなに　そしてクリーンに」にあたる取り組みです。また、AWSが発行したレポート**「クラウドへの移行による、アジア太平洋地域での二酸化炭素排出削減の実現」**によると、日本の企業や公共機関がオンプレミス（自社所有）のデータセンターからクラウドへワークロード（IT関連業務）を移行することで、エネルギー消費量とそれに付随する二酸化炭素（CO_2）排出量を77%削減することが可能であることが明らかになっています。つまり、**オンプレミスではなくAWSをはじめとしたクラウドを利用することにより、企業は間接的にクリーンエネルギーの利用および二酸化炭素（CO_2）の排出量削減に貢献することになります。**

もちろんクラウドを利用しただけでは不十分ですが、AWSを利用する中でより環境や社会へ寄与するアーキテクチャ設計を実現するために、今回のWell-Architectedフレームワークの新しい柱である「持続可能性」が採択されたのではないかと考えています。

※6 https://aws.amazon.com/jp/about-aws/whats-new/2021/08/japanese-companies-can-reduce-their-carbon-emissions-by-moving-to-aws-cloud/

ちなみに、AWSではユーザーがオンプレミス（自社所有）のデータセンターからAWSへ移行したことにより回避することができた二酸化炭素（CO_2）排出量の概算、現在のAWS使用状況にもとづく二酸化炭素（CO_2）予測排出量をBillingの**Customer Carbon Footprint Tool**というサービスで可視化できます。

図9-2-5　検索ウィンドウでBillingを検索

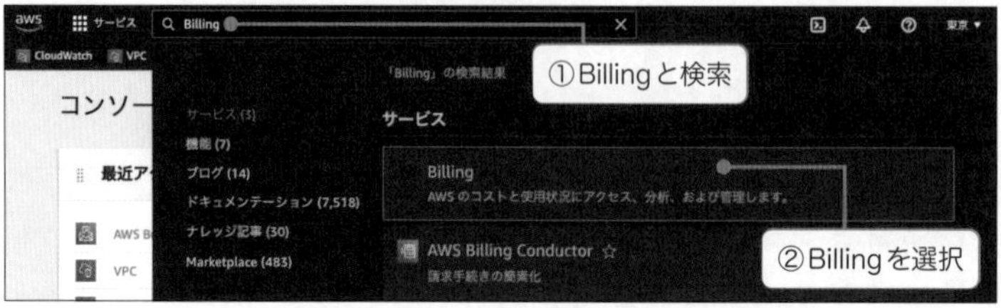

図9-2-6　Customer Carbon Footprint Toolのコンソール画面

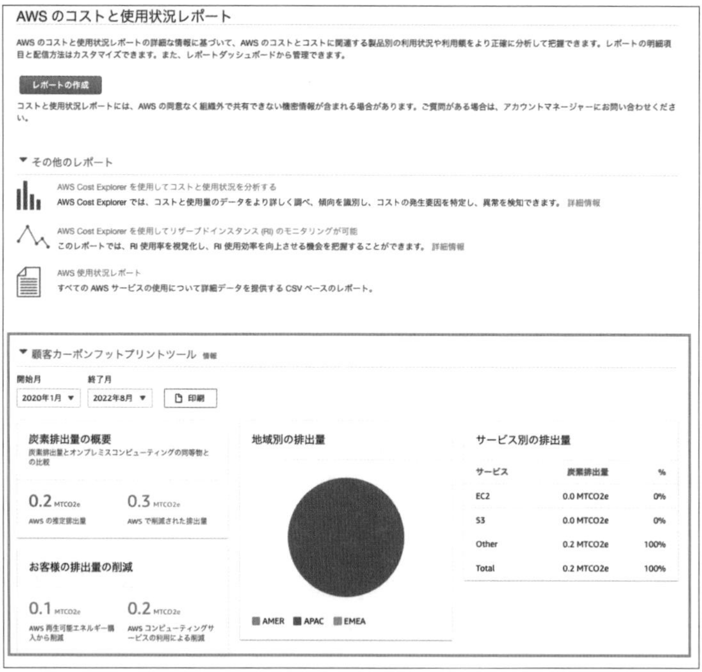

実務 9.3 関連するAWSサービス（ネットワークトラフィック保護）

本節では、AWS環境と外部ネットワーク間における通信のセキュリティを向上させるAWSサービスについて説明します。

9.3.1 AWS Certificate Manager

AWS Certificate Manager（ACM）とは、**SSL/TLS（Secure Sockets Layer/Transport Layer Security）証明書のプロビジョニング（準備）、管理、デプロイを一元管理することができるマネージドサービスです。**まずはACMを理解する上で大切な**SSL/TLS証明書**について説明します。

SSL/TLS証明書の基礎知識

SSL（Secure Sockets Layer）とは、**インターネットを経由した通信において2つのシステム間で送受信される情報を保護し、悪意のある第三者が情報を読み取ったり、改変したりできないようにするための技術です。**TLS（Transport Layer Security）はSSLのセキュリティをより強化した技術です。

皆さんがGoogle ChromeなどのWebブラウザからWebサイトにアクセスする際のURLを確認すると「https://aws.amazon.com/jp/」のように冒頭に**「https」**と記載されていることがほとんどのはずです。これはHTTPSというプロトコルが利用されていることを示しています。**HTTPS**とは、**Hypertext Transfer Protocol Secureの略称でクライアント端末とサーバー間の通信がSSL/TLSの技術を用いて暗号化されていることを意味しており、ここでSSL/TLS証明書が利用されます。**

図9-3-1 HTTPSを利用した通信の保護

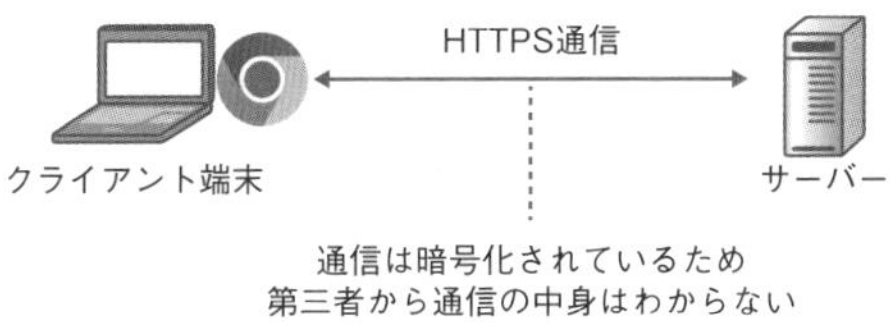

SSL/TLS証明書を用いてHTTPS通信を行い、通信を暗号化することはできますが、**通信先のサーバーが意図した通信先とは全く別のサーバーだったとしたら暗号化をしている意味がありません**。例えば、現実世界で会話をしている相手が「私は山田太郎です」と言っていても、本当に山田太郎さんなのかは分かりません。

そこでSSL/TLS証明書には、暗号化機能に加えて会話している相手が本人であること、つまり**通信先のサーバーが本物であることを確認する機能**もあります。現実世界に置き換えると身分証明書で本人確認をしているようなイメージです。

SSL/TLS証明書の発行者

では、一体誰がこの身分証明書（SSL/TLS証明書）を発行しているのでしょうか。SSL/TLS証明書の発行主体は**認証局**と呼ばれており個人、法人を問わず発行主体になることができます。身分証明書は国土交通省という国家機関が発行しているからこそ、信頼性が担保されています。SSL/TLS証明書も同様にどの認証局が発行しているか、そして表9-3-1に示す証明書のタイプによって信頼に足る証明書であるかどうかが判断されます。

表9-3-1 SSL/TLS証明書の種類※7

タイプ	信頼性	説明
ドメイン認証型SSLサーバー証明書（DV証明書）	低	・ドメイン使用権の有無のみを認証する証明書 ・暗号化機能あり ・Webサイト運営団体の実在性については認証・証明できない
企業認証型SSLサーバー証明書（OV証明書）	中	・ドメイン使用権の有無に加えてWebサイト運営団体の実在性についても認証・証明することができる ・暗号化機能あり
EV SSL証明書（EV証明書）	高	・ドメイン使用権の有無に加えてWebサイト運営団体の実在性について最も厳格に認証・証明することができる ・暗号化機能あり

※7 https://www.websecurity.digicert.com/ja/jp/theme/ssl-compare

9.3.2 ACMの4つの特徴

ACMは以下の4つの特徴を持っています。

1 無償でSSL/TLS証明書を発行できる

証明書を発行している認証局として有名な企業には、SymantecやGlobalSign、DigiCertといった企業があります。このような公的に認められた企業が発行するSSL/TLS証明書を**パブリック証明書**と呼び、個人や法人が独自に発行する証明書を**プライベート証明書**と呼びます。

パブリックなSSL/TLS証明書を発行するためには費用が発生することが多いですが、**ACMは無償でかつコンソール画面から簡単にSSL/TLS証明書(パブリック証明書)を発行できます**。ACMで発行するSSL/TLS証明書は、Amazonが管理する認証局(CA)である**Amazon Trust Services**から発行されています。

ただし、ACMで発行可能なSSL/TLS証明書は「ドメイン認証型SSLサーバー証明書(DV証明書)」となります。そのため、Webサイト運営団体の実在性についても認証・証明する必要がある高度なセキュリティが要求されるWebサイトには適していません。このような場合はSymantecやGlobalSign、DigiCertといった企業が発行するOV証明書、あるいはEV証明書を購入してACMにインポートして利用します。ACMへのインポートについては後述します。また、ACMを利用した証明書の発行方法については、AWS公式ドキュメント※8を確認してください。

2 AWSサービスと統合されている

SSL/TLS証明書はいわゆる身分証明書の役割を担っているので、サーバーはSSL/TLS証明書を保持していなければ身分を証明することができません。つまり、SSL/TLS証明書を利用するためには、事前にサーバーにログインしてSSL/TLS証明書を配置する必要があります。

ACMでは、ELB、Amazon CloudFront、Amazon API Gateway、AWS Elastic BeanstalkなどのAWSサービスとACMが統合されているため、サーバーにアクセスすることなく、コンソール画面からSSL/TLS証明書の配置ができます。ACMが統合されているAWSサービスについては公式ドキュメント※9を確認してください。

※8 https://docs.aws.amazon.com/ja_jp/acm/latest/userguide/gs-acm-request-public.html
※9 https://docs.aws.amazon.com/ja_jp/acm/latest/userguide/acm-services.html

3 SSL/TLS証明書は自動更新される

ACMで発行したSSL/TLS証明書の有効期間は**13カ月(395日)**です。通常はこの有効期間内に更新作業を行う必要があり、この更新作業を忘れてしまうと最悪の場合はWebサイトが表示されないなどの業務影響が出る可能性があります。

ACMでは証明書に対する認証方式として**メール認証**と**ドメイン認証**のいずれかを選択することができます。ドメイン認証を選択した場合は、**証明書を使用していること(ELBなどへの配置)、DNSに登録したCNAMEレコードが名前解決できること、この2つの条件を満たしていればSSL/TLS証明書は自動更新されるため、更新作業に手間がかかりません**。

CNAMEレコードについて簡単に補足しておきます。ACMではドメイン認証を選択して証明書を発行すると、CNAMEレコードが発行されます。**CNAMEレコードとは、DNSで定義されるドメイン情報の1つで、あるドメイン名の別名を定義するものです**。例えば「www.example.com」というドメインに対して「sample.example.com」というCNAMEレコードを定義すれば、この2つは同じ「www.example.com」を示すことになります。証明書の更新についてはメール認証でも条件を満たせば自動更新されますが、**ドメイン認証とは条件が異なり少し煩雑になるため、ドメイン認証を利用した認証方式の選択を推奨します**。

4 ACMで発行していないSSL/TLS証明書も管理できる

ACMでは**ACMが発行していないSSL/TLS証明書についてもパブリック証明書、プライベート証明書を問わず、一元管理できます**。具体的にはSymantecやGlobalSign、DigiCertといった企業が発行するSSL/TLS証明書、個人や法人が独自に発行する証明書をACMにインポートすることで一元管理ができるようになります。証明書をインポートする方法についてはAWS公式ドキュメント※10を確認してください。

余談ですが、SSL/TLS証明書の発行主体はWebブラウザ上で確認することが可能です。

※10 https://docs.aws.amazon.com/ja_jp/acm/latest/userguide/import-certificate.html

図9-3-2　SSL/TLS証明書の発行主体を確認する①

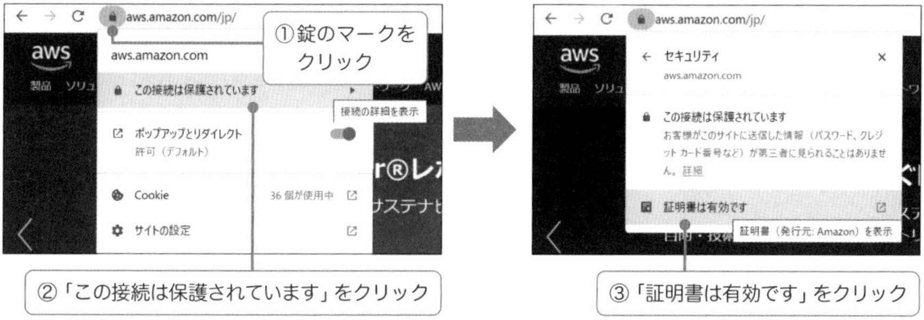

図9-3-3　SSL/TLS 証明書の発行主体を確認する②

9.3.3　ACMの利用料金

ACMでプロビジョニングされたSSL/TLS証明書は、無料で利用できます。ただし、ACMを利用したアプリケーションを実行するために作成したAWSリソースの料金については、別途AWS利用料が発生します。詳細はACMの料金ページ※11を確認してください。

※11　https://aws.amazon.com/jp/certificate-manager/pricing/

実務 9.4 関連するAWSサービス（ネットワーク、ファイアウォール構成）

Chapter 3でネットワーク関連のサービスとして**セキュリティグループ**を紹介しましたが、ここではもう一歩踏み込んで説明をします。また、外部公開サイトのセキュリティ対策として利用シーンが多い**AWS WAF**についても触れます。

9.4.1 セキュリティグループ

セキュリティグループはVPCが提供している機能の1つで、**仮想ファイアウォール**として機能します。**ファイアウォール**とは、**IPアドレスやプロトコル、ポート番号を使用して通信の送受信を制御するためのハードウェア機器です**。ファイアウォールはあらかじめ「許可する通信」と「拒否する通信」をルールとして定義することでネットワークを経由した脅威からシステムを守る役割を果たします。

AWSではハードウェア機器はAWS側が管理しているため、ファイアウォールにあたる機能を**セキュリティグループ**という名称で提供しています。セキュリティグループは、VPCネットワーク内に配置されているALBやEC2インスタンス、RDS DBインスタンスにアタッチすることで簡単に通信ルールを適用できます。図9-4-1の右のセキュリティグループでは、インスタンスAからインスタンスBへの通信を「許可する通信」として定義しています。

図9-4-1　ファイアウォールとセキュリティグループ

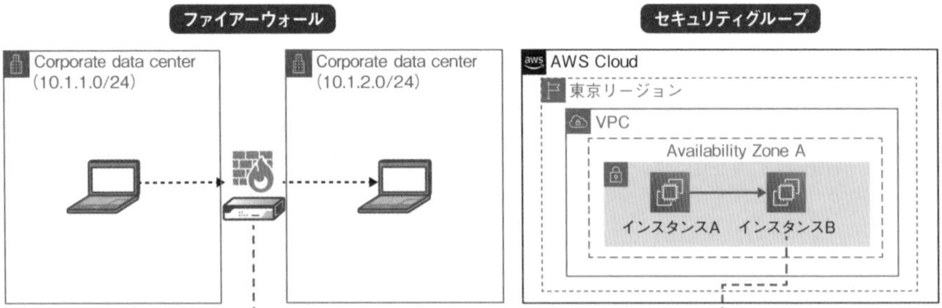

フィルタリングルール

送信元IPアドレス	宛先IPアドレス	プロトコル	送信元ポート番号	宛先ポート番号	アクション
10.1.1.0/24	10.1.2.0/24	TCP	ANY	22	許可
10.1.1.0/24	10.1.2.0/24	TCP	ANY	80	拒否

セキュリティグループ（インバウンドルール）

タイプ	プロトコル	ポート番号	ソース
HTTP	TCP	22	インスタンスA

9.4.2 セキュリティグループの利用料金

セキュリティグループは、無料で利用できます。ただし、セキュリティグループを利用したアプリケーションを実行するために作成したAWSリソースの料金については別途AWS利用料が発生します。

9.4.3 セキュリティグループの４つの特徴

セキュリティグループには押さえておくべき特徴が4つあります。

1 ステートフルである

セキュリティグループは、**ステートフル**という特性を持っています。ステートフルでは、**一度リクエストを送信もしくは受信するとそのリクエストに対するレスポンスの通信については、通信を許可するルールを設けていなくても通信が許可されます。**

2 「許可する通信」のみを定義する

セキュリティグループは、ファイアウォールとは異なり**「許可する通信」のみを**ルールとして定義します。つまりセキュリティグループのルールで許可されていない通信は全て拒否されるということです。許可する通信として定義するルールには2種類のルールがあります。それは、受信する通信に対するルールを定義する**「インバウンドルール」**と、送信する通信に対するルールを定義する**「アウトバウンドルール」**です。

3 特定のVPCネットワーク内でのみ利用できる

セキュリティグループは、作成する際に**作成先のVPC**を指定する必要があります。**セキュリティグループとVPCは1対1の対応関係であるため、1つのセキュリティグループを複数のVPCで利用することはできません。**

4 ソースにはセキュリティグループIDを指定できる

セキュリティグループでは、制御したい通信のネットワークアドレスを**ソース**という項目で設定します。通常のファイアウォールではCIDRブロックを指定する必要がありますが、**セキュリティグループでは、作成済のセキュリティグループに付与されるセキュリティグループIDを指定できます（図9-4-2のソースの項目に記載されているsgからはじまるID）。**

図9-4-2 セキュリティグループのソースを設定する

例えばセキュリティグループBのインバウンドルールで、ソースに**セキュリティグループAのセキュリティグループID**を指定した場合、**セキュリティグループBはセキュリティグループAが適用されているAWSリソースからの通信を許可します**。

図9-4-3 セキュリティグループの関係性

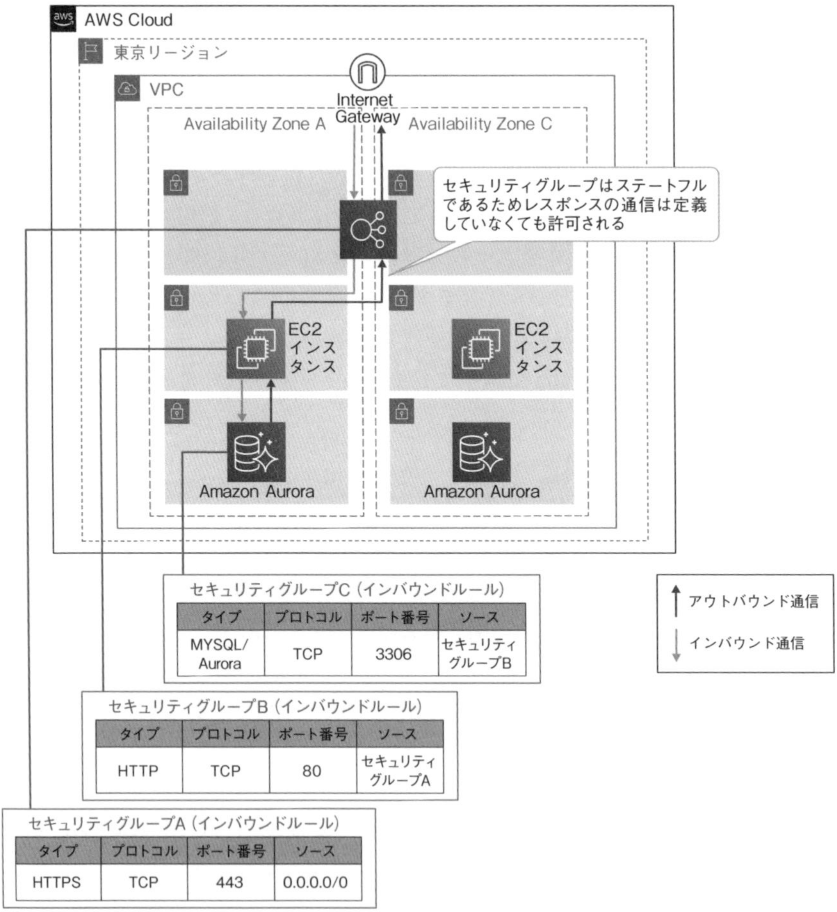

9.4.4 VPCのマネージドプレフィックスリスト

VPCには、セキュリティグループのソースとして指定可能な**マネージドプレフィックスリスト**という機能があります。これは、**ソースとして指定するCIDRブロックをグルーピングして、1つのAWSリソースとして利用できる機能です**。例えば、5個のCIDRブロックをマネージドプレフィックスリストとしてあらかじめ作成しておいたとします。これによって、セキュリティグループでソースを指定する際に「pl-」からはじまるマネージドプレフィックスリストのIDを1つ指定するだけで、5個のCIDRブロックを指定したことになります。マネージドプレフィックスはセキュリティグループだけでなく、ルートテーブルの送信先を指定する際にも利用可能です。

図9-4-4 マネージドプレフィックスリストの作成画面

図9-4-5 セキュリティグループでマネージドプレフィックスリストを利用する

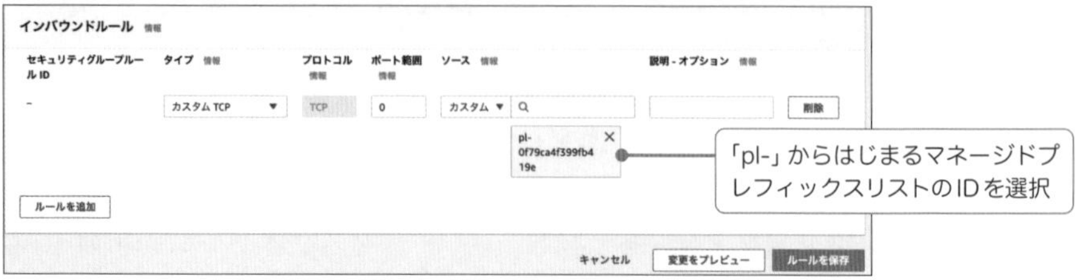

図9-4-6 ルートテーブルでマネージドプレフィックスリストを利用する

マネージドプレフィックスリストのメリット

セキュリティグループの運用では、**ソースの追加・変更・削除**といった運用作業が発生します。ここでは10台のEC2インスタンスが稼働しているAWS環境を例に考えてみましょう。

10台のEC2インスタンスにはそれぞれ異なるセキュリティグループがアタッチされています。各セキュリティグループには、「EC2インスタンス固有のインバウンドルール」と「その他のセキュリティグループ全てに共通で設定しているインバウンドルール」の2種類のルールがあります。このAWS環境で構成変更があり、**共通で設定しているインバウンドルールに新しくルールを追加する**、という運用作業が発生したと仮定します。この時、10台のEC2インスタンスにはそれぞれ異なるセキュリティグループがアタッチされているため、1つ1つのセキュリティグループに対してインバウンドルールを追加することになります。EC2インスタンスが10台程度であれば対応可能ですが、これが100台や1000台規模になると、とても対応できません。

こういった運用作業があることを見越してマネージドプレフィックスリストを作成している場合、1つ1つのセキュリティグループに対してルールを追加するのではなく、**マネージドプレフィックスリストを変更するだけで10台のEC2インスタンスにアタッチされている全てのセキュリティグループに変更が適用されるため運用負荷が軽減されます**。

図9-4-7 マネージドプレフィックスリストを利用しない場合

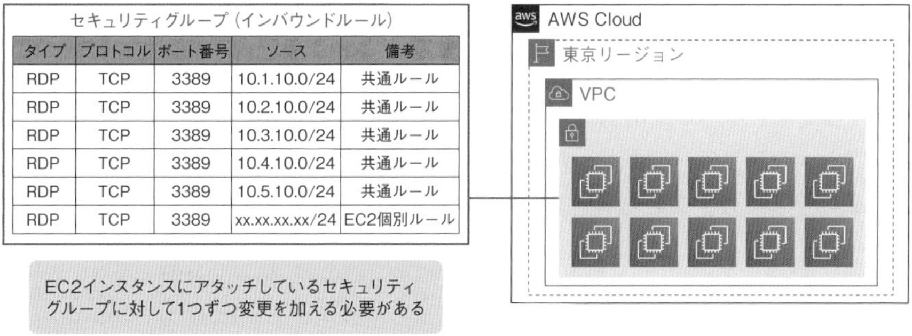

セキュリティグループ（インバウンドルール）
タイプ プロトコル ポート番号 ソース 備考
RDP TCP 3389 10.1.10.0/24 共通ルール
RDP TCP 3389 10.2.10.0/24 共通ルール
RDP TCP 3389 10.3.10.0/24 共通ルール
RDP TCP 3389 10.4.10.0/24 共通ルール
RDP TCP 3389 10.5.10.0/24 共通ルール
RDP TCP 3389 xx.xx.xx.xx/24 EC2個別ルール
EC2インスタンスにアタッチしているセキュリティグループに対して1つずつ変更を加える必要がある
aws
AWS Cloud
東京リージョン
VPC

図9-4-8 マネージドプレフィックスリストを利用する場合

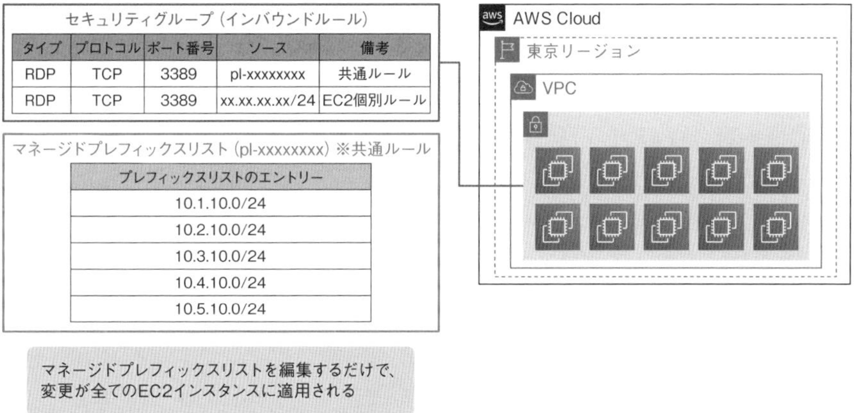

セキュリティグループ（インバウンドルール）
タイプ プロトコル ポート番号 ソース 備考
RDP TCP 3389 pl-xxxxxxxx 共通ルール
RDP TCP 3389 xx.xx.xx.xx/24 EC2個別ルール
マネージドプレフィックスリスト（pl-xxxxxxxx）※共通ルール
プレフィックスリストのエントリー
10.1.10.0/24
10.2.10.0/24
10.3.10.0/24
10.4.10.0/24
10.5.10.0/24
マネージドプレフィックスリストを編集するだけで、変更が全てのEC2インスタンスに適用される
aws
AWS Cloud
東京リージョン
VPC

マネージドプレフィックスリストの注意点

このように運用において便利なマネージドプレフィックスリストですが、注意点があります。それは**マネージドプレフィックスを利用したルートテーブルおよびセキュリティグループに適用されるエントリ数のカウントルールです**。まずは登録可能なエントリの最大数※12について表9-4-1で確認してください。

表9-4-1 登録可能なエントリ数

AWSリソース	登録可能なエントリ数（上限緩和可能）
ルートテーブル	50エントリ
セキュリティグループ	60エントリ
マネージドプレフィックスリスト	1,000エントリ

※12 https://docs.aws.amazon.com/ja_jp/vpc/latest/userguide/amazon-vpc-limits.html

ここからは実例をもとに説明します。例えば、マネージドプレフィックスリスト作成時に**最大エントリを1000**と指定し、10のエントリを登録したとします。このマネージドプレフィックスリストをセキュリティグループに適用した場合、エントリとしてカウントされるのは10ではなく**1000**です。つまり、**マネージドプレフィックスリストに設定した最大エントリ数がカウントされるルールになっています。そのため、このマネージドプレフィックスリストを指定してセキュリティグループを作成すると登録可能なエントリ数が上限を超えているためエラーとなります**。マネージドプレフィックスリストを利用する際はこのカウントルールを念頭に置いておきましょう。

9.4.5 AWS WAF

WAFとは、**Web Application Firewallの略称でWebアプリケーションに対する通信内容(HTTP/HTTPS通信)を検査し、Webアプリケーションの脆弱性を悪用する攻撃などの不正アクセスからWebアプリケーションを守るためのセキュリティ対策機能です**。

WAFはハードウェアやソフトウェア、クラウドサービスとして提供されます。通常、WAFはWebアプリケーションが稼働するWebサーバーよりも前の通信段階に配置します。これによって、ファイアウォールやIDS/IPS(侵入検知/侵入防御)では検知することが難しいSQLインジェクションや、クロスサイトスクリプティングといったアプリケーションレベル(L7レベル)の攻撃を緩和してWebアプリケーションを保護します。

前述したセキュリティグループはあらかじめ**「許可する通信」**をルールとして定義することでトランスポートレベル(L4レベル)の脅威からシステムを守る役割を果たしています。しかし、**セキュリティグループでは通信内容(パケット)の中身まではチェックすることはできません**。現実世界で言い替えるならば、カメラ付きインターフォンで訪問者があらかじめ訪問を許可している宅配業者であることを確認できても宅配業者が持っている荷物の中身までは確認できないというイメージです。WAFではこのパケットの中身までチェックすることで、後ろに配置されているWebアプリケーションの脆弱性を悪用する攻撃が含まれていないかどうかを確認し、攻撃だと判断すればパケットを破棄します。このような**WAFの機能をAWSサービスとして提供しているのがAWS WAFです**。

図9-4-9 AWS WAFとセキュリティグループによる多層防御

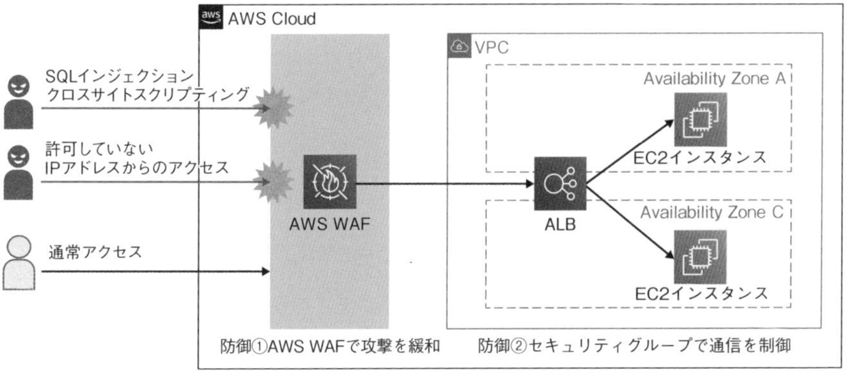

AWS WAFで定義するWeb Access Control List

AWS WAFはAmazon CloudFront、ALB、Amazon API Gateway、AWS AppSyncに**Web Access Control List (Web ACL)**を関連付けることで動作します。**Web ACLとは、AWS WAFが通信内容を検査する際に適用するルールです**。1つのWeb ACL内に複数の検査ルールを定義することは可能ですが、**1つのAWSリソースに対して1つのWeb ACLのみ関連付けが可能である点に注意が必要です**。このWeb ACLで定義するルールは**JSON形式のStatement**として記述されており、Statementに記述されているルールに合致あるいは不一致の場合に検査した通信をどのように扱うのか（通信を許可/拒否など）を**Action**として定義します。ルールで定義する条件にはIPアドレス、HTTPヘッダー、HTTP本文、URI文字列、SQLインジェクション、およびクロスサイトスクリプティングが含まれます。

図9-4-10 Web ACLの検査ルールのイメージ

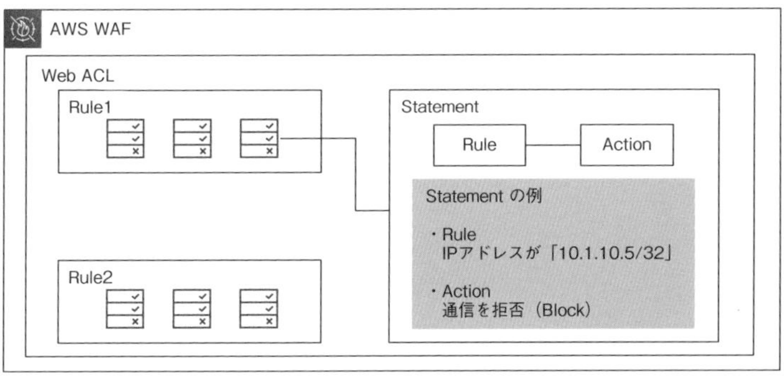

Web ACLで定義可能なルールには、**AWSが提供するマネージドルール（AWS Managed Rules for AWS WAF）**※13と**ユーザーが独自に作成可能なカスタムルール**の2種類があります。マネージドルールは様々な脅威やリスクが高い脆弱性に対する攻撃手法に幅広く対応しており、AWSの脅威リサーチチームによって作成及びメンテナンスが実施されているため、ユーザーによる定期的なメンテナンスは不要です。

マネージドルールは、さらに「AWSが提供しているルール」と「F5やImpervaといったサードパーティー製品を提供する企業がAWS Marketplaceから提供しているルール」の2種類があり、用途に応じて使い分けが可能です。

AWS WAF Web ACL capacity units

AWS WAFで定義可能なルールにはいくつか種類がありますが、実際に適用可能なルール数は**AWS WAF Web ACL capacity units（WCU）**によって制限されます。

WCUは、AWS WAFがWeb ACLに定義されたルールに照らし合わせて通信内容を検査する際の処理コストを表現したもので5,000WCUsを上限としています。ただし、1,500WCUsを超過すると追加料金が発生するためご注意ください。例えば、ある国をリクエスト元とした通信を検査するルールを定義する場合は1WCUを消費し、残り4,999WCUs分のルールが定義可能という計算になります。

マネージドルールとカスタムルールをWeb ACLにルールとして定義するとそれぞれWCUを消費するため、5,000WCUsという制限の中でどのようなルールを組み合わせるのかはとても重要なポイントです。WCUの消費量に関する詳細についてはAWS公式ドキュメント※14を確認してください。

※13 https://docs.aws.amazon.com/ja_jp/waf/latest/developerguide/aws-managed-rule-groups-list.html

※14 https://docs.aws.amazon.com/ja_jp/waf/latest/developerguide/waf-rule-statements-list.html

図9-4-11 WCUの消費量の考え方

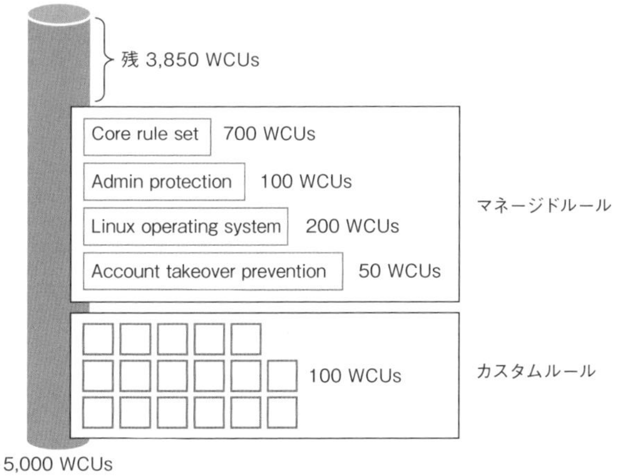

このように、AWS WAFはWeb ACLに適用するルールをWCUの制限の中でユーザーがカスタマイズして利用することができますが、Webサイトへの攻撃手法は日々変化しており、それらの脅威に対応するためには**AWS WAFの継続的な運用(適用ルールの定期的な見直し)**が必要不可欠です。しかしながら、これらの運用はセキュリティに関する専門的な知識が必要になるため、実際の運用は骨が折れます。そのため、**実運用を考慮するとサイバーセキュリティクラウド社が提供している「WafCharm」のようなAWS WAFの運用支援を行うサードパーティー製品を活用して運用負荷の軽減を図ることが推奨されます。**

9.4.6 AWS WAFの利用料金

AWS WAFはWeb ACLの数、Web ACLごとに追加するルールの数、AWS WAFが受信するWebリクエストの数にもとづいて課金されます。詳細はAWS WAFの料金ページ※15を確認してください。

※15 https://aws.amazon.com/jp/waf/pricing/

表9-4-2　AWS WAFの利用料金

リソースタイプ	AWS利用料
Web ACL	1つにつき5.00USD/月（時間で按分）
ルール	1つにつき1.00USD（時間で按分） ※一部、追加料金が発生するAWSマネージドルールグループあり
リクエスト	100万リクエストにつき0.60USD ※Web ACLのWCUsが1,500を超えた場合、500WCUを使用するごとに、100万リクエストにつき0.20ドルの追加料金が課金される。加えて、デフォルトのボディ検査制限を超えて分析されたリクエストは16KB追加されるごとに、100万リクエストにつき0.30ドルが課金される。

※2024年3月時点の東京リージョンにおける利用料を掲載しています。

AWS WAFの利用料の例

Web ACLを1つ、無料のAWSマネージドルールを3つ、カスタムルールを17個、リクエスト数を1,000万/月とした場合

- リソースタイプごとの料金

  Web ACL＝1 * 5.00USD＝5.00USD

  ルール＝(3＋17) * 1.00US＝20.00USD

  リクエスト数＝1,000 / 100 * 0.60USD＝6.00USD

- AWS利用料

  5.00USD＋20.00USD＋6.00USD＝31.00USD

実務 9.5 関連するAWSサービス（サーバー側の暗号化）

この節では暗号化の基礎知識と、AWSにおけるデータ暗号化でよく利用されるAmazon KMSについて説明します。

9.5.1 暗号化の基礎知識

暗号化とは、**あるルール（アルゴリズム）にもとづいて元の情報を他の人に知られないように変換することを示します。一方で、変換された情報を元の状態に戻すこと**を**復号化**といいます。暗号化では、暗号化される前の情報を**「平文」**、暗号化された情報を**「暗号文」**と区別して呼びます。暗号化の代表的な例として「シーザー暗号」と呼ばれるルールがあり、平文に使われるアルファベットを辞書順に3文字分ずらして暗号文を作ります。図9-5-1は、シーザー暗号のイメージです。

図9-5-1 AWSという単語をシーザー暗号化で暗号文にする

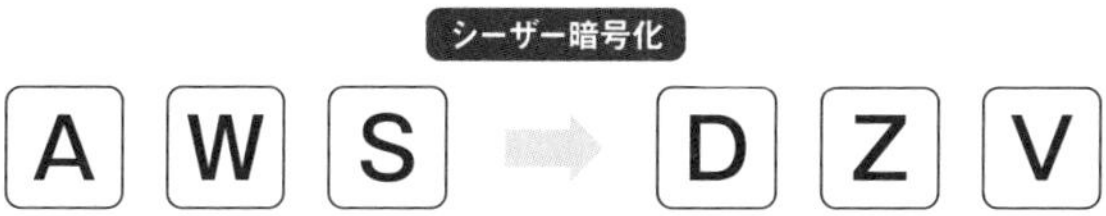

この時、「平文に使われるアルファベットを辞書順にずらす」という変換方法を**アルゴリズム**、「3文字」という変換ルールを**鍵（キー）**といいます。上記のシーザー暗号はルールさえわかってしまえば簡単に復号化できてしまいますが、電子データに用いられる暗号化は、より高度なアルゴリズムと鍵が使われているため容易には復号化できないようになっています。電子データにおける暗号化は**「通信の暗号化」**と**「保管データの暗号化」**に大別することができます。

図9-5-2 電子データの２つの暗号化

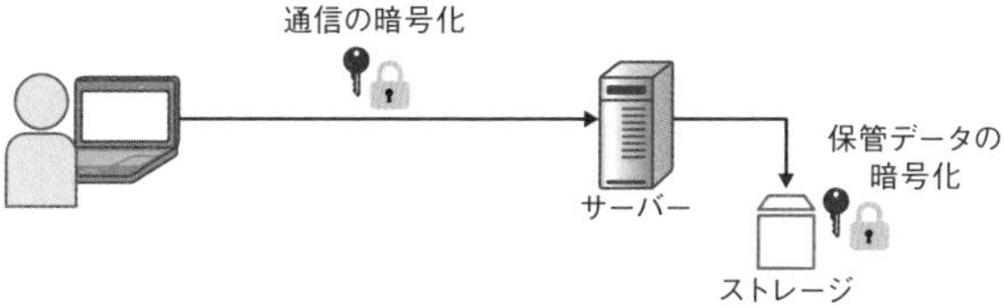

アルゴリズムの仕組みについて詳細は割愛しますが、着目すべき点は**現在普及しているアルゴリズムは仕様が全て公開されている**という点です。公開することによって外部の専門家からアルゴリズムの弱点を指摘してもらうことができるため、アルゴリズムの改善に役立てることが可能となり、より強固なアルゴリズムを構築できると考えられているためです。よって、**暗号化においては仕様が公開されていないデータの変換ルール、つまり鍵(キー)の取り扱いがセキュリティを担保する上で重要となります。**

9.5.2 AWS KMS

AWS KMS (Key Management Service)は、**データ保護に使用される暗号鍵の作成・管理、運用基盤を提供するサービスです。**KMSの利用がサポートされているAWSサービスについてはAWSの製品ページ※16を確認してください。KMSでは保管データを暗号化するだけでなく、暗号化に利用した鍵(キー)自体も暗号化することでセキュリティを高めています。この保管データを暗号化する暗号鍵を**Customer Data Key (CDK)**、CDKを暗号化するための暗号鍵を**Customer Master Key (CMK)**と呼びます。保管データの暗号化時に、KMSはCDKを都度生成するため、ユーザー側ではCDKを管理することができません。よって、**ユーザーはKMSでCMKの作成・管理・運用を行うことになります。**

図9-5-3 KMSにおける鍵とデータの関係

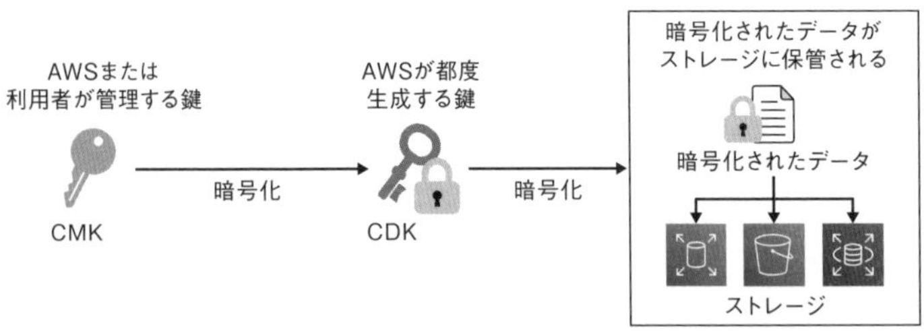

memo

ユーザーからは確認することはできませんが、CMK自体もAWSが用意している高可用性ストレージに暗号化された状態で保管されており、利用時にのみ復号化されて使用することでセキュリティを高めています。

※16 https://aws.amazon.com/jp/kms/features/#AWS_Service_Integration

このCMKはさらに**AWS Managed CMK**と**Customer Managed CMK**の2つに分類されます。AWS Managed CMKはAWSが管理・提供しているCMKで、Customer Managed CMKはユーザー自身が作成するCMKです。それぞれの違いについては表9-5-1にまとめました。

表9-5-1 AWS Managed CMKとCustomer Managed CMKの比較

	AWS Managed CMK	Customer Managed CMK
作成者	AWS	ユーザー
キーポリシー	AWS管理(変更不可)	ユーザー管理
利用可能範囲	特定のAWSサービスのみ	KMS・IAMポリシーで定義
ユーザーアクセス管理	IAMポリシー	IAMポリシー
キーローテーション	1年に1回(自動)	1年に1回(自動)
監査証跡の取得	CloudTrailでKMS APIコールを記録	CloudTrailでKMS APIコールを記録
削除可否	不可	可

ここまでKMSには保管データを暗号化するCDKとCDKを暗号化するCMKの2つの暗号鍵が存在すること、またCMKにはAWS Managed CMKとCustomer Managed CMKの2種類があることを説明しました。ここからは作成されたCMKの運用・管理について、**「ライフサイクル管理」「アクセス管理」**の2つの観点から説明します。

ライフサイクル管理

KMSのライフサイクル管理において押さえておくべき内容として**「キーローテーション」「削除スケジュール」**の2つがあります。CMKは1年に1回自動でキーがローテーションされ、キーローテーションの前後で作成されたCMKは**世代管理**されています。

図9-5-4 キーローテーションの仕組み

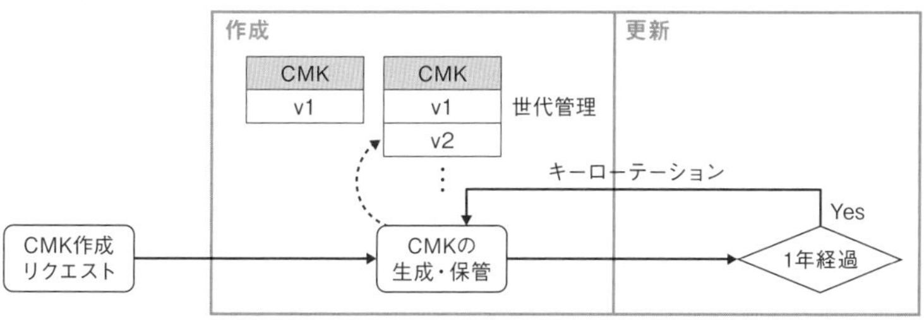

この世代管理の仕組みによって、キーローテーションの前後で暗号化されたデータの復号化を実現しているため、CMKを削除する際には注意すべきことがあります。それは**CMKを削除すると世代管理していた全てのCMKが削除されるため、過去に生成されたCDKで暗号化していたデータを復号化することができなくなってしまうということです。**

図9-5-5 CMKの削除による影響

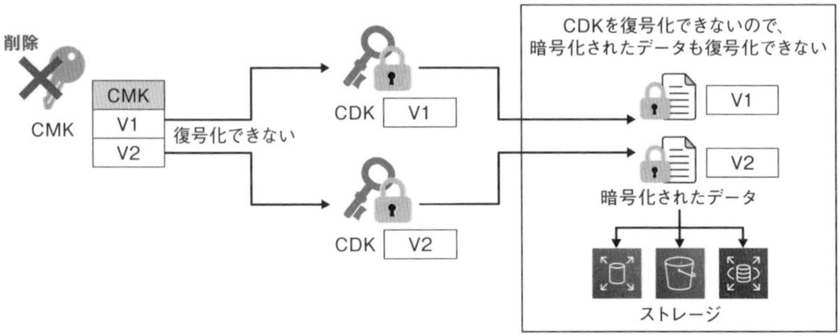

また、**CMKは削除後に復元することができないため、削除は慎重に実施する必要があります**。そこでCMKでは削除による影響を最小限に抑えるために**削除スケジュール**という方法を用います。

削除スケジュールとは、**CMK削除までに待機期間（7日〜30日）を設け、その期間内はCMKを無効化状態にするというものです**。待機期間中はCMKを使った暗号化および復号化はできないため、CMK削除による影響調査を実施することができるというわけです。

削除スケジュールの考え方の前提として、CMKの削除を検討しているということは言い換えると過去に暗号化されたデータを復号化する必要がない、つまり不要であるはずです。仮に削除スケジュールを設定した後に、運用しているシステム（アプリケーション）で一部のデータの復号化ができないなどの事象が発生した場合、削除予定のCMKを利用しているワークロードがまだ存在しており、アプリケーションの改修が必要であるということがわかります。このような事実が判明した場合は、削除スケジュールをキャンセルすることができます。**キャンセル直後はCMKが無効化されているため、利用を再開するためには「有効化状態」に変更する必要があります**。

図9-5-6　CMK削除スケジュールの仕組み

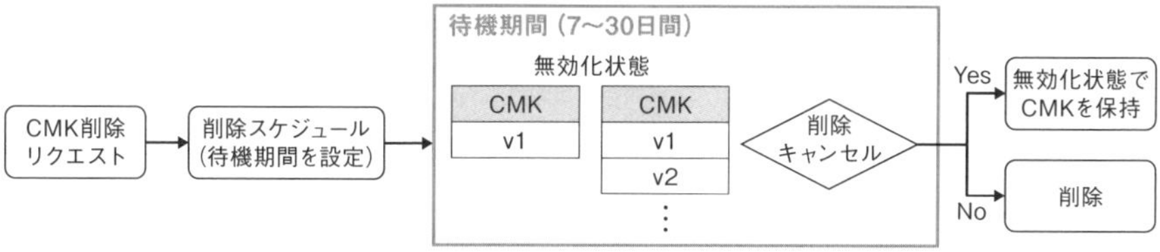

アクセス管理

KMSでは「誰が」「どのような権限で」CMKを利用することができるのかを**キーポリシー**で定義します。キーポリシーはAWSのアクセスポリシーのうち、AWSリソース（ここではKMS）に対して直接ポリシーを定義する**「リソースベースのポリシー」**に分類されます。**リソースベースのポリシーはIAMポリシーよりもポリシー評価が優先されるため、仮にKMSを利用するIAMユーザーにAdministratorAccess（管理者）権限が付与されていたとしても、キーポリシーの定義により操作を制限することが可能です。**ポリシー評価に関する詳細については、AWS公式ドキュメント※17を確認してください。

このようにKMSの利用を許可されたユーザーが、**許可された権限の範囲内でKMSを利用する**ようにアクセス管理をすることで鍵の不正利用を防ぐことができます。**このキーポリシーをユーザー側で自由に設定できるCMKが、Customer Managed CMKです。**

図9-5-7　キーポリシーによるアクセス制御

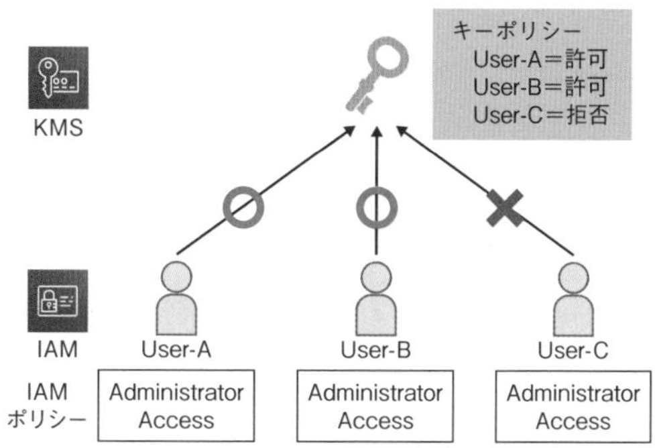

※17 https://docs.aws.amazon.com/IAM/latest/UserGuide/reference_policies_evaluation-logic.html

9.5.3 キーポリシーの記述例

ここからCustomer Managed CMK作成時に作成されるキーポリシーを例に、キーポリシーの内容について1つずつ簡単にご紹介します。

リスト9-5-1のポリシー記述箇所では、❶ **AWSアカウント（111111111111）**上のIAM Userに対して❷ **KMSの全ての操作**を許可しています。

リスト9-5-1 AWSアカウント（111111111111）上のIAM UserにKMSの全ての操作を許可

```
{
    "Id": "key-consolepolicy-3",
    "Version": "2012-10-17",
    "Statement": [
        {
            "Sid": "Enable IAM User Permissions",
            "Effect": "Allow",
            "Principal": {
                "AWS": "arn:aws:iam::111111111111:root"  ❶
            },
            "Action": "kms:*",  ❷
            "Resource": "*"
        },
```

リスト9-5-2のポリシー記述箇所では、KMSの管理者に対して付与する権限を定義しており、❸ **AWSアカウント（111111111111）のIAM User（administrator）**に対して❹ **KMSの管理に関連する操作**を許可しています。

リスト9-5-2 KMSの管理者に対して権限を付与する

```
        {
            "Sid": "Allow access for Key Administrators",
            "Effect": "Allow",
            "Principal": {
                "AWS": "arn:aws:iam::111111111111:user/administrator"  ❸
            },
            "Action": [
                "kms:Create*",
                "kms:Describe*",
                "kms:Enable*",  ❹
                "kms:List*",
                "kms:Put*",
                "kms:Update*",
```

```
                "kms:Revoke*",
                "kms:Disable*",
                "kms:Get*",
                "kms:Delete*",
                "kms:TagResource",
                "kms:UntagResource",
                "kms:ScheduleKeyDeletion",
                "kms:CancelKeyDeletion"
            ],
            "Resource": "*"
        },
```

リスト9-5-3のポリシー記述箇所では、KMSの利用者に対して付与する権限を定義しており、❺**AWSアカウント（111111111111）のIAM User（SampleIAMUser）およびIAM Role（SampleIAMRole）**に対して❻**CDKの作成リクエストや暗号化、復号化を許可する操作**を許可しています。**管理者とは異なりCMKの変更・削除・無効化といった操作は許可していません。これにより管理者以外のユーザーによる誤操作を防いでいます。**

リスト9-5-3 KMSの利用者に対して付与する権限を付与する

```
        {
            "Sid": "Allow use of the key",
            "Effect": "Allow",
            "Principal": {
                "AWS": [
                    "arn:aws:iam::111111111111:role/SampleIAMRole",  ❺
                    "arn:aws:iam::111111111111:user/SampleIAMUser"
                ]
            },
            "Action": [
                "kms:Encrypt",
                "kms:Decrypt",  ❻
                "kms:ReEncrypt*",
                "kms:GenerateDataKey*",
                "kms:DescribeKey"
            ],
            "Resource": "*"
        },
```

リスト9-5-4のポリシー記述箇所では、❼**AWSアカウント（111111111111）のIAM User（SampleIAMUser）**または**IAM Role（SampleIAMRole）**を利

用してAssume Role API Requestを実施するPrincipalに対して❽CMKの利用を許可しています。これはKMSと統合されたAWSサービス（EBSなど）にKMSの利用を委任する際に必要なアクションです。❾Condition句では、KMSと統合されたAWSサービスがユーザーの代わりに操作を実行する場合にのみ、許可されたアクションを実行することができるように制限しています。ちなみにBoolとは真偽値を判定する条件演算子です。

リスト9-5-4　KMSと統合されたAWSサービス（EBSなど）に権限を付与する

```
        {
            "Sid": "Allow attachment of persistent resources",
            "Effect": "Allow",
            "Principal": {
                "AWS": [
                    "arn:aws:iam::111111111111:role/SampleIAMRole ",——❼
                    "arn:aws:iam::111111111111:user/SampleIAMUser"
                ]
            },
            "Action": [
                "kms:CreateGrant",
                "kms:ListGrants",————————————————————❽
                "kms:RevokeGrant"
            ],
            "Resource": "*",
            "Condition": {
                "Bool": {
                    "kms:GrantIsForAWSResource": "true"————————❾
                }
            }
        }
    ]
}
```

図9-5-8　KMSによる操作の委任

9.5.4 KMSの利用料金

KMSは作成した**Customer Managed CMKの数、KMSに対するAPIリクエスト数**にもとづいて課金されます。詳細はKMSの料金ページ[※18]を確認してください。

表9-5-2 無料利用枠

無料利用枠の対象	無料利用
KMSに対するAPIリクエスト数	20,000リクエスト/月 は無料

※2024年3月時点の東京リージョンにおける利用料を掲載しています。

表9-5-3 作成するCustomer Managed CMKの利用料金

キーのタイプ	AWS利用料
Customer Managed CMK	1つあたり1.00USD（時間で按分） ※キーローテーションにより、世代が1つ増えるごとに1.00USDが追加料金として発生

※2024年3月時点の東京リージョンにおける利用料を掲載しています。

表9-5-4 KMSに対するAPIリクエストの利用料金

課金対象	AWS利用料
KMSに対するAPIリクエスト	10,000リクエストあたり0.03USD/月

※2024年3月時点の東京リージョンにおける利用料を掲載しています。

KMSの利用料の例

S3に対して1つのCustomer Managed CMKを利用して、100,000オブジェクトに対してサーバーサイド暗号化を実施した場合

- 課金対象別のAWS利用料金
  Customer Managed CMK = 1 * 1.00USD = 1.00USD
  KMSに対するAPIリクエスト数 = (100,000 − 無料利用枠20,000) / 10,000 * 0.03US = 0.24USD

- AWS利用料
  1.00USD + 0.24USD = 1.24USD

※18 https://aws.amazon.com/jp/kms/pricing/

実務 9.6 関連するAWSサービス(セキュリティイベントに備える)

AWSにおいて**設定不備対策**や**AWSアカウント上の状態チェック**で利用される、AWS Config Rules、AWS Security Hub、AWS Trusted Advisorについて説明します。

また、脅威検知で利用されるAmazon GuardDutyや通知設定で利用されるAmazon SNSとAmazon EventBridgeについても説明します。

9.6.1 AWS Config Rules

AWS Configとは、**AWSアカウント上で構築したリソースの構成情報・変更履歴を記録、管理するAWSサービスです**。AWS Configについては「Chapter 10 監査準備」にて詳述します。

AWS Config Rulesは、**AWS Configで記録・管理している構成情報に対してルールを設け、そのルールに準拠した構成となっているかどうかをチェックする機能です**。近年、クラウドサービスを利用するユーザーにおいて**設定不備による顧客の個人情報流出の恐れ**に至る事案が増加しています。独立行政法人情報処理推進機構(IPA)の「コンピュータウイルス・不正アクセスの届出状況2021年」によると、不正アクセスの原因別比率では、設定不備が全体のおよそ17.7%を占めることがわかっており社会的に問題となっています。

このような背景から2022年10月31日に総務省によって**「クラウドサービス利用・提供における適切な設定のためのガイドライン**[※19]**」**が公開されています。運用の現場において、Config Rulesは**AWSにおける設定不備**を検知する際に活用できるサービスです。例えば、Config Rulesでは以下のようなチェックを実施できます。

- S3バケットのサーバーサイド暗号化設定が有効となっているかどうか
- VPC Flow Logsが有効化されているかどうか
- セキュリティグループが意図しない通信を許可していないかどうか

※19 https://www.soumu.go.jp/main_content/000843318.pdf

Config Rulesで設けることができるルールにはAWSがあらかじめ用意している**「AWSマネージドルール」**とユーザー自身が作成する**「カスタムルール」**の２種類があります。カスタムルールはAWS Lambdaを利用してPythonやJavaといったプログラミング言語を使って処理を定義する必要があるため実装の難易度が高いです。

図9-6-1　AWSマネージドルールとカスタムルール

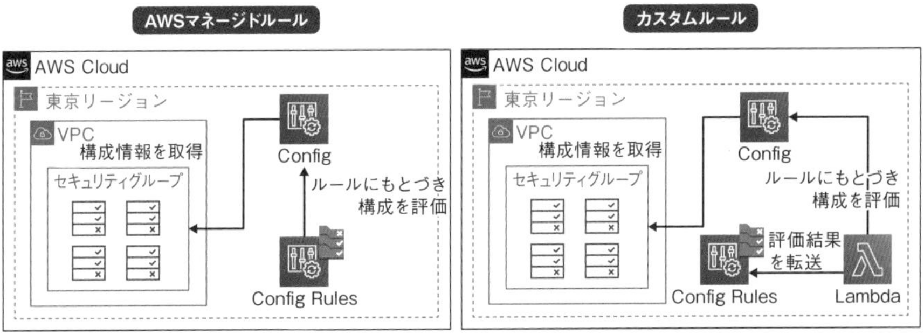

図9-6-2は、**「S3バケットのサーバーサイド暗号化設定が有効となっているかどうかをチェックするAWSマネージドルール」**を指定するコンソール画面です。AWSマネージドルールだけでも150を超えるルールが用意されており様々な要件に対応することが可能なので、**初めて利用される方はまずはAWSマネージドルールのご利用を推奨します**。表9-6-1で、マネージドルールをいくつか紹介しますが、その他指定可能なAWSマネージドルールの一覧についてはAWS公式ドキュメントを確認してください。

memo

AWS公式ドキュメント※20からAWSマネージドルールを探し出す際、**AWSマネージドルール名には接頭語に「ec2」「s3」のようにAWSサービス名が記載されているため、ルールの適用を検討しているAWSサービス名でドキュメントを検索すると効率的にルールを探し出せます。**

※20 https://docs.aws.amazon.com/ja_jp/config/latest/developerguide/managed-rules-by-aws-config.html

図9-6-2 Config Rulesのルール設定画面

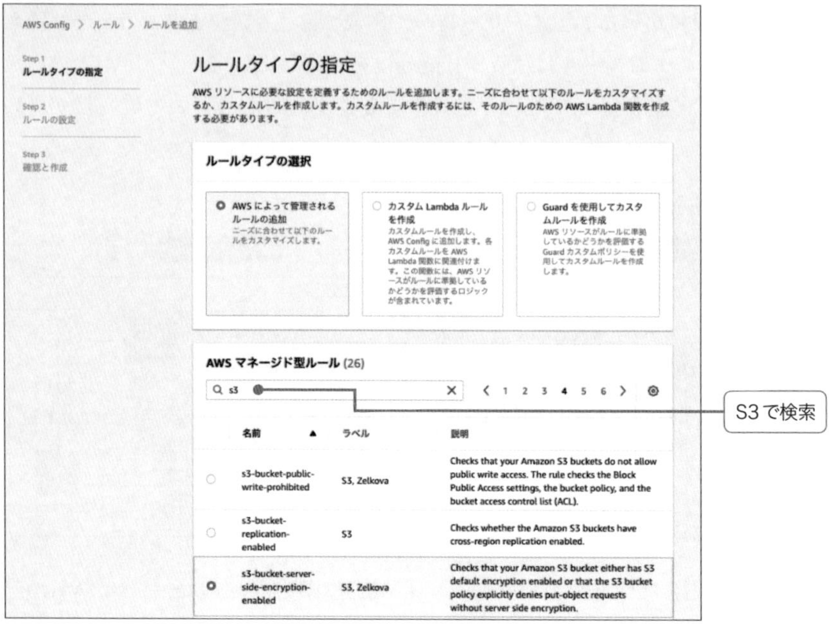

表9-6-1 AWSマネージドルールの例

AWSサービス	ルール名	内容
EBS	encrypted-volumes	アタッチ状態のEBSボリュームが暗号化されているかどうかを確認する
IAM	iam-user-mfa-enabled	ユーザーの多要素認証（MFA）が有効になっているかどうかを確認する
RDS	rds-storage-encrypted	RDS DB インスタンスに対してストレージの暗号化が有効になっているかどうかを確認する
VPC	vpc-flow-logs-enabled	フローログが見つかったかどうか、および Amazon VPCに対して有効になっているかどうかを確認する
セキュリティグループ	vpc-sg-open-only-to-authorized-ports	0.0.0.0/0を受信するセキュリティグループがTCPまたはUDPのポートにアクセス可能かどうか確認する
S3	s3-bucket-server-side-encryption-enabled	S3のデフォルト暗号化が有効になっていることを確認する

Config Rulesの修復アクション

Config Rulesでは、設定したルールに非準拠となったAWSリソースに対して、あらかじめ処理が定義されている**「修復アクション」**を実行することができます。修復アクションはSSMが提供する機能群のうち**SSM Automation**と**SSM Documents**という機能を利用して定義・実行しています。

図9-6-3 Config Rulesと修復アクション

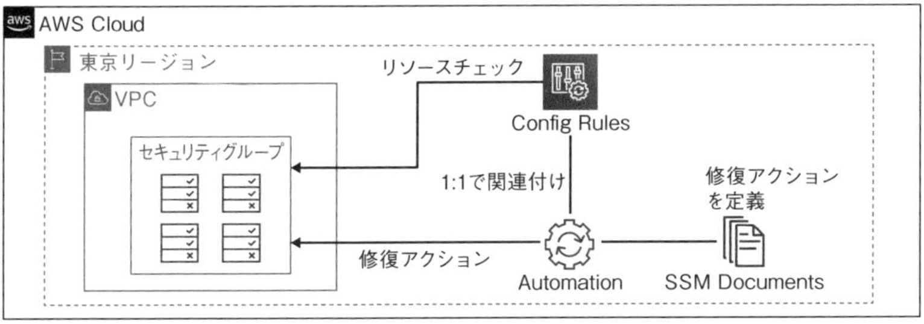

この修復アクションは**1つのConfig Rulesのルールに対して1つの修復アクションのみ設定することが可能**です。例えば、以下のような修復アクションを実行することができます。

- S3バケットのサーバーサイド暗号化設定を有効にする
- VPC Flow Logsを有効化する
- 利用されてないセキュリティグループを削除する

図9-6-4と図9-6-5は「S3バケットのサーバーサイド暗号化設定を有効にする修復アクション」を指定する際のコンソール画面です。

図9-6-4 Config Rulesで修復アクションを指定する①

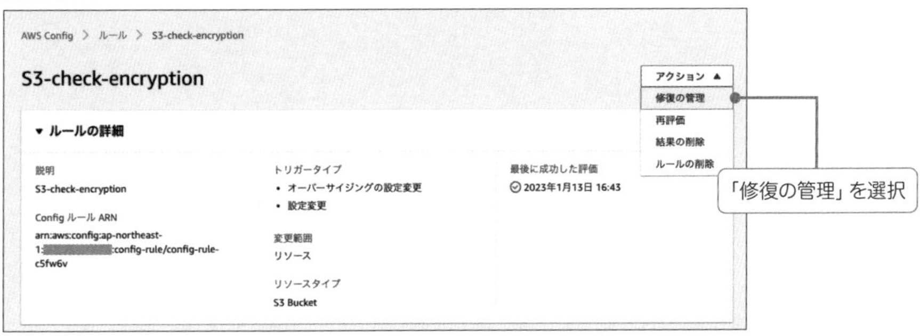

図9-6-5　Config Rulesで修復アクションを指定する②

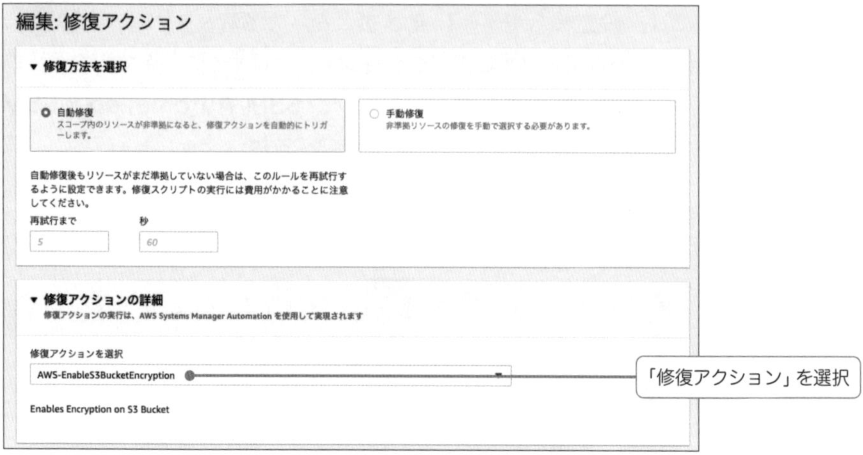
編集: 修復アクション
▼ 修復方法を選択
自動修復
スコープ内のリソースが非準拠になると、修復アクションを自動的にトリガーします。
手動修復
非準拠リソースの修復を手動で選択する必要があります。
自動修復後もリソースがまだ準拠していない場合は、このルールを再試行するように設定できます。修復スクリプトの実行には費用がかかることに注意してください。
再試行まで
秒
5
60
▼ 修復アクションの詳細
修復アクションの実行は、AWS Systems Manager Automation を使用して実現されます
修復アクションを選択
AWS-EnableS3BucketEncryption
Enables Encryption on S3 Bucket
「修復アクション」を選択

修復アクションでは、AWSがあらかじめ用意している**「AWSマネージドのアクション」**とユーザー自身が作成する**「カスタム修復アクション」**の2種類があります。

カスタム修復アクションは、事前にSSM DocumentsでYAML記法もしくはJSON記法を用いて実行する処理を作成する必要があるため、実装の難易度が高いです。AWSマネージドのアクションだけでも100を超えるアクションが用意されており様々な要件に対応することが可能です。そのため、初めて利用する方はまずはAWSマネージドのアクションの利用を推奨します。

表9-6-2で、マネージドアクションをいくつか紹介しますが、その他の指定可能なAWSマネージドのアクションの一覧についてはAWS公式ドキュメント※21を確認してください。

※21　https://docs.aws.amazon.com/ja_jp/systems-manager-automation-runbooks/latest/userguide/automation-runbook-reference.html

表9-6-2 AWSマネージドのアクションの例(修復アクション)

AWSサービス	アクション名	内容
EBS	AWSConfigRemediation-EnableEbsEncryptionByDefault	現在のリージョンのAWSアカウントでEBSのデフォルト暗号化を有効にする
IAM	AWSConfigRemediation-RevokeUnusedIAMUserCredentials	未使用のIAMパスワードとアクティブアクセスキーを無効にする。また、期限切れのアクセスキーを無効にし、期限切れのログインプロファイルを削除する
VPC	AWSSupport-EnableVPCFlowLogs	VPC Flow Logsを作成する
セキュリティグループ	AWS-DisablePublicAccessForSecurityGroup	すべてのIPアドレス(0.0.0.0/0)に対して開かれているSSHとRDPのポートがあれば該当するルールを削除する
S3	AWSConfigRemediation-ConfigureS3PublicAccessBlock	AWSアカウントレベルでのS3パブリックアクセスブロックの設定を有効化する
S3	AWS-EnableS3BucketEncryption	S3バケットのサーバーサイド暗号化(AES-256)を有効化する

図9-6-6 SSMのDocumentsでカスタム修復アクションを作成する

Config Rulesと修復アクションを利用することで、セキュリティインシデントにつながるような設定変更を利用者が実施してしまった際、それらを検知して自動修復できるため、運用担当者に負担をかけることなくセキュリティリスクを低減できます。

9.6.2 Config Rulesの活用パターン

Config Rulesの活用パターンは大きく分けると2つあります。

1 Config Rulesでルール作成と通知設定を行う

まず、Config Rulesで意図したAWSリソース構成になっているかどうか、その**準拠状況をチェックするためのルール**を作成します。ルールを作成し、準拠状況をチェックできたとしても運用担当者がそれに気づかなければ初期対応が遅れてしまう可能性があります。そこで後述するAmazon EventBridgeとAmazon SNSを利用して、**チェックした結果を運用担当者に通知する**ようにします。通知に関する各AWSサービスについては「9.6.12 Amazon SNS」「9.6.14 Amazon EventBridge」で詳しく解説します。**この活用パターンでは修復アクションは定義しません。それはConfig Rulesでルールを作成している管理者が、必ずしもAWSリソースに対する変更権限を持っているわけではない場合があるからです。**

例えば、**Config Rulesの管理者が部署Aのエンジニア**、**Config RulesでチェックしたAWSリソースの管理者が部署Bのエンジニア**というそれぞれ管理者が異なるケースを考えてみます。この場合、Config RulesでAWSリソースをチェックした結果、非準拠だったとしても部署Bで管理しているAWSリソースに対して部署Aが無断で変更作業をすることはルールとして許容されていないことが多いはずです。こういった場合、部署Aのエンジニアは部署Bのエンジニアに対して、非準拠であった旨を伝え、適切な対応を実施するよう促すことになります。こういったケースでは修復アクションを定義せずに、準拠状況のチェックと通知設定に留めておきます。

2 Config Rulesでルール作成および修復アクションを設定する

こちらの活用パターンでは、**Config Rulesでルールの作成**および**修復アクション**をセットで設定します。先述の活用パターンとは異なり、**Config Rulesの管理者とAWSリソースの管理者が同一の場合などに活用可能なパターンです**。また、Config Rulesで非準拠となったAWSリソースの構成が会社内のセキュリティポリシーに違反しており、早急に対処が必要である場合にも有効な活用パターンです。

例えば、セキュリティポリシーで**ストレージに保管されるデータの暗号化に関するルール**が規定されていた場合、暗号化設定がされていないS3やRDS、EBSといったAWSリソースがあるとセキュリティポリシー違反となるため、暗号化設定の対応が必須となります。また、セキュリティグループでSSHを許可するインバウンドルールのCIDRブロックに「0.0.0.0/0」が設定されていた場合、**悪意のある第三者による不正アクセスのリスクが高まるため、早急に対応できる修復アクションが有効となります**。実際、インバウンドルールの不用意な開放によって不正アクセスを許してしまった、というセキュリティインシデントが発生した事例もあるため効果的な対策といえます。表9-6-3で、Config Rulesにおけるルールと修復アクションの組み合わせの例を示します。

表9-6-3 Config Rulesにおけるルールと修復アクションの組み合わせ

ルール	アクション	内容
vpc-flow-logs-enabled	AWSSupport-EnableVPCFlowLogs	VPC Flow Logsが作成されていなければ、VPC Flow Logsを作成する
iam-user-unused-credentials-check	AWSConfigRemediation-RevokeUnusedIAMUserCredentials	未使用のIAMパスワードとアクティブアクセスキーがあれば無効化する。また期限切れのアクセスキーを無効にし、期限切れのログインプロファイルを削除する
vpc-sg-open-only-to-authorized-ports	AWS-DisablePublicAccessForSecurityGroup	0.0.0.0/0 を受信するセキュリティグループがTCPまたはUDPのポートにアクセス可能かどうか確認し、全てのIPアドレス（0.0.0.0/0）に対して開かれているSSHとRDPのポートがあれば該当するルールを削除する
s3-bucket-server-side-encryption-enabled	AWS-EnableS3BucketEncryption	S3のデフォルト暗号化が有効になっていなければ、S3バケットのサーバーサイド暗号化（AES-256）を有効化する

9.6.3 Config Rulesの利用料金

Config Rulesは、定義したルールによって評価された評価数にもとづいて課金されます。詳細はAWS Configの料金ページ※22を確認してください。

表9-6-4 Config Rulesの利用料金

Config Rulesによって評価された数	AWS利用料
最初の100,000件	ルール評価ごとに0.001USD
100,001件～500,000件	ルール評価ごとに0.0008USD
500,001以上	ルール評価ごとに0.0005USD

※2024年3月時点の東京リージョンにおける利用料を掲載しています。

※22 https://aws.amazon.com/jp/config/pricing/

Config Rulesの利用料の例

Config Rulesによって月間200,000件の評価があった場合

- 評価数に応じたAWS利用料金
  最初の100,000件 = 100,000 * 0.001USD = 100.00USD
  100,001件～200,000件 = 100,000 * 0.0008USD = 80.00USD

- AWS利用料
  100.00USD + 80.00USD = 180.00USD

9.6.4 AWS Security Hub

AWS Security Hubとは、AWSにおいてセキュリティ管理を行うサービスとして位置付けられ、以下の2つの機能を備えています。

❶ AWSアカウントのセキュリティ状態を継続的にチェックする機能
❷ セキュリティイベントを集約管理する機能

9.6.5 AWSアカウントのセキュリティ状態を継続的にチェックする機能

Security Hubがセキュリティ状態をチェックする際は、**「セキュリティ標準」**と呼ばれるチェック項目群にもとづいてAWSアカウントのセキュリティ状態を評価します。このセキュリティ標準は**5つの標準**が用意されており、どのセキュリティ標準をもとにチェックを行うのかは、ユーザー側で1つ以上選択することができます。

表9-6-5 5つのセキュリティ標準の違い

セキュリティ標準	説明
AWS基礎セキュリティのベストプラクティス v1.0.0	AWSにおけるセキュリティのベストプラクティスをもとにしたセキュリティ標準
CIS AWS Foundations Benchmark v1.2.0	米国の非営利団体であるCIS (Center for Internet Security) により公開されているAWS Foundations Benchmark v1.2.0のセキュリティ標準
CIS AWS Foundations Benchmark v1.4.0	米国の非営利団体であるCIS (Center for Internet Security) により公開されているAWS Foundations Benchmark v1.4.0のセキュリティ標準
PCI DSS v3.2.1	継続的なPCI DSSセキュリティ活動をサポートするように設計されたセキュリティ標準
NIST Special Publication 800-53 Revision 5	米国国立標準技術研究所(NIST)のSpecial Publication 800-53 Revision 5 (NIST SP 800-53 r5) に準拠したセキュリティ標準

セキュリティ標準を構成している各チェック項目は**「セキュリティコントロール」**と呼ばれます。セキュリティコントロールはAWSによって新規に追加されることがありますが、**新規に追加されたセキュリティコントロールを自動的に有効化し、チェック項目として含めるかどうかはユーザー側で設定することができます。**

このセキュリティコントロールは先述した**Config Rules**の仕組みを利用して作成されています。**そのため、Config Rulesを利用するにあたって必要となるAWS Configをあらかじめ有効化しておかなければ、Security Hubを有効化することはできません。**実際にSecurity Hubを有効化した後にConfig Rulesのルールを確認すると、接頭語が**「securityhub-」**ではじまるルール群が作成されていることが確認できます。

図9-6-7 Security Hub を有効化時のConfig Rules

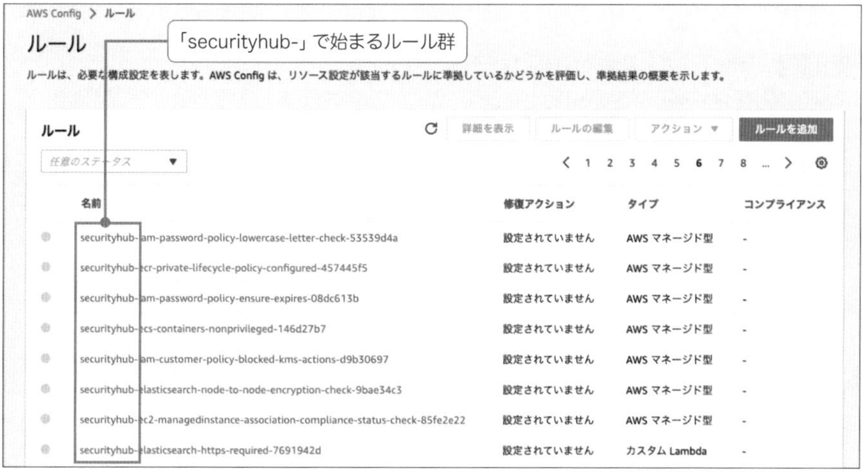

5つのセキュリティ標準のうち**「AWS基礎セキュリティのベストプラクティス v1.0.0」**は、AWSセキュリティの専門家が作成およびメンテナンスしています。他のセキュリティ標準では、セキュリティコントロールのメンテナンスはほとんど実施されませんが「AWS基礎セキュリティのベストプラクティス v1.0.0」は適宜見直され、セキュリティコントロールの追加やアップデートが実施されています。そのため、**5つのセキュリティ標準からどのセキュリティ標準を選択するか判断に迷った場合、まずは「AWS基礎セキュリティのベストプラクティス v1.0.0」を有効化することを推奨します。**

図9-6-8 セキュリティチェックの評価結果

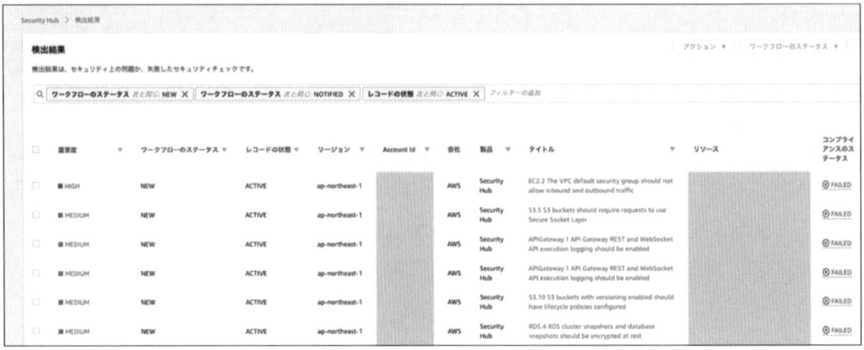

また、Security Hubでは**セキュリティ標準ごとにスコアリング**表示されるため、現在のAWSアカウントの環境のセキュリティ状態を一目で確認することが可能です。

図9-6-9 セキュリティ基準で評価されたセキュリティスコア

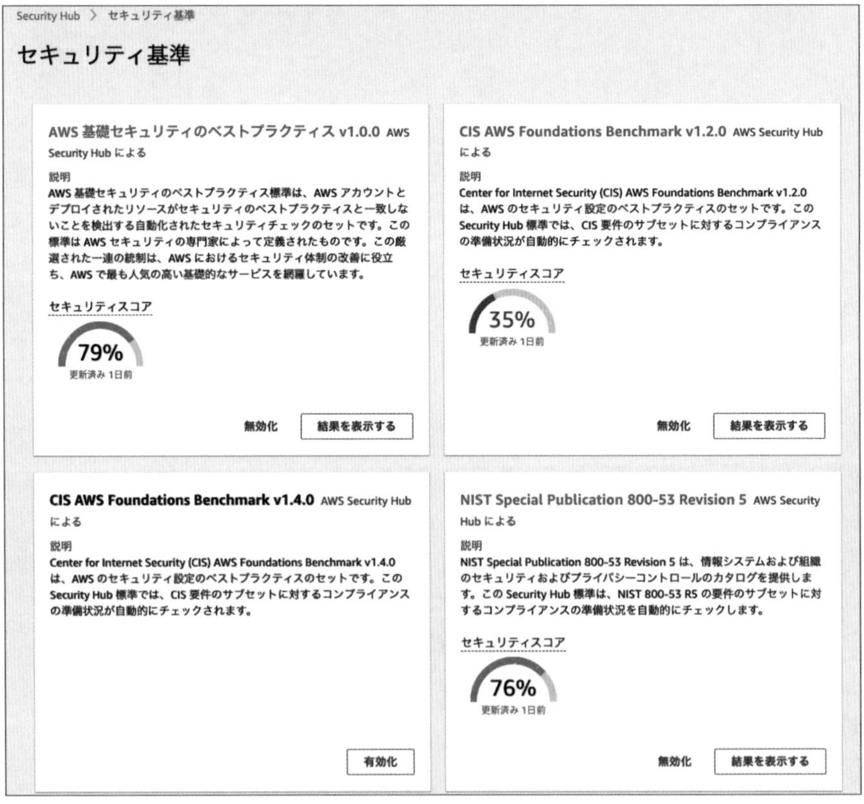

9.6.6 Security Hubの検出結果（Findings）を理解する

セキュリティ標準をもとにしたセキュリティチェックについて説明しましたが、セキュリティ状態を評価し、検出結果を取得しても、それらに対して何らかのセキュリティ対策を実施しなければ検出結果は宝の持ち腐れとなります。セキュリティ対策を実施するためには、**Security Hubの検出結果（Findings）**を理解することが初めの一歩となります。ここからは、検出結果を理解する上で押さえておくべき項目として**「重要度」「ワークフローのステータス」「レコードの状態」「コンプライアンスのステータス」**の4つについて説明します。

図9-6-10 Security Hubの検出結果の例

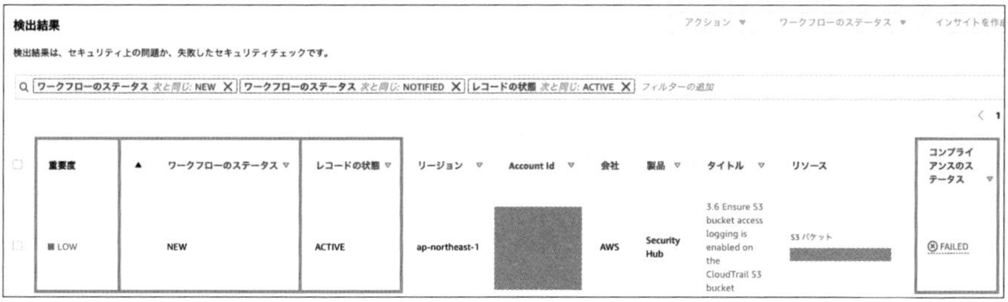

重要度

セキュリティ標準をもとに実施されたセキュリティチェックの評価結果は、セキュリティリスクの重要度に応じて**「INFORMATIONAL」「CRITICAL」「HIGH」「MEDIUM」「LOW」**の5つに分類されます。この分類は、検出結果としてコンソール画面に一覧表示されます。

表9-6-6 セキュリティリスクの重要度

重要度	説明
CRITICAL	問題が波及しないよう早急に問題を解決する必要がある
HIGH	優先的に解決すべき問題である
MEDIUM	解決すべき問題ではあるが、緊急性はない
LOW	問題に対してアクションを起こす必要はない
INFORMATIONAL	問題が発見されなかった、あるいはコンプライアンスステータスでWARNINGまたはNOT_AVAILABLEが返されている

ワークフローのステータス

Security Hubではセキュリティ対策の実施状況を、**ワークフローステータス**という設定項目で管理することができます。また、表9-6-7に示している4つのステータスを使って管理します。

表9-6-7 Security Hubのワークフローステータス

ワークフローステータス	説明
NEW（新規）	結果に対するアクションを実施する前の初期状態
NOTIFIED（通知済み）	検出結果についてAWSリソースの所有者あるいは管理者に通知あるいは連携したが、問題解決に対するアクションは実施されていない状態 以下の場合はNOTIFIEDからNEWに自動的に更新され、追加調査が必要である旨が示唆される ・レコードの状態がARCHIVEDからACTIVEに変更される場合 ・コンプライアンスステータスがPASSEDからその他のステータスに変更される場合
SUPPRESSED（抑制済み）	検出結果の内容を調査し、対応が不要と判断された状態 レコードの状態がARCHIVEDからACTIVEに変更された場合でもこのワークフローステータスは更新されない
RESOLVED（解決済み）	検出結果の内容を調査し、必要な措置を講じた結果として問題が解決された状態 以下の場合はRESOLVEDからNEWに自動的に更新され、追加調査が必要である旨が示唆される ・レコードの状態がARCHIVEDからACTIVEに変更される場合 ・コンプライアンスステータスがPASSEDからその他のステータスに変更される場合

レコードの状態

レコードの状態は、**セキュリティチェックの検出結果に関する状態を示しています。**

表9-6-8 Security Hubのレコードの状態

レコードの状態	説明
ACTIVE	Security Hubによって検出結果が最初に生成されたときの状態
ARCHIVED	検出結果が非表示になっている状態。アーカイブされた検出結果はすぐに削除されるわけではない 以下の場合は検出結果が自動的にアーカイブされる ・関連付けられたAWSリソースが削除された場合 ・AWSリソースが存在しない場合 ・セキュリティコントロールが無効になっている場合

コンプライアンスのステータス

コンプライアンスのステータスは、セキュリティチェックを実施した結果、該当のAWSリソースがセキュリティコントロールに準拠しているかどうかを評価します。

表9-6-9 コンプライアンスのステータス

コンプライアンスステータス	説明
PASSED	セキュリティコントロールに準拠していることを示す。この場合ワークフローステータスは自動的にRESOLVEDに更新される 以下の場合はワークフローステータスがNEWに更新される ・コンプライアンスステータスがPASSEDからその他のステータスに変わり、ワークフローステータスがNOTIFIEDもしくはRESOLVEDである場合
FAILED	セキュリティコントロールに非準拠であることを示す
WARNING	セキュリティチェックは完了したが、PASSEDもしくはFAILEDのいずれの状態か判断できないことを示す
NOT_AVAILABLE	セキュリティチェックが未完了であることを示す。未完了となる原因として以下の例が挙げられる ・サーバーが故障している ・セキュリティチェック対象のAWSリソースが削除されている ・Config Rulesの評価結果がNOT_APPLICABLEとなっている この場合、Security Hubは検出結果を自動的にアーカイブする

9.6.7 Security Hubの利用方法

ここまで、Security Hubの検出結果を理解するために押さえておくべき項目について説明しました。次に検出結果を踏まえて、実際のどのようにSecurity Hubを利用するのかを説明します。

セキュリティコントロールをチューニングする

Security Hubの検出結果を確認した結果として、該当する**セキュリティコントロールが不要**と判断されることがあります。例えば、「AWS基礎セキュリティのベストプラクティス v1.0.0」のセキュリティ標準には「ハードウェアMFAはルートユーザーに対して有効にする必要があります」というセキュリティコントロールがあります。これはAWSアカウントのルートユーザーにハードウェアMFAが設定されているかどうかをチェックするものですが、企業のセキュリティポリシー上はGoogle Authenticatorのような仮想MFAデバイスが許容されるケース、つまりハードウェアMFAでなくてもよいという場合があります。この場合、該当するセキュリティコントロールは不要となりセキュリティチェックをする必要もなくなります。このようにセキュリティコントロールによるチェックが不要になった際、**Security Hubではセキュリティコントロールを無効化することができます。**無効化する場合と同様の手順を踏めば、セキュリティコントロールを再度有効化することも可能です。**無効化する場合はなぜ無効化すると判断したのか、その理由を思い出すことができるように無効化の理由を選択しておくことをお勧めします。**

図9-6-11　セキュリティコントロールを無効化する

図9-6-12　セキュリティコントロールを無効化する理由を選択する

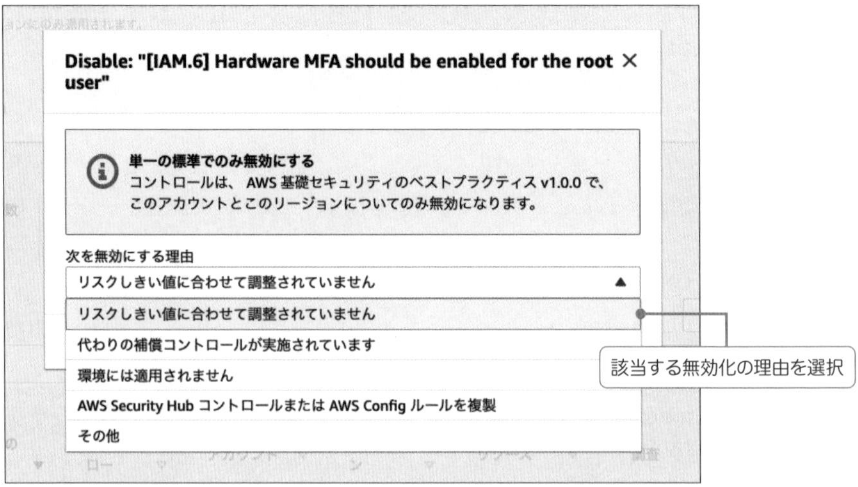

Security Hubの検出結果に対応結果を反映する

Security Hubの検出結果の内容を調査し、必要な措置を講じた結果として問題が解決されたとします。しかし、**必要な措置を講じたという事実**はどのようにして把握することができるのでしょうか。Security Hubでは、検出結果に対して**ワークフローのステータス**を変更することで対応結果を反映させることができます。Security Hubの通知設定を行っている場合、設定内容によっては検出結果に対する対応完了後にワークフローのステータスを**「抑制済み」**や**「解決済み」**にしていないと再度通知されるため、忘れずに変更しておきましょう。

図9-6-13　ワークフローのステータスを変更する

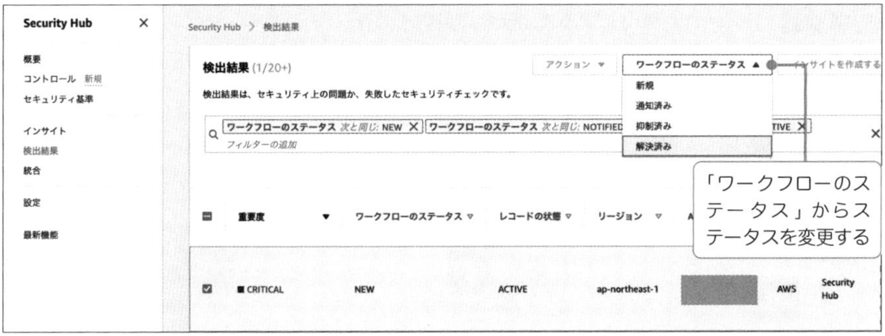

9.6.8　セキュリティイベントを集約管理する機能

Security Hubでは、**AWSの各種セキュリティ関連サービスならびにサードパーティー製品を統合することによってセキュリティイベントを集約管理することができます**。Config Rulesや後述するAmazon GuardDutyはSecurity Hubによる統合をサポートしているためSecurity Hubでセキュリティイベントを集約管理することが可能です。その他、Security Hubと統合可能なサービスについてはAWSドキュメント※23を確認してください。

Security Hubには、セキュリティイベントの集約管理以外にも便利な機能があります。それは**リージョン集約機能**と**アカウント統合機能**です。Security Hubは**リージョナルサービス**と呼ばれるサービスに分類され、**東京リージョンやバージ**

※23 https://docs.aws.amazon.com/ja_jp/securityhub/latest/userguide/securityhub-findings-providers.html

ニア北部リージョンといったAWSリージョンごとに有効化する必要があるAWSサービスの1つです。リージョン集約機能では、複数のAWSリージョンで有効化しているSecurity Hubの検出結果を、1つのAWSリージョンで集約管理することができます。また2つ以上のAWSアカウントでSecurity Hubを有効化している場合には、アカウント統合機能を利用することで任意のAWSアカウントに検出結果を集約することができます。これらの機能をフル活用することで、Security Hubでは複数のAWSアカウントならびに複数のAWSリージョンで有効化しているSecurity Hubの検出結果を**1つのAWSアカウント、1つのAWSリージョン**に集約することができます。

図9-6-14 Security Hubによる検出結果の集約イメージ

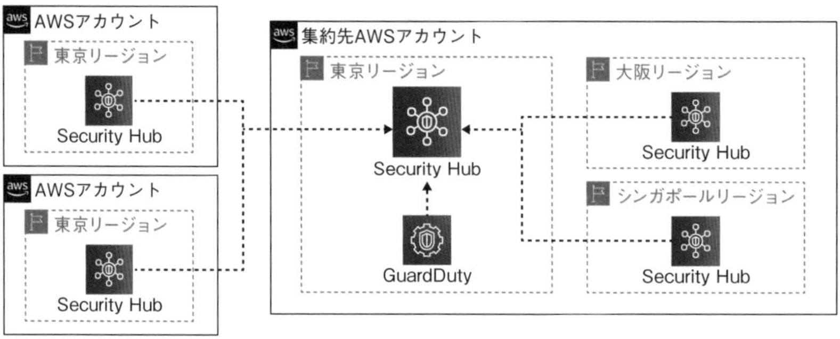

図9-6-15 Security HubでAWS アカウントを統合する

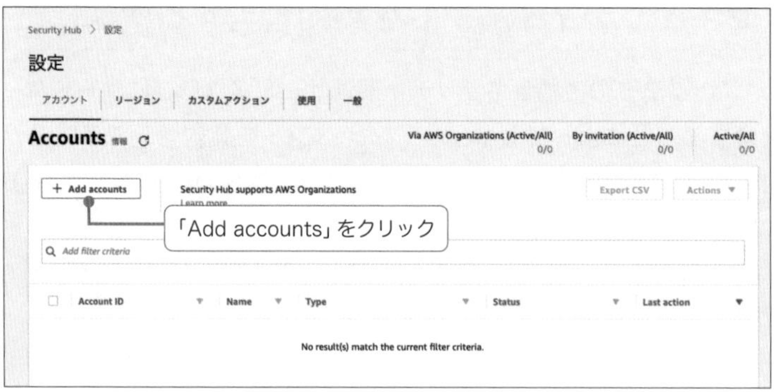

図9-6-16 Security HubでAWSリージョンを統合する

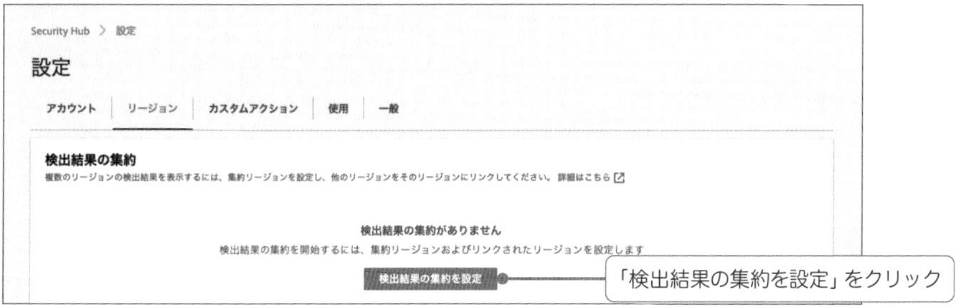

9.6.9 Security Hubの利用料金

Security Hubは**セキュリティチェックによって評価された評価数、セキュリティイベントの集約数**にもとづいて課金されます。詳細はSecurity Hubの料金ページ※24を確認してください。Security HubはConfig Rulesの仕組みを利用して評価しているため、セキュリティチェックによって評価された評価数にかかるAWS利用料はConfig Rulesと同様の料金体系になります。Security Hubは有効化してから30日間はトライアル期間となるため、無料で利用できます。**またSecurity Hubは設定メニューから使用量およびAWS利用料を確認することができるため、トライアル期間終了後のAWS利用料の目安を把握することができます。**

図9-6-17 Security Hubの使用量およびAWS利用料

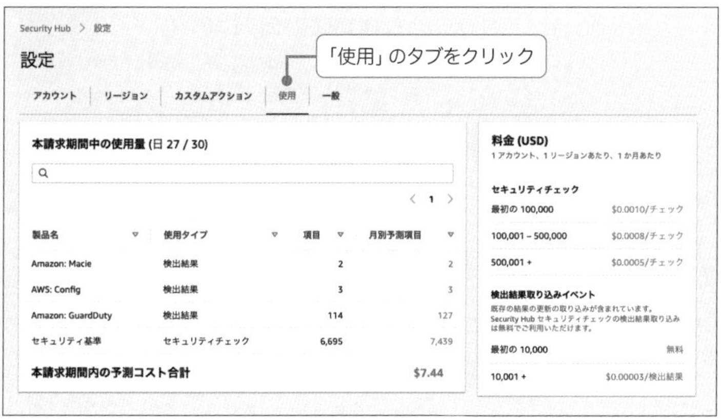

※24 https://aws.amazon.com/jp/security-hub/pricing/

表9-6-10 セキュリティチェックにかかる利用料金

Config Rulesによって評価された数	AWS利用料
最初の100,000件	セキュリティチェックごとに0.001USD
100,001件～500,000件	セキュリティチェックごとに0.0008USD
500,001以上	セキュリティチェックごとに0.0005USD

※2024年3月時点の東京リージョンにおける利用料を掲載しています。

表9-6-11 セキュリティイベントの集約にかかる利用料金

集約されたイベント	AWS利用料
Security Hubで生成された検出結果	無料
最初の10,000件	無料
10,000件以上	1件あたり0.00003USD

※2024年3月時点の東京リージョンにおける利用料を掲載しています。

Security Hubの利用料の例

Security Hubによって月間200,000件のセキュリティチェックが行われ、100,000件のセキュリティイベントが集約された場合

- セキュリティチェックにかかるAWS利用料金
  最初の100,000件 = 100,000 * 0.001USD = 100.00USD
  100,001件～200,000件 = 100,000 * 0.0008USD = 80.00USD

- セキュリティイベントの集約にかかるAWS利用料金
  最初の100,000件 = 0USD
  100,001件～100,000件 = 90,000 * 0.00003USD = 2.70USD

- AWS利用料
  100.00USD + 80.00USD + 2.70USD= 182.70USD

9.6.10 Amazon GuardDuty

Amazon GuardDutyは、AWSの機械学習技術を活用して継続的なデータ分析およびセキュリティ監視を行い、検出結果とその詳細情報を可視化できるサービスです。GuardDutyが分析するデータソースはDNSクエリログ、VPC Flow Logs、CloudTrailのイベントログ、CloudTrailの管理イベントログ、CloudTrailのS3データイベントログ、EKSの監査ログの6つです。これら6つのデータに対

して機械学習技術を用いて分析し、セキュリティの観点から脅威だと考えられるデータをそのリスクによって**HIGH/MEDIUM/LOW**に分類した上で検出結果として検出します。

図9-6-18 GuardDutyの役割

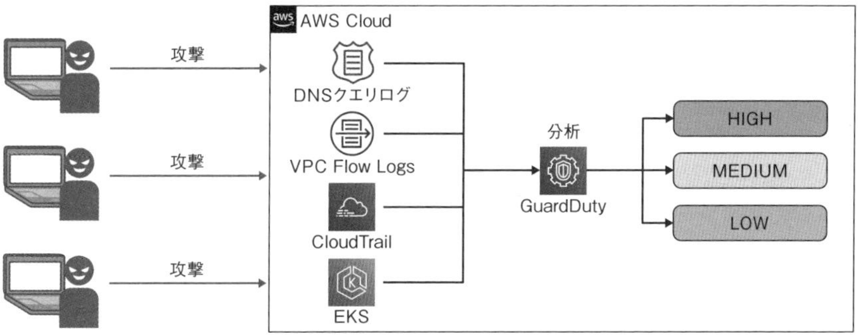

S3データイベントログ、EKSの監査ログの分析についてはユーザー側で有効化する必要があるため注意が必要です。特にS3データイベントログについてはAWSでも有効化が推奨されています。**もし無効になっている場合、GuardDutyはS3バケットに格納されているデータへの疑わしいアクセスの検出結果をモニタリングすることができません。**

図9-6-19 S3データイベントログの分析を有効化する

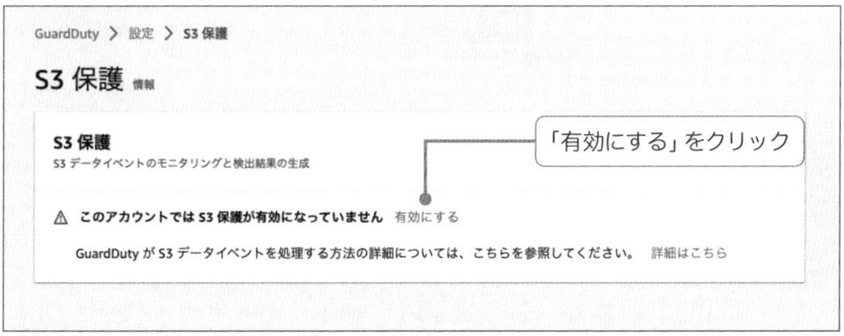

では、GuardDutyはどういった基準で脅威を判断しているのでしょうか。

それは悪意のある第三者による攻撃の動機や標的、攻撃パターンなどを組織的に収集、分析した**脅威インテリジェンス**と呼ばれるデータをもとに判断しています。

例えば「ユーザーAという人物は怪しいから気をつけた方がよい」というデータが脅威インテリジェンスに定義されていた場合、GuardDutyはユーザーAからアクセスがあった際に脅威インテリジェンスをもとにユーザーAを脅威であると判断します。

この脅威インテリジェンスは、AWS内部のセキュリティチームとProofpointやCrowdStrikeなどのサードーパーティープロバイダが協力して作成しているため、ユーザー自身で作成したりメンテナンスしたりする必要はありません。この脅威インテリジェンスを無料でかつメンテナンス不要で利用できることはGuardDutyを利用する上での最大のメリットといえます。

図9-6-20　分析結果に対する脅威判定の主体

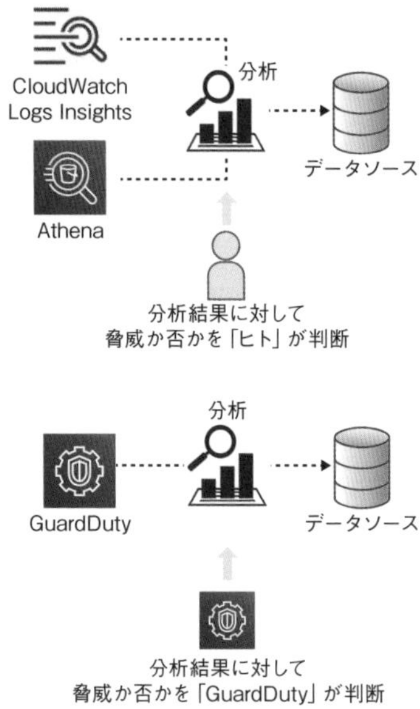

その他にもGuardDutyは、**ログデータの収集と分析を自動で行ってくれるというメリット**があります。通常ログデータを分析する場合は、収集するログフォーマットを統一したり、ログデータの保管先を決定したり、大量のログデータの保管に耐えうるストレージ容量の確保など、考慮する点が多くあります。GuardDutyはこれらを一手に引き受けてくれるため、脅威を検出するためのログ分析の仕組みを容易に手に入れることができます。

GuardDutyで検出されるAWSリソースは**EC2・IAM・Kubernetes・S3**の4つがメインとなります。また、脅威と判断されたデータはその脅威の目的によって表9-6-12のように分類することが可能です。

表9-6-12 GuardDutyで検出される脅威

脅威の目的	説明
Backdoor	悪意のある第三者が、AWSリソース(主にEC2)を侵害し、ホームコマンドおよびコントロール(C&C)サーバーと通信できるようにリソースが変更されている
Behavior	望ましいセキュリティレベル(ベースライン)から逸脱したアクティビティやアクティビティパターンを検出している
CredentialAccess	悪意のある第三者が、アカウントIDやパスワードなどの認証情報を盗もうとしている疑いがあるアクティビティを検出している
Cryptcurrency	AWS環境内のリソース(主にEC2)にビットコインなどの暗号通貨に関連するソフトウェアをホスティングしていること検出している
DefenseEvasion	悪意のある第三者が、AWS環境に侵入する際に検知を回避しようとするアクティビティやアクティビティパターンを検知している。具体的にはセキュリティソフトのアンインストールなどが行為が該当する
Discovery	悪意のある第三者が、AWS環境内部のシステムや内部ネットワークに関する知識を取得しようとするアクティビティやアクティビティパターンを検知している。これはシステムへの攻撃前にAWS環境内部のシステム構成などを悪意のある第三者が事前に把握するために用いられる攻撃
Execution	敵対者が悪意のあるコードを実行し、ネットワークの探索やデータの窃取を試みる可能性があることを検出している
Exfiltration	悪意のある第三者が、ネットワークからデータを盗もうとしている疑いがあるアクティビティやアクティビティパターンを検出している
Impact	悪意のある第三者が、不正にシステムやデータを操作(破壊や改ざんなど)することで、システムの可用性を損ねたりデータの完全性を侵害しようとしている疑いがあるアクティビティやアクティビティパターンを検出している
InitialAccess	悪意のある第三者が、何らかの方法でネットワークに侵入しようとしている疑いがあるアクティビティやアクティビティパターンを検出している
Pentest	サイバー攻撃を模したペネトレーションテストと類似したアクティビティやアクティビティパターンを検出している
Persistence	悪意のある第三者が、AWS環境への侵入経路を確保し続けようとしている疑いがあるアクティビティやアクティビティパターンを検出している。 例えばInitialAccessで一度取得(漏洩)した認証情報を用いて新規IAMユーザーを作成することで、取得した認証情報が削除されても新規IAMユーザーでAWS環境への侵入経路を確保するといった行為が該当する
Policy	推奨されるセキュリティのベストプラクティスに反する動作が発生していることを検出している
PrivilegeEscalation	悪意のある第三者が、システムやネットワークにおいて権限の昇格を試みている疑いがあるアクティビティやアクティビティパターンを検出している
Recon	悪意のある第三者が、AWS環境の脆弱性を探そうとしている疑いがあるアクティビティやアクティビティパターンを検出している
Stealth	悪意のある第三者が、攻撃した形跡を隠そうとしている疑いがあるアクションやアクティビティパターンを検出している
Trojan	トロイの木馬プログラムが攻撃に使用されていることを検出している
UnauthorizedAccess	承認されていないユーザーによる不審なアクティビティやアクティビティパターンを検出している

※25 https://docs.aws.amazon.com/guardduty/latest/ug/guardduty_finding-format.html

表9-6-12のように分類された脅威がどのAWSリソースに関連して検出されたのかは**検出結果タイプ**を見ることで確認できます。以下は検出結果タイプの例です。

図9-6-21 GuardDutyによる検出結果の例

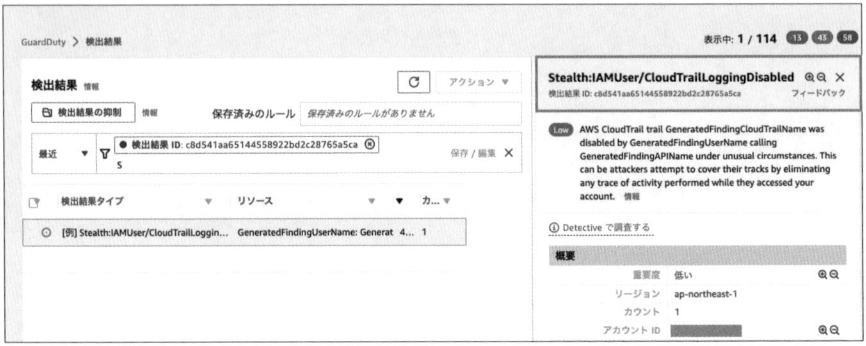

図9-6-22 GuardDutyで検出された脅威の読み方

図9-6-21の検出結果はIAMユーザーに関連するログデータの分析結果として**脅威(Stealth)**と**疑わしいアクティビティ**、具体的にはCloudTrailのロギングが無効化された痕跡があるというアクティビティを示しています。検出結果タイプは多岐にわたるため全てを把握しておく必要はありませんが、**GuardDutyでリスクがHIGHで検出された結果については早期に初期対応をすることが求められます**。その場合、検出結果タイプから脅威の概要を確認し、次にAWS公式ドキュメント※26に記載の検出結果の説明を確認して検出内容の概要を把握した上で、適切な初期対応を実施してください。

GuardDutyの検出結果のログは6時間・1時間・15分のいずれかの頻度でS3に出力することができるため、必要に応じて出力設定をしましょう。

※26 https://docs.aws.amazon.com/ja_jp/guardduty/latest/ug/guardduty_finding-types-active.html

9.6.11 GuardDutyの利用料金

GuardDutyは、**分析したログの件数**にもとづいて課金されます。詳細はGuardDutyの料金ページ※27を確認してください。GuardDutyは有効化してから**30日間**はトライアル期間となるため、無料で利用できます。**またGuardDutyは使用状況メニューから使用量およびAWS利用料を確認することができるため、トライアル期間終了後のAWS利用料の目安を把握することができます。**

図9-6-23 GuardDutyの使用状況およびAWS利用料

表9-6-13 CloudTrail管理イベントのログ分析にかかる利用料金

CloudTrail管理イベント	AWS利用料
100万イベント/月	4.72USD

※2024年3月時点の東京リージョンにおける利用料を掲載しています。

表9-6-14 CloudTrail S3データイベントのログ分析にかかる利用料金

CloudTrail S3データイベント	AWS利用料
最初の5億イベント	100万イベントあたり1.04USD
5億イベント～50億イベント	100万イベントあたり0.52USD
50億イベント～	100万イベントあたり0.26USD

※2024年3月時点の東京リージョンにおける利用料を掲載しています。

※27 https://aws.amazon.com/jp/guardduty/pricing/

表9-6-15 EKS監査ログのログ分析にかかる利用料金

EKS監査ログ	AWS利用料
最初の1億イベント	100万イベントあたり2.48USD
1億イベント～2億イベント	100万イベントあたり1.24USD
2億イベント～	100万イベントあたり0.31USD

※2024年3月時点の東京リージョンにおける利用料を掲載しています。

表9-6-16 VPC Flow LogsとDNSクエリログのログ分析にかかる利用料金

VPC Flow LogsとDNSクエリログ	AWS利用料
最初の500GB/月	1.18USD/GB
500～2,500GB/月	0.59USD/GB
2,500～10,000GB/月	0.29USD/GB
10,000GB～	0.17USD/GB

※2024年3月時点の東京リージョンにおける利用料を掲載しています。

GuardDutyの利用料の例

CloudTrail管理イベント・CloudTrail S3データイベント・VPC Flow LogsとDNSクエリログでそれぞれ200万リクエスト・10億イベント・1,000GBのログが分析された場合

- CloudTrail管理イベントのログ分析にかかるAWS利用料金
  200 / 100 * 4.72USD = 9.44USD

- CloudTrail S3データイベントのログ分析にかかるAWS利用料金
  最初の5億イベント = 5億 / 100万 * 1.04USD = 520USD
  5億～10億件 = 5億 / 100万 * 0.52USD = 260USD

- VPC Flow LogsとDNSクエリログのログ分析にかかるAWS利用料
  最初の500GB = 500 * 1.18USD = 590USD
  500GB～1,000GB = 500 * 0.59USD = 295USD

- AWS利用料
  9.44USD + 520USD + 260USD + 590USD + 295USD = 1674.44USD

9.6.12 Amazon SNS

Amazon SNSは、アプリケーションにおけるメッセージの送受信を仲介するマネージドサービスです。SNSを理解する上では**「Publisher（配信者）」「トピック」「Subscriber（受信者）」**の3つのキーワードを押さえておく必要があります。

Publisher（発信者）はメッセージを送信する発行主体、**トピック**はメッセージを一時的に受け付ける場所、**Subscriber（受信者）**はトピックから送信されるメッセージを受け取る受信者にあたります。メールの送受信に例えるとPublisher（発信者）はメールの送信者、トピックはPOPサーバー、Subscriber（受信者）はメール受信者にあたります。

また、3つのコンポーネントの関係を、**Pub-Subメッセージモデル**と呼びます。**このPub-SubメッセージモデルのメリットはPublisher（発信者）とSubscriber（受信者）がお互いを意識せずにメッセージの送受信を行うことができる点です。**実際にPublisher（発信者）とSubscriber（受信者）が意識するのは**メッセージの送受信先であるトピック**の存在のみです。そのためPublisher（発信者）とSubscriber（受信者）の間には依存関係がありません。このような関係性を**疎結合**と呼びます。疎結合とは対照的に、Publisher（発信者）とSubscriber（受信者）の間に依存関係があることを**密結合**と呼びます。図9-6-24はそれぞれ密結合と疎結合のイメージを表しています。SNS以外でもPub-Subメッセージモデルや密結合、疎結合といった概念はよく出てくるため今回を機に覚えておきましょう。SNSを具体的にどのように利用するのかは後述の「9.6.14 Amazon EventBridge」でご紹介します。

図9-6-24 メッセージの送受信における密結合と疎結合

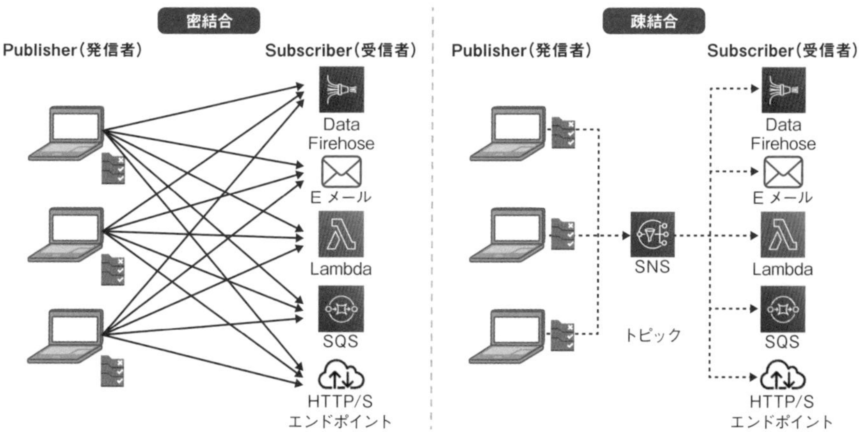

サブスクリプションの作成

トピックが受信したメッセージをSubscriber（受信者）が受け取ることができるようにする設定を「サブスクリプション」と呼びます。サブスクリプションではHTTPエンドポイントやData Firehoseなど、複数のエンドポイントタイプがサポートされています。以下、Eメールを利用する際の手順を紹介します。

サブスクリプションの作成画面でプロトコルとして**「Eメール」**を選択すると、エンドポイントとして**Eメールアドレス**の入力が求められるため、メッセージを転送したい宛先のメールアドレスを入力してサブスクリプションを作成します。

図9-6-25 Amazon SNSトピックでサブスクリプション画面を表示する

図9-6-26 Amazon SNSでサブスクリプションを作成する

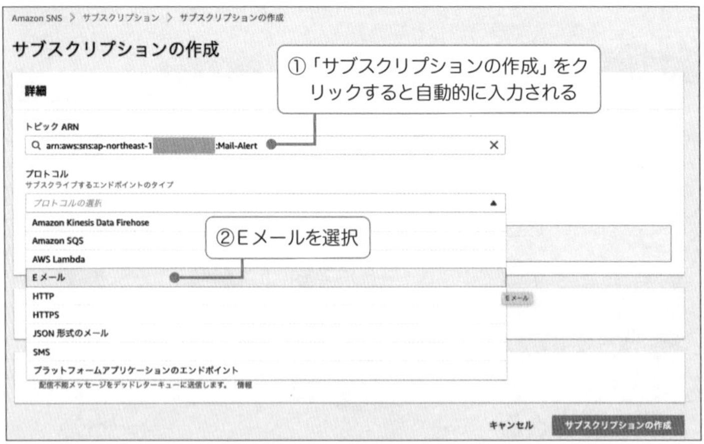

図9-6-27 サブスクリプションにメッセージを受信するエンドポイントを設定する

サブスクリプションの承認

サブスクリプションの作成に成功すると入力したメールアドレス宛に**承認メール**が送信されます。メール本文にある**「Confirm subscription」**というリンクをクリックするとブラウザ画面にリダイレクトし、図9-6-28ような承認画面が表示されます。

図9-6-28 サブスクリプションの承認画面

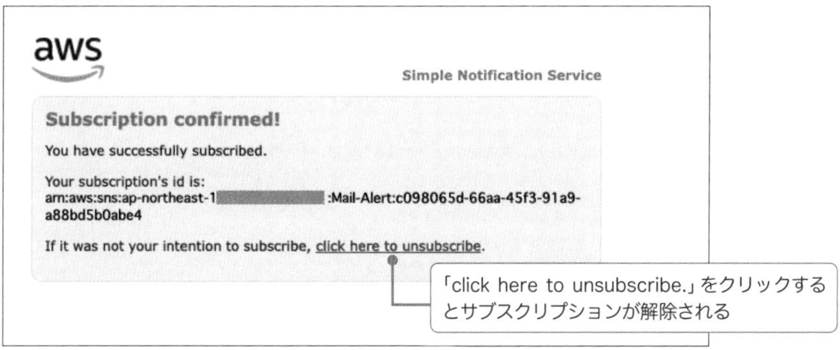

しかし**「click here to unsubscribe」**と記載があるように、この方法だとSubscriber（受信者）が意図せずサブスクリプションを解除してしまう恐れがあります。**仮にメールアドレスとしてグループメールアドレスを指定しているにもかかわらず解除された場合は、全てのグループユーザーがメールを受信することができなくなってしまいます。**実際にSubscriber（受信者）にトピックから転送されるメッセージの最後にもサブスクリプションの解除ができるよう、解除のリンクが記載されています。

図9-6-29 転送メッセージ内にあるサブスクリプション解除のリンク

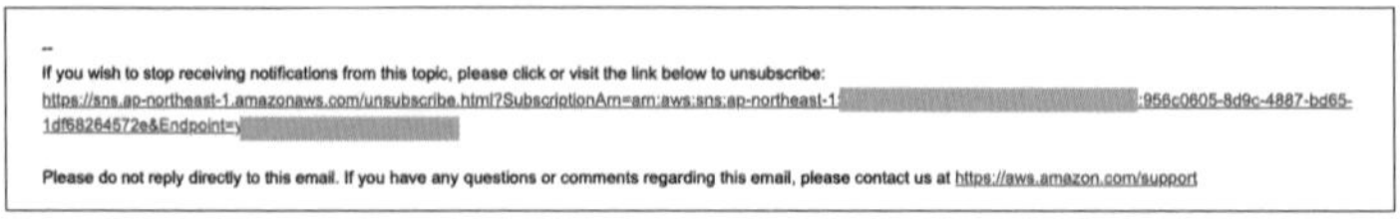
--
If you wish to stop receiving notifications from this topic, please click or visit the link below to unsubscribe:
https://sns.ap-northeast-1.amazonaws.com/unsubscribe.html?SubscriptionArn=arn:aws:sns:ap-northeast-1:[redacted]:956c0605-8d9c-4887-bd65-1df68264572e&Endpoint=[redacted]
Please do not reply directly to this email. If you have any questions or comments regarding this email, please contact us at https://aws.amazon.com/support

このような事態を防ぐためには、承認メール本文にある**「Confirm subscription」のURLリンク**をコピーし、SNSのコンソール画面上で承認する必要があります。

図9-6-30 メール本文にある「Confirm subscription」のURLリンクをコピー

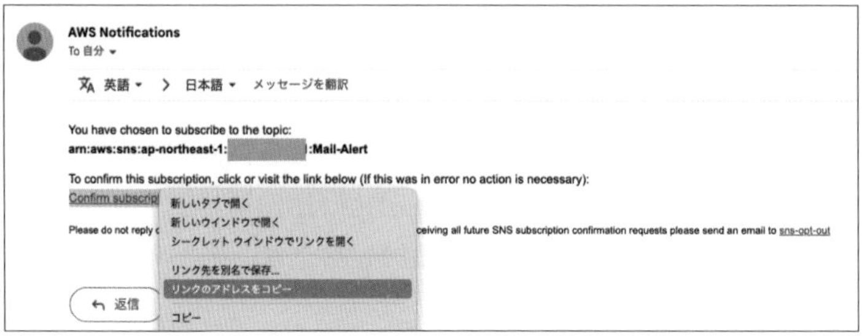
AWS Notifications
To 自分
英語 > 日本語 メッセージを翻訳
You have chosen to subscribe to the topic:
arn:aws:sns:ap-northeast-1:[redacted]:Mail-Alert
To confirm this subscription, click or visit the link below (If this was in error no action is necessary):
新しいタブで開く
新しいウインドウで開く
シークレット ウインドウでリンクを開く
リンク先を別名で保存...
リンクのアドレスをコピー
コピー
返信

リンクのコピーができたら、コンソール画面でSNSを開き、**「サブスクリプションの確認」**をクリックします。

図9-6-31 Amazon SNSで「サブスクリプションの確認」をクリックする

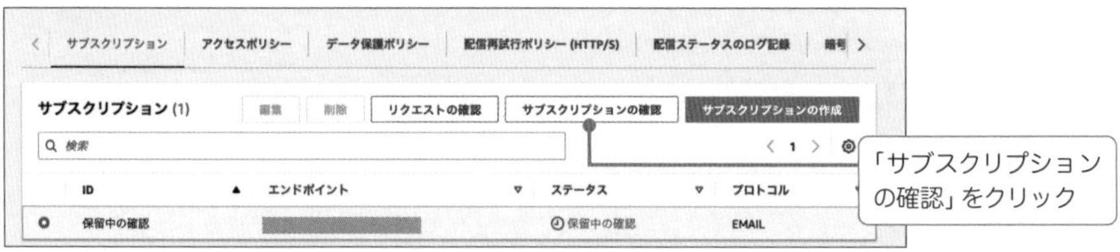
サブスクリプション
アクセスポリシー
データ保護ポリシー
配信再試行ポリシー (HTTP/S)
配信ステータスのログ記録
サブスクリプション (1)
編集
削除
リクエストの確認
サブスクリプションの確認
サブスクリプションの作成
検索
ID
エンドポイント
ステータス
プロトコル
保留中の確認
保留中の確認
EMAIL
「サブスクリプションの確認」をクリック

事前にメールでコピーしたURLリンクを貼り付け、**「サブスクリプションの確認」**をクリックします。

図9-6-32 メールでコピーしたURLリンクを貼り付ける

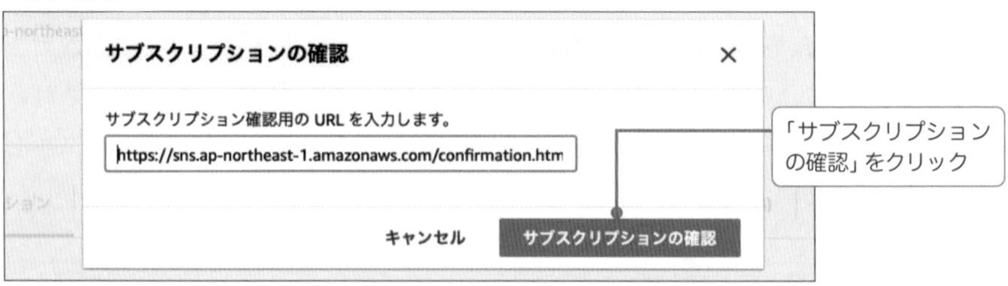
サブスクリプションの確認
サブスクリプション確認用の URL を入力します。
https://sns.ap-northeast-1.amazonaws.com/confirmation.htm
キャンセル
サブスクリプションの確認
「サブスクリプションの確認」をクリック

9.6.13 SNSの利用料金

SNSは、**トピックの種類に応じて**それぞれ異なる指標にもとづいて課金されます。詳細はSNSの料金ページ※28を確認してください。今回は、本節で説明したEメール通知（エンドポイントへの配信通知数）におけるAWS利用料について紹介します。

表9-6-17 エンドポイントへの通知配信にかかる利用料金

エンドポイントの種類	無料利用枠	AWS利用料
モバイルプッシュ通知	100万件の通知	100万件あたり0.50USD
Eメール	1,000件の通知	10万件あたり2.00USD
HTTP/S	10万件の通知	100万件あたり0.60USD
Simple Queue Service (SQS)	SQSキューへの配信は無料	SQSキューへの配信は無料
AWS Lambda	AWS Lambdaへの配信は無料	AWS Lambdaへの配信は無料
Data Firehose	Data Firehoseの利用料に加えて、データ転送料金が適用される	100万件あたり0.258USD

※2024年3月時点の東京リージョンにおける利用料を掲載しています。

SNSの利用料の例

指定のEメールアドレスに対して、月間10万件の通知があった場合

- Eメールへの通知配信にかかる料金

  最初の1,000件 = 0 USD

  1,000件～100,000件 = (100,000 - 1,000) / 100,000 * 2.00USD = 1.98USD

- AWS利用料

  1.98USD

9.6.14 Amazon EventBridge

Amazon EventBridgeは、AWSサービスや独自のアプリケーション、SaaSアプリケーションなどから送信される**イベント**と呼ばれるデータを受け取り、SNSやLambdaなどの**ターゲット**と呼ばれる**アプリケーションにデータを転送する役割を担うAWSサービスです**。言い換えるとアプリケーションへのデータの受け渡しを仲介するAWSサービスといえます。EventBridgeでは、この仲介の役割を果た

※28 https://aws.amazon.com/jp/sns/pricing/

すコンポーネントを**イベントバス**と呼んでおり、受け取るイベントによって以下の3つの種類のイベントバスがあります。

表9-6-18 イベントバスの種類

イベントバスの種類	説明
デフォルトイベントバス	AWSサービス（例：Security Hub）から送信されたイベントを受け取り、ターゲットに転送する
カスタムイベントバス	独自のアプリケーションから送信されたイベントを受け取り、ターゲットに転送する
パートナーイベントバス	SaaSアプリケーション（例：Datadog）から送信されたイベントを受け取り、ターゲットに転送する

本節では、利用頻度が高い**デフォルトイベントバス**を利用してSecurity HubとSNSを連携させ、運用担当者にSecurity Hubの検出結果を通知するという利用シーンを想定して説明を進めていきます。

図9-6-33 SNSで運用担当者にSecurity Hubの検出結果を通知する

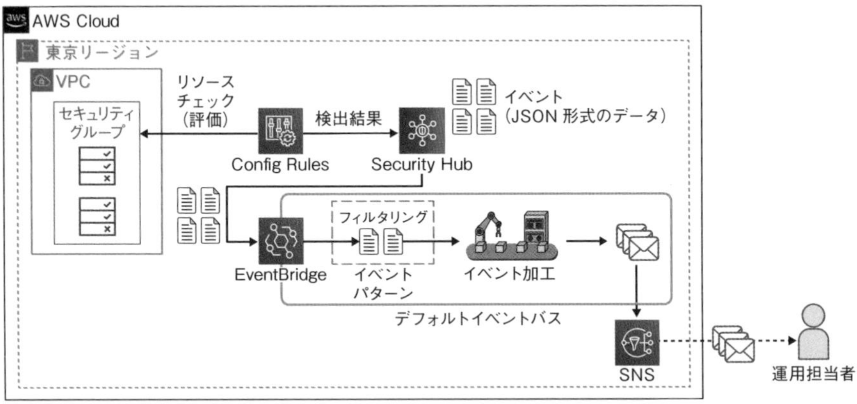

図9-6-33の処理の流れをConfig RulesやSecurity Hubの動きも含めて説明します。まずConfig Rulesは**あらかじめユーザー側で定義されたルール**あるいは**Security Hubのセキュリティ標準によって作成されたルール**に従ってAWSリソースを評価します。評価結果はSecurity Hubに連携され、**検出結果**という形式でSecurity Hubの検出結果一覧に表示されます。この時、Security Hubはイベントと呼ばれるJSON形式のデータを生成しています。このイベントには**AWSアカウントのIDやAWSリージョン、Security Hubの検出結果の詳細データ**が書き込まれています。EventBridgeはこのイベントを**デフォルトイベントバス**で受け取

ります。デフォルトイベントバスの中では2つの処理を実行することができます。**1つはイベントパターンを用いたイベントのフィルタリング、もう1つはターゲットであるSNSに転送するメッセージの加工処理です。**

イベントパターンを用いたイベントのフィルタリング

EventBridgeのイベントバスが受け取り可能なイベントは数が膨大であるため、不要なイベントも少なくありません。そこでEventBridgeでは**イベントパターン**というフィルタリングの機能を用いることで、**ターゲットに転送したいイベントのみを絞り込んで受け取ることができます。**イベントに含まれるフィールドおよびイベントの例を表9-6-19に示します。

表9-6-19 イベントに含まれるフィールド

フィールド名	説明
version	デフォルトでは全て0に設定される
id	イベントごとに生成されるバージョン4のUUID（Universally Unique Identifier）
detail-type	SaaSアプリケーション（例：Datadog）から送信されたイベントを受け取り、ターゲットに転送する
source	イベントを発生させたAWSサービスを識別する。AWSサービスからのイベントは基本的に「aws」という値ではじまる
account	AWSアカウントのID
time	イベントのタイムスタンプ
region	イベントが発生したAWSリージョン
resources	イベントに関連するAWSサービスのARN（Amazon Resource Name）
detail	イベントに関する情報を含むJSONオブジェクト。イベントを発生させるAWSサービスによってフィールドは異なる

リスト9-6-1 EC2削除時に発生したイベント

```
{
    "version": "0",
    "id": "6a7e8feb-b491-4cf7-a9f1-bf3703467718",
    "detail-type": "EC2 Instance State-change Notification",
    "source": "aws.ec2",
    "account": "111122223333",
    "time": "2022-11-22T18:43:48Z",
    "region": "ap-northeast-1",
    "resources": [
            "arn:aws:ec2:ap-northeast-1:123456789012:instance/
i-1234567890abcdef0"
    ],
```

```
    "detail": {
        "instance-id": " i-1234567890abcdef0",
        "state": "terminated"
    }
}
```

では実際にSecurity Hubで発生するイベントに対して、イベントパターンを設定してみます。以下に示すイベントパターンではイベントに対して4つのAND条件で絞り込みをかけています。

❶コンプライアンスステータスがFAILEDもしくはWARNINGのイベント
❷レコードの状態 がACTIVEのイベント
❸重要度がCRITICALもしくはHIGHのイベント
❹ワークフローステータス がNEWもしくはNOTIFIEDのイベント

リスト9-6-2 Security Hubで発生するイベントに対するイベントパターン例

```
{
  "source": ["aws.securityhub"],
  "detail-type": ["Security Hub Findings - Imported"],
  "detail": {
    "findings": {
      "Compliance": {
        "Status": ["FAILED", "WARNING"]  ❶
      },
      "RecordState": ["ACTIVE"],  ❷
      "Severity": {
        "Label": ["HIGH", "CRITICAL"]  ❸
      },
      "Workflow": {  ❹
        "Status": ["NEW", "NOTIFIED"]
      }
    }
  }
}
```

イベントパターンについてもう1つ例を紹介します。リスト9-6-3はConfig Rulesに関するイベントパターンの一例です。このイベントパターンでは、イベントに対して以下のAND条件で絞り込みをかけています。

❺ Config Rulesの準拠ステータスの変更に関するイベント
❻「SampleConfigRules1」「SampleConfigRules2」「SampleConfigRules3」に関連するイベント

リスト9-6-3 Config Rulesに関するイベントパターンの例

```
{
  "source": [
    "aws.config"
  ],
  "detail-type": [
    "Config Rules Compliance Change"  ❺
  ],
  "detail": {
    "messageType": [
      "ComplianceChangeNotification"
    ],
    "configRuleName": [
      "SampleConfigRule1",  ❻
      "SampleConfigRule2",
      "SampleConfigRule3"
    ]
  }
}
```


ターゲットに転送するメッセージの加工処理

デフォルトイベントバスがターゲットに転送するイベントは、**JSON形式のデータ**であることは先程説明しました。このイベントには様々なデータが記録されており、ターゲットが受け取ったイベントのデータを処理する上で不要なデータも多く含まれています。そこで、EventBridgeでは**追加設定でターゲットにイベントを転送する前に、イベントのデータを加工する機能があります**。選択可能な加工方法は以下の4つです。

表9-6-20 イベントデータの加工方法

追加設定	内容
一致したイベント	データの加工をせずにイベントの全てのデータをターゲットに転送
一致したイベントの一部	イベントのデータの一部分のみをターゲットに転送
定数（JSONテキスト）	イベントのデータを一切ターゲットに転送しない。代わりに指定したJSONテキストのデータをターゲットに転送
入力トランスフォーマー	イベントのデータの必要な部分を取得し、カスタマイズしたテキストデータをターゲットに転送

今回は、SNSにメール通知する文章を手軽に加工することができる**入力トランスフォーマー**について説明します。具体的な設定手順についてはAWS公式ドキュメント※29にチュートリアルがありますので、そちらを確認してください。

入力トランスフォーマーでは、**入力パス**と**入力テンプレート**という2つの設定を行うことでデータを加工します。入力パスは、**イベントのデータから特定の値を変数として抽出する役割を果たします。**

リスト9-6-4 Security Hub が生成するJSONデータの例

```
{
  "version": "0",
  "id": "54c4169f-167d-4d41-0427-cf572ab50f96",
  "detail-type": "Security Hub Findings - Imported",
  "source": "aws.securityhub",
  "account": "123456789123",
  "time": "2021-04-07T19:03:24Z",
  "region": "ap-northeast-1",
}
```

リスト9-6-5 入力パスの例

```
{
  "Account": "$.account",
  "Time": "$.time",
  "Region": "$.region"
}
```

リスト9-6-4のJSONデータは、実際にSecurity Hubが生成するイベントのデータの一部抜粋したものです。リスト9-6-5のJSONデータは、入力パスの一例です。入力パスを設定することで、抽出したい値を任意の変数に格納することができます。

表9-6-21 入力パスと値の関係

抽出したい値	入力パス	抽出した値の保管先（変数）
123456789123	"Account": "$.account"	Account
2021-04-07T19:03:24Z	"Time": "$.time"	Time
ap-northeast-1	"Region": "$.region"	Region

※29 https://docs.aws.amazon.com/ja_jp/eventbridge/latest/userguide/eb-input-transformer-tutorial.html

入力テンプレートでは、**入力パスで抽出した値(変数)を使って実際にターゲットに転送するデータを生成します**。リスト9-6-6は入力テンプレートの一例です。

リスト9-6-6 入力テンプレートの例

```
"AWSアカウント <Account>で異常を検知しました。"
"発生時間は <Time> です。"
"異常が発生したリージョンは <Region> です。"
```

入力テンプレートでは入力パスの変数を**「小なり・大なり(<>)」**で囲み、テキストの前後を**「ダブルクォーテーション(")」**で囲むことで変数の値を入力テンプレートに反映させることができます。EventBridgeのターゲットであるSNSには、**入力テンプレートで生成したメッセージ**が転送されます。

SNS(トピック)はPublisher(発信者)であるEventBridgeからメッセージを受け取り、Subscriber(受信者)であるEメールアドレス宛にメッセージを送信します。**つまり、最終的にメールボックスで受信するメール本文のメッセージは「入力テンプレートで生成したメッセージ」と同じものになります**。

入力トランスフォーマーは、SNSを利用したメール通知の用途においては、特に便利な機能なのでぜひご活用ください。

9.6.15 サンドボックスの活用

ここまで具体的なユースケースを用いて説明してきた**イベントパターン**と**入力トランスフォーマー**ですが、これらが正しく設定できているかは実際にEventBridgeでイベントを受信してみるまで分かりません。そこでEventBridgeではイベントパターンと入力トランスフォーマーの設定、設計をサポートする**サンドボックス**と呼ばれる機能があります。本書では2つの活用例を紹介します。

【活用例1】イベントパターンでフィルタリングしたい対象イベントの構造を知る

本節では、Security Hubに対してイベントパターンを設定する例にしたがってEventBridgeについて解説してきましたが、そもそもSecurity Hubによって生成されるイベントの構造はどのように知ればよいのでしょうか。**サンドボックスを利用すれば、AWSサービスごとのイベント構造を知ることができるので、イベントパターンでフィルタリングするフィールドの選定に役立ちます**。

図9-6-34 サンプルイベントの表示①

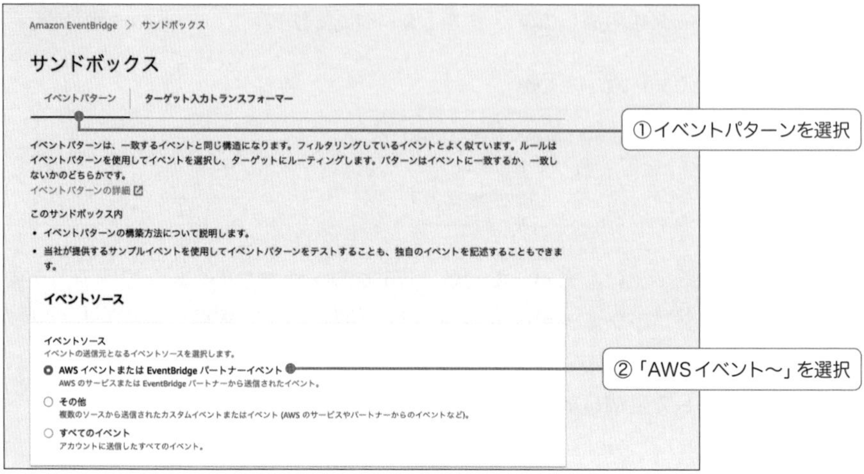
Amazon EventBridge > サンドボックス
サンドボックス
イベントパターン
ターゲット入力トランスフォーマー
①イベントパターンを選択
イベントパターンは、一致するイベントと同じ構造になります。フィルタリングしているイベントとよく似ています。ルールはイベントパターンを使用してイベントを選択し、ターゲットにルーティングします。パターンはイベントに一致するか、一致しないかのどちらかです。
イベントパターンの詳細
このサンドボックス内
• イベントパターンの構築方法について説明します。
• 当社が提供するサンプルイベントを使用してイベントパターンをテストすることも、独自のイベントを記述することもできます。
イベントソース
イベントソース
イベントの送信元となるイベントソースを選択します。
AWS イベントまたは EventBridge パートナーイベント
AWS のサービスまたは EventBridge パートナーから送信されたイベント。
②「AWSイベント～」を選択
その他
複数のソースから送信されたカスタムイベントまたはイベント (AWS のサービスやパートナーからのイベントなど)。
すべてのイベント
アカウントに送信したすべてのイベント。

図9-6-35 サンプルイベントの表示②

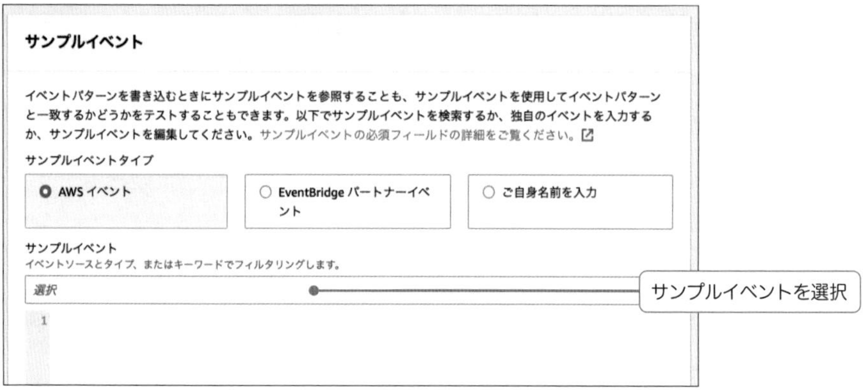
サンプルイベント
イベントパターンを書き込むときにサンプルイベントを参照することも、サンプルイベントを使用してイベントパターンと一致するかどうかをテストすることもできます。以下でサンプルイベントを検索するか、独自のイベントを入力するか、サンプルイベントを編集してください。サンプルイベントの必須フィールドの詳細をご覧ください。
サンプルイベントタイプ
AWS イベント
EventBridge パートナーイベント
ご自身名前を入力
サンプルイベント
イベントソースとタイプ、またはキーワードでフィルタリングします。
選択
サンプルイベントを選択
1

図9-6-36　サンプルイベントの表示③

図9-6-37　サンプルイベントの表示④

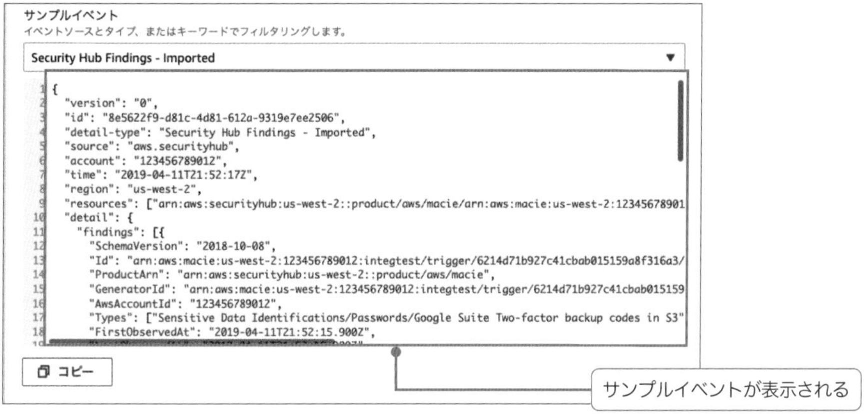

【活用例2】入力トランスフォーマーによる出力結果を知る

サンドボックスでは、**入力トランスフォーマーによるメッセージ加工を事前に検証して、出力結果を知ることができます。**過去サンドボックス機能がなかった時は実際に通知設定をし、通知結果を手元で見るまでは出力結果がわかりませんでした。

図9-6-38 入力トランスフォーマーの検証①

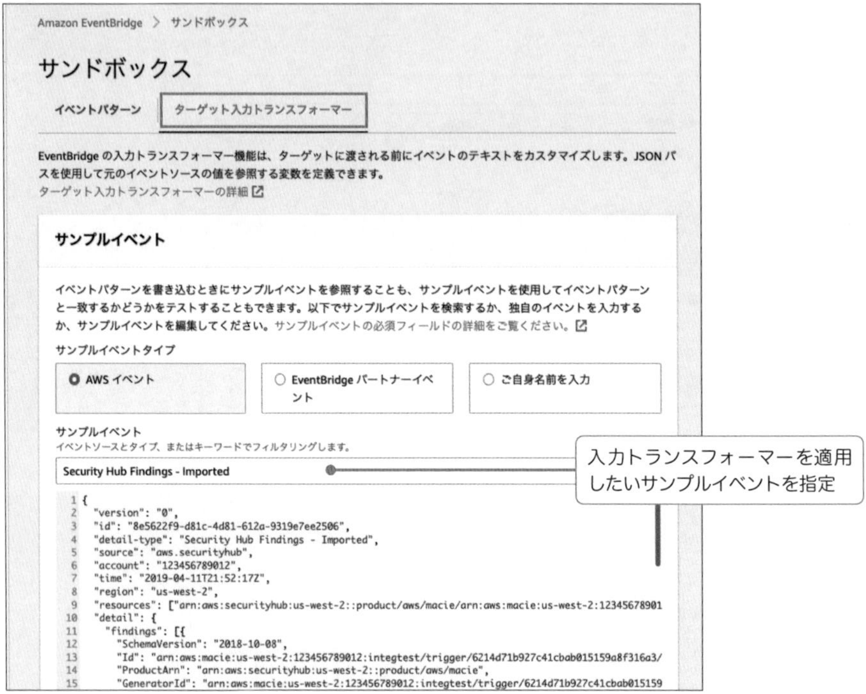

図9-6-39 入力トランスフォーマーの検証②

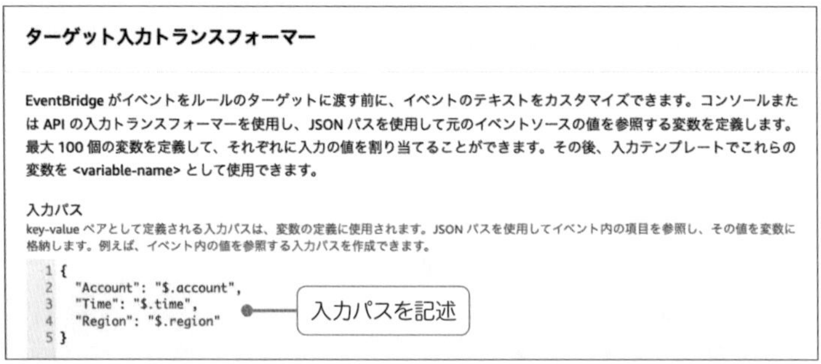

図9-6-40 入力トランスフォーマーの検証③

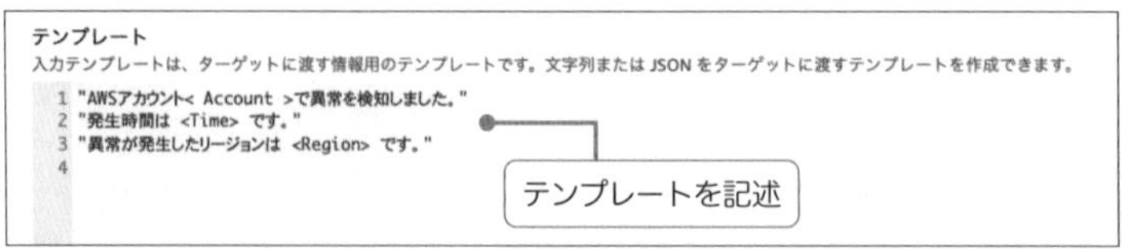

テンプレート
入力テンプレートは、ターゲットに渡す情報用のテンプレートです。文字列または JSON をターゲットに渡すテンプレートを作成できます。
"AWSアカウント< Account >で異常を検知しました。"
"発生時間は <Time> です。"
"異常が発生したリージョンは <Region> です。"
テンプレートを記述

図9-6-41 入力トランスフォーマーの検証④

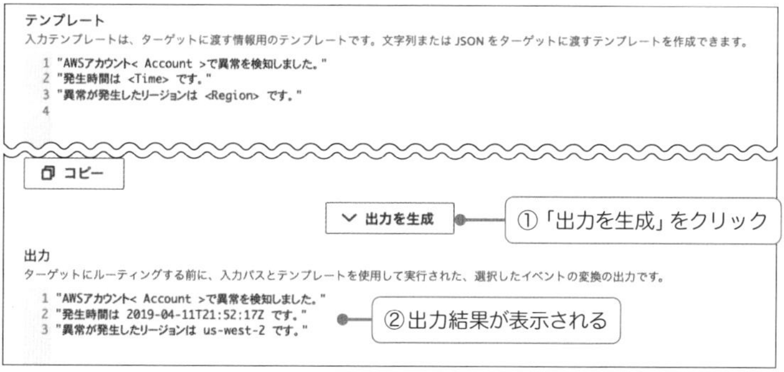

テンプレート
入力テンプレートは、ターゲットに渡す情報用のテンプレートです。文字列または JSON をターゲットに渡すテンプレートを作成できます。
1 "AWSアカウント< Account >で異常を検知しました。"
2 "発生時間は <Time> です。"
3 "異常が発生したリージョンは <Region> です。"
4
コピー
出力を生成
①「出力を生成」をクリック
出力
ターゲットにルーティングする前に、入力バスとテンプレートを使用して実行された、選択したイベントの変換の出力です。
1 "AWSアカウント< Account >で異常を検知しました。"
2 "発生時間は 2019-04-11T21:52:17Z です。"
3 "異常が発生したリージョンは us-west-2 です。"
②出力結果が表示される

9.6.16 EventBridgeの利用料金

EventBridgeは、イベントバスとイベントバスから指定のアプリケーションへ送信するイベント数にもとづいて課金されます。詳細はEventBridgeの料金ページ※30を確認してください。

表9-6-22 イベントバスにかかる利用料金

イベントバスの種類	AWS利用料
デフォルトイベントバス	・無料
カスタムイベントバス	・発行されたカスタムイベント100万件あたり 1.00USD ・AWSサービスからのカスタムイベント（Amazon S3 イベント通知など）100万件あたり 1.00USD
パートナーイベントバス	・100万件あたり1.00USD

※2024年3月時点の東京リージョンにおける利用料を掲載しています。

表9-6-23 イベントバスから指定のアプリケーションへイベントを送信する際にかかる利用料金

イベントバスからの送信	AWS利用料
API呼び出し	100万リクエストあたり0.24USD

※2024年3月時点の東京リージョンにおける利用料を掲載しています。

※30 https://aws.amazon.com/jp/eventbridge/pricing/

EventBridgeの利用料の例

デフォルトイベントバスから、指定のエンドポイントへ月間200万件のイベントを送信した場合

- イベントバスにかかる料金
  デフォルトイベントバス = 無料
- イベントバスから指定のアプリケーションへのイベント送信にかかる料金
  200万 / 100万 * 0.24USD = 0.48USD
- AWS利用料
  0.48USD

9.6.17 AWS Trusted Advisor

AWS Trusted Advisorは、AWSのベストプラクティスにもとづいてAWSアカウントの状態を評価し、改善に向けた推奨事項を提案するAWSサービスです。Trusted Advisorは表9-6-24に示す5つの観点からAWSアカウントの状態を評価します。

表9-6-24 Trusted Advisorの評価観点

評価観点	説明
コスト最適化	AWSリソースの使用状況や設定、利用料などを分析してコスト削減の余地がある対応について推奨事項を提案 例：利用頻度が低いEBSボリュームの削除 など
パフォーマンス	AWSリソースの使用状況や設定を分析することで、アプリケーションのパフォーマンスを向上させるための推奨事項を提案 例：直近14日間のEC2におけるCPU使用率が90%を超えた日が4日間以上あった場合にアラートを通知
セキュリティ	AWSリソースの設定などを分析し、AWS環境におけるセキュリティを向上させるための推奨事項を提案 例：リソースへの無制限なアクセスを許可する「セキュリティグループのルール」をチェック
耐障害性	AWSリソースの設定などを分析し、AWS環境における耐障害性を向上させるための推奨事項を提案 例：RDSがMulti-AZ構成になっていることをチェック
サービス制限	AWSアカウントに作成可能なリソースの上限を分析し、使用量が上限の80%を超えていないかどうかをチェックして必要な対応について推奨事項を提案 例：サービス制限の超過が想定される場合に、上限の緩和申請手続きを推奨

図9-6-42は、Trusted Advisorのダッシュボード画面です。**「推奨されるアクション」「調査が推奨されます（警告）」の合計とTrusted Advisorが評価する5つの観点**でそれぞれの内訳が一目で分かるようになっています。

図9-6-42 Trusted Advisorのダッシュボード画面

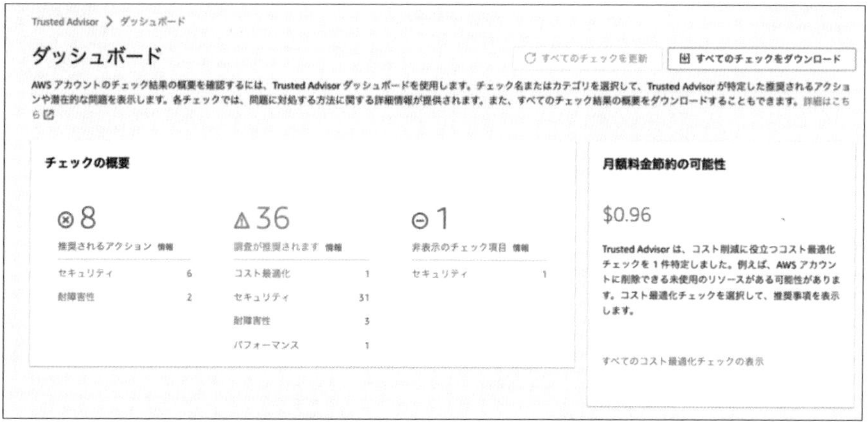

図9-6-43は、セキュリティに関するTrusted Advisorの詳細画面です。**「推奨されるアクション」「調査が推奨されます（警告）」「問題が検出されなかったチェック項目」**のそれぞれの評価結果がカウント表示されています。

図9-6-43 Trusted Advisorの詳細画面（セキュリティ）

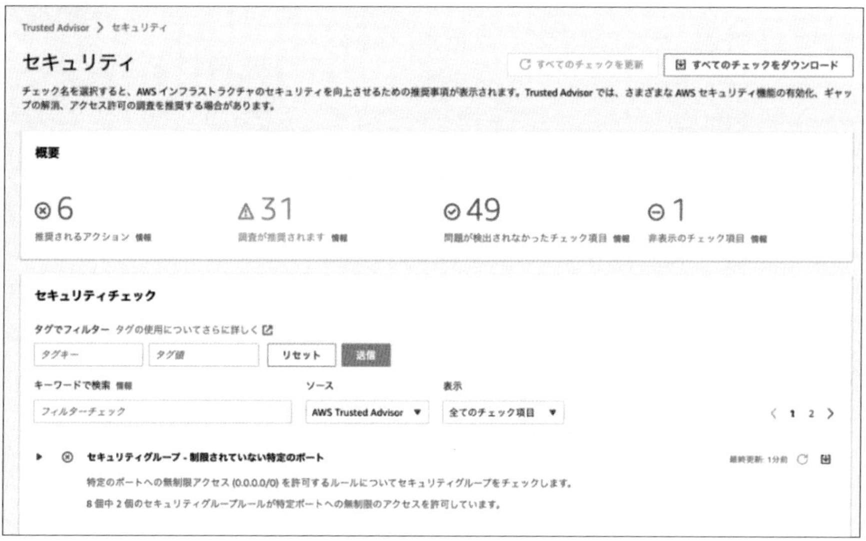

図9-6-44は、セキュリティチェック項目の詳細画面です。セキュリティチェック項目の説明だけでなく、**アラート基準や推奨されるアクション**、**実際にチェックに抵触したリソースの情報**まで確認することができます。この内容を確認することによって次に行うべきアクションが容易にわかるようになっています。

図9-6-44 セキュリティチェック項目の詳細画面

Trusted Advisorではセキュリティだけでなく、**「コスト最適化」「耐障害性」「パフォーマンス」「サービス制限」**の評価観点に関しても同様にチェック内容を確認することができるため、ぜひ活用してみてください。

9.6.18 Trusted Advisorの利用料金

Trusted Advisorは無料で利用できます。ただし、AWSアカウントの契約形態によって利用に制約が設けられています。具体的にはAWSアカウントの契約形態が**ベーシックサポート**あるいは**Developerサポート**をご利用の場合は、**5つの観点のうちサービス制限とセキュリティの一部のみが利用可能なためご注意ください**。サポートプランについてはAWS公式ドキュメント※31を確認してください。

※31 https://docs.aws.amazon.com/ja_jp/awssupport/latest/user/aws-support-plans.html

実務

9.7 サンプルアーキテクチャ紹介

本サンプルアーキテクチャは、インターネット公開するWebアプリケーションをデプロイする環境を構築することを想定しています。

図9-7-1 セキュリティ統制のサンプルアーキテクチャ

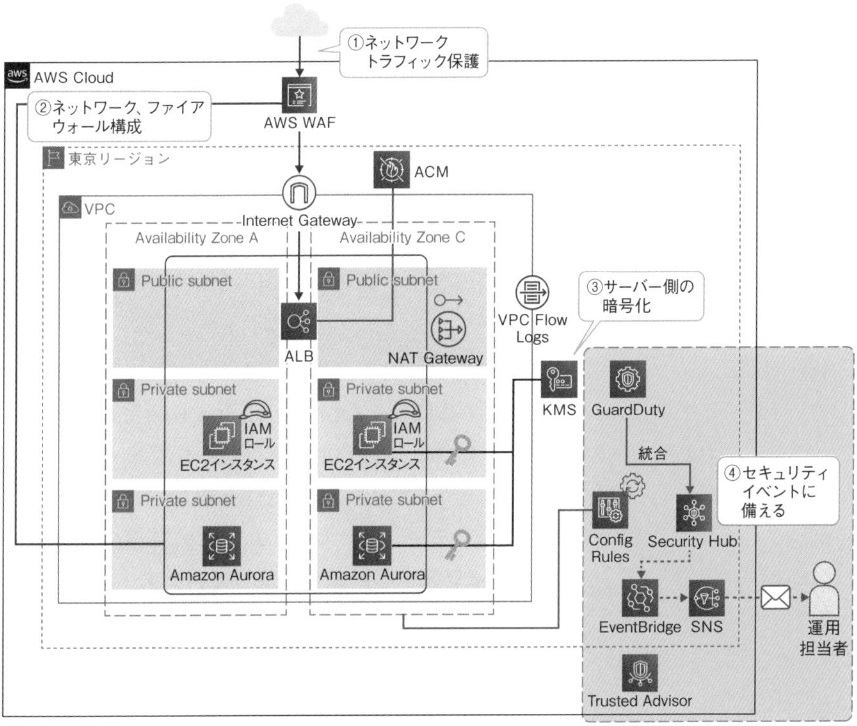

9.7.1 サンプルアーキテクチャ概要

社内外からのセキュリティリスクを低減するために、次の4つのセキュリティ対策を実施しています。AWSに限りませんが、**セキュリティをより強固にするためにはシステムにおける複数のポイントで対策を講じる「多層防御」を実施することが肝要です。**

1 ネットワークトラフィックの保護

クライアント端末とALB間のHTTP通信を、**ACM**を利用することで暗号化通信（HTTPS通信）としています。HTTP通信の場合は通信内容が平文のため、悪意のある第三者が簡単に盗み見ることができてしまいますが、HTTPS通信で通信内容を暗号化することで簡単に盗み見ることができないようにしています。

2 ネットワーク、ファイアウォール構成

ALBに対する外部からの不正アクセスや、悪意を持ったアクセスを防止するために**AWS WAF**を設置しています。また、EC2・ALB・Auroraに対してセキュリティグループを適用することで通信制御を実施し、多層防御策を講じています。

3 サーバー側の暗号化

EC2インスタンスにアタッチしているEBS、およびAurora DBインスタンスに保管しているデータを安全に保管するために**KMS**を利用してデータを暗号化しています。

4 セキュリティイベントに備える

AWS環境に対してセキュリティリスクを含んだ設定変更をしてしまった際にそれらを検知し、あるべき状態に修復する機能を**Config Rules**を利用して実装しています。これにより、例えばデータの暗号化設定を無効化してしまった場合でもそれを検知し、自動的に暗号化設定を有効化することが可能です。ユーザーによる誤った設定変更の撲滅は難しいですが、**Config Rulesと自動修復を実装することで設定不備およびセキュリティリスクの低減を実現しています。**

また、サンプルアーキテクチャでは**Security Hub**と**GuardDuty**を有効化しています。Security HubではAWSアカウント上の構成情報をチェックし、GuardDutyではAWSアカウント内外の不審なアクティビティをチェックしています。また、Security Hubではセキュリティイベントの集約管理が可能であるため、GuardDutyを統合することでSecurity Hubによる検出結果の一元管理を実現しています。検出結果の中でも深刻なセキュリティリスクが検出された場合は**EventBridge**と**SNS**を利用して担当者にメール通知することで迅速な初期対応を実現する仕組みを構築しています。

そして、**Trusted Advisor**を利用してセキュリティだけでなく、「コスト最適化」「耐障害性」「パフォーマンス」「サービスの制限」の観点からAWSアカウントの状態を多面的に評価しています。また、Trusted Advisorを定期的にチェックし、提案される推奨事項に従ってAWSアカウントに対して改善を施すことが可能です。

実務

9.8 よくある質問

Q1 KMSで利用する暗号鍵はCustomer Managed CMKとAWS Managed CMKのどちらを利用すればよいですか？

A1 KMSに対するアクセス管理などをより厳重に実施したい場合はCustomer Managed CMKをご利用ください。

Customer Managed CMKとAWS Managed CMKで大きく異なるのは**アクセス管理の柔軟性**です。以下のポリシーはEBSを暗号化するために発行された**AWS Managed CMKのキーポリシー**を一部抜粋したものですが、暗号化や復号化の処理について、Principalが全て許可されているため誰でも鍵の利用が可能な状態になっています。

リスト9-8-1 AWS Managed CMKのキーポリシー

```
{
    "Version": "2012-10-17",
    "Id": "auto-ebs-2",
    "Statement": [
        {
            "Effect": "Allow",
            "Principal": {
                "AWS": "*"
            },
            "Action": [
                "kms:Encrypt",
                "kms:Decrypt",
                "kms:ReEncrypt*",
                "kms:GenerateDataKey*",
                "kms:CreateGrant",
                "kms:DescribeKey"
            ],
  ―以下、省略―
```

企業のセキュリティポリシーで暗号鍵のアクセス管理に対して厳重な取り決めがある場合は**Customer Managed CMK**を利用してPrincipalを制御することをご検討ください。

リスト9-8-2 Customer Managed CMKのキーポリシーによるPrincipalの制御例

```
{
    "Version": "2012-10-17",
    "Id": "auto-ebs-2",
    "Statement": [
        {
            "Effect": "Allow",
            "Principal": {
                "AWS": "arn:aws:iam::111122223333:user/SampleUser"
            },
            "Action": [
                "kms:Encrypt",
                "kms:Decrypt",
                "kms:ReEncrypt*",
                "kms:GenerateDataKey*",
                "kms:CreateGrant",
                "kms:DescribeKey"
            ],
  —以下、省略—
```

Q2 Trusted Advisorの結果はどの程度の頻度で更新されますか？

A2 チェック項目によって更新間隔は異なりますが、コンソール画面で一括更新することが可能です。

Trusted Advisorの更新間隔はチェック項目により異なりますが、**個々のチェック項目を更新することも全てのチェックを一括で更新することもできます**。また、Trusted Advisorのダッシュボードにアクセスした際、**直近24時間以内**に更新されなかったチェックは自動的に更新されます。

図9-8-1 Trusted Advisorのチェック項目を更新する

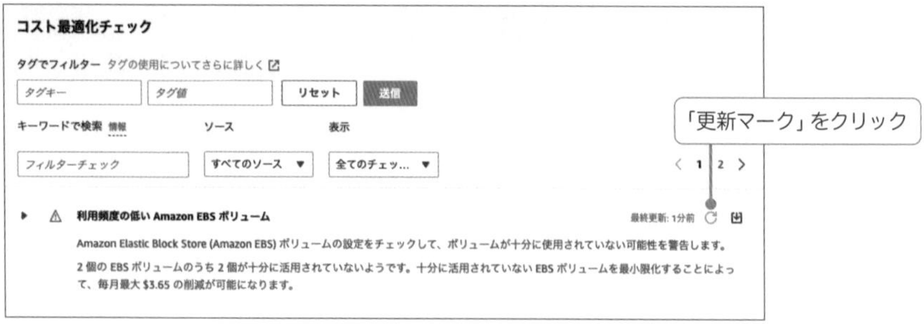

図9-8-2　Trusted Advisorのチェック項目を一括で更新する

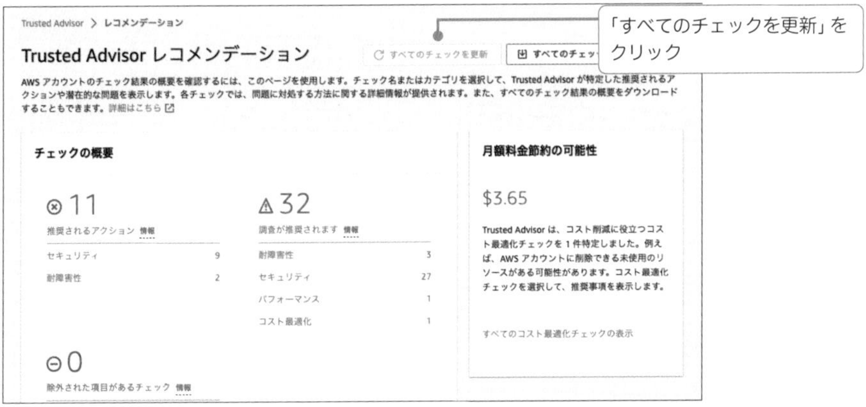

Q3 どのようにすればAWS WAFのルールが動作していることを確認することができるのでしょうか？

A3 CloudWatch Metrics、もしくはSample Web Requestsの結果から確認することができます。

AWS WAFでは、Web ACLに適用したルールによって正常なアクセスを不正アクセスとして検知してしまう誤検知が発生しないよう、検証環境で十分な検証を行うことが推奨されています。検証結果としてリクエストが許可されたのか、あるいはブロックされたのかは**CloudWatch Metricsのメトリクス結果**、もしくは**Sample Web Requests**の結果から確認することができます。

CloudWatch Metrics

CloudWatch Metricsのメトリクス結果を表示させるためには、**Web ACLに適用しているルールをあらかじめカウントモードにしておく必要があります**。これによりAWS WAFが検査したリクエストが適用されたルールによって許可されたのか、ブロックされたのかをカウントしてその数を**CloudWatch Metrics**に表示させることができます。

図9-8-3 Web ACLのルールをカウントモードにする

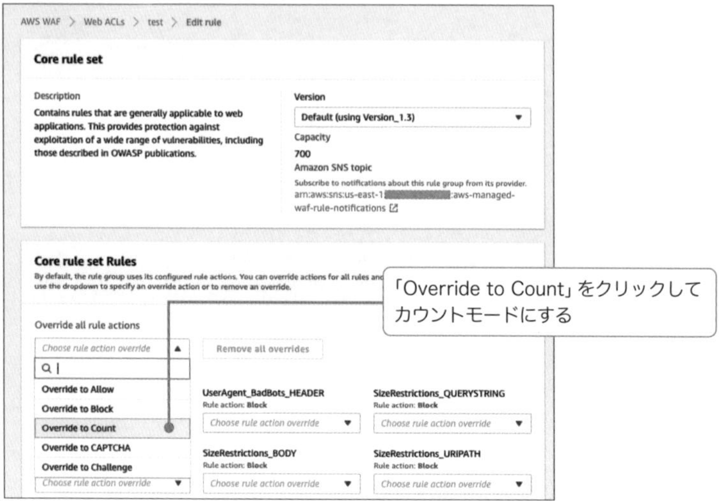

図9-8-4 Web ACLのコンソール画面に表示されるCloudWatch Metrics

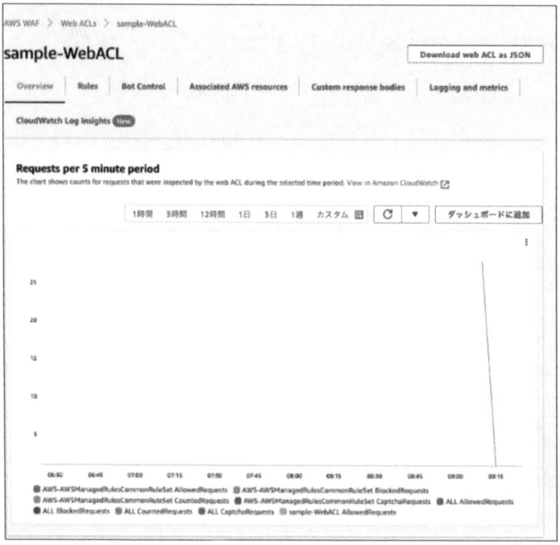

Sample Web Requests

Sample Web Requestsとは、「Web ACLが関連付けられたAWSリソース(ALBなど)」が検査のためにAWS WAFに転送した「リクエストのサンプル」を確認できる機能です。Sample Web Requestsは**Web ACLの画面**から有効化、無効化の設定を行うことができます。

図9-8-5 Web ACLの画面でSample Web Requestsを有効にする

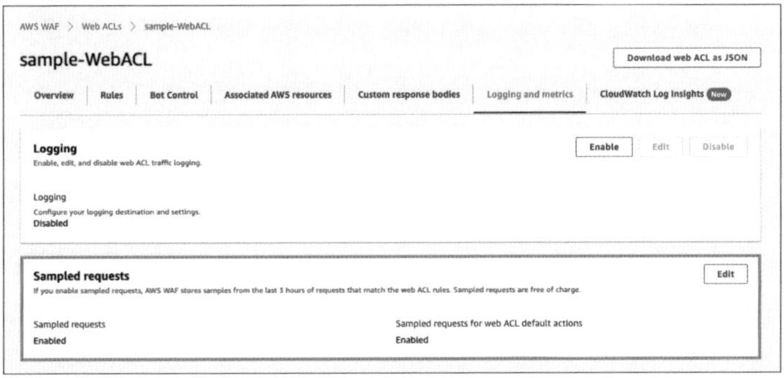

CloudWatch Metricsは「許可あるいはブロックされたリクエストのカウント数」のみを確認することができますが、**Sample Web Requestsでは「検査されたリクエストの中身」まで確認することができます**。これにより、具体的にどのようなリクエストが許可あるいはブロックされたのかを、検証の中で分析することができます。

図9-8-6 Sample Web Requestsの検査結果一覧

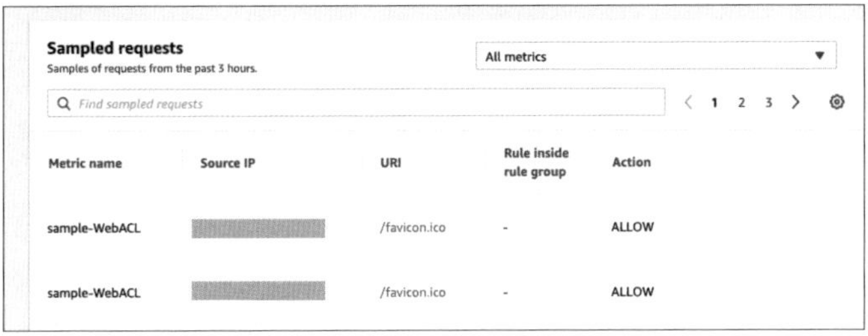

図9-8-7 Sample Web Requestsの検査結果の詳細

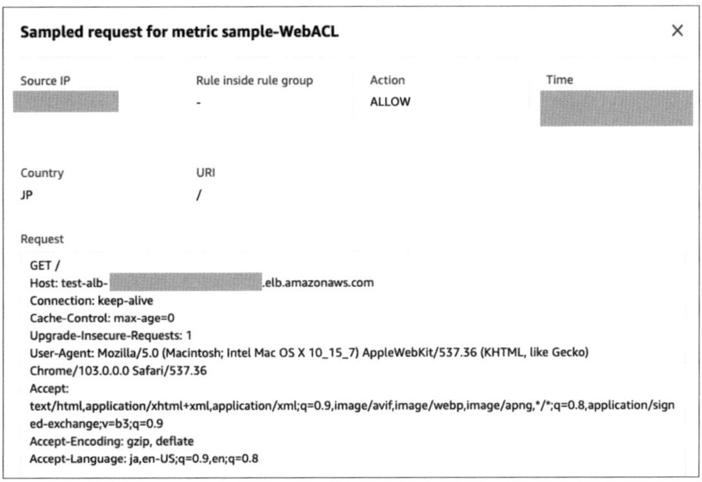

memo

System operation using AWS

Chapter

10

監査準備

本章ではまず、監査という業務の概要を把握することからはじめます。監査自体はエンジニアリング部門が実施する業務ではありませんが、監査業務を完遂させるためには実施部門への協力が必要となります。そのため、監査を実施している部門がどのような流れで監査を行っているのか、その概要を押さえましょう。その後、AWSにおける監査について触れ、その全体像を紹介します。そして、具体的な内容として監査に関連するAWSサービスをいくつかピックアップし、その概要や利用方法について説明します。最後にサンプルアーキテクチャをもとに実際のアーキテクチャを考えてみます。

Keyword

- AWS CloudTrail → p.359
- AWS Config → p.373
- AWS Artifact → p.383

基礎

10.1 監査準備の基礎知識

監査とはどのような業務なのか、その概要を把握しましょう。

10.1.1 監査とは

監査とは、**「企業や自治体などあらゆる経済活動を行う組織体に対して、経営や業務の活動が適切に行われていることを第三者の視点から監査人が点検・評価し、その結果が適切でなければ、意見を表明して組織体を正しい方向へ導くこと」**です。要約すると、**監査とは組織体に対して点検・評価・意見の表明を行うこと**を示します。しかしながら、一口に監査といっても監査人が点検・評価する対象は多岐にわたり、監査人に求められる専門性もそれぞれ異なります。企業活動において営業部、経理部、人事部、開発部など、求められる専門性や業務内容によって部署が分けられているのと同じように、監査においても監査を行う実施主体や監査内容によって分類が行われています。図10-1-1は監査における分類の一例です。

図10-1-1 監査における分類

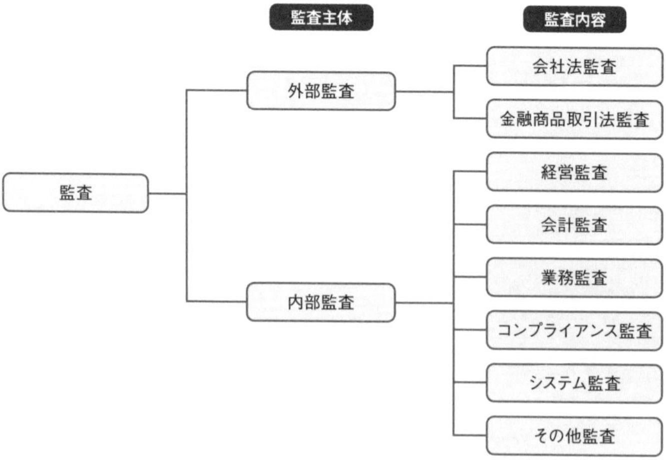

本書では上記の分類のうち、IT部門が関わる可能性がある**「システム監査」**に焦点を絞って説明を進めます。システム監査に関する制度は、経済産業省がサイバー

セキュリティ政策の一貫として管轄しており、システム監査人に必要な要件やシステム監査の手順などシステム監査人の行為規範を**「システム監査基準」**※1に、そして監査対象（情報システム、部門、業務など）の状況の適否を判断する基準を**「システム管理基準」**※2として整理しています。2018年4月に改訂されたシステム監査基準ではシステム監査の意義と目的を以下のように定めています。

> システム監査とは、専門性と客観性を備えたシステム監査人が、一定の基準に基づいて情報システムを総合的に点検・評価・検証をして、監査報告の利用者に情報システムのガバナンス、マネジメント、コントロールの適切性等に対する保証を与える、又は改善のための助言を行う監査の一類型である。また、システム監査は、情報システムにまつわるリスク（以下「情報リスク」という。）に適切に対処しているかどうかを、独立かつ専門的な立場のシステム監査人が点検・評価・検証することを通じて、組織体の経営活動と業務活動の効果的かつ効率的な遂行、さらにはそれらの変革を支援し、組織体の目標達成に寄与すること、又は利害関係者に対する説明責任を果たすことを目的とする。

この定義にはシステム監査において押さえておくべき重要なポイントや観点が凝縮されているので、少し長くなりますが1つずつ簡単に説明していきます。

> 専門性と客観性を備えたシステム監査人が、一定の基準に基づいて情報システムを総合的に点検・評価・検証をして、

一定の基準とは、「個人情報保護法ガイドライン」「情報セキュリティ管理基準/ISO 27000（ISMS）認証制度」「クラウドサービス利用のためのガイドライン」「内部統制報告制度（J-SOX）システム管理基準追補版」などの**遵守すべき法律・認証制度・ガイドライン**を示しています。システム監査人はこれらの基準に照らし合わせて点検・評価・検証を実施するため、IT知識だけでなく法的な知識も必要となります。

> 監査報告の利用者に情報システムのガバナンス、マネジメント、コントロールの適切性等に対する保証を与える、又は改善のための助言を行う監査の一類型である。

監査報告の利用者とは、具体的には企業における**経営者**を示しています。また、経済産業省が発刊しているシステム管理基準・システム監査基準ではガバナンス、マネジメント、コントロールをそれぞれ以下のように記載しています。

※1 https://www.meti.go.jp/policy/netsecurity/sys-kansa/sys-kansa-2023r.pdf
※2 https://www.meti.go.jp/policy/netsecurity/sys-kansa/sys-kanri-2023.pdf

表10-1-1 ガバナンス・マネジメント・コントロールとは

用語	説明
(IT)ガバナンス	経営陣がステークホルダのニーズにもとづき、組織の価値を高めるために実践する行動であり、情報システムのあるべき姿を示す情報システム戦略の策定および実現に必要となる組織能力
(IT)マネジメント	情報システムの企画、開発、保守、運用といったライフサイクルを管理するためのマネジメントプロセスであり、経営陣はステークホルダに対して、ITマネジメントに関する説明責任を有する
(IT)コントロール	リスクに応じたコントロール(対策)が適切に組み込まれ、機能していること。手作業によるコントロールと情報システムに組み込まれた自動化されたコントロールの双方が含まれる

つまり、システム監査人は企業の経営者に対して情報システムのガバナンス、マネジメント、コントロールを一定の基準に照らし合わせて評価・点検・検証した結果として、それらが適切に機能していることを保証意見として表明あるいは改善のための助言を行う役割を担っているということです。「保証意見の表明」「改善のための助言」を目的とした監査をそれぞれ**「保証型監査」**、**「助言型監査」**と呼びます。

> また、システム監査は、情報システムにまつわるリスク(以下「情報リスク」という。)に適切に対処しているかどうかを、独立かつ専門的な立場のシステム監査人が点検・評価・検証することを通じて、組織体の経営活動と業務活動の効果的かつ効率的な遂行、さらにはそれらの変革を支援し、組織体の目標達成に寄与すること、又は利害関係者に対する説明責任を果たすことを目的とする。

システム監査という言葉を聞くと、社内で利用している情報システムの品質などをチェックすることをイメージするかもしれませんが、実際は大きく異なります。**システム監査の目的は、組織体の目標達成、言い換えると売上目標や利益目標といった「経営戦略上の目標達成」に寄与することです**。従来のシステム監査基準では「システム監査の実施は、組織体のITガバナンスの実現に寄与する」とされていましたが、2018年4月改訂のシステム監査基準では一歩踏み込んで**ITガバナンスの経営目標に対する有効性**までを評価しています。

「組織体の目標達成に寄与する」という明確な目的があるシステム監査ですが、実際の監査の現場では人的リソースや時間的な制約があるため、監査対象となりうる全ての対象を監査することは現実的ではありません。そのため、監査対象とする情報システムを絞り込むことによって確保できる人的リソースを最大限に活かし、限られた時間の中で監査を実施するために次のようなプロセスを踏んでシステム監査を実施しています。

図10-1-2　システム監査の流れ

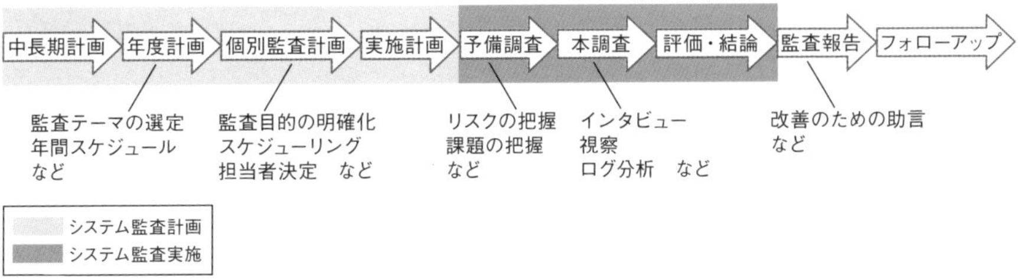

10.1.2 監査準備とは

ここまで本書を読み進めた読者の中には「システム監査はシステム監査人が実施するのだから、IT部門は関係ないのではないか」と疑問に思った方がいるかもしれません。しかしながら、ここで重要となるのはシステム監査のプロセスの**予備調査**と**本調査**です。

前述の通り、システム監査人は情報システムのガバナンス、マネジメント、コントロールを一定の基準に照らし合わせて評価・点検・検証した結果として、それらが適切に機能していることを保証意見として表明あるいは改善のための助言を行います。この保証意見の表明と改善のための助言で重要なことは**「どういった根拠をもとにして」**意見を表明しているのか、ということです。つまり、システム監査人が合理的かつ説得力がある意見を表明するためには、**十分な量と証明力を持った証拠や事実（監査証拠）**をあらかじめつかんでおく必要があります。監査証拠としての説得力を持たせる情報は、**監査証跡**と呼ばれます。**監査証跡**は**システム監査において「いつ、誰が、どのような操作を行い、どのような結果になったのか」という事実を立証するための証拠となる痕跡を把握することができる情報（データ）です**。これらの情報収集を実施するのが、予備調査と本調査のプロセスです。このプロセスではシステム監査人からIT部門に対して次のような依頼があるかもしれません。

「現在、内部監査部門で営業支援システム・生産管理システム・購買情報システムの3つのシステムを対象にシステム監査の本調査を実施しています。そこで監査証跡として2022年4月1日～2022年9月30日の期間における各システムのアクセスログ、通信ログ、設定変更ログ、認証ログをご提供頂けないでしょうか。可能であれば2週間以内にご提供頂けると助かります。」

仮に認証ログを取得していない、あるいは取得していたが過去3ヶ月分しか保管していなかった場合はシステム監査人からの依頼に応えることができません。また提供できたとしても、2週間という限られた期間内で提供する場合は実業務の手を止めて対応しなければならない可能性もあります。このようにシステム監査自体はシステム監査人が行いますが、**システム監査人の監査証跡の収集を支援するためにIT部門は動く必要があります**。これを本書では**「監査準備」**と呼ぶことにします。

監査準備とシステム設計の関わり

ここでもう一歩踏み込んで考えてみます。システム監査人はIT部門から提供されたログが「本当に正しい」ログなのかどうか、言い換えるとログの改ざんや損失の可能性を考慮することができません。システム監査人の立場に立つと合理的かつ説得力がある意見を表明するためには、十分な証明力を持った証拠(監査証拠)をもとに評価し、意見を表明したいところです。すると次のような疑問がわくかもしれません。**「提供されたログには改ざんや損失の可能性は本当にないのだろうか、またそれを証明するために必要な証拠は何だろうか」**

利用しているシステムが外部ベンダーによって提供されているソフトウェア製品であれば話は変わりますが、例えば自社開発しているシステムを利用している場合だと**「どのような方法で、どのようなログを記録しているのか」「記録しているログに過不足はないのか、改ざんや損失の可能性をどのようにつぶしているのか」**といったことをシステム監査人がチェックする可能性も0ではありません。システム監査人のチェック内容を考慮すると、**システムの設計**に影響する可能性があります。これらはログの提供を一例とした内容ですが、IT部門にとって監査は決して他人事ではないとご理解いただけたのではないでしょうか。

年度計画や個別監査計画の中で決定される監査テーマや監査目的によって、収集する監査証跡は異なるため、IT部門として監査証跡の収集の全てに備えることは簡単ではありません。**しかしながら、システム監査における監査証跡の提供を念頭に置いた運用設計を行うことで、監査実施時のIT部門の業務負荷の軽減や、情報システムとしての品質向上が期待できると考えられます**。

実務

10.2 AWSにおける監査準備

Chapter 9でも紹介した**責任共有モデル**と、AWSが公開している**「AWSの使用に際しての監査の概要」**というホワイトペーパーの2つの観点から、AWSにおける監査について全体像を押さえます。

10.2.1 AWSにおける監査の切り分け

AWSが提唱している責任共有モデル※3では、「AWS自身がシステムやサービスに対して持つ責任範囲」と「お客様(AWSの利用者)が持つ責任範囲」を明確に分けています。監査においても、この考え方に従って役割や評価すべき観点を分けて考えます。

図10-2-1 責任共有モデル(著者が一部改変して作図)

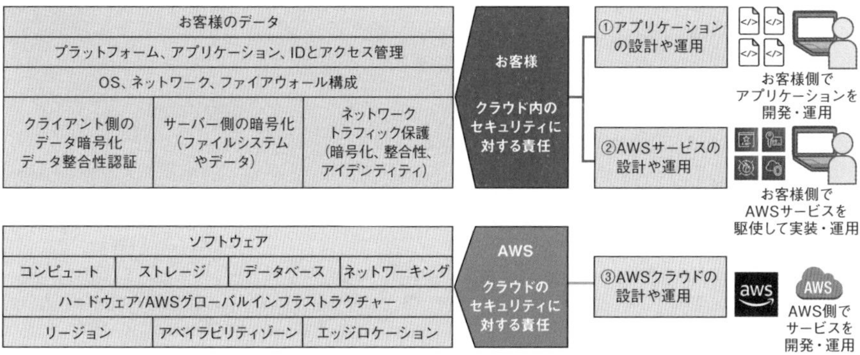

AWSがシステムに対して持つ責任範囲(③AWSクラウドの設計や運用)は、AWS側で監査を実施しており、**10.3.6**で解説する**AWS Artifact**と呼ばれるAWSサービスから監査結果のレポートをダウンロードすることが可能です。これにより、AWSの利用者が実施する「AWS自体に関する監査証跡」の収集負荷を軽減できます。

一方で、AWSを利用する利用者の責任範囲は「①アプリケーションの設計や運用」「②AWSサービスの設計や運用」の2つに分けられます。「①アプリケーションの設計や運用」は開発するシステム要件に左右されるため利用者側で都度、監査

※3 https://aws.amazon.com/jp/compliance/shared-responsibility-model/

要件の整理が必要になります。そのため、本書では解説しません。「②AWSサービスの設計や運用」については、AWSから**「AWSの使用に際しての監査の概要」**※4というホワイトペーパーが公開されており、9つの評価観点が示されています。この評価観点と概要については、表10-2-1を確認してください。AWSサービスを設計、運用する際はこの評価観点を取り入れることで、より堅牢なシステムを構築する手助けになるためぜひ参考にしてください。

表10-2-1　AWSの使用に際しての監査の概要(9つの評価観点)

評価観点	概要	関連Chapter
ガバナンス	どのAWSサービスおよびリソースが使用されているかを理解していること。組織のリスク管理プログラムにAWSの利用が考慮対象に含まれていること	**Chapter 10 監査準備** **・AWS Config**
ネットワークの設定と管理	AWSのネットワークアーキテクチャを理解し、組織のセキュリティ要件を満たしていること	Chapter 9 セキュリティ統制 ・セキュリティグループ ・AWS WAF
アセットの設定と管理	OSやアプリケーションを安全に設定・管理していること。また、脆弱性を管理してアプリケーションのセキュリティ・安定性・完全性を保護していること	Chapter 7 パッチ適用 ・AWS Systems Manager Patch Manager
論理的アクセスコントロール	AWSのサービスでどのようにユーザーとアクセス権限が設定されているのかを理解し、管理していること	Chapter 4 アカウント運用 ・AWS IAM
データの暗号化	データがどこに保存され、保管時および転送中のデータがどのように保護されているかを理解し、管理していること	Chapter 9 セキュリティ統制 ・AWS Certificate Manager (ACM) ・AWS KMS
セキュリティのログ記録およびモニタリング	AWS上に構築されているリソース(EC2など)の不正なアクティビティを検出するためにログを記録およびモニタリングしていること　AWSアカウント上の不正なアクティビティを検出するためにログを記録およびモニタリングしていること	Chapter 5 ログ運用 Chapter 9 セキュリティ統制 ・Amazon GuardDuty **Chapter 10 監査準備** **・AWS CloudTrail**
セキュリティインシデント対応	AWS上のシステムに対するセキュリティインシデント管理が、適切に運用・管理されていること	Chapter 9 セキュリティ統制 ・AWS Config Rules ・AWS Security Hub ・AWS Trusted Advisor
災害対策	単一障害点(SPOF)の排除、バックアップの取得など、組織のBCPやDR(Disaster Recovery)戦略を理解し、耐障害性に優れたアーキテクチャを採用していること	Chapter 8 バックアップ・リストア運用 ・AWS Backup
継承された統制	組織が利用するインフラ基盤であるAWSが管理するデータセンターへアクセスするには最低2回の2要素認証、身分証明書の提示、専任スタッフの付き添いが必要であることなど、様々な仕組みによって管理、維持され定期的に監査されていることを理解していること	**Chapter 10 監査準備** **・AWS Artifact**

Chapter 10で扱わない評価観点に関連するAWSサービスは、他章をご一読ください。

※4 https://d1.awsstatic.com/whitepapers/compliance/JP_Whitepapers/AWS_Auditing_Security_Checklist_jp.pdf

実務

10.3 関連するAWSサービス

ここからは、監査準備に関連するAWSサービスについて解説します。

10.3.1 AWS CloudTrail

AWSでは、AWSサービスのAPIエンドポイントを経由して実際の操作が行われます。**AWS CloudTrailは、サポートしている全てのAWSサービスに対するAPI操作のアクティビティログを記録・保持する機能です。**

CloudTrailでは「いつ」「誰が」「どのAWSサービスに対して」「どのようなAPI操作を行ったのか」をログとして記録しています。記録の内容は、API操作に関するアクティビティログの記録が大部分を占めますが、その他にもAWSアカウントのセキュリティやコンプライアンスに影響する可能性がある操作（例：AWSマネジメントコンソールへのログインなど）や運用上の問題のトラブルシューティングに役立つ可能性があるログについても記録しています。**このようにCloudTrailはAWSアカウント全体のアクティビティを記録しており、これらのデータを調査、分析することによってセキュリティインシデントを特定したりシステム監査人に提供する監査証跡として活用したりすることができます。**

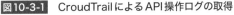

図10-3-1 CroudTrailによるAPI操作ログの取得

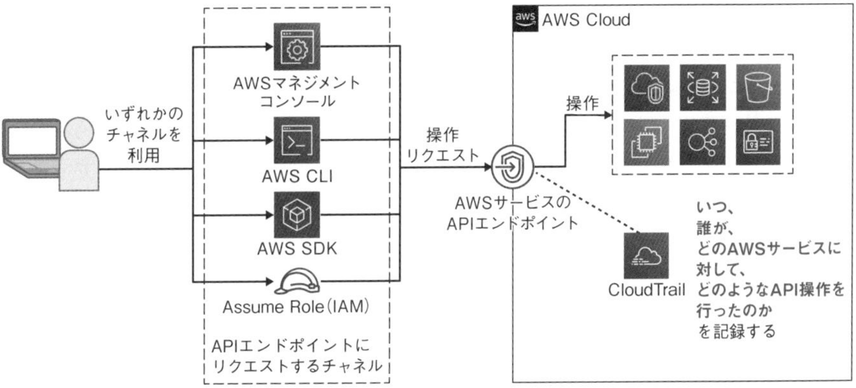

CloudTrailのログは、AWS上に標準で**90日間**保管されます。90日間以上ログを保管したい場合やCloudTrail以外のストレージにログを保管して分析などに利用したい場合は**「証跡」**を作成する必要があります。監査証跡としてログを保管する場合、**最低でも過去1年分のログ保管**は必要だと考えられるため、証跡の作成は必須となります。

図10-3-2 CloudTrailのダッシュボード画面

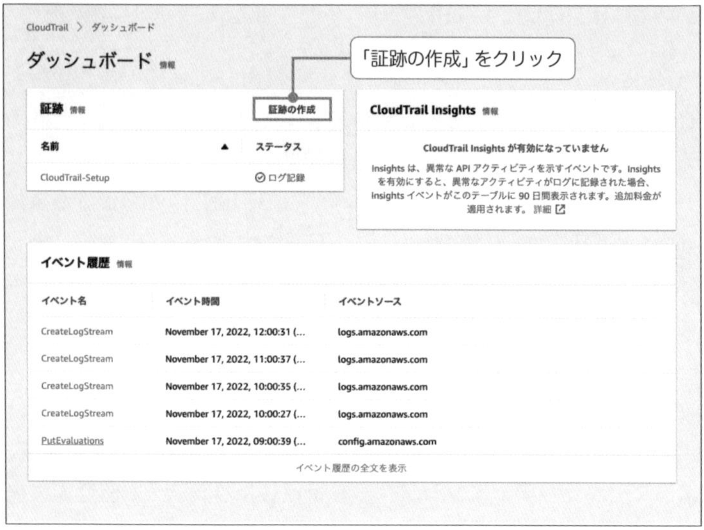

証跡はリージョンごと、あるいは全AWSリージョンを対象に作成することができますが、**AWSのベストプラクティスとして全AWSリージョンを対象にすることが推奨されています。また、マネジメントコンソールで証跡を作成する場合はデフォルトで全AWSリージョンが対象となっています。**

証跡の保管先には**S3**と**CloudWatch Logs**のいずれか、もしくは両方を指定することができ、**KMS**を利用してログファイルを暗号化することも可能です。ここで1点注意ですが、証跡の保管先としてS3を指定する場合は保管先のS3バケットのバケットポリシーで**CloudTrailからS3バケットへのログファイルのアップロード**を許可する必要があります。具体的なバケットポリシーについてはAWS公式ドキュメント※5を確認してください。

※5 https://docs.aws.amazon.com/ja_jp/awscloudtrail/latest/userguide/create-s3-bucket-policy-for-cloudtrail.html

図10-3-3　CloudTrailの証跡作成画面①

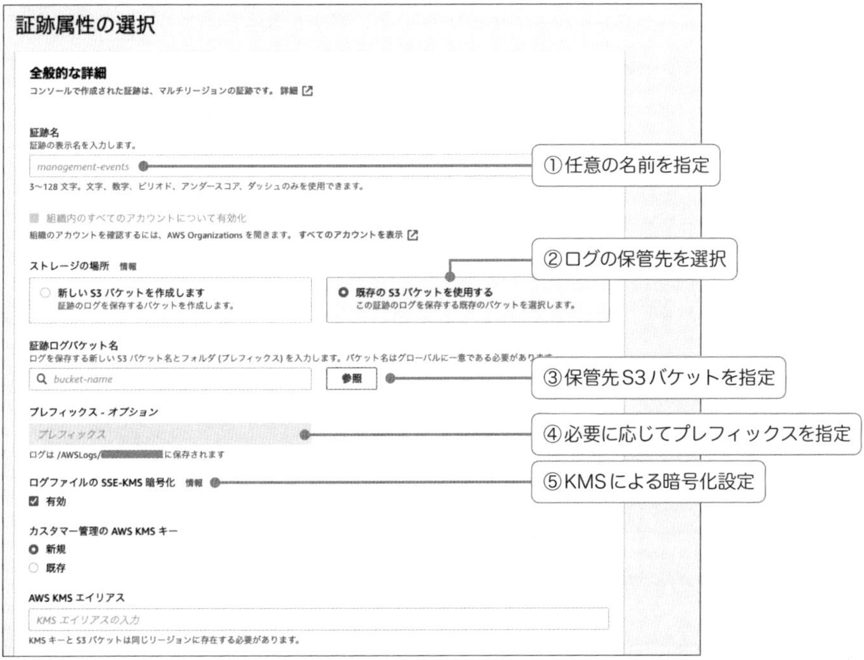
証跡属性の選択
全般的な詳細
コンソールで作成された証跡は、マルチリージョンの証跡です。詳細
証跡名
証跡の表示名を入力します。
management-events
3~128 文字。文字、数字、ピリオド、アンダースコア、ダッシュのみを使用できます。
組織内のすべてのアカウントについて有効化
組織のアカウントを確認するには、AWS Organizations を開きます。すべてのアカウントを表示
ストレージの場所　情報
新しい S3 バケットを作成します
証跡のログを保存するバケットを作成します。
既存の S3 バケットを使用する
この証跡のログを保存する既存のバケットを選択します。
証跡ログバケット名
ログを保存する新しい S3 バケット名とフォルダ (プレフィックス) を入力します。バケット名はグローバルに一意である必要があります。
bucket-name
参照
プレフィックス - オプション
プレフィックス
ログは /AWSLogs/[redacted] に保存されます
ログファイルの SSE-KMS 暗号化　情報
有効
カスタマー管理の AWS KMS キー
新規
既存
AWS KMS エイリアス
KMS エイリアスの入力
KMS キーと S3 バケットは同じリージョンに存在する必要があります。
①任意の名前を指定
②ログの保管先を選択
③保管先S3バケットを指定
④必要に応じてプレフィックスを指定
⑤KMSによる暗号化設定

図10-3-4　CloudTrailの証跡作成画面②

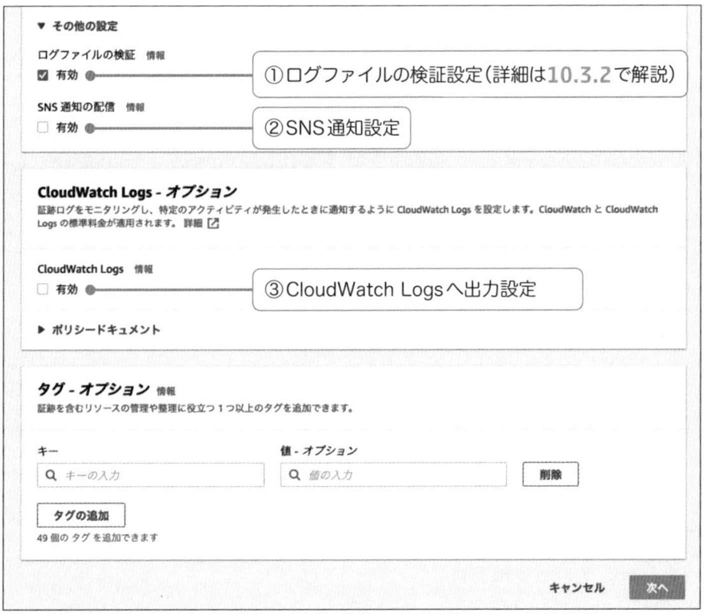
▼ その他の設定
ログファイルの検証　情報
有効
SNS 通知の配信　情報
有効
①ログファイルの検証設定(詳細は10.3.2で解説)
②SNS通知設定
CloudWatch Logs - オプション
証跡ログをモニタリングし、特定のアクティビティが発生したときに通知するように CloudWatch Logs を設定します。CloudWatch と CloudWatch Logs の標準料金が適用されます。詳細
CloudWatch Logs　情報
有効
③CloudWatch Logsへ出力設定
▶ ポリシードキュメント
タグ - オプション　情報
証跡を含むリソースの管理や整理に役立つ 1 つ以上のタグを追加できます。
キー
キーの入力
値 - オプション
値の入力
削除
タグの追加
49 個の タグ を追加できます
キャンセル
次へ

証跡として取得可能なログ

証跡として取得可能なログは、その内容に応じて3種類に分類することができます。また、それぞれ**管理イベント**、**データイベント**、**インサイトイベント**と呼ばれます。

図10-3-5 CloudTrailでログイベントを選択する

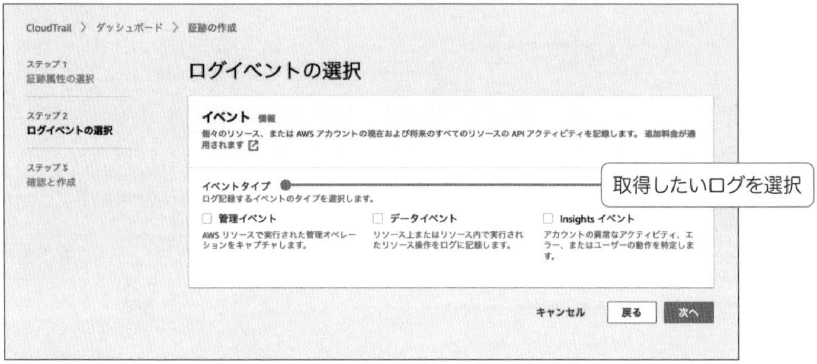

表10-3-1 CloudTrailで取得可能なログ

分類	説明	証跡ログの例
管理イベント	・AWSアカウント内のリソースに対して実行される管理に関する操作を記録する ・無料でログを取得することが可能※	・S3バケットの作成 ・AWSマネジメントコンソールへのサインイン ・ネットワークの構成変更
データイベント	・AWSアカウントのリソース上またはリソース内で実行された操作を記録する。高度なイベントセレクターという機能を利用して、データイベントで取得するログについてきめ細やか制御をかけることが可能 ・ログ取得には追加料金が必要	・S3のオブジェクトレベルのAPIアクティビティ（PutObject APIなど） ・Lambda関数のAPIアクティビティ（InvokeFunction APIなど） ・DynamoDBのオブジェクトレベルのAPIアクティビティ（PutItem APIなど）
インサイトイベント	・管理イベントにおけるAPIコール量とAPIエラー率のパターンを分析し、標準レベル（ベースライン）を作成する。このベースラインから逸脱した異常なAPIアクティビティをインサイトイベントとして記録。 ・具体的にはAPIコール量に関するインサイトイベントは書き込みAPIに対して生成、APIエラー率に関するインサイトイベントは書き込み、読み込みの両方のAPIに対して生成される ・ログ取得には追加料金が必要	・EC2が平常時よりも多く起動されている（RunInstances APIコールの急増）

※証跡を2つ以上作成する場合、2つ目以降は有料

証跡としてCloudTrailのログを取得する場合、**管理イベントは取得必須です**。データイベントで取得するログはS3・DynamoDB・LambdaなどのAWSサービスの中から指定することができます。

監査準備の観点では、ストレージサービスとして利用される頻度が高い傾向にあり、また機密性が高いデータが保管される可能性があるS3はデータイベントとして取得することを推奨します。その他のデータイベントは、監査要件に従って有効化を検討してください。インサイトイベントは、**APIコールおよびAPIエラー率を分析し、それらの外れ値を検知してログとして出力するという特性**を持っており他のログとは毛色が異なるため、こちらも監査要件に従って有効化を検討してください。

以下、管理イベント、データイベント、インサイトイベントで出力されるログの例です。

リスト10-3-1 EC2起動時の管理イベントの証跡ログの例

```
{
    "eventVersion": "1.08",
    "userIdentity": {
        "type": "IAMUser",
        "principalId": "AIDAZY5ZLIUxxxxxxxxxxx",
        "arn": "arn:aws:iam::111111111111:user/administrator",
        "accountId": "111111111111",
        "accessKeyId": "AIDAZY5ZLIUxxxxxxxxxxx",
        "userName": "administrator",
―以下、省略―
    },
    "eventTime": "2022-08-05T07:30:47Z",
    "eventSource": "ec2.amazonaws.com",
    "eventName": "RunInstances",
    "awsRegion": "ap-northeast-1",
    "sourceIPAddress": "AWS Internal",
    "userAgent": "AWS Internal",
―以下、省略―
    "requestID": "45e1e652-2333-4895-88a8-xxxxxxxxxxxx",
    "eventID": "cba5e785-98ac-494e-b785-xxxxxxxxxxxx",
    "readOnly": false,
    "eventType": "AwsApiCall",
    "managementEvent": true,
    "recipientAccountId": "111111111111",
    "eventCategory": "Management",
    "sessionCredentialFromConsole": "true"
}
```

リスト10-3-2 データイベント(S3)の証跡ログの例


```
{
    "eventVersion": "1.05",
    "userIdentity": {
        "type": "Root",
        "principalId": "99999999999",
        "arn": "arn:aws:iam::99999999999:root",
        "accountId": "99999999999",
        "username": "jbarr",
        "sessionContext": {
            "attributes": {
                "creationDate": "2022-11-15T17:55:17Z",
                "mfaAuthenticated": "false"
            }
        }
    },
    "eventTime": "2022-11-15T23:02:12Z",
    "eventSource": "s3.amazonaws.com",
    "eventName": "PutObject",
    "awsRegion": "ap-northeast-1",
    "sourceIPAddress": "xx.xx.xx.xx",
    "userAgent": "[S3Console/0.4]",
    "requestParameters": {
        "X-Amz-Date": "20221115T230211Z",
        "bucketName": "sample-s3-trail-bucket",
        "X-Amz-Algorithm": "AWS4-HMAC-SHA256",
        "storageClass": "STANDARD",
        "cannedAcl": "private",
         "X-Amz-SignedHeaders": "Content-Type;Host;x-amz-acl;x-amz-
storage-class",
        "X-Amz-Expires": "300",
        "key": "sample.png"
    }
}
```

リスト10-3-3 インサイトイベントのログの例

```
{
    "Records": [
        {
            "eventVersion": "1.07",
            "eventTime": "2022-11-07T13:25:00Z",
            "awsRegion": "ap-northeast-1",
            "eventID": "a9edc959-9488-4790-be0f-05d60e56b547",
            "eventType": "AwsCloudTrailInsight",
            "recipientAccountId": "-REDACTED-",
                  "sharedEventID": "c2806063-d85d-42c3-9027-
d2c56a477314",
            "insightDetails": {
                "state": "Start",
                "eventSource": "ec2.amazonaws.com",
                "eventName": "RunInstances",
                "insightType": "ApiCallRateInsight",
                "insightContext": {
                    "statistics": {
                        "baseline": {
                            "average": 0.0020833333
                        },
                        "insight": {
                            "average": 6
                        }
                    }
                }
            },
            "eventCategory": "Insight"
        }
    ]
}
```


10.3.2 CloudTrailの証跡の完全性を高める

10.3.1で解説した通り、CloudTrailはAWSアカウント全体のアクティビティを記録していますが、これらのログが何者かによって改ざんされたり削除されたりするとCloudTrailのログはその証拠力を失ってしまいます。そこでCloudTrailでは**ログの完全性**（改ざんや破壊が行われていない完全な状態）を検証する方法として**「ログファイルの検証」**という機能を提供しています。**本機能はAWSではベス**

トプラクティスとして有効化が推奨されています。また、監査証跡としてログの完全性を保証するためにも設定を推奨します。

ログファイルの検証では、**デジタル署名の仕組み**によりCloudTrail（ログ配信者）以外の第三者によってログが変更されていないことを検証しています。前提としてログファイルのような電子ファイルは、第三者が書き換えることが容易という特徴を持つデータです。そこで電子ファイルに**公開鍵暗号を用いた電子署名**を行うことで、署名者自身（電子ファイルの作成者）が電子ファイルを作成したことを証明すると同時に電子ファイルが改ざん、削除されていないことを証明することできます。

「ログファイルの検証」による改ざん検知の仕組み

CloudTrailの証跡作成時に「ログファイルの検証」を有効化すると、CloudTrailは通常のログファイルとは別に**ダイジェストファイル**を1時間ごとに生成します。

ダイジェストファイルには、**過去1時間に生成されたログファイルごとにSHA-256ハッシュアルゴリズムを用いて算出したハッシュ値が書き込まれています。**ダイジェストファイルは、CloudTrailがAWSリージョンごとに異なる**キーペア**（公開鍵と秘密鍵）を用いて電子署名を行います。また、ダイジェストファイルはCloudTrailの証跡の保管先として指定した**S3バケットの「CloudTrail-Digest」**というフォルダ内に格納されます。

リスト10-3-4　ダイジェストファイルの例（一部抜粋）

```
{"s3Bucket":"cloudtrail-backet-setup","s3Object":"AWSLogs/111111111111/CloudTrail/ap-northeast-
1/2022/05/01/111111111111_CloudTrail_ap-northeast-1_20220501T0045Z_PKmxsWVSUN2QOCsm.json.gz",
"hashValue": "5387a9c36584035cc7cfde8d537f5fee530e22e1f5fb309e49c4fd9f64f0c380", "hashAlgorithm": "SHA-256", "newestEventTime":
"2022-05-01T00:42:37Z", "oldestEventTime": "2022-05-01T00:37:40Z"}
```

図10-3-6 「ログファイルの検証」による改ざん検知の仕組み

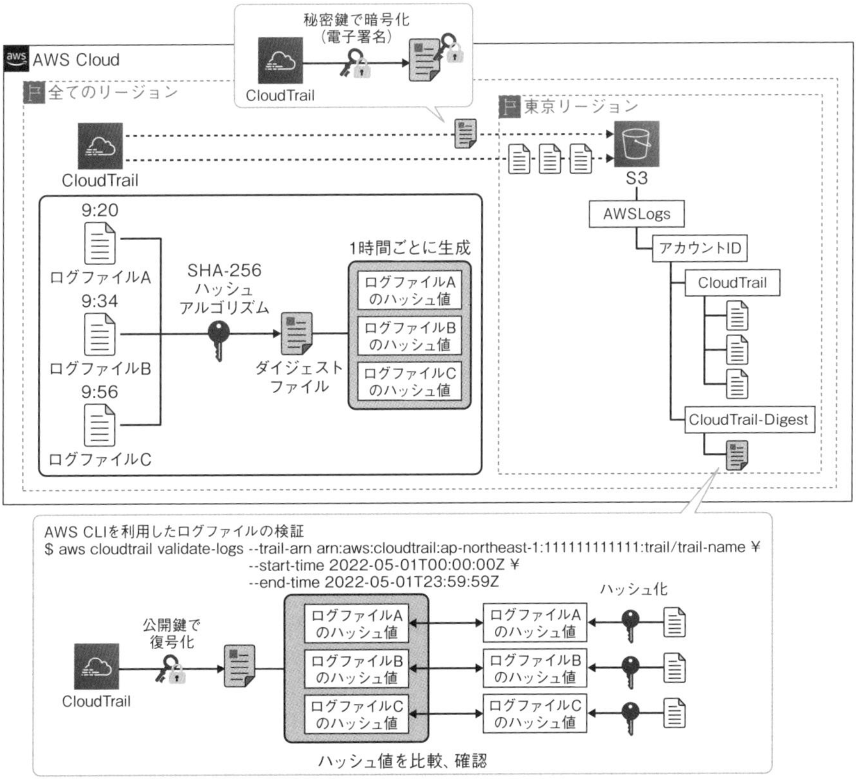

実際にS3バケットに保管したログファイルに対してCloudTrailでログの完全性を検証する際は、**AWS CLI**を用いて検証を行います。

リスト10-3-5 ログの完全性を検証するCLIコマンド

```
 $ aws cloudtrail validate-logs --trail-arn arn:aws:cloudtrail:ap-
northeast-1:111111111111:trail/trail-name \
      --start-time 2022-05-01T00:00:00Z \ ※検証を開始するログファイルの
タイムスタンプ
      --end-time 2022-05-01T23:59:59Z ※検証を終了するログファイルのタイム
スタンプ
```

CLIを実行すると、**「ダイジェストファイル内に書き込まれた各ログファイルのハッシュ値」と「実際のログファイルから算出したハッシュ値」を比較して改ざんや削除が行われていないかを確認します。**このような仕組みでCloudTrailはログファイルの完全性を検証し、その証拠力を担保することができます。

リスト10-3-6 ログファイルが改ざんされていなかった場合のCLI実行結果

```
$ aws cloudtrail validate-logs --trail-arn arn:aws:cloudtrail:ap-northeast-1:111111111111:trail/trail-name --start-time 2022-05-01T00:00:00Z --end-time 2022-05-01T23:59:59Z
Validating log files for trail arn:aws:cloudtrail:ap-northeast-1:111111111111:trail/trail-name between 2022-05-01T00:00:00Z and 2022-05-01T23:59:59Z

Results requested for 2022-05-01T00:00:00Z to 2022-05-01T23:59:59Z
Results found for 2022-05-01T00:51:17Z to 2022-05-01T23:59:59Z:

25/25 digest files valid
583/583 log files valid
```

リスト10-3-7 ログファイルが改ざんされていた場合のCLI実行結果

```
$ aws cloudtrail validate-logs --trail-arn arn:aws:cloudtrail:ap-northeast-1:111111111111:trail/ trail-name -start-time 2022-05-01T00:00:00Z --end-time 2022-05-01T23:59:59Z
Validating log files for trail arn:aws:cloudtrail:ap-northeast-1:111111111111:trail/trail-name between 2022-05-01T00:00:00Z and 2022-05-01T23:59:59Z
Log file    s3://cloudtrail-backet-setup/AWSLogs/111111111111/CloudTrail/ap-northeast-1/2022/05/01/111111111111_CloudTrail_ap-northeast-1_20220501T0000Z_6lVBCM9OEPmRO3Ys.json.gz  INVALID: hash value doesn't match
Results requested for 2022-05-01T00:00:00Z to 2022-05-01T23:59:59Z
Results found for 2022-05-01T00:51:17Z to 2022-05-01T23:59:59Z:

25/25 digest files valid
582/583 log files valid, 1/583 log files INVALID
```

リスト10-3-8 ログファイルが削除されていた場合のCLI実行結果

```
$ aws cloudtrail validate-logs --trail-arn arn:aws:cloudtrail:ap-northeast-1:111111111111:trail/trail-name --start-time 2022-05-01T00:00:00Z --end-time 2022-05-01T23:59:59Z
Validating log files for trail arn:aws:cloudtrail:ap-northeast-1:111111111111:trail/trail-name between 2022-05-01T00:00:00Z and 2022-05-01T23:59:59Z

Log file    s3://cloudtrail-backet-setup/AWSLogs/111111111111/CloudTrail/ap-northeast-1/2022/05/01/111111111111_CloudTrail_ap-northeast-1_20220501T0000Z_6lVBCM9OEPmRO3Ys.json.gz   INVALID: not found

Results requested for 2022-05-01T00:00:00Z to 2022-05-01T23:59:59Z
Results found for 2022-05-01T00:51:17Z to 2022-05-01T23:59:59Z:

25/25 digest files valid
582/583 log files valid, 1/583 log files INVALID
```

「ログファイルの検証機能」により証拠力が担保されたCloudTrailは、監査証跡の取得以外にも、セキュリティインシデントの特定やトラブルシューティングなど、様々なシーンで利用できます。各調査方法に関する具体的な操作手順については述べませんが、表10-3-2に代表的な調査方法をまとめていますのでユースケースを参考にお試しください。

表10-3-2 CloudTrailのログを用いた調査方法

調査方法	説明	ユースケース
イベント履歴検索※6	CloudTrailのコンソール画面から検索する方法。高度な検索機能はなく、単一のタグのキーに対するフィルタリングのみ可能。検索対象は過去90日間の管理イベント	・過去に実行された特定のAPI操作に関するログの詳細を確認したい ・過去に失敗した特定のAPI操作のエラー理由の詳細を知りたい
CloudTrail Lake※7	CloudTrailのログをイベントデータストアに集約し、クエリを実行する方法。複数のAWSリージョン/AWS Organizations組織内のAWSアカウントのCloudTrailログに対して横断的にクエリを実行することができ、デフォルトで7年間のデータを保持する。他の調査方法と比較してAWS利用料が高額となる可能性があるため注意が必要	・過去90日以上前に遡ってログを確認したい ・複数のAWSリージョン、AWS Organizations組織内のAWSアカウントのCloudTrailログに対して横断的にクエリを実行したい
S3 + Athena	証跡が保管されているS3バケットに対してAthenaからクエリを実行する方法。S3の料金が安価であるため長期間かつ大量データに対するログ調査にも利用可能	・過去1年間のログに対してクエリを実行して分析したい。（大量のログに対するクエリ実行を想定） ・調査にかかるAWS利用料をできるだけ抑えたい
CloudWatch Logs Insights	証跡が保管されているCloudWatch Logsに対してクエリを実行する方法。S3 + Athenaと同様にクエリを実行して調査する方法だが、CloudWatch Logsがログを取り込む料金は高額であるため注意が必要	・過去1カ月間のログに対してクエリを実行して分析したい。（少量のログに対するクエリ実行を想定） ・分析結果の対する簡易的なグラフも合わせて確認したい
OpenSearch※8	Amazon OpenSearch Service を利用してクエリを実行する方法。検索条件やフィルタリング条件の指定を柔軟に行うことができるKibanaと並用することで可観測性が向上	・検索条件やフィルタリング条件を指定して柔軟に分析したい

Column AWS CloudShellを利用したAWS CLIの実行

CloudTrailでログの完全性を検証する方法として、AWS CLIを利用した検証を紹介しました。AWS CLIはAWSサービスの操作で利用するオープンソースのコマンドラインツールですが、利用方法は次の2つがあります。

※6 https://docs.aws.amazon.com/ja_jp/awscloudtrail/latest/userguide/view-cloudtrail-events-console.html
※7 https://docs.aws.amazon.com/ja_jp/awscloudtrail/latest/userguide/cloudtrail-lake.html
※8 https://docs.aws.amazon.com/ja_jp/opensearch-service/latest/developerguide/gsg.html

表10-3-3 AWS CLIを実行するための2つの方法

利用方法	利用準備
クライアント端末から利用する	・IAMユーザーおよびクレデンシャル情報(認証情報)を発行 ・クライアント端末にAWS CLIをインストール ・クライアント端末に設定ファイルを作成しクレデンシャル情報を設定
Webブラウザから利用する	・IAMユーザーにIAMポリシー(AWSCloudShellFullAccess)をアタッチ ・**AWSマネジメントコンソールからAWS CloudShellを起動する**

AWS CloudShellとは、**Amazon Linux 2023をOSとして利用しているブラウザベースで利用可能なシェルです。**このシェルにはあらかじめAWS CLIがプリインストールされているため、CloudShellを起動するとすぐにAWS CLIを利用することができます。

また、マネジメントコンソールにログインする際に利用するIAMユーザーにIAMポリシー(AWSCloudShellFullAccess)をアタッチするだけで利用可能です。その他、CloudShellのスペックやプリインストールされているソフトウェアについてはAWS公式ドキュメント※9を確認してください。

CloudShellを起動するための認証および実行可能なCLI操作権限(認可)には、コンソールログインしているIAMユーザーあるいはスイッチロールしているIAMロールが利用されています。**クライアント端末から利用する方法※10は利用準備が煩雑ですが、CloudShellを利用するとAWSマネジメントコンソールから簡単に実行環境を起動することができるだけでなく、IAMユーザーのクレデンシャル情報を発行する必要がないため、クレデンシャル情報の漏洩を防止することもできて一石二鳥です。**また、CloudShellはシェルへのファイルアップロードおよびダウンロードも可能なためあらかじめ用意したスクリプトを実行することも可能です。

図10-3-7 AWS CloudShellを起動

※9 https://docs.aws.amazon.com/ja_jp/cloudshell/latest/userguide/vm-specs.html
※10 https://docs.aws.amazon.com/ja_jp/cli/latest/userguide/cli-chap-getting-started.html

図10-7-8　CloudShellのポップアップ画面

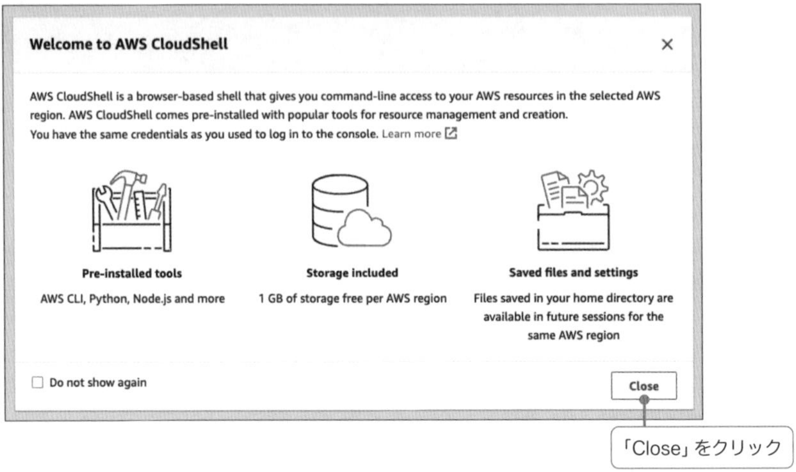

Welcome to AWS CloudShell
AWS CloudShell is a browser-based shell that gives you command-line access to your AWS resources in the selected AWS region. AWS CloudShell comes pre-installed with popular tools for resource management and creation.
You have the same credentials as you used to log in to the console. Learn more
Pre-installed tools
AWS CLI, Python, Node.js and more
Storage included
1 GB of storage free per AWS region
Saved files and settings
Files saved in your home directory are available in future sessions for the same AWS region
Do not show again
Close
「Close」をクリック

図10-3-9　10秒～20秒程度でCloudShellが起動する

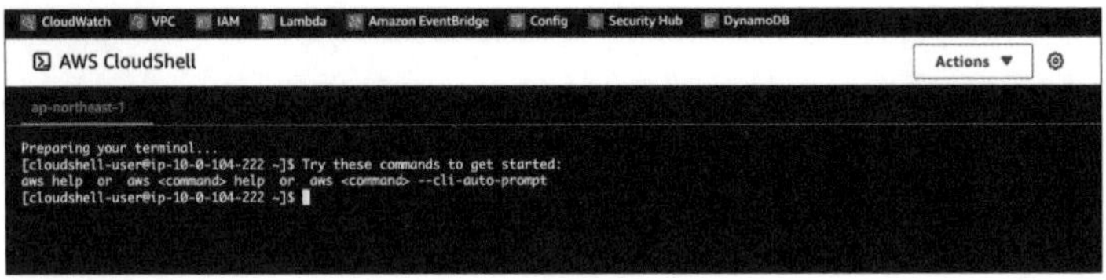

図10-3-10　シェルへのファイルアップロード・ダウンロードも可能

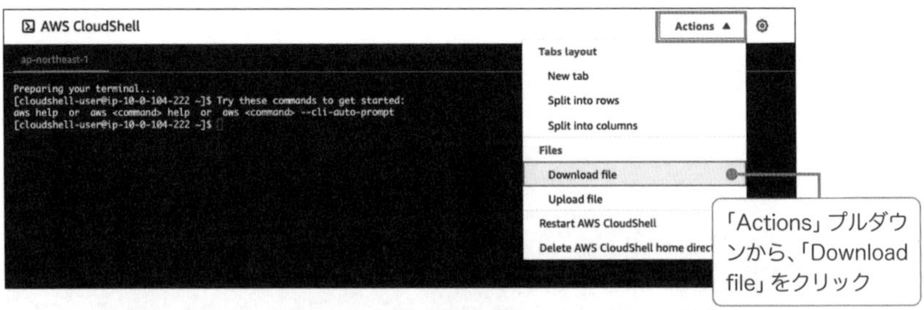

10.3.3　CloudTrailの利用料金

CloudTrailでは証跡として記録されたログの数にもとづいて課金されます。詳細はCloudTrailの料金ページ※11を確認してください。

※11　https://aws.amazon.com/jp/cloudtrail/pricing/

表10-3-4 無料利用枠

無料利用枠の対象	無料利用枠
管理イベントの取得および イベント履歴の表示	無料で利用可能
証跡	管理イベントに対する証跡は1つ目のみ無料

※2024年3月時点の東京リージョンにおける利用料を掲載しています。

表10-3-5 証跡にかかる利用料金

ログの種類	AWS利用料
S3に配信された管理イベント	100,000件の配信にあたり2.00USD
S3に配信されたデータイベント	100,000件の配信にあたり0.10USD
インサイトイベント	100,000件の分析にあたり0.35USD

※2024年3月時点の東京リージョンにおける利用料を掲載しています。

CloudTrailの利用料の例

管理イベントとデータイベントの証跡を1つ取得して、それぞれ5,000万件と1億件のログが配信された場合

- 管理イベントの料金
  1つ目の証跡であるため0USD
- データイベントの料金
  1億 / 100,000 * 0.10USD = 100USD
- AWS利用料
  100USD

10.3.4 AWS Config

AWS Configは、AWSアカウント上で構築したリソースの構成情報・変更履歴を記録、管理するAWSサービスです。監査準備において、「変更管理に関わる証跡」が必要な場合に特に効果を発揮します。

従来の構成管理手法では、詳細設計書やパラメータシートなどの構成管理ドキュメントを用いて構成情報や変更履歴を管理することが一般的でしたが、変更作業や管理するシステム数が増加する度に構成管理ドキュメントを修正あるいは新規作成する必要がありました。こういった手法では人の手によってドキュメント管理が行われるため、構成管理ドキュメントの更新漏れやバージョン管理が煩雑と

なり、オペレーションミスが発生することがありました。**Configではこのように人が管理していた構成情報をシステムで管理することが可能になります。**

Configを有効にするとサポートされている**AWSリソース**[※12]が検出され、AWSリソースごとに**JSON形式の構成アイテム(Configuration Item)**を生成して構成情報を記録します。デフォルトでは**7年間**データが保持されます。Configをセットアップする際は2つ注意点があります。1つ目は**グローバルリソース**を含める設定です。これを設定していない場合、IAMなどのグローバルサービスの構成情報・変更履歴を取得することができません。2つ目はログの保管先としてS3を指定する場合は保管先の**S3バケットのバケットポリシーでConfigからS3バケットへのログファイルのアップロードを許可する**必要があります。具体的なバケットポリシーについてはAWS公式ドキュメント[※13]を確認してください。

図10-3-11 AWS Configの設定画面

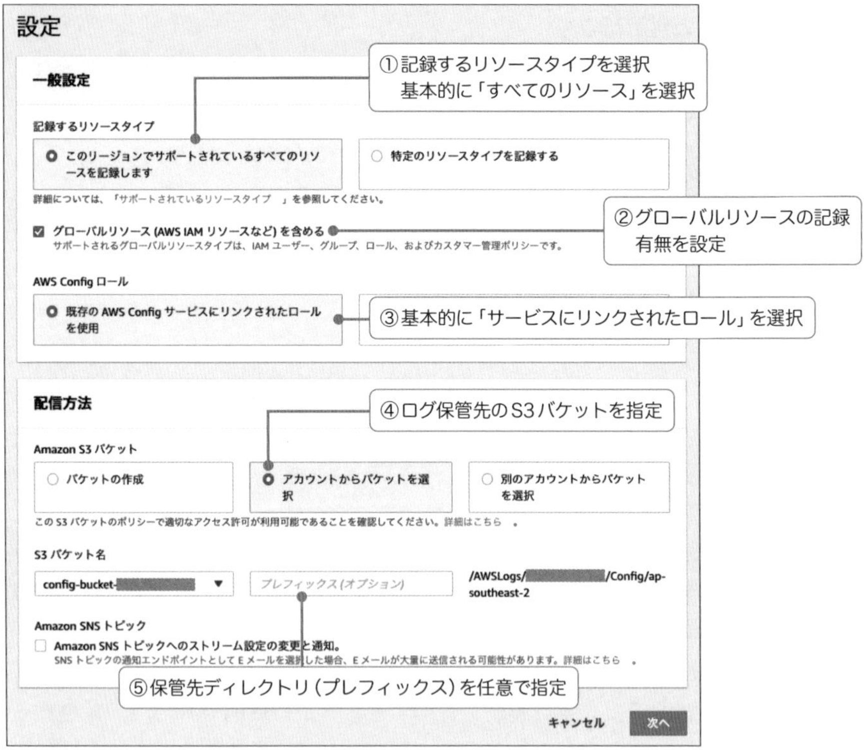

※12 https://docs.aws.amazon.com/ja_jp/config/latest/developerguide/resource-config-reference.html
※13 https://docs.aws.amazon.com/ja_jp/config/latest/developerguide/s3-bucket-policy.html

Configではリソースの現在の構成情報だけでなく、**過去に削除された構成情報も削除せずに記録しているため、誤ってAWSリソースを削除してしまった場合でも削除前後の設定を確認することができます。**

図10-3-12　AWS Configでリソースの構成情報を確認する

図10-3-13　AWS Configで削除されたリソースの構成情報を確認する

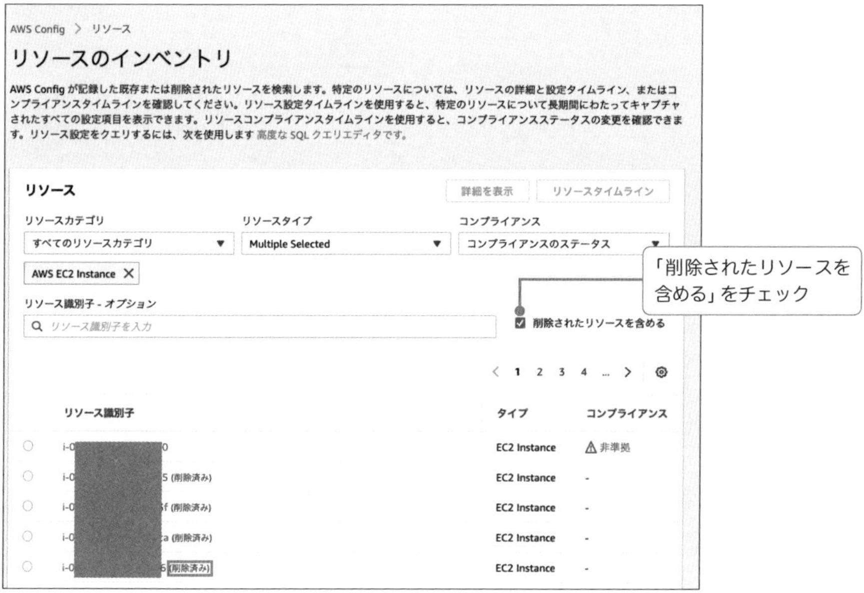

さらにConfigは**特定のAWSリソースに関連するリソース間の依存関係**も記録しています。依存関係について、EC2インスタンスを例に説明します。EC2インスタンスを構築する場合、EC2インスタンスはそれ単体では構築することはできません。ストレージとして利用するEBSを指定したり、構築するネットワーク(VPC・Subnet)を指定したり、セキュリティグループを指定したりすることではじめてEC2インスタンスを構築・起動することができます。言い換えると**EC2インスタンスはEBSやVPC、セキュリティグループと依存関係にあるということです。Configはこの依存関係も記録することができます。**

リスト10-3-9は特定のEC2インスタンスのConfiguration Item(リソースの構成情報)を一部抜粋したものですが、**relationships**というプロパティに依存関係があるAWSリソースの情報が記録されていることがわかります。

リスト10-3-9 EC2インスタンスの依存関係(一部抜粋)

```
{
  "version": "1.3",
  "accountId": "111111111111",
  "configurationItemCaptureTime": "2022-04-06T21:40:47.098Z",
  "configurationItemStatus": "OK",
  "configurationStateId": "1649281247098",
―以下、省略―
  },
  "relatedEvents": [],
  "relationships": [
    {
      "resourceType": "AWS::EC2::VPC",
      "resourceId": "vpc-xxxxxxxxxxxxxxx",
      "relationshipName": "Is contained in Vpc"
    },
    {
      "resourceType": "AWS::EC2::Volume",
      "resourceId": "vol-xxxxxxxxxxxxxxxxx",
      "relationshipName": "Is attached to Volume"
    },
―以下、省略―
  ]
}
```

このように構築済・削除済のAWSリソースごとの構成情報だけでなく、AWSリソース間の依存関係も記録しているConfigには、取得可能なログとして

Configuration HistoryとConfiguration Snapshotの2種類があります。それぞれのログは、表10-3-6に示す特徴を持っています。**基本的にはConfiguration Historyを取得しておけば問題ありませんが、必要に応じてConfiguration Snapshotの取得もご検討ください。**

表10-3-6 AWS Configで収集されるログの特徴

	Configuration History	Configuration Snapshot
説明	任意の期間における特定のリソースタイプのConfiguration Itemを収集する	AWS ConfigでサポートされているAWSリソースのConfiguration Itemを収集する。AWSリソース個別のログではなく、AWSアカウント内のリソース構成の特定時点のスナップショット
設定方法	Config有効化時に自動的に有効化	CLI/CloudFormationを利用して有効化※14
取得間隔	6時間間隔	1、3、6、12、24時間間隔
トリガー	AWSリソースに変更が生じた場合に実行	設定した取得頻度で定期的に実行
ユースケース	特定のリソースタイプの過去の設定状態を確認したい場合	AWSアカウントで構築されているリソースの全体像を確認したい場合

図10-3-14 Configuration HistoryとConfiguration Snapshotのイメージ

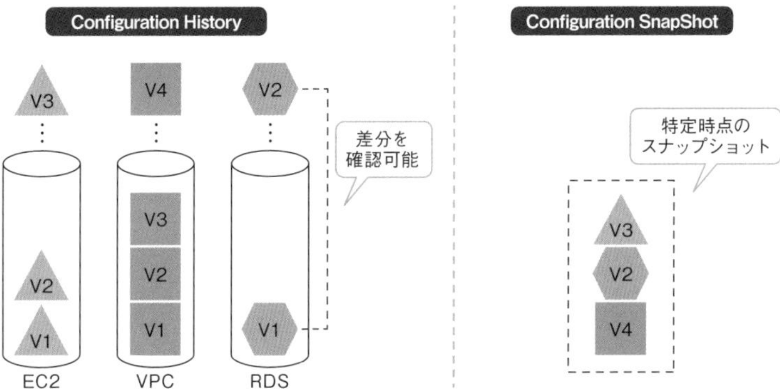

ConfigはConfiguration Historyを取得しているため、**特定のリソースタイプで過去に実行された設定変更内容**をタイムラインとして確認できます。これにより、特定のAWSリソースにおいて「いつ」「誰が」「どのAWSリソースに対して」「どのようなAPI操作を行い」「どのような設定変更が行われたのか」を時系列に沿って調査することが可能となります。このようにConfigは構成変更の追跡だけでなく、

※14 https://docs.aws.amazon.com/ja_jp/config/latest/developerguide/deliver-snapshot-cli.html

変更作業をトリガーとして発生したトラブルシューティングにも活用できます。

図10-3-15　AWS Configで構成変更の内容を時系列で確認する

ここからは監査証跡の取得に直接関係するものではありませんが、Configで利用可能な便利機能を2つ紹介します。

■ Config アグリゲータ

Config アグリゲータは、複数のAWSアカウントおよび複数のAWSリージョンのConfigで収集した構成情報や変更履歴、Config Rulesで評価した結果を「1つのAWSアカウントの1つのAWSリージョン」に集約することができる機能です。Configアグリゲータはコンソール画面から簡単に作成できるため、すぐに試せます。

図10-3-16 Configアリゲータのコンソール画面

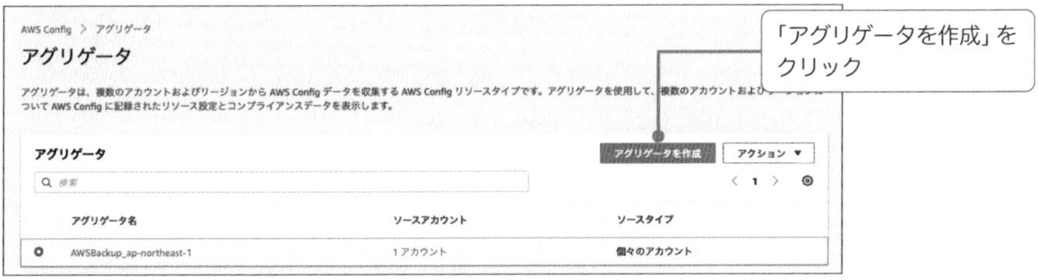

図10-3-17 アグリゲータの作成画面

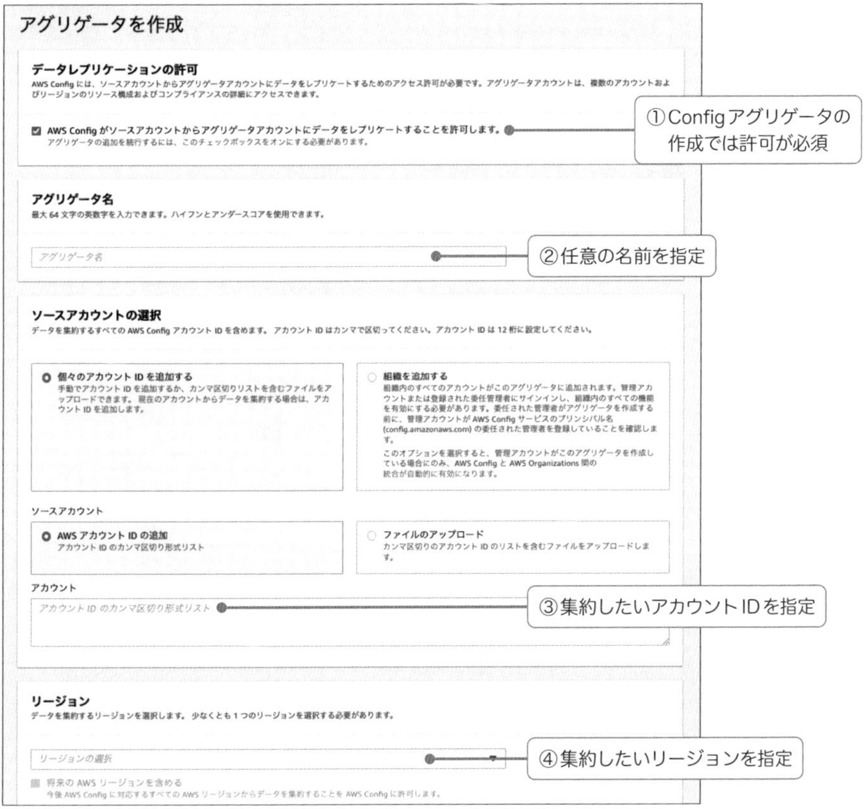

Configはリージョナルサービスであるため、複数のAWSリージョンで有効化する場合はAWSリージョンごとに有効化作業を実施する必要があります。そのため各AWSリージョンのConfigを確認するためには都度AWSリージョンを切り替える必要があり、とても不便です。Configアグリゲータを活用すれば、**東京リージョ**

ンのConfigで全AWSリージョンの情報を一元的に確認することができるため、運用管理がとても容易になります。これは複数のAWSアカウントを利用している場合も同様であり、複数のAWSアカウントで有効化しているConfigの情報を特定のAWSアカウントに集約させることも可能です。

このようにConfigアグリゲータを利用すれば、構成情報を「特定のAWSアカウントの特定のAWSリージョン」で集約管理することができるため、複数のAWSアカウントおよび複数のAWSリージョンを利用する場合は最大限にその効果を発揮します。

図10-3-18 Config アグリゲータで複数のAWSリージョン・AWSアカウントの情報を集約する

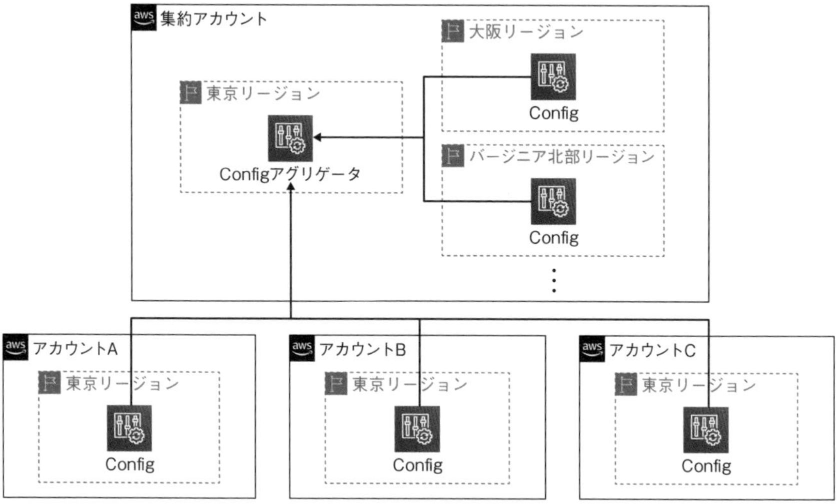

図10-3-19 Configアグリゲータでリソースを確認する

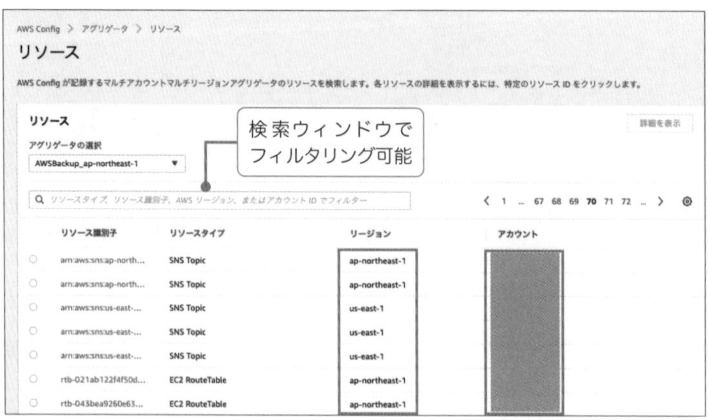

高度なクエリ

高度なクエリは、**Configで記録している構成情報に対してSQLクエリを実行することにより、構成情報の検索性を向上させる機能です**。p.374で先述した通り、Configの構成情報は構築したAWSリソースごとに生成される**Configuration ItemというJSON形式のファイル**に記録されています。Configuration Itemには依存関係を含めて様々な情報が記録されているため、特定のAWSリソースの構成情報について詳細に調査したい場合はとても役立ちます。しかし、複数のAWSリージョンあるいはAWSアカウントに構築されているAWSリソースに対して横断的に調査を実施したいケースを考えると、個々のConfiguration Itemを調査する必要があるためとても骨が折れます。

そこで、**高度なクエリを利用するとAWSアカウントに構築されているAWSリソースに対して横断的かつ必要な情報をピンポイントで検索できるため、調査に非常に役立ちます**。高度なクエリでは、クエリを実行するAWSアカウントおよびAWSリージョンだけでなく、先述した**Configアグリゲータで集約した構成情報**に対してもクエリを実行することが可能です。

SQLクエリの記述方法については詳述しませんが、AWSではサンプルクエリ※15が提供されているため高度なクエリを簡単に実行できます。以下の図10-3-20、図10-3-21は、AWSアカウントに構築されているEC2インスタンスの数を「インスタンスタイプ別」に検索するサンプルクエリ(Count EC2 Instances)を実行した例です。

図10-3-20 高度なクエリでサンプルクエリを検索し、選択する

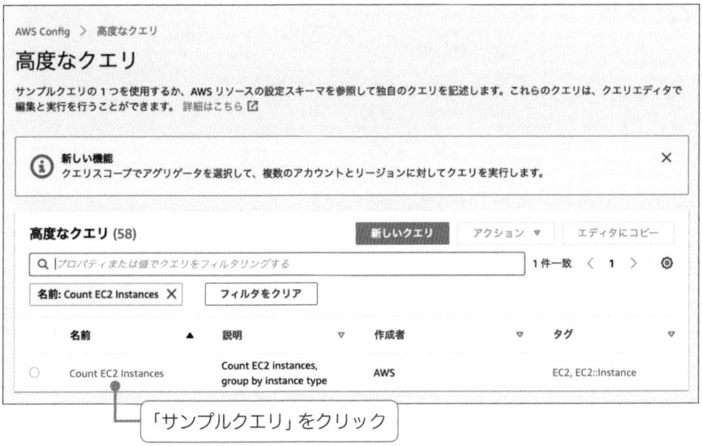

※15 https://docs.aws.amazon.com/ja_jp/config/latest/developerguide/example-query.html

図10-3-21 高度なクエリの実行

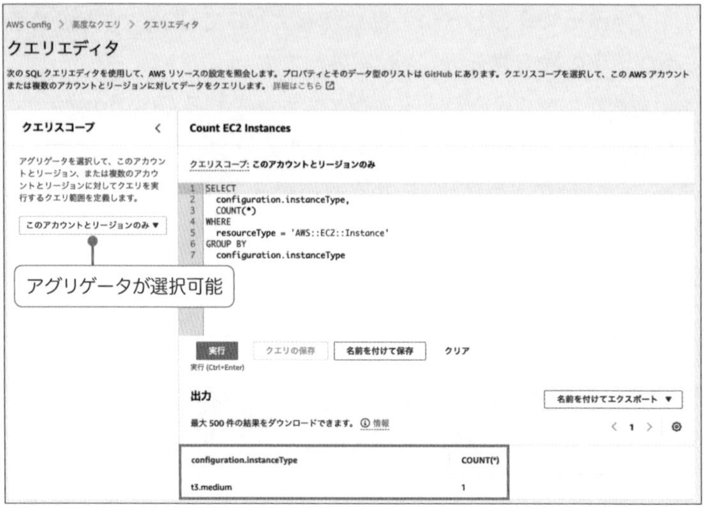

10.3.5 Configの利用料金

Configでは、AWSリージョンごとに記録されたConfiguration Itemにもとづいて課金されます。詳細はConfigの料金ページ※16を確認してください。

表10-3-7 Configuration Itemにかかる利用料金

課金対象	AWS利用料
Configuration Item	1件あたり0.003USD 連続的な記録：1件あたり0.003USD 定期的な記録：1件あたり0.012USD

※2024年3月時点の東京リージョンにおける利用料を掲載しています。
※2023年11月より、変更が発生した場合にのみ24時間に1回設定データが配信される「定期的な記録」を設定できるようになりました。

Configの利用料の例

Configuration Itemが月間10,000件、記録された場合

- Configuration Itemの料金
  10,000 * 0.003USD = 30USD
- AWS利用料
  30USD

※16 https://aws.amazon.com/jp/config/pricing/

10.3.6 AWS Artifact

AWS Artifactは、AWS ISO認定、Payment Card Industry (PCI)、Service Organization Control (SOC) レポートなど、AWSにおけるセキュリティおよびコンプライアンスドキュメント (AWS コンプライアンスレポート) の確認や、一部のオンライン契約の締結が可能なAWSサービスです。

AWS自体は米国に本社を置くAmazon Web Services, Inc.によって提供されているクラウドコンピューティングサービスなので、もちろんAmazon Web Services, Inc.でもAWSに対する監査が実施されています。それだけでなく、AWSというサービス自体のセキュリティレベルの高さや品質を証明するために第三者機関による認証や認定を受けています。これらの監査、認証、認定を受けた結果として作成されたレポートをArtifactでは**AWSコンプライアンスレポート**と呼んでいます。Artifactではこの**AWSコンプライアンスレポート**をコンソール画面からダウンロードできます。

図10-3-22 Artifactのコンソール画面

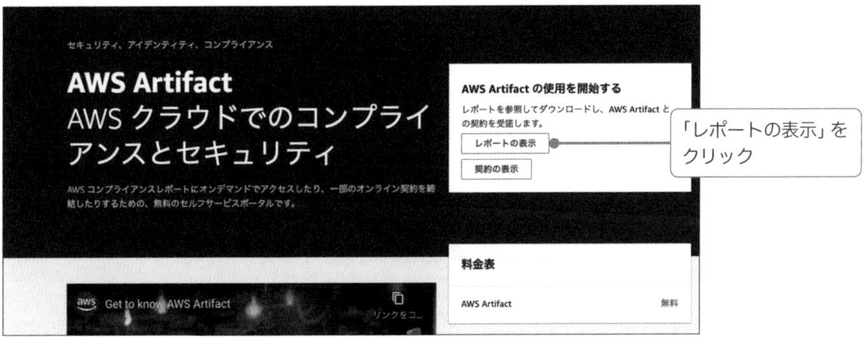

図10-3-23 AWSコンプライアンスレポートをダウンロードする

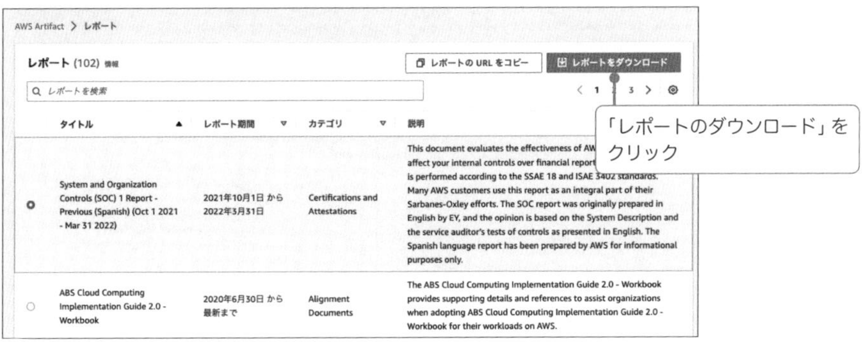

AWSコンプライアンスレポートをダウンロードできることは、AWS利用者とシステム監査人の双方にとって表10-3-8のようなメリットがあります。

表10-3-8　AWSコンプライアンスレポートを利用するメリット

	AWS利用者	システム監査人
メリット	・AWS自体のセキュリティやコンプライアンス遵守などに関する監査証拠としてシステム監査人に提示することができる	・監査の一貫としてAWSに対するデューデリジェンス（適当かつ相当な調査）を実施する際に監査証拠として必要な時に入手および利用できる

AWSコンプライアンスレポートは、Amazon Web Services, Inc. が企業活動の一貫として実施した監査などに関する秘密情報であり、**基本的にAWSを利用している顧客に対してのみ契約にもとづいて開示しています**。そのためArtifactを利用してAWSコンプライアンスレポートをダウンロードする際は**Terms and Conditions（利用規約）**に同意することが求められます。コンソール画面から簡単にダウンロードできてしまうため忘れがちですが、**AWSコンプライアンスレポートはAmazon Web Services, Inc.が契約締結者（AWSアカウントユーザー）に対してのみ開示する秘密情報のため、ご利用の際はTerms and Conditions（利用規約）を熟読した上でご利用ください。**

図10-3-24　AWSコンプライアンスレポートの利用規約

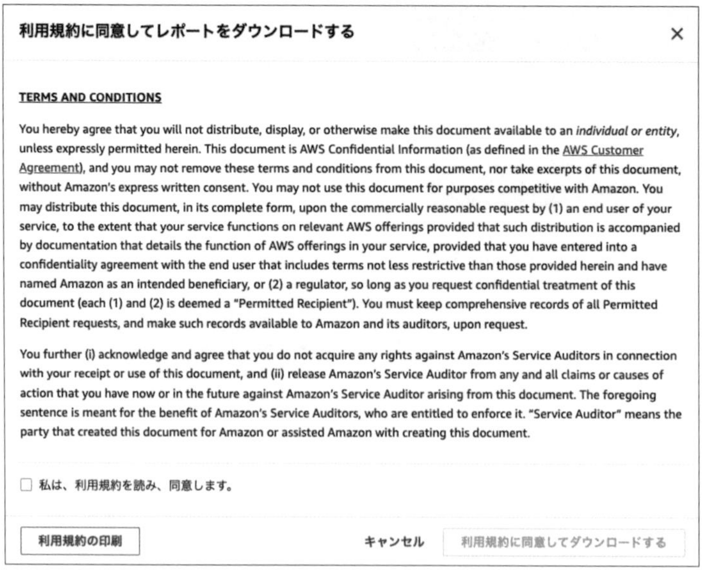

利用規約に同意してレポートをダウンロードする
×
TERMS AND CONDITIONS
You hereby agree that you will not distribute, display, or otherwise make this document available to an *individual or entity*, unless expressly permitted herein. This document is AWS Confidential Information (as defined in the AWS Customer Agreement), and you may not remove these terms and conditions from this document, nor take excerpts of this document, without Amazon's express written consent. You may not use this document for purposes competitive with Amazon. You may distribute this document, in its complete form, upon the commercially reasonable request by (1) an end user of your service, to the extent that your service functions on relevant AWS offerings provided that such distribution is accompanied by documentation that details the function of AWS offerings in your service, provided that you have entered into a confidentiality agreement with the end user that includes terms not less restrictive than those provided herein and have named Amazon as an intended beneficiary, or (2) a regulator, so long as you request confidential treatment of this document (each (1) and (2) is deemed a "Permitted Recipient"). You must keep comprehensive records of all Permitted Recipient requests, and make such records available to Amazon and its auditors, upon request.
You further (i) acknowledge and agree that you do not acquire any rights against Amazon's Service Auditors in connection with your receipt or use of this document, and (ii) release Amazon's Service Auditor from any and all claims or causes of action that you have now or in the future against Amazon's Service Auditor arising from this document. The foregoing sentence is meant for the benefit of Amazon's Service Auditors, who are entitled to enforce it. "Service Auditor" means the party that created this document for Amazon or assisted Amazon with creating this document.
私は、利用規約を読み、同意します。
利用規約の印刷
キャンセル
利用規約に同意してダウンロードする

次の文章は、2022年12月時点の利用規約および利用規約を翻訳した内容です。

AWSコンプライアンスレポートの利用規約（日本語訳）

> お客様は、ここに明示的に許可されている場合を除き、この文書を個人または団体に配布、表示、または利用可能にしないことに同意するものとします。本文書は、AWSの機密情報（AWS Customer Agreementで定義）であり、Amazonの書面による明示的な同意なしに、本文書からこれらの条件を削除したり、本文書の抜粋を取ったりすることはできません。お客様は、Amazonと競合する目的のために本文書を使用することはできません。お客様は、(1)お客様のサービスのエンドユーザから商業的に合理的な要求があった場合、お客様のサービスが関連するAWS製品上で機能する限り、この文書を完全な形で配布することができますが、この配布には、お客様のサービスにおける AWS製品の機能を詳述した文書が添付されている必要があります。ただし、エンドユーザーとの間で、本書に規定されるものより緩やかでない条件を含む秘密保持契約を締結し、意図された受益者として Amazonを指名した場合、または (2)規制当局が、この文書の秘密扱いを要求する場合（(1)と (2)はそれぞれ「許可受領者」と見なされます）です。お客様は、すべての許可受領者の要請について包括的な記録を保持し、要請に応じて、かかる記録をAmazonおよびその監査人が利用できるようにする必要があります。
>
> お客様はさらに、(i)お客様がこの文書を受領または使用することに関連して、Amazon's Service Auditorに対していかなる権利も取得しないことを認め、同意し、(ii)お客様が現在または将来において、この文書から生じる Amazon's Service Auditorに対するあらゆる請求または訴訟原因から Amazon's Service Auditorを解放するものとします。前述の文は、それを執行する権利を有する Amazon's Service Auditorの利益のために意図されています。「サービス監査人」とは、アマゾンのためにこの文書を作成した当事者、またはアマゾンがこの文書を作成することを支援した当事者を意味します。

Artifactでは AWSコンプライアンスレポートのダウンロードだけでなく、オンライン契約の締結も実施することができますが一般の利用者が意識する必要はありません。

10.3.7 Artifactの利用料金

Artifactは、作成済のAWSアカウントから無料で利用できます。

実務

10.4 サンプルアーキテクチャ紹介

　このアーキテクチャでは、AWS上に構築されているリソース（EC2インスタンスとRDS DBインスタンス）の監査ログとAWSアカウント上のアクティビティログを記録してS3バケットへ長期保管し、Athenaを利用して監査時にログ分析ができるよう設計しています。

図10-4-1　AWSにおける監査準備の全体像

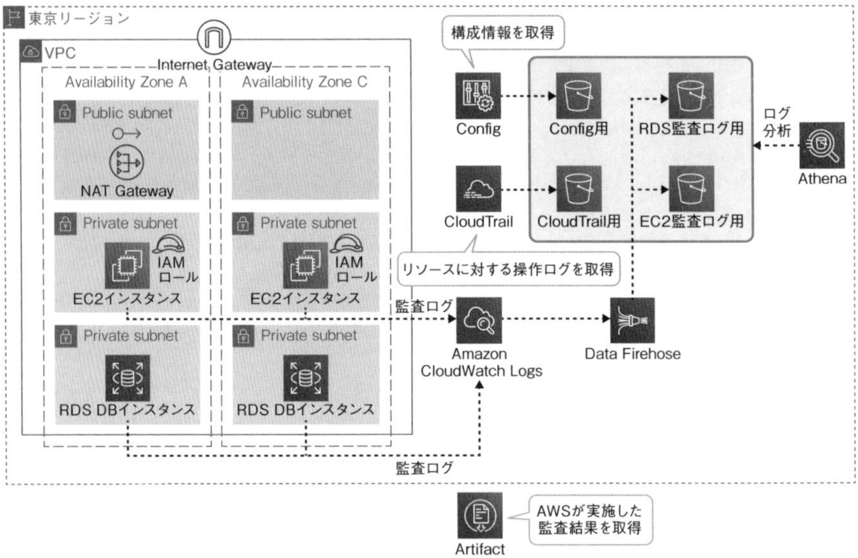

10.4.1 サンプルアーキテクチャ概要

　EC2とRDSはS3へ統合されておらず、S3バケットへの直接のログ出力をサポートしていないためCloudWatch Logsに記録し、Data Firehose経由で監査ログ保管用のS3バケットへ出力しています。監査ログは「いつ、誰が、どのような操作を行い、どのような結果になったのか」を確認するという意味で、**操作ログ・認証ログ・イベントログ・設定変更ログ**の取得を想定しています。

　一方でConfigとCloudTrailはS3と統合されているため、長期保管用のS3に直接ログを出力しています。EC2インスタンス・RDS DBインスタンス・Config・CloudTrailのログは全てS3バケットに保管するため、CloudTrailのデータイベントでS3のオブジェクトレベルのAPIアクティビティを取得しています。また、ログの完全性を高めるために**「ログファイルの検証」**を有効化しています。

これらの実装によって、「ガバナンス」「セキュリティのログ記録およびモニタリング」という評価観点を取り入れたアーキテクチャとしています。「継承された統制」の評価観点ではArtifactを利用して、**AWSコンプライアンスレポート**をコンソール画面からダウンロードできるようにしています。

実務

10.5 よくある質問

Q1 AWS CloudTrailはどの程度の頻度でログを記録しますか？

A1 CloudTrailはAPI呼び出しから15分以内にログ（イベント）を送信します。

通常、CloudTrailはAPI呼び出しが発生してから15分以内にログ（イベント）を送信します。また、S3バケットにCloudTrailのログを転送設定している場合は、約5分間隔でログファイルを指定のS3バケットへ送信します。

なお、CloudTrailからS3バケットにログを出力する場合は、S3バケットのバケットポリシーでCloudTrailからのログ出力を許可する必要があるためご注意ください（p.360）。

Q2 AWS ArtifactでダウンロードしたAWSコンプライアンスレポートを顧客に共有することはできますか？

A2 レポートの取り扱いについてはダウンロード前に利用規約を確認しましょう

AWS コンプライアンスレポートはAmazon Web Services, Inc.が契約締結者（AWSアカウントユーザー）に対してのみ開示する秘密情報です。AWSコンプライアンスレポートの利用規約で認められている場合は、AWS コンプライアンスレポートを顧客と直接共有することができますが、利用規約で認められていない場合は共有することはできません。

AWSコンプライアンスレポートの共有が認められているかどうかは、ArtifactからダウンロードしたAWSコンプライアンスレポートの1ページ目に記載されている利用規約を確認してください。

System operation using AWS

Chapter

11

コスト最適化

クラウドにおけるコストは従来のオンプレミスとは大きく異なる従量課金制が採用されており、AWSも同様の料金制度をとっています。そのため、コストに関する考え方がオンプレミスと根本的に異なります。本章ではまずAWS（クラウド）におけるコストの考え方について理解を深めた上で、AWSにおけるコスト最適化について説明します。その後、コスト最適化に関連するAWSサービスをピックアップし、AWSサービスの概要や利用方法について説明します。最後にサンプルアーキテクチャをもとにコスト最適化を実施するためのアーキテクチャを考えてみます。

Keyword

- AWS Cost Explorer → p.416, 439
- AWS Budgets → p.419
- AWS Cost Anomaly Detection → p.427
- コスト配分タグ → p.436
- AWS Compute Optimizer → p.445
- AWS Trusted Advisor → p.451
- リザーブドインスタンス → p.453
- Savings Plans → p.465
- AWS Systems Manager Quick Setup → p.477

基礎

11.1 AWS (クラウド) におけるコストの考え方

AWSにおけるコスト最適化の話に入る前に、まずはAWS (クラウド) におけるコストの考え方について説明します。

11.1.1 必要な時に、必要な分だけ支払う「従量課金制」

従来のオンプレミスでは物理サーバーは会社の資産として所有されていましたが、AWSではそれらのサーバーは**AWSの資産**として所有されています。そのため、AWSを利用するということは言い換えるとAWSからサーバーをレンタルして利用するということになります。そして、AWSはこのレンタルにかかる費用を「AWS利用料」として利用者に請求しており、その請求金額の算出には従量課金制を採用しています。そのため、AWSの利用者は必要な時に必要な分だけサーバーをAWSからレンタルし、利用した分だけ料金を支払うことになります。

また、**経理の観点ではAWS利用料は一律に固定された金額を支払う「固定費」ではなく「変動費」として扱われます**。従来のオンプレミスでは、物理サーバーを購入するとそれらは**固定資産**として扱われ、税法上定められた期間を以て減価償却されます。一方でAWS利用料は「水道料金」や「電気代」と同様に、**変動費**として扱われます。このようにAWS (クラウド) におけるコストの考え方は従来のオンプレミスとは大きく異なります。

11.1.2 コスト最適化の柱

AWSではコストに関する考え方を**Well-Architectedフレームワークの「コスト最適化の柱**※1**」**として5つの観点から整理しています。

❶クラウド財務管理を実践する
❷経費支出と使用量の認識
❸費用対効果の高いリソース

※1 https://docs.aws.amazon.com/ja_jp/wellarchitected/latest/cost-optimization-pillar/welcome.html

❹需要の管理とリソースの提供
❺継続的最適化

図11-1-1は、上記の観点を実際のAWS利用に合わせてイメージしやすいように言い換えたものです。

図11-1-1　AWSにおけるコスト管理の５つの観点

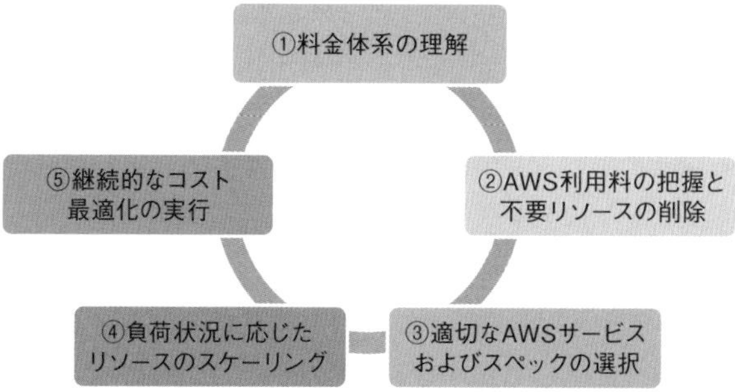

1 料金体系の理解

AWS利用料は従量課金制ですが、利用料の算出方法は各AWSサービスによって様々です。また、EC2やRDSでは**一定期間（1年または３年）の継続利用を条件とした割引購入オプション（リザーブドインスタンス/Savings Plans）**があります。これらを適切に組み合わせることで、コストを最適化することが可能となります。

ただし、そのためにはAWSの料金体系※2を正しく理解することが不可欠です。正しく理解するには相応の時間を要しますが、コスト最適化における前提知識となるため非常に重要です。

2 AWS利用料の把握と不要リソースの削除

AWS利用料は従量課金制であるため、利用状況に応じて利用料が変動します。そのため利用料の増減を定期的に観測・把握する必要があります。特に重要となるのが、**不要なリソースの把握と削減**です。不要なリソースが存在すると仮にそれらを利用していなかったとしても利用料が請求され、無駄なコストが発生してし

※2 https://aws.amazon.com/pricing/?nc1=h_ls&aws-products-pricing.sort-by=item.additionalFields.productNameLowercase&aws-products-pricing.sort-order=asc&awsf.Free%20Tier%20Type=*all&awsf.tech-category=*all

まいます。例えば、検証のために利用したEC2インスタンスが起動したままの状態で放置すると不要なコストが発生するため、EC2インスタンスを削除する対応が必要となります。

3 適切なAWSサービスおよびスペックの選択

AWSが提供しているサービスは多種多様で、実現したい機能が備わっているAWSサービスは1つとは限りません。例えば、データを保管するという目的においてはRDSやS3が候補として挙げられ、用途に応じて適切なAWSサービスを選択する必要があります。

また、EC2をはじめとしたコンピューティングリソースにおけるスペックの選択も同様です。EC2インスタンスを作成する際はインスタンスタイプを指定しますが、本書執筆時点で600を超えるインスタンスタイプがあるため、その中から最適なインスタンスタイプを選択することは容易ではありません。

このように**利用用途に応じて適切なAWSサービスおよびスペックを選択すること**がコスト最適化には必要となります。

加えて、選択可能なインスタンスタイプはAWSのアップデートによって漸増しており、新しいインスタンスタイプになるほどコストパフォーマンスが改善されています。そのため、常に最新のインスタンスタイプを活用したいところですが、その切り替えには運用上の課題が発生します。このようなリソースの最適化には**AWS Compute Optimizer**の利用が有効であり、**11.5.4**（p.445）で詳しく取り扱います。

4 負荷状況に応じたリソースのスケーリング

システムやサービスに対する負荷が常に一定になることは、ほとんどありません。例えば、年始にアクセスが集中するシステムもあれば、毎月月末にアクセスが集中するシステムも存在します。オンプレミスと比較したAWSの利点は、そのような負荷のピーク時に合わせてコンピューティングリソースを用意する必要がないという点です。AWSではピーク時でも問題なくワークロードが処理できるように、スケールアウトもしくはスケールアップを容易に行うことができます。そのためにもあらかじめシステムやサービスに対する需要（負荷状況）を把握し、必要な分だけリソースを準備できるようにしておく必要があります。

5 継続的なコスト最適化の実行

AWSでは機能のアップデートが頻繁に行われており、コスト最適化に関する機能も同様です。例えば、EC2インスタンスのコスト最適化には長らくリザーブドインスタンスと呼ばれる割引購入オプションが最適でした。しかし、2019年に新たにSavings Plansという割引購入オプションが提供されてからは、Savings Plansがよりよいコスト最適化サービスとして利用されています。このようにAWSにおいては「一度きりのコスト最適化」ではなく、**「継続的なコスト最適化」の姿勢**が求められます。

基礎

11.2 AWSにおけるコスト最適化

AWS（クラウド）におけるコストの考え方について理解を深めたところで、ここからはいよいよAWSにおけるコスト最適化について解説します。

11.2.1 「コスト最適化」と「コスト削減」の違い

コストについて考える際には「コスト最適化」「コスト削減」という言葉がよく利用されます。そこで、まずはそれぞれの違いについて説明します。

「11.1.2 コスト最適化の柱」で紹介したAWSのWell-Architectedフレームワークでは**「Cost Optimization」**、日本語訳では**「コスト最適化」**という言葉が利用されており、**「コスト削減」**という言葉は利用されていません。AWSではなぜ「コスト削減」という言葉が利用されていないのでしょうか。その背景には**「コストを下げることが必ずしも正しいとは限らない」という意図があると考えられます**。

「コスト削減」に潜む罠

企業経営においては、利益の最大化を目的として**「コスト削減」**という言葉がよく利用されます。特に2022年は為替相場が円安に傾いたため外資系クラウドサービス全体の利用料増加を抑えるという意味で「コスト削減」という言葉が改めて高頻度で利用されはじめています。また2008年のリーマン・ショックに端を発する不景気の状況下でも、「コスト削減」という言葉はよく利用されていました。

このような、外的要因が大きく変化するような状況下で利用される「コスト削減」という言葉からは「とにかく支出を切り詰め、費用を削減・圧縮しなければならない」という印象を受けます。確かに、不必要に高額な支払いを行っている状態を是正することは必要です。しかし、**行き過ぎたコスト削減は悪い影響をおよぼす可能性があります**。例えば、コスト削減を名目にしてEC2インスタンスのスペックを引き下げた結果、本来必要である性能を十分に発揮することができずにシステムやサービスに悪影響をおよぼしてしまう場合があります。

より具体的に説明するために「EC2インスタンスを利用したバッチ処理」を例に挙げます。現在稼働しているEC2インスタンスのスペックであれば30分で完了するバッチ処理を、半分のスペックのサーバーで実行すると、バッチ処理の完了までに2倍の60分かかってしまう可能性があります。EC2インスタンスのインスタンスタイプごとの1時間あたりの利用料だけを見ると、スペックが下がっているため**表面上はコスト削減が成功している**ように見えます。しかし、スペック変更によってEC2インスタンスの処理速度が低下したことで、実際に処理する時間が2倍に延びてしまうとシステムを開発・運用する現場は困ってしまいます。例えば、バッチ処理に後続処理があった場合はバッチ処理が完了しない限り後続処理をはじめられず、バッチ処理がボトルネックになってしまいます。このような場合はスペックを下げるのではなく、反対にスペックを2倍に上げることでバッチ処理にかかる時間を15分に短縮し、後続処理の待ち時間を減らす方がシステムの全体最適を考えると正しい選択となることがあります。

図11-2-1 費用と処理時間から考察するバッチ処理に必要なサーバースペックとその比較

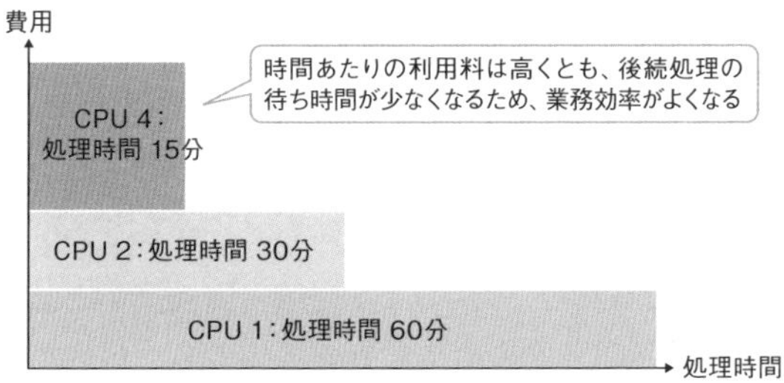

このようにコスト削減に集中しすぎてしまうと、**システムの全体最適**という観点が疎かになる恐れがあります。**そのためAWSにおいてはコスト削減ではなく、「費用対効果の最大化」すなわち「コストの最適化」を目指すことが重要となります。**

「コスト最適化」はダイエットに似ている

ここでは「最適化」という言葉をよりイメージするために「ダイエット」と照らし合わせて考えてみます。コストを最適化し、**必要な分だけ利用料を支払っている状態にする**という目標は、健康のための「ダイエット」に似ています。特に「定期的に体重（数値）を測定」し「体重（数値）を減らすことに懸命に取り組む」点が似ています。皆さんの中で「ダイエット」とは、どのようなイメージでしょうか。ダイエットと聞いて多くの人がまず想像するのは「体重を減らすこと」ではないでしょうか。体重を減らすために食事をほとんど取らずに生活し、体重を減らしたと耳にすることがあります。しかし、行き過ぎたダイエットは健康を害し、生命に関わる事態になってしまいかねません。つまり「体重は少なければ少ないほどよい」という考え方は不適切であり、その人の身長や性別、年齢などを鑑みて「健康的な体重を目指し、維持する」ことが重要となります。

図11-2-2　ダイエットと体重

AWSの利用料も同様に**「適切な利用料」**を目指す必要があります。コスト削減という名のダイエットが行き過ぎてしまうと、最終的に行きつく先は、AWSアカウント自体の解約になります。さすがにそこまでは行かなくとも、利用中のリソースがほとんど存在しないAWSアカウントになったり、気軽にAWSリソースを作成できなくなったりします。すると、オンプレミスと比較してリソースを自由に作成・削除することで享受できる**「ビジネスアジリティ」**※3というクラウドのメリットを自ら手放すことになります。そうならないためにも、「コスト削減」ではなく**「コスト最適化」**という観点でAWSアカウントのコスト管理を実施することが重要です。

11.2.2 コスト最適化はなぜ必要なのか

AWSにおいてコスト最適化が必要な理由は、以下の3つです。

- オンプレミスとは異なるキャパシティプランニングの思想があるため
- 高い頻度でサービスアップデートが行われるため
- 新しいAWSサービスがリリースされるため

オンプレミスとは異なるキャパシティプランニングの思想があるため

従来のオンプレミスにおけるキャパシティプランニングの考え方、言い換えるとサーバーのスペックを選定する際の考え方は**「想定される最大のキャパシティを見積もり、あらかじめ確保しておく」**というものです。ここでは年末商戦期（12月下

※3 ビジネスの状況に応じて素早く対応すること、またはその能力。

旬）に最大の負荷がかかるサービスを例に説明します。

最大負荷時に必要なサーバーのスペックが**32コア/メモリ128GB**であり、平常時に必要なサーバーのスペックが**8コア/メモリ32GB**だとします。オンプレミスではサーバーは購入による「買い切り」が基本となるため、最大負荷がかかる年末にだけハイスペックのサーバーをレンタルなどして増築するということはできません。つまり、最大負荷時に必要なスペックを持つサーバーを購入・保有し続けなければなりません。その結果、**「最大負荷時に必要なスペック」と「平常時に必要なスペック」の差分である余剰キャパシティは、平常時には利用しない無駄な投資となってしまいます**。また、想定される最大のキャパシティを正確に見積もることは容易ではなく、サービス運用の経験や知識が問われます。これがオンプレミスにおけるキャパシティプランニングの基本的な考え方です。

図11-2-3　オンプレミスを前提としたサーバーの調達のイメージ

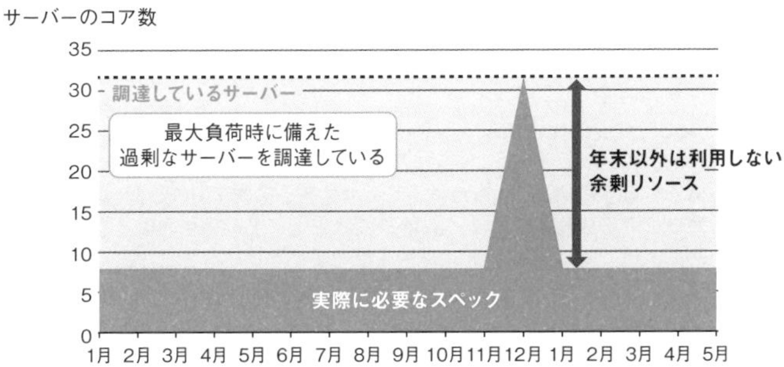

一方で、AWSをはじめとするクラウドコンピューティングにおけるキャパシティプランニングの考え方は**「必要な時に、必要な分だけ調達し、必要に応じて適切なスペックに変更する」**というものです。AWSはオンデマンドセルフサービスであるため、サーバーの調達はいつでも可能です。また、サーバーのスペックを変更する「スケールアップ・スケールダウン」を実施することも容易です。特に、EC2の機能の1つであるEC2 Auto Scalingを利用すれば、サーバー台数を自動で増減させて適切な台数に調整する「スケールアウト・スケールイン」を実施できます。

図11-2-4　クラウドを前提としたサーバーの調達のイメージ

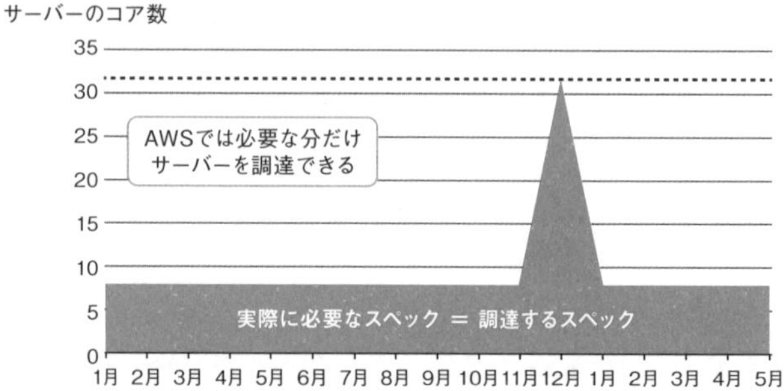

このようなAWSのサービス特性から、オンプレミスでは「無駄」となっていたキャパシティの余剰リソースを最適化することが可能となったのです。これは言い換えると、**AWSにおいては利用者側が自社サービスの特性を見極め、それに合わせたキャパシティプランニングを実行し、費用対効果の最大化に努めることが必要になったといえます**。

memo

サーバーレスサービスの代表格でもあるAWS Lambdaは、この考え方を最大まで推し進めたAWSサービスです。AWS Lambdaがリリースされる以前は、数秒や数分で完了する簡易的な処理を必要なタイミングで適宜実行するために、EC2インスタンスを常時起動しているということがよくありました。しかし、処理を実行せずに実行の命令を待っている待機時間は全て無駄なリソースの利用となっていました。

AWS Lambdaは、処理が必要なタイミングだけサーバーが起動し、その実行時間にのみ利用料が発生するAWSサービスです。事前のEC2インスタンスの構築は不要で、管理は全てAWSが行います。導入に技術的なハードルはあるものの、Lambdaに代表されるAWSのサーバーレスサービスを効果的に利用することで、さらなるコスト最適化が可能です。

高い頻度でサービスアップデートが行われるため

従来のオンプレミスで利用されるサーバーは、機能改善などのサービスアップデートが行われることはほとんどありません。**一方でAWSでは頻繁にサービスアップデートが行われており、この点でも両者には大きな差があります**。

AWSにおける具体的なアップデートの例として、EC2を取り上げて説明します。EC2において、**最新世代のサーバーほど費用対効果が高い**という特性があります。本書執筆時点では、「C」から始まるインスタンスファミリーにおいて「C7」が最新です。「C1→C3→C4→C5→C6→C7」とアップデートされてきましたが、その度に費用対効果が改善され続けています。

図11-2-5　EC2インスタンスファミリーの世代更新の例

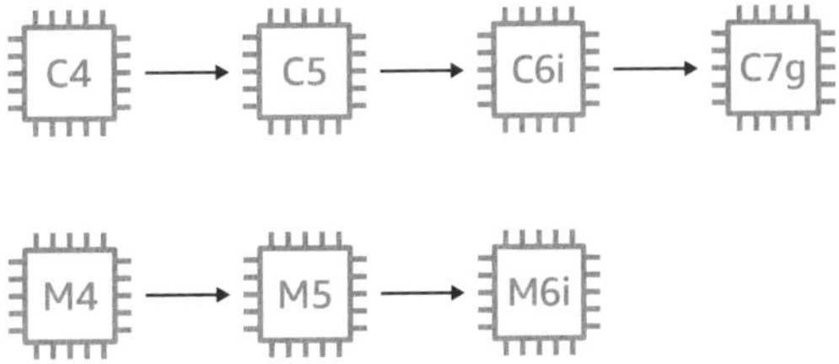

このため、EC2の新しいインスタンスタイプがリリースされる度に、ユーザー側は費用対効果の最大化を求め、インスタンスタイプを変更し、追従する必要があります。インスタンスタイプの変更作業では、多くの場合EC2インスタンスの停止（電源消失）やENAドライバーなどの各種アップデートを伴います。そのため、通常は、検証環境で十分な検証を行った後に本番環境に導入されます。

もちろん、このような作業を行うかどうかはAWSを利用しているユーザーが判断することであり、AWSから変更を強制されることは基本的にありません（ただし、古い世代のインスタンスファミリーがサービスを終了する場合には変更が強制されます）。しかし、**コスト最適化を行うことで費用対効果の最大化を目指すのであれば、サービスアップデートを受け入れる運用を想定し、定期的なアップデートを行える体制を持つ必要があります**。

新しいAWSサービスがリリースされるため

AWSではサービスアップデートによる機能改善だけでなく、**新しいサービスがリリースされること**も多くあります。これにより、アーキテクチャが様変わりすることもよくあります。ここでは過去にアーキテクチャに大きな影響を及ぼした3つのサービス例を紹介します。

1つ目は2015年に発表された**Amazon VPC NAT Gateway**です。このAWSサービスのリリースにより、これまでEC2インスタンス上で独自のNATサーバーを構築していた利用者は、NATサーバーの保守と管理が不要になりました。

2つ目は2018年に発表された**AWS Transit Gateway**です。このAWSサービスのリリースにより、これまでVPC Peeringを利用したVPC間の通信におけるフルメッシュ構成で必須であった**Transit VPC**の保守と管理が不要になりました。

3つ目は前述した2014年に発表された**AWS Lambda**です。Lambdaはスクリプトの実行において「EC2インスタンスをコンピューティングリソースとして常時起動しておく必要がなくなった」という意味で画期的なサーバーレスサービスで、

Lambdaへの移行でコストの削減が可能になりました。

このように、AWSではリソースを構築した後も引き続き**「利用中のAWSサービスを互換するコスト効率のよいAWSサービスが発表されていないかどうか」**という観点から知識のキャッチアップが必要です。そして新しいAWSサービスを利用すると決まれば、アーキテクチャの変更作業（移行作業）も必要となります。

なお、**この「AWSサービスを切り替えることでのコスト最適化」は効果が高い反面、多くの場合アーキテクチャの変更を伴うため技術的な難易度が高い傾向にあります**。本書では可能な限り技術的な難易度が低く、コスト最適化効果の高い手法を紹介するため、アーキテクチャの変更を伴うコスト最適化については詳しく取り扱いません。

Column AWSアップデートをキャッチアップする3つの方法

AWSがリリースするアップデートは非常に多く、全てのAWSサービスのアップデートをキャッチアップするには多くの時間を要します。そこで本コラムではAWSアップデートを効率的にキャッチアップする3つの方法を紹介します。

1 「AWSの最新情報」を英語で確認する（毎日）

AWSでは最新のアップデート情報を発信する専用のWebページ[※4]が公開されています。このWebページでは基本的に毎日アップデート情報が更新されるため日次でチェックすることをお勧めします。「AWSの最新情報」を確認する際のポイントは2つあります。1つ目は**「日本語ではなく、英語でチェックする」**ことです。日本語の場合は翻訳までに時間がかかるためアップデート情報の鮮度が異なるためです。

図11-2-6 「AWSの最新情報」の言語選択画面

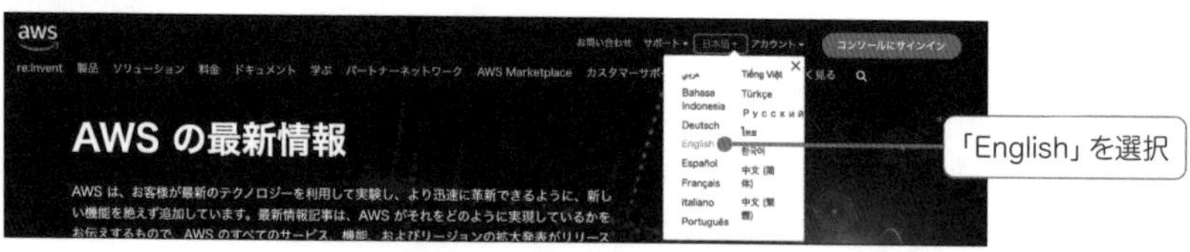

2つ目は**「チェックにあまり時間をかけないこと」**です。AWSでは様々なサービスが毎日のようにアップデートされています。そのため1日30分のような形で時間制限を設け、実際に利用しているAWSサービスから優先的にチェックします。AWSのアップデートをキャッチアップする上で最も重要なことは、「自分の無理のない範囲で実施し、習慣化する

※4 https://aws.amazon.com/jp/new/

こと」です。そのためにも、習慣化が可能な範囲で時間制限を設けることがポイントです。

2 「ドキュメント履歴」を確認する（月1回）

「AWSの最新情報」を確認することで、AWSアップデートのキャッチアップの8割程度はカバーできます。しかし、**「AWSの最新情報」では公表されずにAWSドキュメント**※5**だけが更新されているケースがあります**。そのため、月1回程度の頻度で実際に利用している**AWSサービスの「ドキュメント履歴」**を確認することをお勧めします。

ドキュメント履歴にはアップデートに伴うAWSドキュメントの更新履歴が列挙されているため、過去にさかのぼってアップデート内容を確認できます。ドキュメント履歴はAWSドキュメントの左メニューから参照可能です。なお、ドキュメント履歴に関しても日本語ではなく**英語が最新情報**となるため、可能な限り英語で確認しましょう。

図11-2-7 「ドキュメント履歴」の選択画面

図11-2-8 ドキュメント履歴

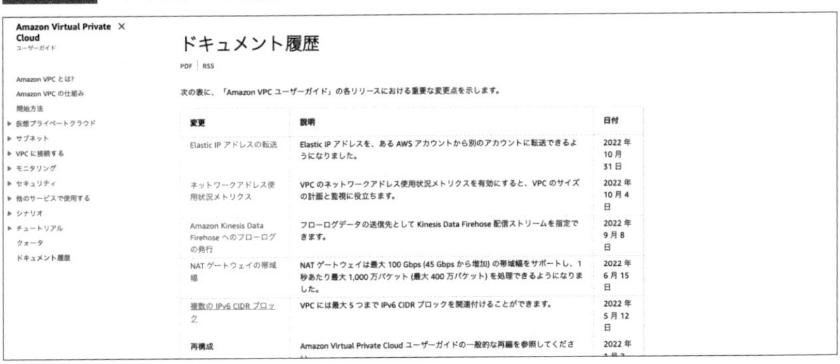

※5 https://docs.aws.amazon.com/ja_jp/index.html

3 「AWSニュースブログ」を確認する（月1回）

「AWSニュースブログ※6**」**は、**AWSのエンジニアの方が不定期に投稿している公式ブログです。**「AWSの最新情報」「ドキュメント履歴」はAWSのアップデートを漏れなく幅広くキャッチアップするためのインプットに最適ですが、**AWSニュースブログは1つのアップデートを深く理解したい場合に確認します。**こちらも「ドキュメント履歴」と同様に月1回程度の頻度で確認することをお勧めします。

図11-2-9 AWSニュースブログ

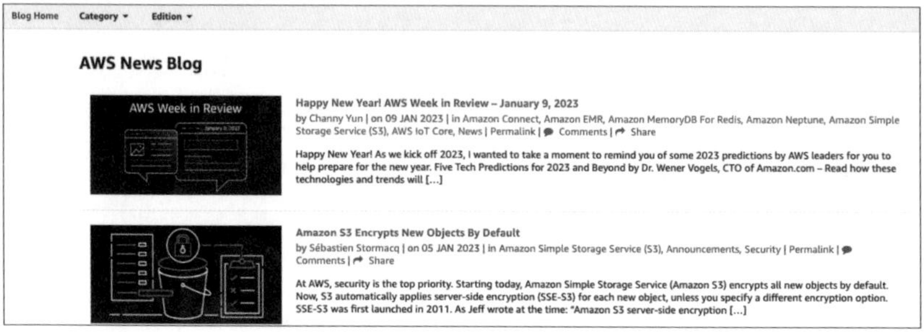

11.2.3 コスト最適化の実現に必要な4つの要素

AWSにおけるコスト最適化の具体的なノウハウを説明する前に、コスト最適化を成功させるために必要な要素として**「AWSサービスに関する正しい知識」「組織横断的な協力関係」「コスト最適化の実行」「効果測定」**について解説します。

AWSサービスに関する正しい知識

コスト最適化の成功に必要な要素の1つ目は**「AWS利用料に関する知識」**です。具体的には、AWSサービスごとの料金仕様についての知識が最も重要になります。AWSはAWSサービスごとに多種多様な料金体系が用意されており、非常に複雑であり、コスト最適化のプロジェクトに関わり続けている筆者でも覚えきることは困難です。

図11-2-10 AWSの料金体系は非常に複雑

AWSにおいてGlobal IPアドレスの発行を担う機能であるElastic IPを例にその複雑性を説明します。

Elastic IPは、「インスタンスに関連付けされている」かつ「関連付けされているインスタンスが実行中である」かつ「インスタンスに紐づけられている1つ目のElastic IPである」という条件を全て満たした時にのみ、無料で利用が可能です。このため停止中のインスタンスにおいては、Elastic IPは「関連付けされているインスタンスが実行中である」という条件を満たしません。よって、この状態のElastic IPには少額の維持コストが発生します。

> **memo**
> 加えて、2024年2月1日からPublic IPアドレスあたり0.005$/時 のAWS利用料が課金されることが発表されており、料金体系は日々変化しています。詳細は以下のURLを参照してください。
>
> URL https://aws.amazon.com/jp/blogs/aws/new-aws-public-ipv4-address-charge-public-ip-insights/

このように、コスト最適化には利用中の各サービスの料金体系に関する正しい知識を持つ必要があります。

加えて、料金体系だけではなく、**AWSサービス仕様に関する知識**も必要です。例えば実行中のEC2インスタンスは、インスタンスタイプを変更することはできません。変更するには一度EC2インスタンスを「停止」する必要があります。このような知識がない場合、コスト最適化の実行中に自社サービスの一時的な停止を発生させてしまう可能性があります。

本章では、「11.3 関連するAWSサービス（AWS利用料の把握）」から主にこの**「AWSサービスに関する正しい知識」**へと焦点を当てて解説します。ただし、この後に記載するその他の要素についても、コスト最適化の成功には必要不可欠な要素のため、併せて押さえるようにしましょう。

組織横断的な協力関係

次に重要な要素は**「組織横断的な協力関係」**です。これはピンとこない方もいるかもしれませんが、コスト最適化を成功させるにはこの要素が欠かせません。小規模なチームで管理が行われているAWSアカウントではこの「組織」という要素が障壁になることはほとんどありません。しかし「大手企業などの大規模な組織」ではこの「組織」を意識して取り組む必要があります。それは一体、なぜなのでしょうか。

※6 https://aws.amazon.com/jp/blogs/aws/

図11-2-11　AWSのコスト最適化には「組織横断的な協力関係」が欠かせない

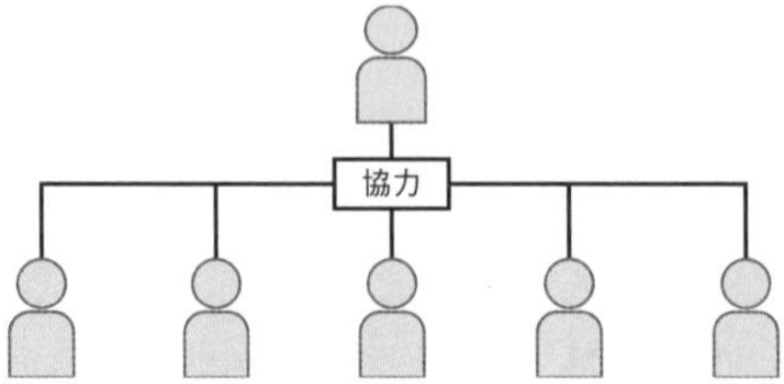

その理由は、日本の企業の多くが、**「①AWS上にサービスを提供するための構築部隊を抱える組織：サービス提供部門」**と**「②AWSアカウントを管理し支払い責任を持つ組織（多くの場合、情報システム部）：インフラ部門」**が別部署になっている場合が多いためです。

「①サービス提供部門」はその名の通り、顧客に対してサービスを提供する主体部門です。そして後者の「②インフラ部門」が費用を管理し、実際にAWSへの支払いを経理部門に依頼するという役割を担います。他にも「②インフラ部門」には、AWSアカウントを新しく発行して「①サービス提供部門」に提供することや、セキュリティ施策などを考案し、指南するといった役割があります。**「①サービス提供部門」と「②インフラ部門」がそれぞれ異なる役割を担っているということは、つまり利害も異なるということです。このような場合に、コスト最適化は組織が原因で実行のハードルが高くなり、難易度が上がります。**

また、「①サービス提供部門」では、サービス提供においてコストに対する優先順位が低くなる傾向にあります。それはサービス提供部門の最も重要なミッションは**「よりよいサービスを顧客に提供し続けること」**だからです。仮にコスト最適化の一環としてEC2インスタンスのスペックを下げる場合でも、それによって顧客に提供しているサービスに影響が出ることは避けるべきことだと考えます。サービス提供部門にはこういった心理が働くため、コスト最適化に前向きになれないといったことが起こり得ます。

このようにコストよりもユーザーエクスペリエンス（顧客体験）の向上と維持が重要である、という考え方がサービス提供部門では強く支持されます。また、経験則ではありますが、組織内における力関係としてはサービス提供部門の方が企業内での発言力が強い場合が多いようです。

一方で「②インフラ部門」では、**「全社的なシステム統制ならびにコスト最適化を実現すること」**が重要なミッションとなります。組織規模によってインフラ部門が担うミッションは異なりますが、サービス提供部門と比較してコスト意識が高くなる傾向にあります。仮にコスト最適化の一環として全てのサービス提供部門にEC2インスタンスのスペック見直しを実施してもらうことで、年間100万円のコスト削減効果が期待できるとします。インフラ部門としては全社的なコスト最適化を実施することで年間100万円のコストを削減する、言い換えると年間100万円の利益を創出することができるため、コスト最適化には前向きになります。

「ユーザーエクスペリエンス（顧客体験）の向上と維持」「全社的なコスト最適化による利益創出」はどちらかが正しくてどちらかが間違っているということはありません。各部門がミッションを達成するために重要視する要素の優先順位が異なるだけで、最終的には自社への貢献につながることに違いはありません。だからこそ、**「AWSにおけるコスト最適化を継続的に実行する」ことで実現する「組織共通の目的・目標」を部署間で会話して設定することで同じ目線を持ち、協力できる体制を整備することが極めて重要となります**。「組織共通の目的・目標」は各部門の上長の間で会話されることが想定されるため、社内に広く合意した内容を宣言することで各部署に所属する社員が互いに歩み寄り、「協力しながらコスト最適化を実行できる風土」を醸成することも重要です。

コスト最適化の実行

3つ目となる要素が**コスト最適化を確実に「実行」すること**です。「AWSサービスに関する正しい知識」を習得し、「組織横断的な協力関係」を作りあげることができたとしても、実際にコスト最適化が「実行」されないことには成功はなし得ません。

そして企業組織におけるコスト最適化では「実行」にもハードルがあります。それは、コスト最適化の実行を認めてもらうために**その有用性を説明する力、コスト最適化を実現するために他部署を巻き込んだ調整力**が求められるためです。

ここでは割引購入オプションである「リザーブドインスタンス（RI）」と「Savings Plans（SP）」を例に挙げます。RIとSPは**1年分または3年分のAWS利用料を割引価格で前払いする**という購入方法が利用されるケースが多くあります。また、その際には組織内で決済の承認を得るために**「稟議」**を上げることになります。特にRIやSPの初回購入では「過去に購入した前例がない」という状態からはじめることになるため、稟議を含む業務フロー自体が存在しない場合もあります。

次に現場担当者は稟議を承認してもらうために**「RIやSPを購入するメリット」**を上司に説明して理解してもらい、経理部門にその支払いの妥当性を説明する（代わりに上司に説明してもらう場合もあります）取り組みが必要となります。これらのハードルをクリアしてはじめてRIやSPを購入することが可能となるのです。

効果測定

最後にコスト最適化と切っても切り離せないものが**「効果測定」**です。コスト最適化では、最終的な成果物として**「AWS利用料をどの程度減らすことができたのか」「具体的にどのような対応を行ったのか」**といった内容の報告が求められます。

そこで、**コスト最適化の実施前後でAWS利用料にどのような変化が見られたのかを比較することで効果測定を行います**。この比較によって生じた差額が、コスト最適化の効果を定量的に証明する根拠となるため、月次あるいは四半期ごとに報告が求められる場合はAWS利用料を月額料金で比較し、年次で報告が求められる場合には年額料金で比較するなどして時間軸を合わせて効果測定を行います。

実際の効果測定には**11.3.1**で紹介する**AWS Cost Explorer**を利用する方法、**AWSアカウントの提供ベンダーから送付される月次のAWS費用明細**を利用する方法の2種類があります。

Column **コスト最適化を実行するための組織作り**

日本企業ではコスト最適化を主業務としている部署は少なく、多くの場合はインフラ部門がその役割を担っています。しかし、インフラ部門の実情としてコスト最適化は多数の業務の中の1つであり、努力目標とされているケースが散見されます。それはコスト最適化を実施しなかったからといって顧客に提供しているサービスに影響が出るわけでなく、インフラ部門の業務に影響が出るわけでもない、つまりコスト最適化を実施してもしなくても企業活動自体には目に見える影響がないからです。そのため、AWS利用料のコスト最適化が仮に成功したとしても、人事評価にポジティブに働かず、コスト最適化を実行するメンバーには行動を起こすインセンティブが発生しません。その結果、コスト最適化という業務の優先順位は下げられ、その業務自体が形骸化してしまいます。実際にそのような状況をいくつも目にしてきました。

このように適切なクラウド活用が行われていない組織の状況を打破する1つの手段として**CCoE(Cloud Center of Excellence)**の設立が有効とされています。**CCoEは「クラウド活用推進組織」とも呼ばれ、クラウド戦略を実行するために必要な人材を集約した全社横断型の組織を作りあげ、運用していく取り組みです。**コスト最適化が上手く進まない組織では、ノウハウの共有や人材育成をターゲットにCCoEの設立も視野に入れて対策を検討してみてください。CCoEの設立[※7]と推進する上での注意点[※8]については、AWSが公式ブログで紹介しているのでぜひご一読ください。

※7 https://aws.amazon.com/jp/blogs/news/how-to-get-started-your-own-ccoe/
※8 https://aws.amazon.com/jp/blogs/news/7-pitfalls-to-avoid-when-building-a-ccoe/

11.2.4 コスト最適化を実行するまでの一連の流れ

コスト最適化は、**「①AWS利用料の把握」「②タグの付与」「③AWS利用状況の分析」「④コスト最適化の実行」**の4つの流れに沿って実行します。

図11-2-12 「コスト最適化」を実行するまでの一連の流れ

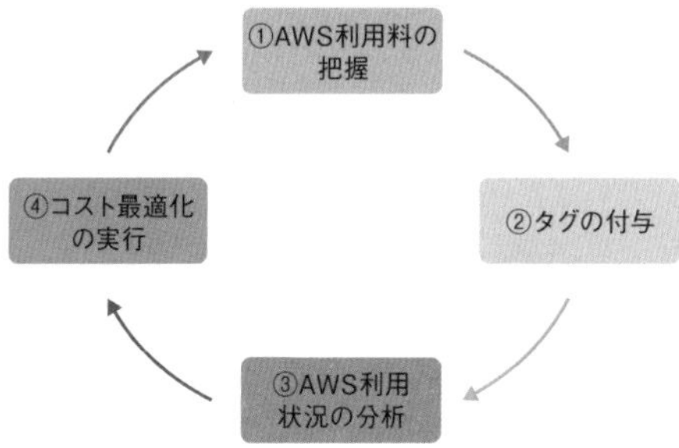

1 AWS利用料の把握

まず行うのは**現時点のAWS利用料の把握**です。先に記載した「効果測定」でも触れましたが、コスト最適化では最終的な成果物として「AWS利用料をどの程度減らすことができたのか」「具体的にどのような対応を行ったのか」といった内容を報告することが求められます。そのため、まずは**「現時点のAWS利用料を正しく把握しておく」**ことが重要となります。

AWS利用料を把握する具体的な方法としては、**AWS Cost Explorer**を参照する、または**AWSアカウントの提供ベンダーから送付される月次のAWS費用明細**を分析することで、どのAWSサービスにどの程度のAWS利用料が発生しているのか確認します。可能であれば四半期あるいは半年間のAWS利用料を把握し、サービスごとの増減や傾向も把握しておきたいところです。

なお、**AWS利用料を円建てで計算した場合の為替リスクを回避するためにUSDでAWS利用料を把握することを推奨します**。

図11-2-13 AWS Cost Explorerを利用し、月額利用料を確認する

2 タグの付与

どのAWSサービスの、どのAWSリソースに、どの程度の利用料が発生しているかを把握することはできても、各AWSリソースがどのような状況下で利用されているのかを把握できないことがあります。例えば、m5.xlargeのEC2インスタンスが2台ある場合にどちらのEC2インスタンスが本番用なのか、検証用なのかを判断できない場合があります。

このような状況を回避するためには各AWSリソースへの「タグ付け」を行うことが効果的です。「タグ付け」はコスト最適化においても非常に有用な機能です。

図11-2-14 タグによるリソースの詳細情報を把握

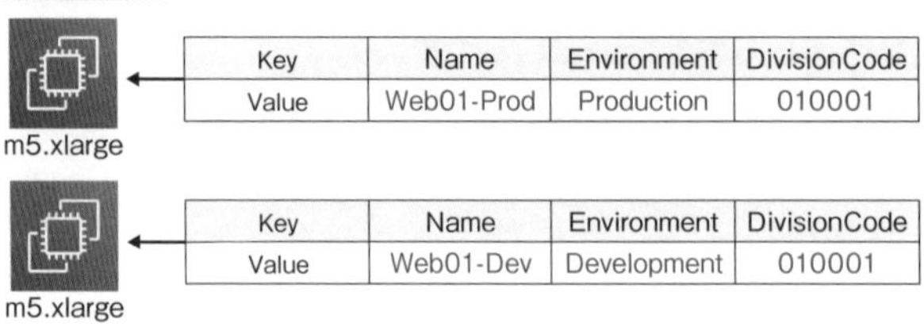

3 AWS利用状況の分析

AWS利用料と各AWSリソースの状況を把握することができれば、**どのAWS**

サービスに対してコスト最適化を実行すべきであるか分析し、判断することができます。コスト最適化の効果を短期間で最大限に高めるためには、**AWS利用料が少額のAWSサービスよりも高額なAWSサービスから着手するべきです**。そのため、まずはAWS利用料に占める割合の高いAWSサービスとAWSリソースを特定します。

なお、このAWSサービスの利用料の割合にはある程度の傾向が見られます。AWSアカウントを提供するベンダーという立場から把握する限り、各AWSアカウントに占めるAWSサービスごとの利用割合は**EC2**と**RDS**が大半であることが判明しています。

しかし、これはあくまで傾向であり、1つ1つのAWSアカウントの利用状況を確認すると状況が変わり、EC2やRDS以外のAWSサービスがAWS利用料の多くを占める場合もあるので、AWSアカウントごとに正しく費用を把握するようにしてください。

4 コスト最適化の実行

現時点でのAWS利用料を把握し、AWSリソースにタグを付与し、AWS利用状況を分析した結果として、コスト最適化を実施する対象を特定することができたら、いよいよコスト最適化を実行していきます。コスト最適化にあたっては**対象AWSリソースの管理者への事前調整**が必要になります。AWSアカウントの管理者がAWSアカウント内の全てのAWSリソースの用途を把握している場合もありますが、多くは単一のAWSアカウント内に多種多様な利用者のAWSリソースが混在しています。

そのため、**コスト最適化を実施するにあたっては「AWSリソースの管理者」に問い合わせができるようにあらかじめ社内調整を行ったり、タグ付けしたりすることでAWSリソースの管理者を特定できるようにしておくことが重要となってきます**。仮にAWSアカウント管理者側の勝手な判断で作業を実行した場合、そのAWSリソースの関係者やサービス利用者に迷惑がかかることも考えられます。コスト最適化を実行するにあたっては現場の協力が得られるよう、十分な調整を行っておきましょう。

図11-2-15 事前調整の関係者

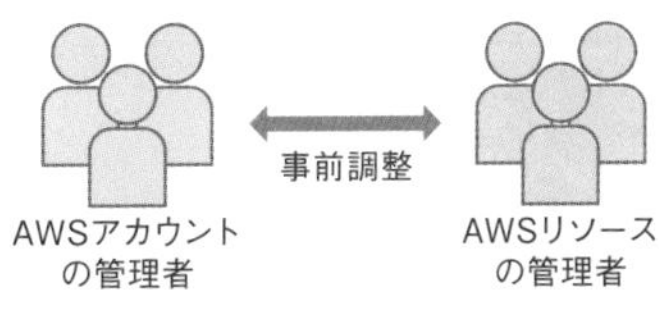

「11.3 関連するAWSサービス(AWS利用料の把握)」以降では、これまで紹介した「コスト最適化」を実行するまでの一連の流れに従って、各プロセスで関連するAWSサービスについて説明します。

表11-2-1　「コスト最適化」のプロセスと関連するAWSサービス

プロセス	プロセスの概要	関連するAWSサービス
①AWS利用料の把握	現時点でのAWS利用料を把握する	・AWS Cost Explorer ・AWS Budgets ・AWS Cost Anomaly Detection
②タグの付与	AWS利用状況を詳細に分析するためにAWSリソースに対してタグを付与する	・コスト配分タグ
③AWS利用状況の分析	過去から現在に至るまでのAWS利用状況を分析し、コスト最適化の対象となるAWSサービスを選定する	・AWS Cost Explorer ・AWS Compute Optimizer ・AWS Trusted Advisor
④コスト最適化の実行	対象となるAWSサービスに対して、コスト最適化を実行する	・リザーブドインスタンス ・Savings Plans ・AWS Systems Manager Quick Setup

11.2.5 コスト最適化の４つの手法

「11.2.4 コスト最適化を実行するまでの一連の流れ」と少し観点を変え、「コスト最適化の手法」に焦点を当てて解説します。AWSにおけるコスト最適化の手法は、図11-2-16の通り4つに分類されます。コスト最適化に慣れるまでは、利用中のAWSリソースを本分類に照らし合わせながら、上から順に進めてみてください。

以降はEC2をコスト最適化の対象リソースとして説明します。

図11-2-16　コスト最適化の代表的な４つの手法

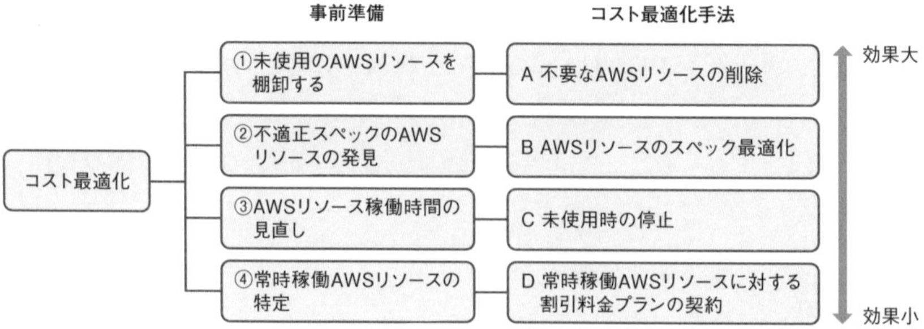

不要なAWSリソースの削除

1つ目は不要なAWSリソースを探し出し、削除する手法です。例えば、システムの検証期間中のみ利用する想定だったEC2インスタンスが検証終了後も起動中の状態で残されている、つまり利用されていないEC2インスタンスに利用料が支払われ続けている状態が挙げられます。このように意図せず残存してしまった**「未使用にもかかわらず、保持され続けているAWSリソース」**を削除することでコスト最適化が可能です。これらを発見するためにも、まずは定期的にAWSリソースを棚卸します。棚卸しによって不要なAWSリソースとして疑わしいものがあった場合は、該当するAWSリソースの利用有無を管理者に確認し、利用していないようであれば削除してもらうように依頼しましょう。

なお、EC2インスタンスの削除をする時には、漏れなく全てのEBSボリュームを削除するように注意してください。EC2インスタンスを削除する際、デフォルト設定ではEBSのルートボリュームのみが自動削除の対象となるため、複数のEBSボリュームを1台のEC2インスタンスへ関連付けして利用していた場合は削除漏れが発生してしまう可能性があります。

図11-2-17 EC2インスタンス削除時のEBSボリュームの仕様

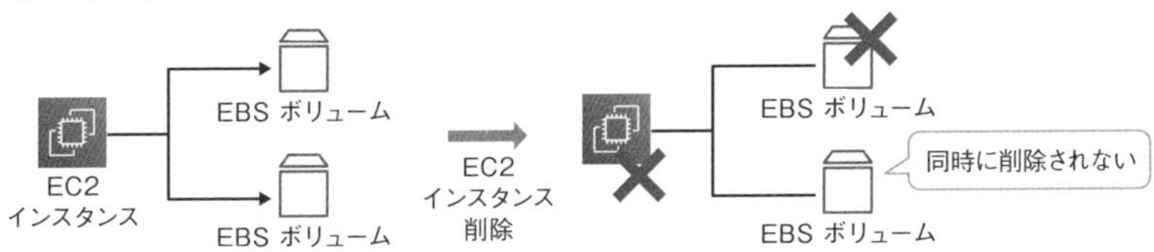

このようにAWSアカウント上の不要AWSリソースを探し出し、削除するコスト最適化の手法は例えるならば「定期的な部屋の大掃除」です。この大掃除によって不要なAWSリソースを削除した場合、該当するAWSリソースに支払っているAWS利用料が100%削減されるため、4つのコスト最適化手法のなかで最も高い効果が期待できます。そのため「不要なAWSリソースの削除」という手法はコスト最適化において非常に重要な運用となります。

AWSリソースのスペック最適化

2つ目の手法は、EC2インスタンスのスペックを最適化することです。「不要なAWSリソースの削除」を実施した結果として削除されずに残っているAWSリソース（必要だと判断されたAWSリソース）に対して、その**AWSリソースに割り当て**

られているスペックが適正かどうかを判断します。利用中のAWSリソースが過剰なスペックのインスタンスタイプで実行されている場合には、インスタンスタイプのスペックを下げる（スケールダウンする）ことでコスト最適化が可能となります。

図11-2-18 EC2インスタンスのスペック最適化

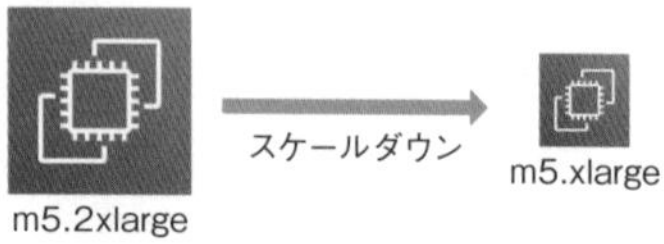

例えば、m5.2xlargeというインスタンスタイプで実行されているEC2インスタンスについて考えてみます。このEC2インスタンスのインスタンスタイプを、m5.xlargeにスケールダウンすることで、EC2インスタンスのランニング費用を50%削減することができます。しかし、適正なスペックを見積もることは容易なことではありません。AWSでは**11.5.4**で解説する**AWS Compute Optimizer**と呼ばれるサービスを利用することで、スペックの最適化を効率的に実施することができます。

未使用時の停止

3つ目の手法は、必要な時間帯にのみEC2インスタンスを起動して未使用時は停止するように「スケジューリング」を行う手法です。24時間365日稼働しているシステムやサーバーは、この手法を用いたコスト最適化の対象外となります。「未使用」の定義は企業や提供しているサービスの特性によって異なりますが、「土日祝などの非営業日」「営業時間外」「年末年始休暇などの休業日」は未使用になることが多いので、これらは整理しておきましょう。

ここでは検証用に利用するEC2インスタンスを例に挙げます。検証で利用するEC2インスタンスは、検証作業を実施している時間帯以外は起動している必要はありません。そのため、まずは**「検証時のみEC2インスタンスを起動し、検証完了後はEC2インスタンスを停止する」**ように利用者へ依頼することを考えます。

図11-2-19 EC2インスタンスの未使用時の停止

しかし、依頼をしたとしても利用者がEC2インスタンスを停止し忘れるということが起こりえます。このような状況を鑑みて、例えば平日の8時から20時まで

の時間帯はEC2インスタンスを起動し、それ以外の時間帯はEC2インスタンスを停止させるという**スケジューリング**を前もって行うことで運用負荷を下げながらコストの最適化が可能となります。**EC2インスタンスに適切なスケジューリングを行い、「未使用時の停止」を実施するだけで多くの場合、年間コストの70%程度が削減可能です。**

具体的に計算してみましょう。まず、1ヵ月(31日間)に21営業日ある月を想定します。加えて、EC2インスタンスの稼働時間を1営業日あたり12時間と仮定します。この場合、12時間×21営業日＝252時間がその月の想定稼働時間になります。252時間は、31日(744時間)の約34%に当たりますのでおよそ66%のコスト削減につながります。

図11-2-20　スケジューリングによって最適化されたEC2インスタンスの週間稼働時間

時刻/曜日	日	月	火	水	木	金	土
0:00	×	×	×	×	×	×	×
2:00	×	×	×	×	×	×	×
4:00	×	×	×	×	×	×	×
6:00	×	×	×	×	×	×	×
8:00	×	○	○	○	○	○	×
10:00	×	○	○	○	○	○	×
12:00	×	○	○	○	○	○	×
14:00	×	○	○	○	○	○	×
16:00	×	○	○	○	○	○	×
18:00	×	○	○	○	○	○	×
20:00	×	×	×	×	×	×	×
22:00	×	×	×	×	×	×	×
稼働時間	0hr	12hr	12hr	12hr	12hr	12hr	0hr

×：停止
○：起動

「未使用時の停止」という手法は、後述する「常時稼働AWSリソースに対する割引料金プランの契約」よりもコスト最適化の効果が高い場合があるため、優先して検討するようにします。「未使用時の停止」のスケジューリングにはサードパーティのジョブ管理ツールを利用する場合も多いですが、本書ではAWSのみで実装する手法について後述します。

常時稼働AWSリソースに対する割引料金プランの契約

「不要なAWSリソースの削除」「AWSリソースのスペック最適化」「未使用時の

停止」を実施した上で、**最後に実施を検討する手法が「常時稼働AWSリソースに対する割引料金プランの契約」によるコスト最適化です。**

割引料金プランを契約することができる代表的なAWSサービスはEC2であり、**「リザーブドインスタンス」**または**「Savings Plans」**という割引料金プランのいずれかを選択可能です。AWSにおける割引料金プランはAWSサービス毎に名称や仕様が異なっており、そもそもプランの提供がないAWSサービスも存在します。本書執筆時点で、契約可能なAWSサービスの対応表が表11-2-2です。

表11-2-2 AWSサービスと契約可能な割引料金プラン

AWSサービス	割引料金プラン名
Amazon Elastic Compute Cloud (EC2)	リザーブドインスタンス(RI) Compute Savings Plans EC2 Instance Savings Plans
Amazon Relational Database Service(RDS)	Reserved DB Instance
Amazon Redshift	Reserved Node
Amazon ElasticCache	Reserved Cache Node
Amazon MemoryDB for Redis	Reserved Node
Amazon OpenSearch Service	Reserved Instance
Amazon DynamoDB	Reserved Capacity
AWS Fargate	Compute Savings Plans
AWS Lambda	Compute Savings Plans
Amazon CloudFront	CloudFront Security Savings Bundle
AWS WAF※	CloudFront Security Savings Bundle
Amazon SageMaker	SageMaker Savings Plans

※CloudFrontに関連付けを行っている場合に限る

11.2.6 コスト最適化の実行ワークフロー

ここまでに紹介したコスト最適化の4つの手法を実業務に組み込む際、どの手法を採用すればよいのか判断がしやすいようにワークフローに整理しました。ターゲットとしているサービスは、主にEC2やRDSなどのインスタンスを作成するAWSサービスです。

図11-2-21　コスト最適化の実行ワークフロー

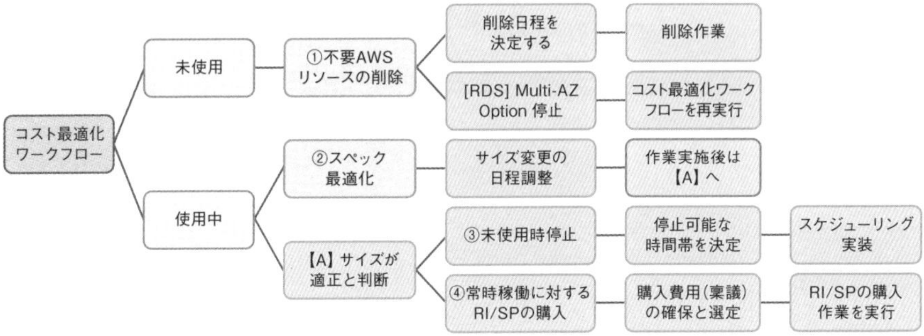

こちらのワークフローを全てのAWSリソースに対して実行することでコスト最適化を進めてください。本ワークフローは、**少なくとも会計期間の年度内に1回は全AWSリソースに対して行うような「定期的な取り組み」として組織内に根付かせることが理想です**。図11-2-21のワークフローの内容が実業務に適さない場合は、実務に合わせて改変してご利用ください。

以下はワークフローの利用にあたっての補足事項です。

- 最初にAWSリソースの棚卸を行い、そのAWSリソースが使用中か未使用か判断を行う
- 未使用のAWSリソースは基本的に削除を行う。ただし、RDSのMulti-AZ Optionを停止（オフ）する場合、Multi-AZで起動していたRDS DBインスタンスはSingle-AZでのみ起動するようになる。そのため、**Single-AZで起動しているRDS DBインスタンスがコスト最適化されていることを確かめるために再度、コスト最適化の実行ワークフローに従ってチェックする**
- 使用中のAWSリソースには、スペックを最適化すると同時に、可能であれば未使用時停止が可能かどうかの判断を並行して行う
- 最後に残る常時稼働のAWSリソースに対しては、割引料金プランの契約（代表的にはRI/SPの購入）を行う。ただし、全てのAWSサービスに割引料金プランが用意されているわけではない

実務 11.3 関連するAWSサービス（AWS利用料の把握）

まずは、AWS利用料を把握するために利用するAWSサービスを紹介します。

11.3.1 AWS Cost Explorer

AWS Cost Explorerは、**AWS利用料の可視化や分析を行うことができるAWSサービスで、コスト最適化においては必要不可欠です**。Cost Explorerの初期表示画面ではAWS利用料に占める割合が大きいAWSサービスの**上位9つ**が積み上げ棒グラフとして表示されています。表示される期間は先月末日を起点に過去6ヶ月間で、月別に表示されます。

図11-3-1 Cost Explorerの初期表示画面

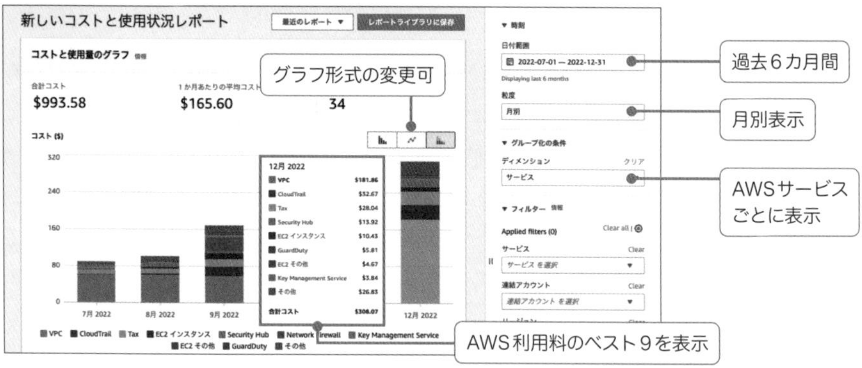

表示するグラフ形式は、棒グラフと折れ線グラフに切り替えることが可能です。

図11-3-2 Cost Explorerの棒グラフ

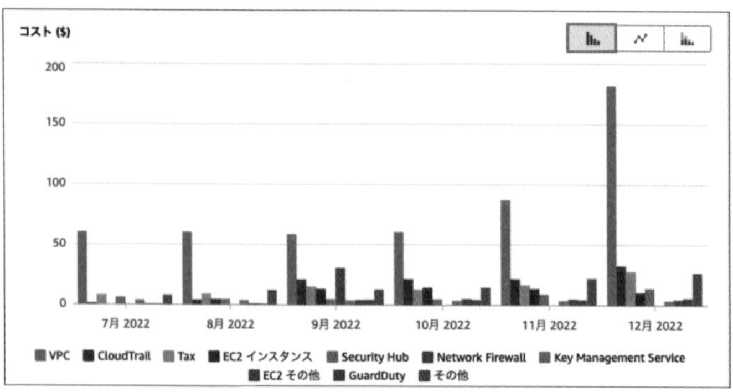

図11-3-3　Cost Explorerの折れ線グラフ

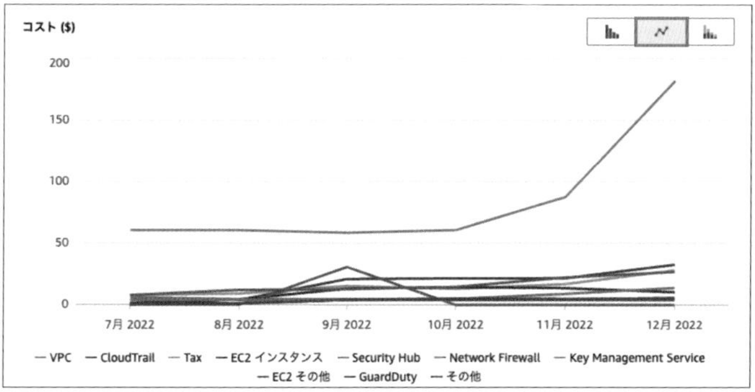

　また、日付範囲や表示粒度についてもそれぞれ変更が可能です。なお、日付範囲は粒度を月別にすることで、最大で「過去38ヶ月」までさかのぼって指定できます。例えば本日が2023年12月20日とした場合、2020年11月1日までさかのぼって確認できます。

図11-3-4　Cost Explorerの日付範囲の変更

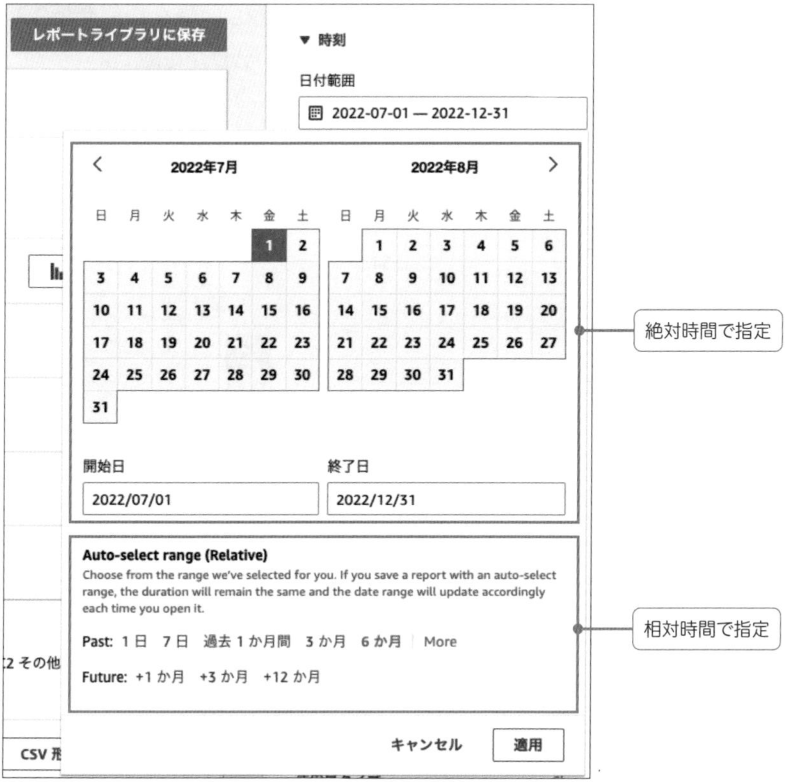

図11-3-5　Cost Explorerの表示粒度の変更

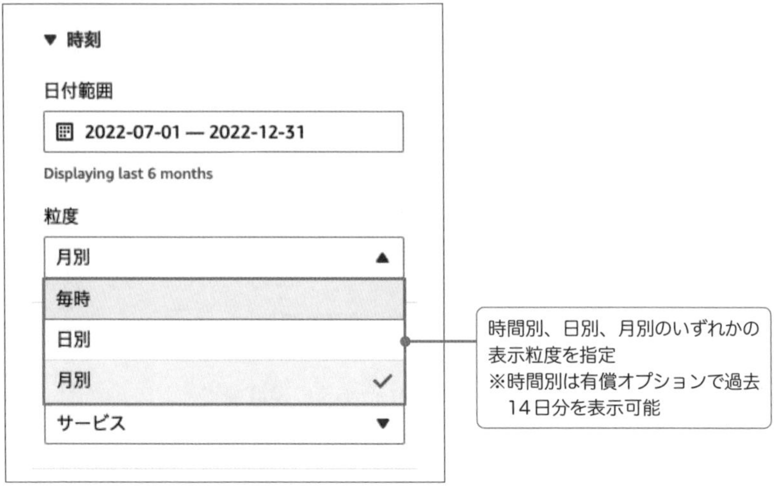

上位9つ以外のAWSサービスの利用料を含めた全てのAWS利用料の情報は、**CSVファイル**としてダウンロードができます。**そのため、簡易的な分析にはCost Explorerを利用しておおよそのAWS利用料の動向を把握し、様々な角度から柔軟に分析するにはCSVファイルを利用する、といった使い分けが可能です。**

図11-3-6　Cost ExplorerのCSVファイルのダウンロード

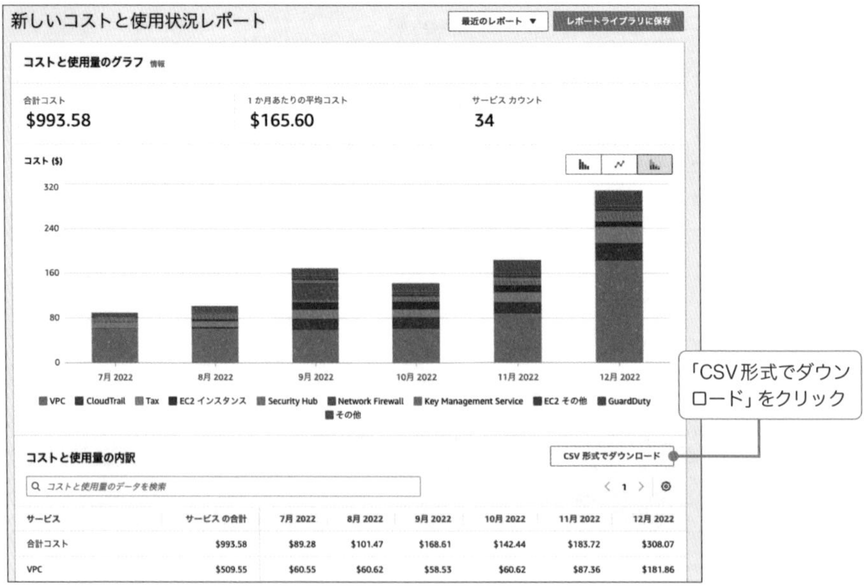

図11-3-7 AWS利用料に占める割合が高いAWSサービスの分析結果例(CSVファイルを分析)

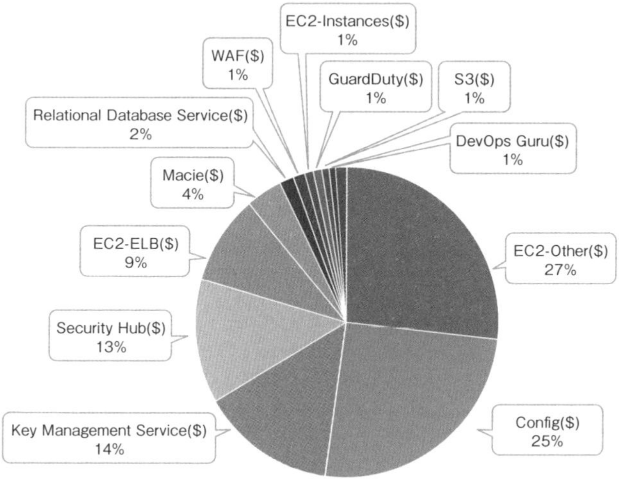

Cost Explorerの利用料金

Cost Explorerは、**APIリクエスト数**に応じてAWS利用料が発生します。詳細はCost Explorerの料金ページ[※9]を確認してください。

表11-3-1 Cost Explorer利用料金

課金対象	AWS利用料
APIリクエスト	1リクエストにつき0.01USD/月

※2024年3月時点の東京リージョンにおける利用料を掲載しています。

11.3.2 AWS Budgets

AWS Budgetsは、AWS利用料を「予算」として設定し、管理することができるAWSサービスです。また、予算に対して閾値を設定することで、アラートをあげることが可能です。以下、Budgetsの設定例です。

※9 https://aws.amazon.com/jp/aws-cost-management/aws-cost-explorer/pricing/

図11-3-8　Budgetsのコンソール画面

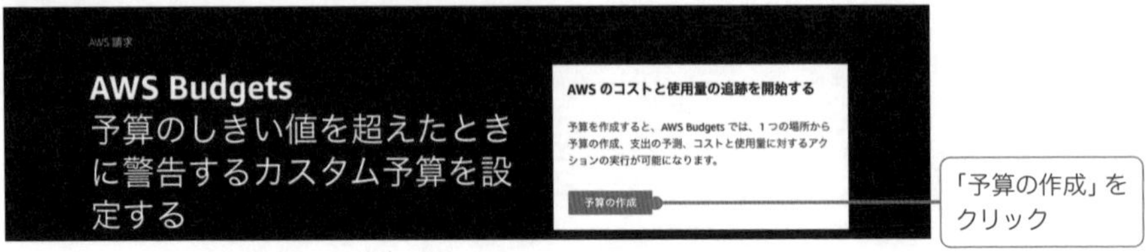

Budgetsで予算を設定する際は**テンプレート**を利用するか、ユーザー自身で設定を**カスタマイズ**するかいずれかを選択します。今回は**カスタマイズ**を選択し、予算タイプはAWSが推奨している**「コスト予算」**を選択します。

図11-3-9　予算タイプの選択画面

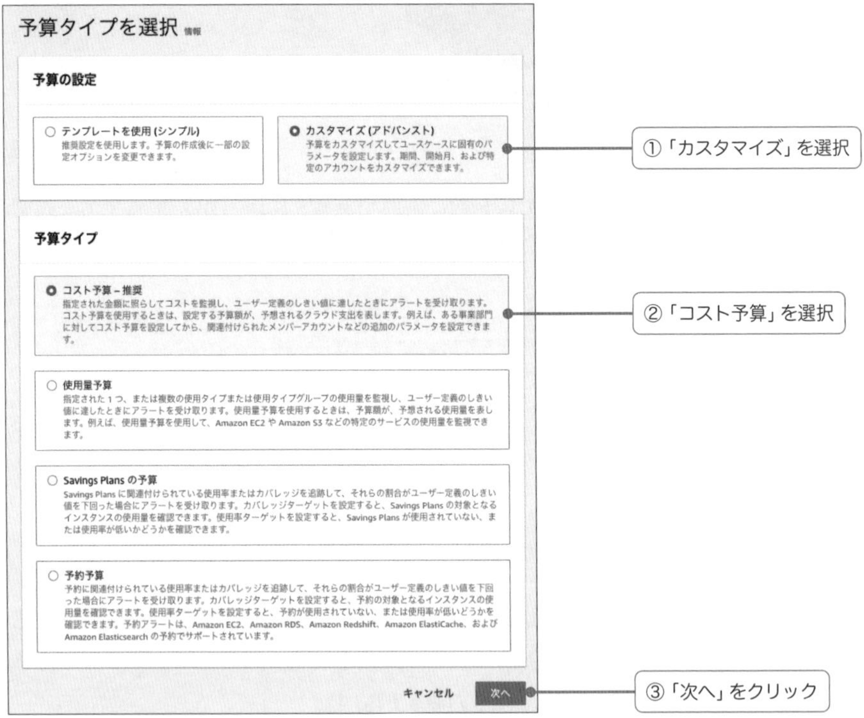

Budgetsの予算設定には、次の項目があります。各設定項目に関する詳細についてはAWS公式ドキュメント※10を確認してください。

※10 https://docs.aws.amazon.com/ja_jp/cost-management/latest/userguide/create-cost-budget.html

表11-3-2 Budgetsの予算設定項目

設定内容	説明
期間	予算を設ける期間を「日次」「月次」「四半期」「年次」のいずれかで指定する
予算更新タイプ	設定した予算を指定した期間後にリセットするかどうかを指定する。 例えば、期間を「月次」にして予算更新タイプを「定期予算」にした場合は翌月には予算がリセットされ、設定した予算と同額の予算が設定される
開始(日/月/四半期/年)	Budgetsで設定した予算の適用開始時点を定義する
予算設定方法	「期間」で設定した各期間の予算額の設定方法を「固定」「計画」「自動調整」のいずれかから選択する。 例えば、期間を「月次」に指定した場合は予算設定方法が「固定」であれば予算金額を一度設定したら翌月以降も同額(固定)の予算が適用される。予算設定方法が「計画」であれば月ごとに予算金額を設定して適用する。予算設定方法が「自動調整」であれば、指定した期間におけるAWS利用料の過去データにもとづいて自動算出された予算金額が設定される
予算額	予算として設定する金額をドル($)で指定する
予算の範囲	詳細オプションを使用して、この予算の一部として追跡されるコスト情報のセットを絞り込む。 例えば、予算金額に税金を含めるか否かを選択することができる

図11-3-10 Budgetsの予算設定画面

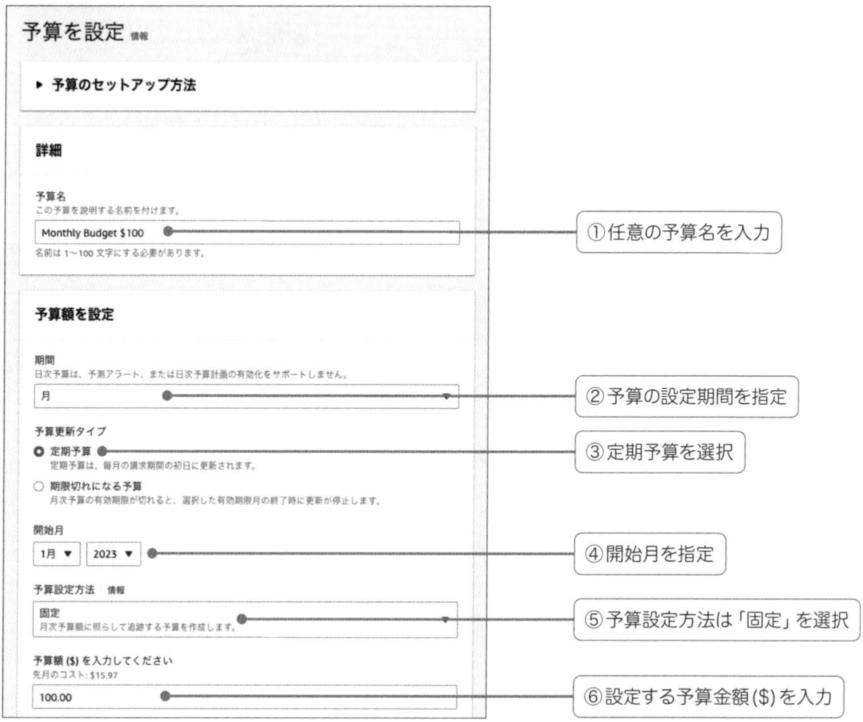

図11-3-11　Budgetsの予算設定画面（予算の範囲）

次にBudgetsで作成した予算に対して、閾値を設けて**アラート設定**を行います。閾値は、予算金額に占める割合（%）または指定の金額（絶対値）のいずれかを選択して設定します。**このアラート設定は複数作成することができるため、閾値を予算金額に占める割合（%）に指定し「20%」「40%」「60%」「80%」「100%」と段階的にアラート設定することを推奨します。**

閾値の基準となる金額（トリガー）については、「実際のAWS利用料」「AWS利用料の予測金額」のどちらかで指定が可能ですが、「実際のAWS利用料」で設定することを推奨します。

アラートの通知先には**「Eメールアドレス」「SNSトピック」「AWS Chatbot」**のいずれかから選択できます。**AWS Chatbot**は、**Slackチャンネルやチャットチャンネルで AWSのリソースをより容易にモニタリングおよび操作することができるAWSサービスです。**AWS Chatbotを用いてアラートを受け取る方法についてはAWS公式ドキュメント※11を確認してください。

※11　https://docs.aws.amazon.com/ja_jp/cost-management/latest/userguide/sns-alert-chime.html

図11-3-12 Budgetsのアラート設定画面

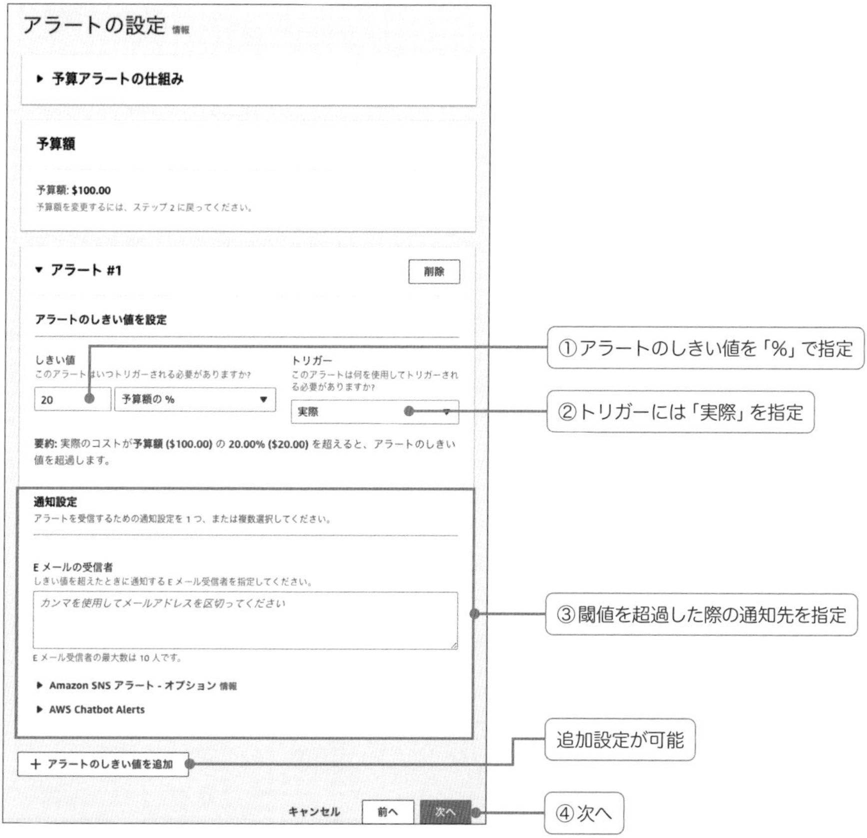

図11-3-13 Budgetsからのアラート内容 (メール通知)

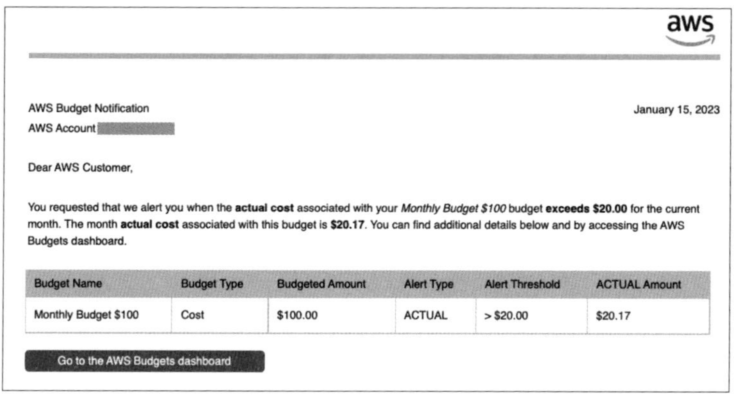

aws

AWS Budget Notification
AWS Account [redacted]

January 15, 2023

Dear AWS Customer,

You requested that we alert you when the **actual cost** associated with your *Monthly Budget $100* budget **exceeds $20.00** for the current month. The month **actual cost** associated with this budget is **$20.17**. You can find additional details below and by accessing the AWS Budgets dashboard.

Budget Name	Budget Type	Budgeted Amount	Alert Type	Alert Threshold	ACTUAL Amount
Monthly Budget $100	Cost	$100.00	ACTUAL	> $20.00	$20.17

Go to the AWS Budgets dashboard

図11-3-14 AWS Chatbotからのアラート内容(Slack通知)

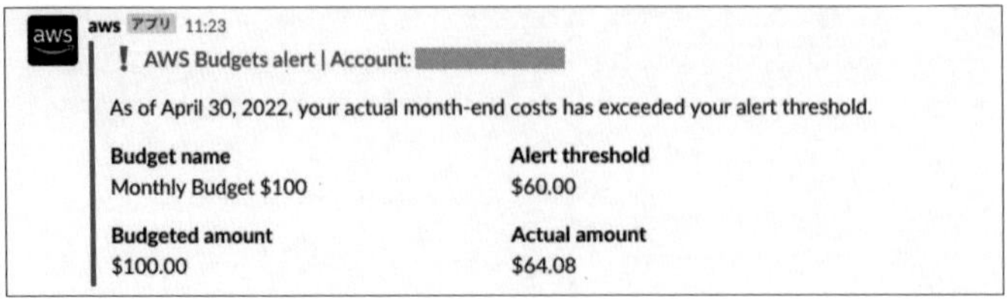

Budgetsには**「AWS Budgetsアクション」**と呼ばれる機能があります。これはBudgetsで設定した予算の閾値を超えた場合に、Budgetsがアクションを実行することができる機能です。例えば、「EC2またはRDSを停止する」というアクションを実行することが可能です。ただし、AWSリソースの管理者に断りなくアクションを実行すると業務に支障が出る可能性があるため、システム管理者の合意を得た上で、必要に応じてBudgetsアクションを設定することを推奨します。Budgetsアクションの詳細についてはAWS公式ドキュメント※12を確認してください。

図11-3-15 Budgetsアクションの設定画面

最後に、これまで設定した内容に不備がないかを確認してから**「保存」**をクリックすると予算の設定は完了です。

※12 https://docs.aws.amazon.com/ja_jp/cost-management/latest/userguide/budgets-controls.html

図11-3-16 Budgetsの設定確認画面

AWS Budgetsレポートを利用したAWS利用料の定点観測

Budgetsで設定するアラートは、**設定した予算の閾値に抵触しない限りAWS利用料ならびに使用状況が通知されません。**そこで**AWS Budgetsレポート**を利用することで、日次/週次/月次のいずれかの間隔でAWS利用料を指定のEメールアドレス宛に通知することができます。これにより、AWS利用料の定点観測が可能となります。以下、Budgetsレポートの設定例です。

図11-3-17 Budgetsレポートのコンソール画面

Budgetsレポートは Budgetsで作成した予算に対するレポーティングを行うため、Budgetsレポートでは**レポーティングしたい予算**を選択する必要があります。

図11-3-18 Budgetsレポートの作成画面

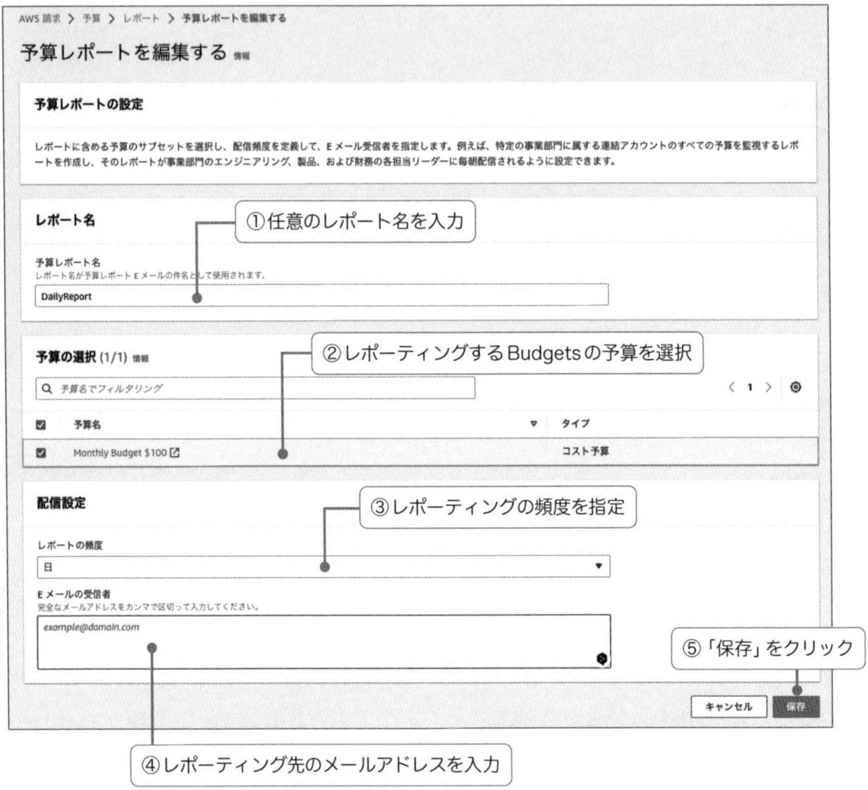

図11-3-19は、実際にBudgetsレポートによってメール送信されたレポーティング内容です。レポーティング内容には以下の数値が記載されているため、**AWS利用料の現状**と**当月予測**の両方を確認することができるようになっています。

- 現在のAWS利用料(Current)
- Budgetsで設定した予算金額(Budgeted)
- AWS利用料の当月予測(Forecasted)
- 予算に対する現在のAWS利用料の消化率(Current vs. Budgeted)
- 予算に対する当月予測のAWS利用料の消化率(Forecasted vs. Budgeted)

図11-3-19　Budgetsレポートにより送信されたレポーティング内容

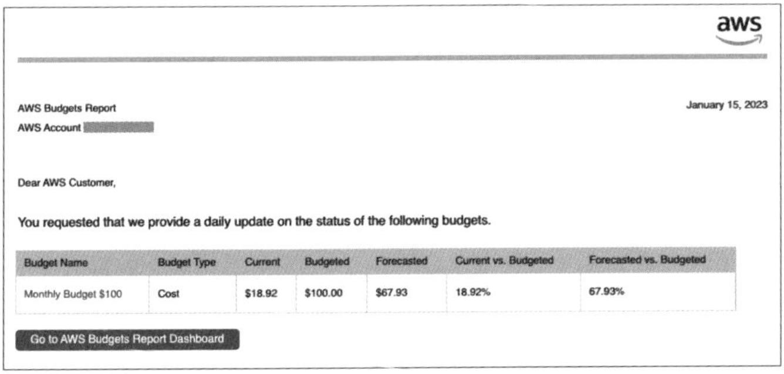

Budgetsの利用料金

Budgetsは、予算を作成するだけであればAWS利用料は発生しません。ただし、**BudgetsアクションおよびBudgetsレポートを設定するとAWS利用料が発生します**。詳細はBudgetsの料金ページ※13を確認してください。

表11-3-3　Budgetsの利用料金

課金対象	AWS利用料
Budgetsアクション	Budgetsアクションが有効な予算1つにつき0.10USD/日 （Budgetsアクションが有効な予算は2つ目までは無料）
Budgetsレポート	配信されるレポート1通につき0.01USD/月

※2024年3月時点の東京リージョンにおける利用料を掲載しています。

11.3.3　AWS Cost Anomaly Detection

AWS Cost Anomaly Detectionは、AWS利用料およびAWSリソースの使用状況を継続的に監視することでAWS利用料における異常値を検出し、通知することができるサービスです。このサービスは**Cost Explorer**が持つ機能の一つであるため、利用する際は**Cost Explorer**をあらかじめ有効化しておく必要があります。Cost Anomaly Detectionによる監視では機械学習が活用されており、過去のコストデータから支出・利用パターンをベースラインとして学習し、その

※13 https://aws.amazon.com/jp/aws-cost-management/aws-budgets/pricing/

ベースラインから逸脱した異常なAWS利用料の上昇を検出します。**これにより、意図しないAWS利用料の急騰をAWSアカウントの管理者が迅速に把握できるようになります。**

図11-3-20はCost Anomaly Detectionによる異常検出のイメージ図です。＄80〜＄150の間にある縦棒（I）は**標準誤差範囲（想定内の誤差）**を表しています。実際には、この標準誤差範囲のような値は機械学習によって算出されているとお考えください。そして、この標準誤差範囲から大きく逸脱したものを**コストの異常（Cost Anomaly）**として検出します。

1点注意ですが、Cost Anomaly Detectionによる異常検出はリアルタイムではなく、2〜3日のタイムラグがあります。これはCost ExplorerやBudgetsを含めたBillingというAWSサービスの仕様になります。

図11-3-20 Cost Anomaly DetectionによるAWS利用料の異常検出のイメージ

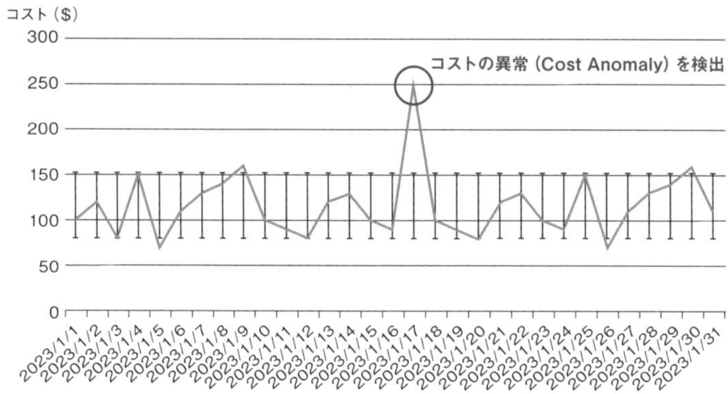

これまではAWS利用料の請求タイミングになってはじめてコストの異常に気がつくということが往々にしてありましたが、Cost Anomaly Detectionを有効化していたことで、AWSアカウントの不正利用を早期に発見できたという事例が多数あります。これは、不正利用によって通常は業務などで利用していないAWSサービスの利用料が急騰し、それが異常として検出されたためです。

コスト最適化では「意図しないAWS利用料の増加」を早期に把握し、それを抑制するためにもCost Anomaly Detectionは非常に有用な機能であるため、基本的には有効化しておきましょう。

Cost Anomaly Detectionの設定方法

まずは、AWSコスト管理のコンソール画面から**「コスト異常検出」**を選択し、モニターを作成する画面を表示します。

図11-3-21 AWSコスト管理のコンソール画面

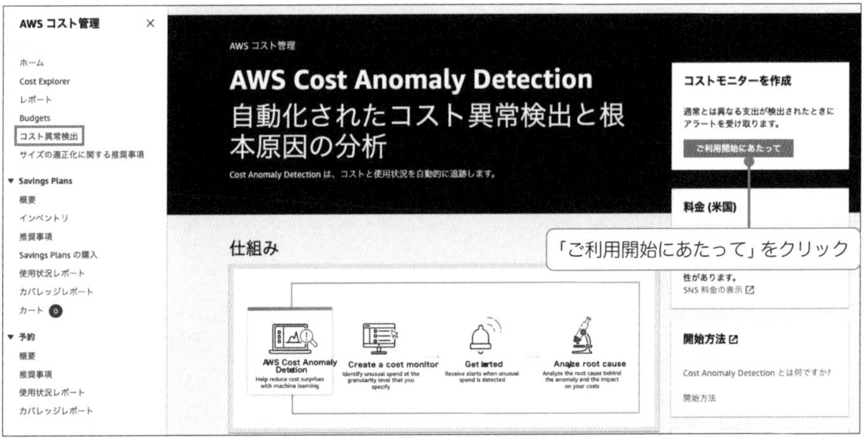

図11-3-22 Cost Anomaly Detectionのコンソール画面

次にモニタータイプを選択します。Cost Anomaly Detectionでは、表11-3-4に示す4つの**モニタータイプ**のいずれかを選択することができます。今回は**「AWSのサービス」**を選択します。

表11-3-4 Cost Anomaly Detectionのモニタータイプ

モニタータイプ	説明
AWSのサービス	個々のAWSアカウントで使用されている全てのAWSサービスに異常がないかどうかを評価する。新しいAWSサービスを追加して自動的に新しいサービスの異常を評価しはじめる。組織や環境ごとにコストをセグメント化する必要がなければ推奨されるモニタータイプ
連結アカウント	AWS Organizationsの組織においてチーム、製品、サービス、または環境ごとに支出をセグメント化する必要がある場合に選択する
コストカテゴリ	コストカテゴリー※14を使用して支出を整理・管理する場合に選択する
コスト配分タグ	コスト配分タグを用いてチーム、製品、サービス、または環境ごとに支出をセグメント化する必要がある場合に選択する

図11-3-23 Cost Anomaly Detectionの設定画面(モニタータイプの選択)

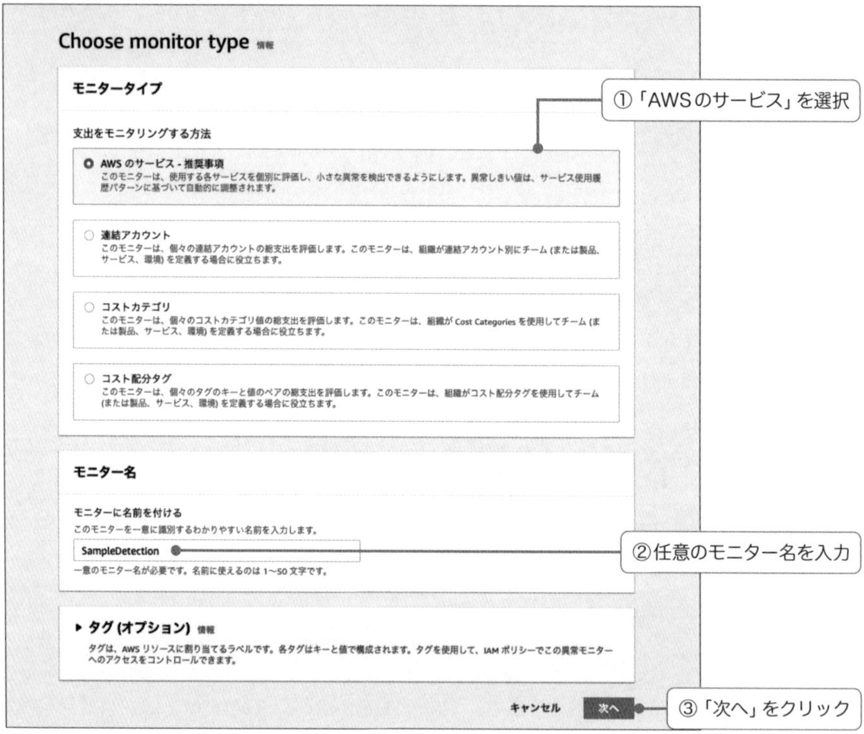

次に**アラートサブスクリプションの設定**です。ここではアラートの頻度と閾値について説明します。

※14 https://docs.aws.amazon.com/ja_jp/awsaccountbilling/latest/aboutv2/manage-cost-categories.html
※15 https://docs.aws.amazon.com/ja_jp/cost-management/latest/userguide/ad-SNS.html

図11-3-24 Cost Anomaly Detectionのアラートサブスクリプション作成画面

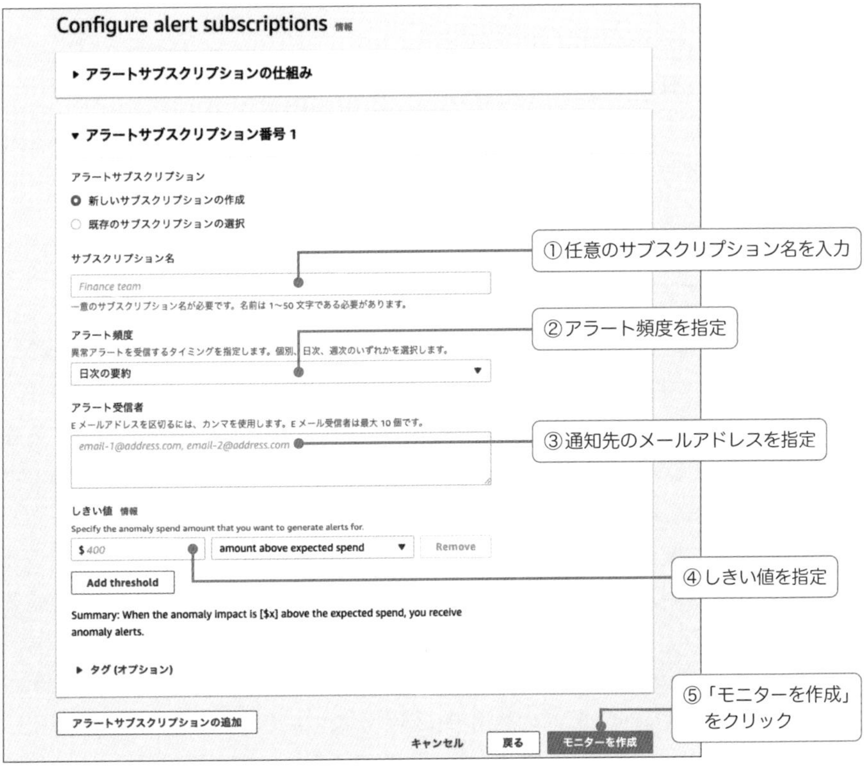

アラート頻度には**「個々のアラート」「日次の要約」「週次の要約」**のいずれかを選択します。

表11-3-5 Cost Anomaly Detectionのアラート頻度

アラート頻度	説明
個々のアラート	異常が検出されると、すぐにアラート通知を行う。通知先にはSNSトピックを指定する
日次の要約	異常が検出されると、アラートは日別の概要を通知する。その日に発生した複数の異常に関する情報が記載されたEメールが1通のみ送信される
週次の要約	異常が検出されると、アラートは週別の概要を通知する。その週に発生した複数の異常に関する情報が記載されたEメールが1通のみ送信される

「日次の要約」「週次の要約」を選択した場合はメール通知となりますが、実際に通知されるメール本文には改行なしのJSONデータが記載されているため可読性がよくありません。**Slackなどのチャットツールを利用している場合は「個々のアラート」を選択し、AWS Chatbotと連携しているSNSトピックを指定することをお勧めします。**具体的な設定方法についてはAWS公式ドキュメント※15を確認してください。

図11-3-25 AWS Chatbotによるアラート内容(Slack通知)

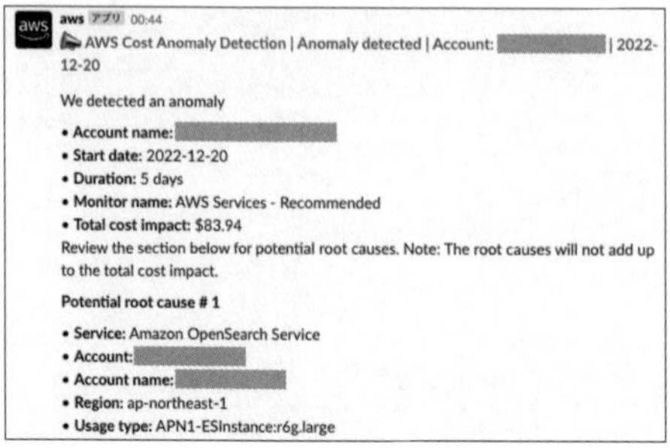
aws アプリ 00:44
AWS Cost Anomaly Detection | Anomaly detected | Account: [redacted] | 2022-12-20

We detected an anomaly

- **Account name:** [redacted]
- **Start date:** 2022-12-20
- **Duration:** 5 days
- **Monitor name:** AWS Services - Recommended
- **Total cost impact:** $83.94

Review the section below for potential root causes. Note: The root causes will not add up to the total cost impact.

Potential root cause # 1

- **Service:** Amazon OpenSearch Service
- **Account:** [redacted]
- **Account name:** [redacted]
- **Region:** ap-northeast-1
- **Usage type:** APN1-ESInstance:r6g.large

閾値の設定には絶対値を**ドルで指定する方法、パーセントで指定する方法**の2つがありますが、今回は具体的な運用イメージがしやすい「ドルで指定する方法」について説明します。閾値で設定する金額は**「標準誤差範囲からの逸脱を許容する金額」**です。標準誤差範囲は過去のAWS利用料をもとにした想定内の誤差であるため、閾値の金額には含めません(標準誤差そのものの金額を考慮して設定する必要はありません)。**閾値に設定した金額が少なすぎるとアラートが頻発してしまうので、はじめは$100や$200などの高額に設定して必要に応じて適宜変更することが望ましいです。**

今回はモニタータイプとして「AWSのサービス」を選択しているため、使用されている全てのAWSサービスの利用料に異常がないかどうか閾値をもとに評価します。図11-3-26ではEC2のみ閾値から逸脱しているため、EC2のみコストの異常が検出されます。1点補足ですが、Cost Anomaly Detectionでコストの異常として検出されるのはコストの急騰のみで、コストの急落は検出されません。

図11-3-26 閾値のイメージ

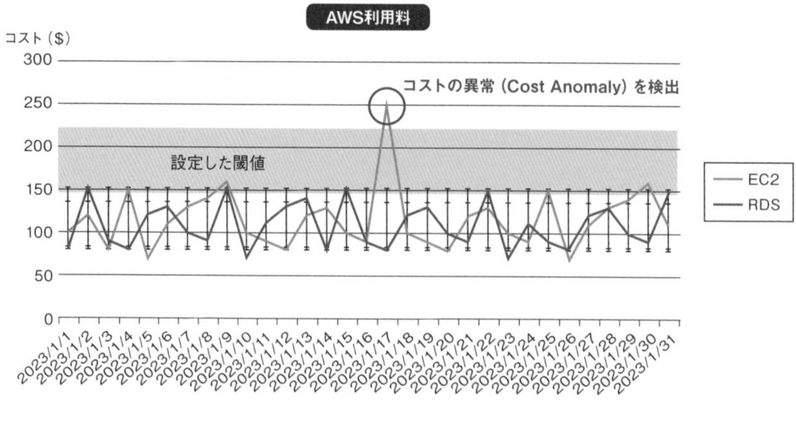

モニターが作成されると、Cost Anomaly Detectionのコンソール画面の**「検出履歴」**に最大で過去90日分の検出結果がAWSサービスごとに表示されます。

図11-3-27　Cost Anomaly Detectionのコンソール画面の「検出履歴」

Cost Explorer、Budgets、Cost Anomaly Detectionの併用

11.3.1と**11.3.2**で紹介したCost Explorer、Budgets、そしてCost Anomaly Detectionを併用することでAWS利用料の把握がより容易になります。ぜひ組み合わせてご利用ください。

図11-3-28　Cost Explorer、Budgets、Cost Anomaly Detectionを併用したAWS利用料の把握イメージ

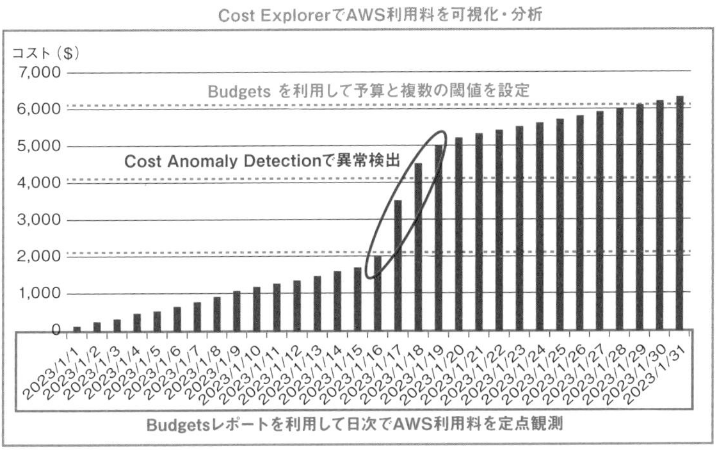

Cost Anomaly Detectionの利用料金

Cost Anomaly Detectionは、無料で利用可能です。

実務 11.4 関連するAWSサービス（タグの付与）

ここではまず、タグの特徴を押さえた上で、タグ付け戦略とコスト配分タグについて解説します。

11.4.1 AWSにおけるタグの役割

AWSにおける**タグ**とは、**AWSリソースに付与できるメタデータです。何らかの基準・目的に従ってAWSリソースを分類・識別・検索するために使用します**。タグの特徴※16は以下の通りです。

- タグは「タグキー」と「タグ値」の２つの要素から構成される
  - タグキー = Name
  - タグ値 = Sample-AP
- １つの「タグキー」には、１つの「タグ値」のみを付与できる
- 「タグキー」と「タグ値」に設定する値では、大文字と小文字が区別される
- UTF-8では「タグキー」は１文字以上で、最大128文字のUnicode文字が利用できる
- UTF-8では「タグ値」は０文字以上、最大256文字のUnicode文字が利用できる
- 「タグキー」と「タグ値」に使用できる文字は通常、UTF-8対応の文字、数字、スペースと、_ . : / = + - @の文字であるが、AWSサービスごとに異なる
- aws:プレフィックスはAWS専用として予約されているため利用できない
- １つのリソースに対して最大50個までタグを付与することができる

図11-4-1　タグの付与イメージ

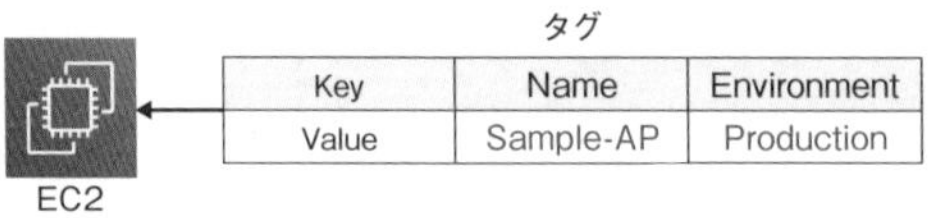

タグ
Key
Name
Environment
Value
Sample-AP
Production
EC2

※16 https://docs.aws.amazon.com/ja_jp/general/latest/gr/aws_tagging.html

4つのタグ付け戦略

AWSリソースに付与するタグ設計では、**「タグキー」**と**「タグ値」**の組み合わせについて検討・設計を行い、タグを付与します。

表11-4-1 タグ設計における検討内容

要素	検討内容
タグキー	AWSリソースを分類・識別・検索する「目的」を定める
タグ値	タグキーで設計した「目的」に即した「値」を決める

また、タグ設計を検討する際の観点をAWSでは「一般的なタグ付け戦略」※17と称して4つの観点を提示しています。

表11-4-2 一般的なタグ付け戦略

タグ付け戦略	内容	利用例
リソース整理のタグ	AWSリソースを一意に識別したり、グルーピングしたりするためにタグを付与する	AWSリソースを一意に識別するために、EC2インスタンスに「Name」タグを付与する
コスト配分のタグ	AWS利用料が発生するAWSリソースにタグを付与することで、AWS利用料を追跡できるようにする（コスト配分タグ）	AWSリソースの利用料を部署別にグルーピングするために「DivisionCode」タグを付与する
オートメーションのタグ	AWSリソースに対するオペレーションを自動化する際、自動化対象のリソースを識別するためにタグを付与する	AWS Backupによるバックアップ対象をグルーピングするために「Backup」タグを付与する
アクセス制御のタグ	AWSリソースに対して条件付きのアクセス制御を実施するためにタグを付与する	部署AのユーザーAが、部署Bが管理しているEC2インスタンスを起動・停止できないよう、ユーザーAに付与するIAMポリシーでCondition句を用いた条件付きアクセス制御を実施する

コスト最適化においては**「コスト配分のタグ」**を利用することで、AWS利用状況をより詳細に分析することが可能となります。

※17 https://docs.aws.amazon.com/ja_jp/general/latest/gr/aws_tagging.html

11.4.2 コスト配分タグ

コスト配分タグは、AWS利用料が発生するAWSリソースにタグを付与することで、AWS利用料を追跡できるようにするタグです。コスト配分タグを付与するメリットは2点あります。1点目はAWS利用明細において**コスト配分タグ別に利用料を確認できる点**です。これにより、コスト配分タグでフィルターをかけて利用料を確認・分析することができます。図11-4-2はAWS利用明細の出力例ですが、「user:Company」という項目の「Company」はコスト配分タグのタグキーを示しています。

図11-4-2 AWS利用明細の出力例

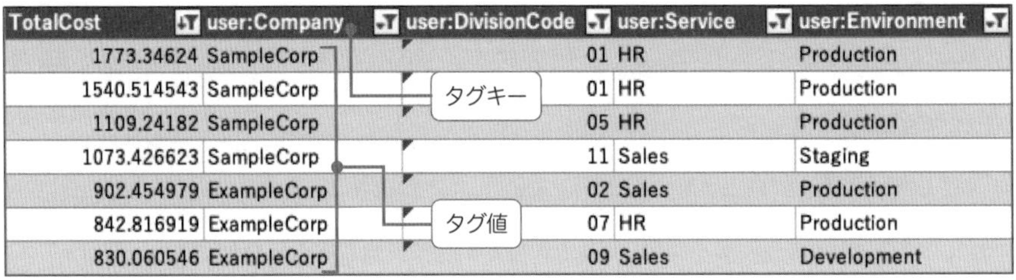

TotalCost	user:Company	user:DivisionCode	user:Service	user:Environment
1773.34624	SampleCorp	01	HR	Production
1540.514543	SampleCorp	01	HR	Production
1109.24182	SampleCorp	05	HR	Production
1073.426623	SampleCorp	11	Sales	Staging
902.454979	ExampleCorp	02	Sales	Production
842.816919	ExampleCorp	07	HR	Production
830.060546	ExampleCorp	09	Sales	Development

2点目はAWS利用料の把握と分析に利用するCost Explorerにおいて、**コスト配分タグでAWS利用料をフィルタリングすることができる点**です。

図11-4-3 Cost Explorerのコスト配分タグによるフィルタリング

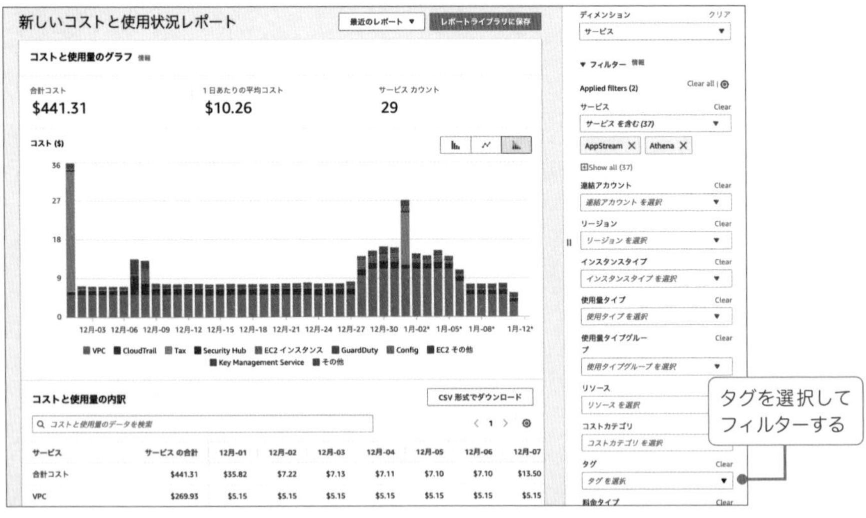

コスト配分タグの有効化

コスト配分タグを有効化するためには、次の2つの前提条件があります。

- 有効化したいタグキーがAWSリソースに付与されており利用中であること
- 請求情報を管理するAWSアカウント上で実施すること

前提条件を満たしていれば、コスト配分タグを有効化する手順は以下のとおりです。まずは、コンソール画面から**「Billing」の画面**に遷移します。その後、左メニューバーから**「コスト配分タグ」**をクリックします。

図11-4-4 Billingのコンソール画面

コスト配分タグのコンソール画面では**「ユーザー定義のコスト配分タグ」**として、AWSリソースに付与されている利用中のタグキーが一覧で表示されます。数が多い場合は、検索ウィンドウで**コスト配分タグを有効化したいタグキー**を検索します。

図11-4-5 コスト配分タグのコンソール画面①

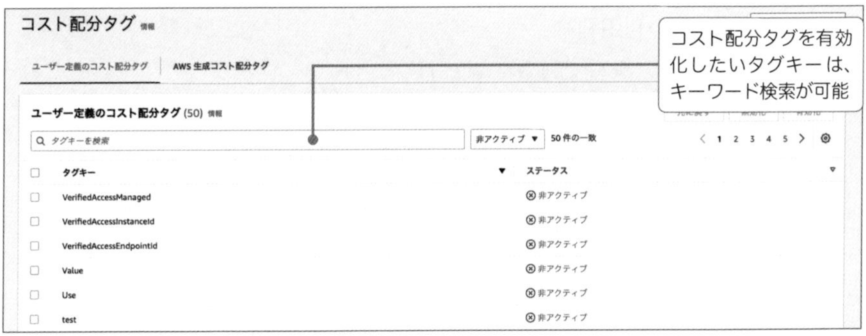

コスト配分タグを有効化したいタグキーのチェックボックスにチェックし、画面の右上の**「有効化」ボタン**をクリックします。

図11-4-6　コスト配分タグのコンソール画面②

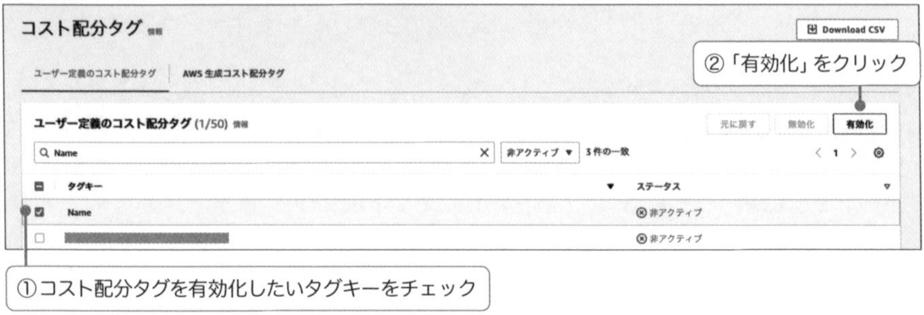

最後に**「コスト配分タグをアクティブ化」**というポップアップが表示されるので、**「有効化」**をクリックします。これでコスト配分タグの有効化作業は完了です。

なお、**コスト配分タグは有効化してから完全に利用可能な状態になるまでに最大で24時間かかるためご留意ください。**

図11-4-7　コスト配分タグの有効化画面

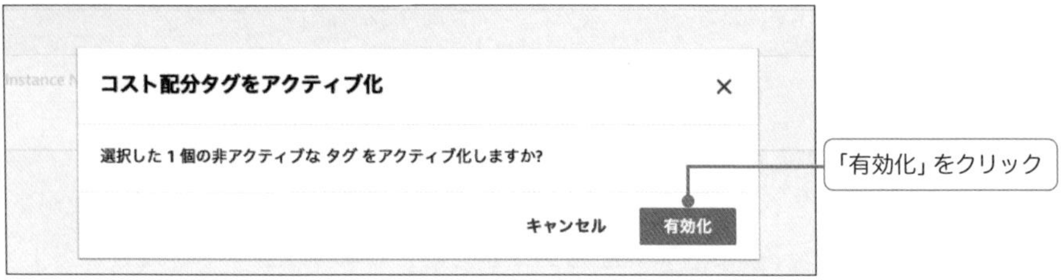

コスト配分タグの利用料金

コスト配分タグは、無料で利用可能です。

実務

11.5 関連するAWSサービス(AWS利用状況の分析)

ここからは、主にAWS利用状況の分析に利用するAWSサービスを解説します。

11.5.1 AWS Cost Explorer

「11.3.1. AWS Cost Explorer」では、Cost Explorerの基本的な利用方法について説明しました。ここではAWS利用状況をより詳しく分析するための**Cost Explorerの応用的な使い方**について説明します。

グループ化の条件

Cost Explorerでは「グループ化の条件」で**「ディメンション(集計項目)」**を指定することができます。例えば「リージョン」をディメンションとして指定した場合は、AWS利用料がAWSリージョンごとに集計された状態でCost Explorerにグラフ表示されます。

図11-5-1 ディメンションをリージョンに指定した場合のCost Explorerの表示画面

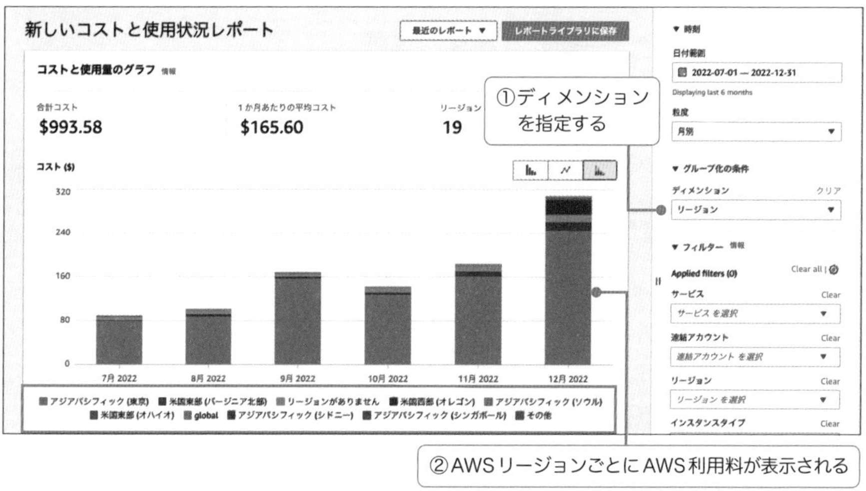

ディメンションは「リージョン」以外にも**「サービス」「連結アカウント」「インスタンスタイプ」「使用量タイプ」「購入オプション」**など、いくつかの集計方法があります。ディメンションならびにディメンションの詳細な説明についてはAWS公式ドキュメント※18を確認してください。

フィルター

Cost Explorerでは「グループ化の条件」で指定した「ディメンション」に対して、さらに詳細な分析条件で表示内容を絞り込むことができます。そこで利用するものが**「フィルター」**です。例えば、「ディメンション」を「リージョン」に指定し、「フィルター」で「サービス」という絞り込み条件でEC2インスタンスを指定した場合、AWSリージョンごとの**EC2インスタンスのAWS利用料のみ**をCost Explorerに表示させることができます。

図11-5-2　ディメンションとフィルターで分析範囲を絞り込んだ場合のCost Explorerの表示画面

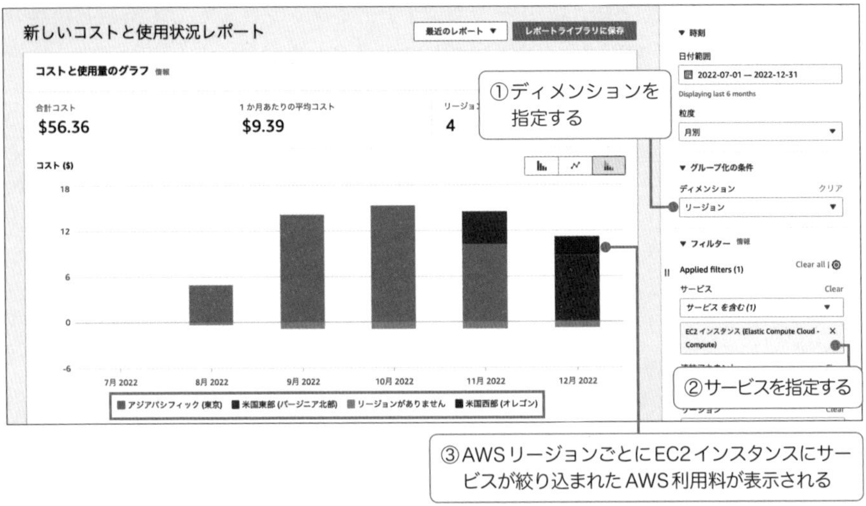

「ディメンション」と「フィルター」で指定できる項目はほとんど同じですが、**「フィルター」でのみ「使用タイプグループ」という項目を指定することができます。**

「使用タイプグループ」は、DynamoDB、EC2、ElastiCache、RDS、Redshift、S3のAWSサービスに対して利用することができます。例えば、「使用タイプグループ」で「EC2 Running Hours」を指定すると**EC2インスタンスが実行された時間に関連するAWS利用料**を表示させることができます。

※18 https://docs.aws.amazon.com/ja_jp/cost-management/latest/userguide/ce-filtering.html

11.5.2 ユースケース別の検索条件

Cost Explorerでは「グループ化の条件」と「フィルター」を設定することでAWS利用料をより詳細に分析できると紹介しました。次に、実際のユースケースにもとづいて検索条件の例をいくつか紹介します。

1 「EC2インスタンスのAWS利用料と使用時間を調べたい」

表11-5-1 ユースケース①「EC2インスタンスのAWS利用料と使用時間を調べたい」の分析条件

目的	
過去1カ月間のEC2インスタンスのAWS利用料と使用時間を日別で調べたい	
日付範囲	**粒度**
絶対値で過去1カ月間を指定	日別
グループ化の条件	**フィルター**
指定は不要	[使用タイプグループ] EC2: Running Hours

このユースケースでは、「フィルター」において「使用タイプグループ」で**「EC2: Running Hours」**を指定します。この指定により、Cost Explorerには**「コスト($)」**と**「使用量(Hrs)」**の2つのグラフが表示されます。使用量(Hrs)はリソースの利用時間を用いた分析に役立ちます。分析手法の1つとして活用ください。

図11-5-3 過去1カ月間のEC2インスタンスのAWS利用料と使用時間（日別）

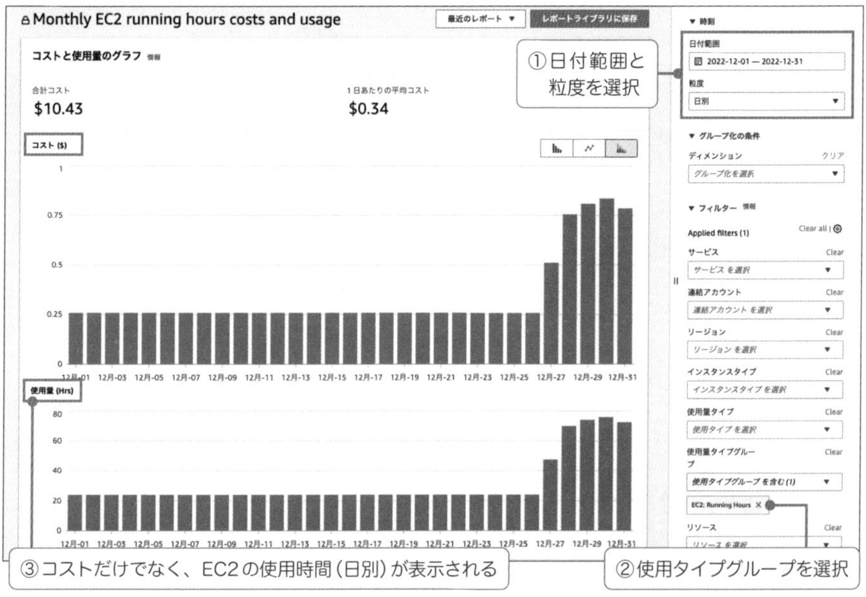

2 「税金を除いた実際のコストを調べたい」

表11-5-2　ユースケース②「税金を除いた実際のコストを調べたい」の分析条件

目的	
税金を除いた実際のコストを調べたい	
日付範囲	**粒度**
絶対値で過去1カ月間を指定	日別
グループ化の条件	**フィルター**
サービス	[サービス] Excludes　Tax または [料金タイプ] Excludes　Tax

このユースケースでは「グループ化の条件」として**「サービス」**を、「フィルター」として**「サービス」**を選択し、**「Tax」**を分析対象から除外(Excludes)します。**Cost Explorerに表示されているAWS利用料は、デフォルトで税金が含まれた金額ですが、この指定により税金が除外された実際のAWS利用料を確認できます。**

図11-5-4　ユースケース②税金を除いた実際のコストを調べたい(税金あり)

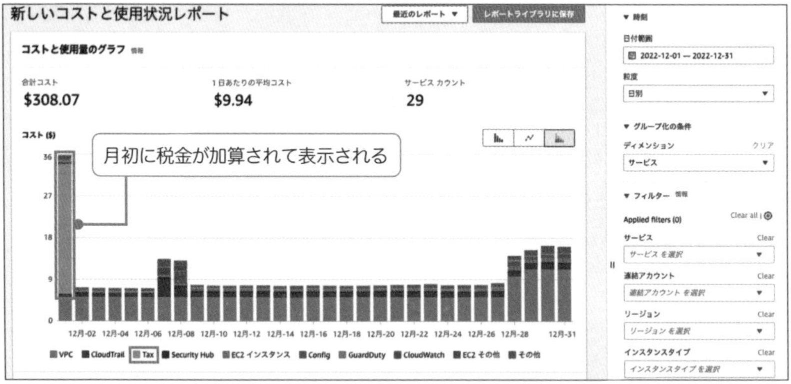

図11-5-5　ユースケース②税金を除いた実際のコストを調べたい(税金なし)

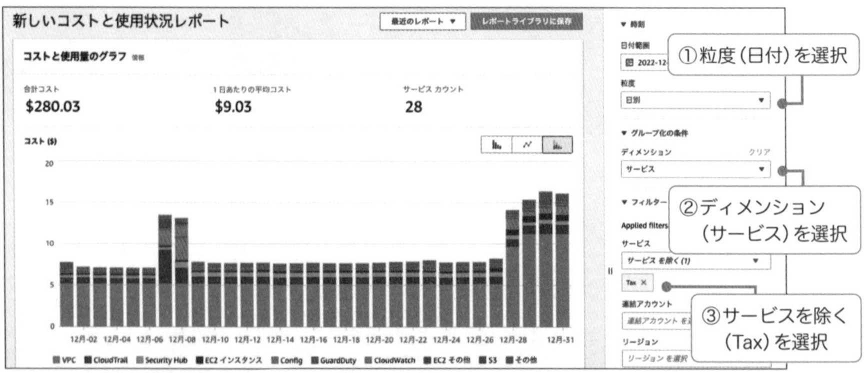

3 「タグ別にコストを調べたい」

表11-5-3 ユースケース③「タグ別にコストを調べたい」の分析条件

目的	
タグ別にコストを調べたい	
日付範囲	**粒度**
任意の期間を指定	日別
グループ化の条件	**フィルター**
タグ 任意のタグキーを指定	必要に応じて ［タグ］タグキーおよびタグ値を指定

このユースケースでは「グループ化の条件」として**「タグ」**を指定して**任意のタグキー**を指定します。**ここで選択できるタグキーはコスト配分タグとして有効化されているタグキーのみです。**これにより指定のタグキーが付与されたリソースのAWS利用料を確認できます。

また、「フィルター」で**「タグ」**を指定し、**任意のタグキー**と**タグ値**を指定することでさらに条件を絞り込むことができます。例えばタグキーに「Environment」、タグ値に「Staging」と指定した場合は検証環境（Staging環境）として利用しているリソースのAWS利用料を確認することができます。このように**コスト配分タグをCost Explorerの分析条件として指定することでAWS利用状況をより詳細に分析することが可能です。**

図11-5-6 ユースケース③タグ別にコストを調べたい

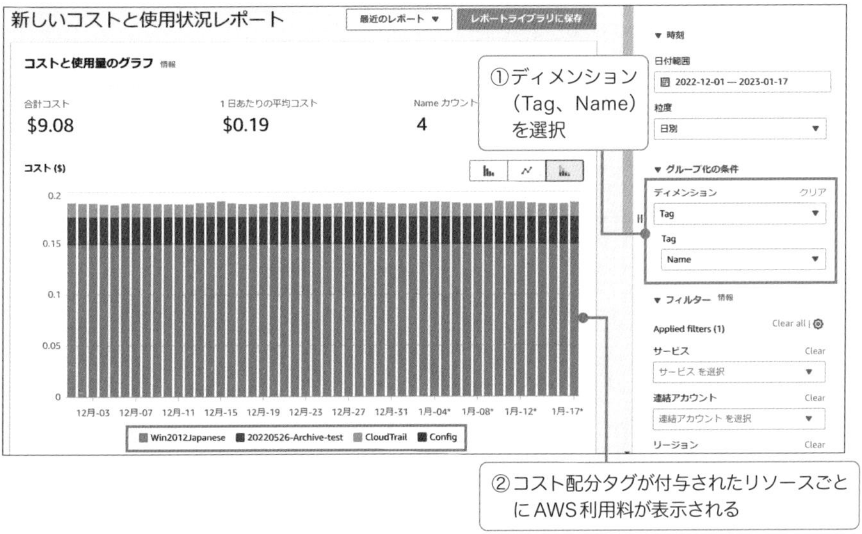

11.5.3 Cost Explorerのレポートライブラリの活用

ユースケースで紹介した通り、Cost Explorerでは**「グループ化の条件」「フィルター」**を組み合わせることでAWS利用料および利用状況について様々な分析を行うことができます。しかし、Cost Explorerを利用する際に都度これらの条件指定を行うのは手間がかかります。そこで、Cost Explorerに用意されている**レポートライブラリ**という機能を使います。この機能を使うと、**Cost Explorerで設定した検索条件をレポートとして保存できます**。

図11-5-7 レポートライブラリの保存画面①

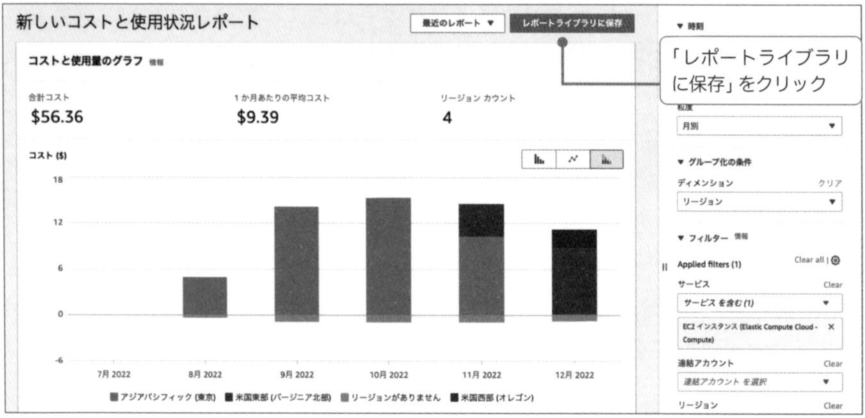

図11-5-8 レポートライブラリの保存画面②

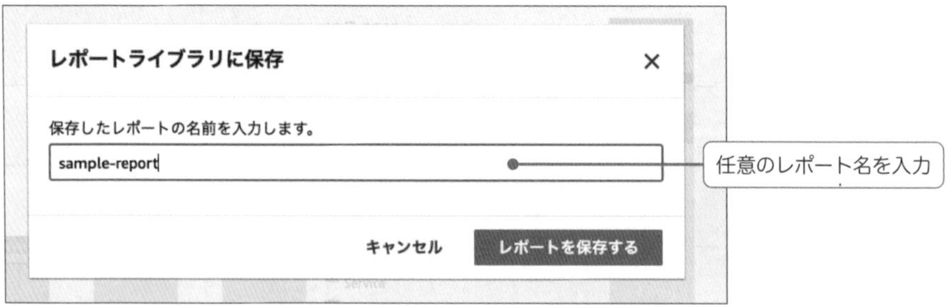

保存されたレポートは、**「レポート」メニュー内**からいつでも再閲覧が可能です。よく利用する分析レポートは、レポートライブラリに保存しておき、いつでも再利用できるようにしておきましょう。レポートライブラリには、あらかじめAWSから用意されたレポートが9個存在しており、鍵マークが表示されています。**これらのデフォルトレポートは削除ができません**。

図11-5-9 レポートライブラリの一覧画面

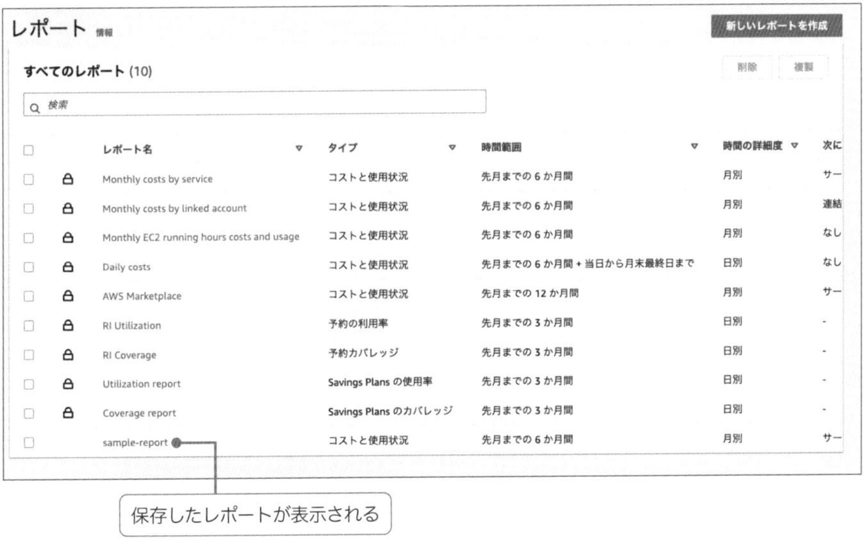

レポート 情報
新しいレポートを作成
すべてのレポート (10)
削除
複製
検索
レポート名 | タイプ | 時間範囲 | 時間の詳細度 | 次に
Monthly costs by service | コストと使用状況 | 先月までの 6 か月間 | 月別 | サー
Monthly costs by linked account | コストと使用状況 | 先月までの 6 か月間 | 月別 | 連結
Monthly EC2 running hours costs and usage | コストと使用状況 | 先月までの 6 か月間 | 月別 | なし
Daily costs | コストと使用状況 | 先月までの 6 か月間 + 当日から月末最終日まで | 日別 | なし
AWS Marketplace | コストと使用状況 | 先月までの 12 か月間 | 月別 | サー
RI Utilization | 予約の利用率 | 先月までの 3 か月間 | 日別 | -
RI Coverage | 予約カバレッジ | 先月までの 3 か月間 | 日別 | -
Utilization report | Savings Plans の使用率 | 先月までの 3 か月間 | 日別 | -
Coverage report | Savings Plans のカバレッジ | 先月までの 3 か月間 | 日別 | -
sample-report | コストと使用状況 | 先月までの 6 か月間 | 月別 | サー
保存したレポートが表示される

11.5.4 AWS Compute Optimizer

AWS Compute Optimizerは、デフォルトで最大過去14日間のCloudWatchメトリクスの値を分析することでコンピューティングリソースのスペックが最適かどうかを評価し、推奨事項などを表示するAWSサービスです。サポートしているAWSサービスは、EC2、EBS、EC2 Auto Scaling Group、AWS Lambda、Fargate（ECS）の5つです。

Compute Optimizerは「11.2.5 コスト最適化の4つの手法」のうち、**「リソースのスペック最適化」**を実施する上で非常に役立つツールです。以下のように、コンソール画面から数クリックで有効化できます。

図11-5-10 Compute Optimizerの初期コンソール画面

図11-5-11 Compute Optimizerの有効化画面

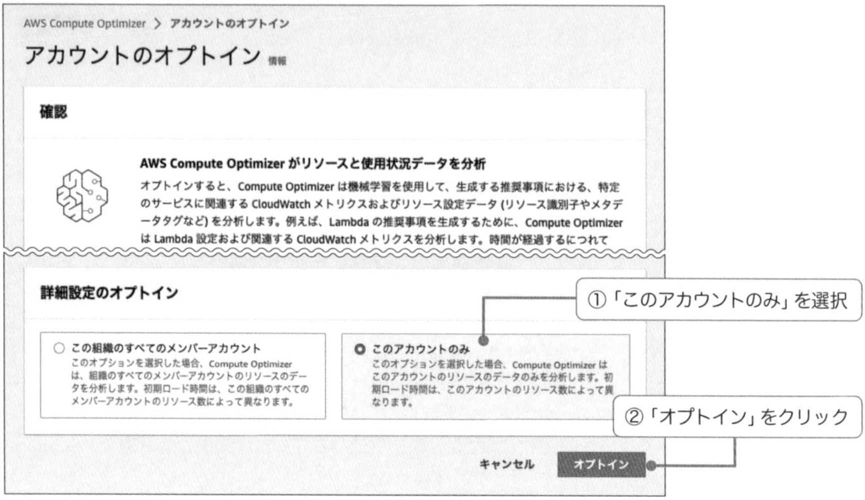

Compute Optimizerの分析結果の確認方法

Compute Optimizerを有効化すると、ダッシュボードに**コスト最適化とパフォーマンスに関する評価結果の概要**が表示されます。**なお、Compute Optimizerは有効化してから評価結果と推奨事項がコンソール画面に表示されるまでに最大12時間程度を要します。また、該当のAWSリソースが構築されてから30時間未満の場合は推奨事項が生成されないためご注意ください。**

図11-5-12 Compute Optimizerのダッシュボード画面

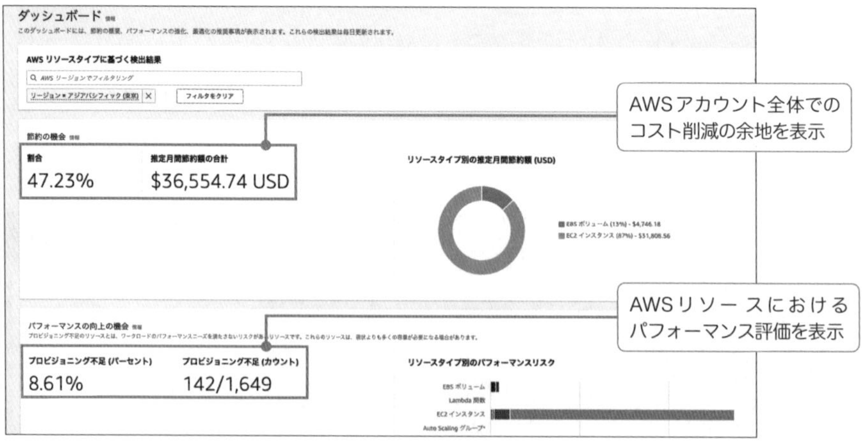

Compute Optimizerの左メニューには、サポートしているAWSサービスが列挙されています。今回はEC2インスタンスを選択して内容を確認してみます。

EC2インスタンスのメニューに遷移すると、推奨事項が生成されているEC2インスタンスが一覧表示されています。「結果」の列にはCompute Optimizerによる評価結果が表示されています。EC2インスタンスの評価結果には**「プロビジョニング不足」「最適化済み」「過剰なプロビジョニング」**のいずれかが表示されます。

今回は、それらの中でもコスト最適化の余地がある**「過剰なプロビジョニング」**が表示されているEC2インスタンスについて詳細内容を確認してみます。EC2インスタンス以外のAWSサービスで表示される評価結果の内容についてはAWS公式ドキュメント※19を確認してください。

図11-5-13 Compute OptimizerにおけるEC2インスタンスの推奨事項一覧

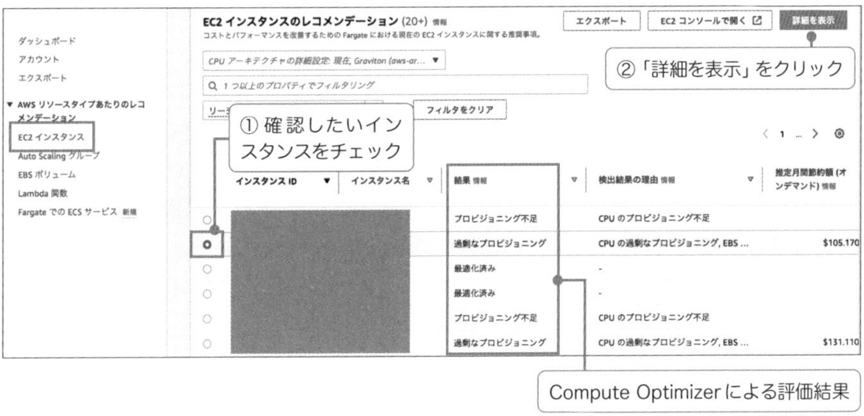

EC2インスタンスの詳細内容を表示すると**「現在のインスタンスタイプと推奨オプションを比較」**という表示があり、Compute Optimizerによって推奨されたインスタンスタイプにスペック変更をした場合の影響(AWS利用料の価格差、パフォーマンスへの影響、プラットフォームの差分など)が記載されています。コスト最適化の観点に立つと注目すべきは**「インスタンスタイプ変更後のAWS利用料の価格差」**です。**基本的には最も価格差が大きい(コスト最適化効果が最も高くなる)インスタンスタイプへ変更することを推奨します。**

※19 https://docs.aws.amazon.com/ja_jp/compute-optimizer/latest/ug/viewing-dashboard.html

図11-5-14 Compute Optimizerにおける個別EC2インスタンスの推奨事項

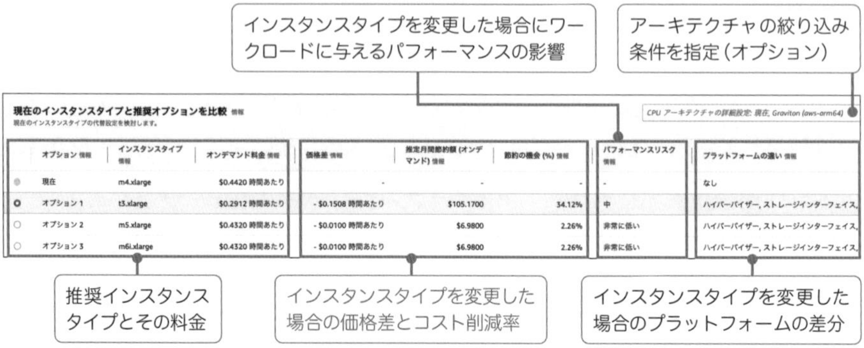

しかし、Compute Optimizerによって推奨されるインスタンスタイプへの変更を行う際は2つの注意点があります。

1つ目はアーキテクチャの違いです。EC2インスタンスを利用しているユーザーは多くの場合、Intelベースのアーキテクチャを搭載したインスタンスタイプを利用していますが、Compute Optimizerの推奨には**Graviton (Arm) ベースのアーキテクチャを搭載したインスタンスタイプ**が表示されることがあります。**異なるアーキテクチャへの変更は、AMIからEC2インスタンスを再構築することになるため注意が必要です**。Graviton (Arm) ベースのアーキテクチャを推奨のインスタンスタイプから除外したい場合は、オプションから**Graviton (Arm) の表示を消去するオプション**を利用してください。

2つ目はハイパーバイザー（仮想化タイプ）の違いです。例えば、非Nitro世代である「m4.large」とNitro世代である「t3」や「m5」ファミリーのインスタンスタイプではハイパーバイザーが異なります。**ハイパーバイザーが異なる場合、変更後のインスタンスタイプをサポートしているドライバーへのアップグレードと設定が必要となります**※20。このようにアーキテクチャやハイパーバイザーなどの違いによって考慮すべき事項が表示されているのが**「プラットフォームの違い」**の項目です。

Compute Optimizerの分析精度を向上させる

11.5.4の冒頭でCompute OptimizerはCloudWatchメトリクスの値を分析していると説明しましたが、この分析精度を向上させる2つの方法を紹介します。

※20 https://docs.aws.amazon.com/ja_jp/AWSEC2/latest/WindowsGuide/migrating-latest-types.html

1つ目は**「統合CloudWatchエージェントを利用してメモリに関するメトリクスを取得する」方法**です。具体的にはリスト11-5-1、リスト11-5-2の設定内容を統合CloudWatchエージェントに適用します。

リスト11-5-1 Linuxの場合

```
"metrics_collected": {
    "mem": {
        "measurement": [
            "mem_used_percent"
        ],
        "metrics_collection_interval": 60
    }
}
```

リスト11-5-2 Windowsの場合

```
"metrics_collected": {
    "Memory": {
        "measurement": [
            "Available Mbytes",
            "Available Kbytes",
            "Available Bytes",
            "Memory % Committed Bytes in Use"
        ],
        "metrics_collection_interval": 60
    }
}
```

2つ目の方法は**「拡張インフラストラクチャメトリクス」を有効化する方法**です。通常、Compute Optimizerはデフォルトで最大過去14日間のCloudWatchメトリクスの値を分析しますが、これを有効化すると最大で過去3ヶ月間（93日間）のCloudWatchメトリクスの値を分析することができるようになります。**「拡張インフラストラクチャメトリクス」はAWSアカウント単位またはAWSリソース単位で有効化することができます**。今回は、AWSアカウント単位で有効化する方法を紹介します。

図11-5-15　Compute Optimizerの設定画面(「アカウント」メニュー)①

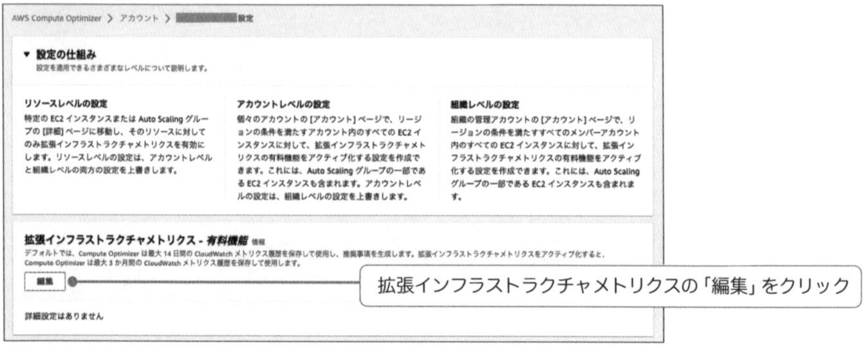

図11-5-16　Compute Optimizerの設定画面(「アカウント」メニュー)②

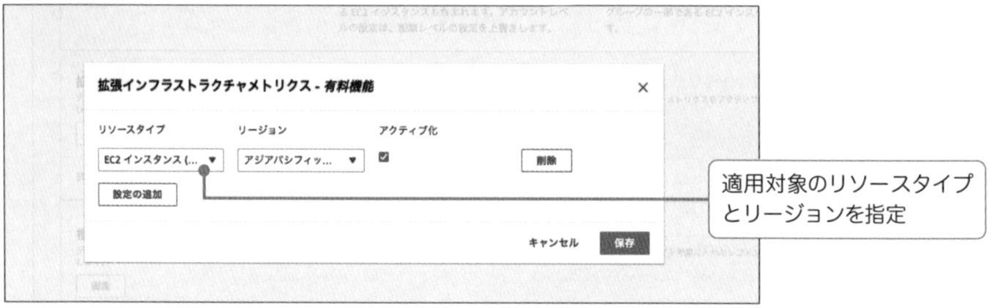

11.5.5 Compute Optimizerの利用料金

Compute Optimizerは基本的には無料で利用可能ですが、**「拡張インフラストラクチャメトリクス」を有効化した場合はAWS利用料が発生します。**詳細はCompute Optimizerの料金ページ※21を確認してください。

表11-5-4　Compute Optimizer利用料金

課金対象	AWS利用料
拡張インフラストラクチャメトリクス	対象リソースの実行時間につき、0.0003360215 USD/時

※2024年3月時点の東京リージョンにおける利用料を掲載しています。

※21　https://aws.amazon.com/jp/compute-optimizer/pricing/

Comupute Optimizerの利用料の例

常時稼働している5つのEC2インスタンスに対して拡張インフラストラクチャメトリクスを有効化した場合

- Compute Optimizerにかかる料金
  EC2インスタンスの実行時間 = 24時間 * 31日 = 744時間
  EC2インスタンス1台あたりの拡張インフラストラクチャメトリクスの料金
  = 0.0003360215 USD * 744 = 0.25USD

- AWS利用料
  0.25USD * 5台 = 1.25USD/月

11.5.6 AWS Trusted Advisor

Trusted Advisorの評価観点の1つである**「コスト最適化」**を確認することで、コスト最適化の余地があるAWSリソースの使用状況を把握できます。

図11-5-17 Trusted Advisor（コスト最適化）のコンソール画面

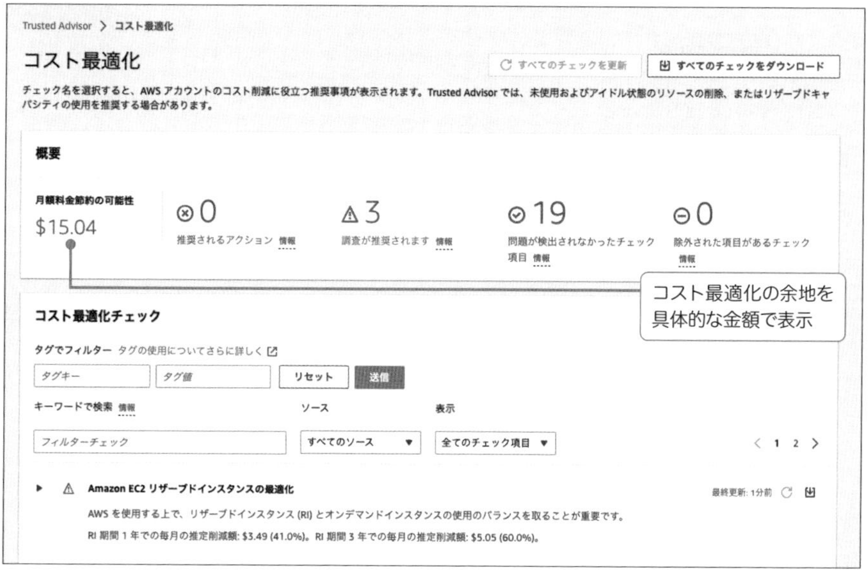

以下、Trusted Advisorで確認できる項目の一例です。「Amazon RDSアイドル状態のDBインスタンス」「アイドル状態のLoad Balancer」は特にコスト最適化に有用なチェック項目なので、ぜひ概要を確認してください。また、詳細はAWS公式ドキュメント※22を確認してください。

表11-5-5 Trusted Advisor（コスト最適化）のチェック項目の一例

チェック項目	概要
Amazon EC2リザーブドインスタンスの最適化	オンデマンドインスタンスの使用により発生するコストを削減するのに役立つRIの推奨事項を提供する
使用率の低いAmazon EC2インスタンス	過去14日間に常時実行されていたEC2インスタンスをチェックし、4日以上の間1日あたりのCPU使用量が10%以下で、ネットワークI/Oが5MB未満であった場合に警告する
利用頻度の低いAmazon EBSボリューム	EBSボリュームの設定をチェックして、ボリュームが十分に使用されていない可能性を警告する
Amazon EBSの過剰にプロビジョニングされたボリューム	ワークロードについて過剰にプロビジョニングされたEBSボリュームがあるかどうかをチェックする
Amazon RDSアイドル状態のDBインスタンス	アイドル状態になっていると思われるDBインスタンスのRDSの設定をチェックする
Amazon Relational Database Service (RDS) リザーブドインスタンスの最適化	RDSの使用量をチェックし、RDSオンデマンドの使用により発生したコストを削減するのに役立つリザーブドインスタンスの購入に関する推奨事項を提供する
Savings Plans	過去30日間のEC2、Fargate、Lambdaの使用状況を確認し、Savings Plans購入の推奨事項を提供する
アイドル状態のLoad Balancer	関連付けされたバックエンドのEC2インスタンスが存在しないなど、アクティブに使用されていないロードバランサーの設定をチェックする
関連付けられていないElastic IP Address	実行中のEC2インスタンスに関連付けられていないElastic IPアドレス（EIP）をチェックする

※22 https://docs.aws.amazon.com/ja_jp/awssupport/latest/user/cost-optimization-checks.html

実務

11.6 関連するAWSサービス（コスト最適化の実行）

最後に、「コスト最適化の実行」で利用するサービスを紹介します。

11.6.1 リザーブドインスタンス

リザーブドインスタンス（RI）とは、AWSのコンピューティングリソースを一定期間継続して利用することを前提に、大幅な割引を受けることができる購入オプションです。 RIを購入できる代表的なAWSサービスとしてEC2やRDSがあり、**「OSとインスタンスタイプの組み合わせ」** ごとに購入できます。また、OSとインスタンスタイプの組み合わせごとに「RIによる割引率」は異なります。AWS公式の料金ページ※23で割引率を確認できるため、購入前にあらかじめ確認しておきましょう。

RIによる割引は、EC2インスタンスであれば1時間または1秒ごと、RDS DBインスタンスであれば1時間ごとに適用されます。本書では分かりやすさに重きを置いて、EC2インスタンスとRDS DBインスタンスは共に1時間ごとにRIが適用されるものとします。

また、以降はRIを1時間ごとに利用できる割引券に例えて説明を進めます。RIという割引券を購入すると、1時間ごとに必ず使う必要があり、使わずに持ち続けることはできません。つまり、未使用時間が長いEC2インスタンスに対してRIを購入すると、未使用時はRIによる割引券を1時間経過するごとに捨てていることになります。

そのため、RIを購入する場合は「常時稼働しているEC2インスタンスのOSとインスタンスタイプ」に対して購入すると最も割引効果が高くなります。

図11-6-1 RIの適用イメージ

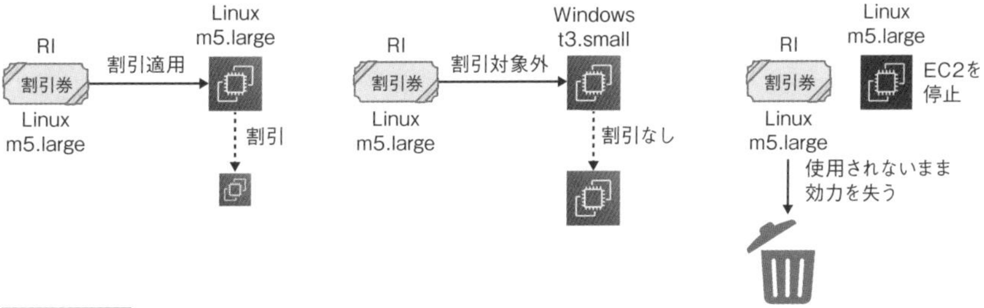

※23 https://aws.amazon.com/jp/ec2/pricing/reserved-instances/pricing/

RIの購入方法(EC2インスタンス)

EC2インスタンスを例に、RIの購入方法を紹介します。まずはEC2のコンソール画面から**「リザーブドインスタンス」**を選択した後、**「リザーブドインスタンスの購入」**をクリックします。

図11-6-2 EC2のコンソール画面

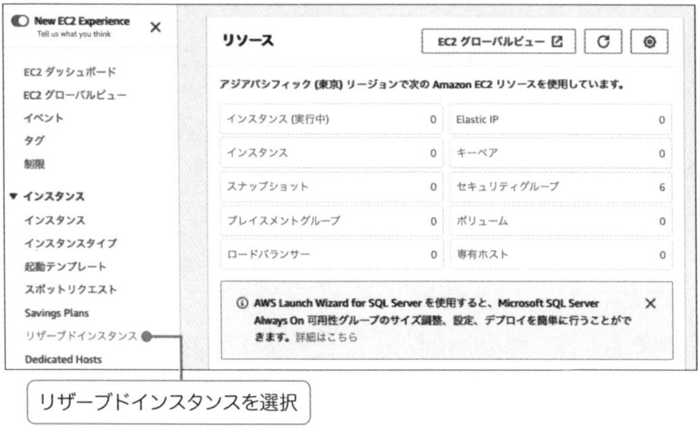

図11-6-3 リザーブドインスタンスのコンソール画面

RIを購入する際はいくつかの選択オプションがあるので、それらを選択した上で購入します。

図11-6-4 リザーブドインスタンスの購入画面①

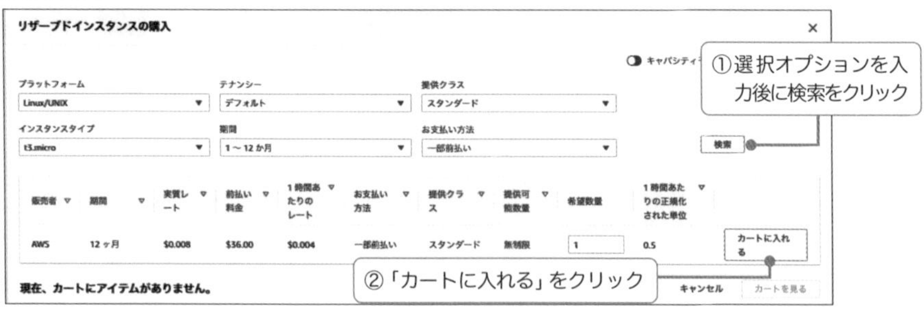

RIは「OSとインスタンスタイプの組み合わせ」で購入するので、**「プラットフォーム」**と**「インスタンスタイプ」**の選択は必須です。**「テナンシー」**は、**EC2インスタンスを共有で構築するかハードウェア専有で構築するかを選択するものです。**その他の選択オプションについては表11-6-1を確認してください。支払い方法については、予算計画と照らし合わせて適切なタイミング・支払い方法を選択するようにしましょう。

表11-6-1　RI購入時の選択オプション

設定	選択オプション	説明	割引率
提供クラス	Standard RI	インスタンスタイプの変更ができない	高
	Convertible RI	インスタンスタイプの変更ができる※	低
期間	3年	3年間の継続利用を前提とした契約	高
	1年	1年間の継続利用を前提とした契約	低
支払い方法	全額前払い	RI購入時に利用料全額を前払い	高
	一部前払い	RI購入時に利用料の一部を前払いし、残金は月額支払い	中
	前払いなし	RI購入時に利用料の前払いをせず、月額の利用料に割引を適用して月額支払い	低

※RDSでは選択不可

選択オプションは全部で12個の組み合わせがありますが、その組み合わせごとに割引率が異なります。表11-6-2はOSを「Linux」、インスタンスタイプを「t3.large」を選択した場合の選択オプションごとの割引率です。

表11-6-2　割引率の適用例（Linux t3.large）

提供クラス	期間	支払い方法	減額率
Standard	3年	全額前払い	62%
		一部前払い	60%
		前払いなし	57%
Convertible	3年	全額前払い	48%
		一部前払い	47%
		前払いなし	43%
Standard	1年	全額前払い	41%
		一部前払い	40%
		前払いなし	37%
Convertible	1年	全額前払い	27%
		一部前払い	25%
		前払いなし	21%

RIの購入画面には**「キャパシティ予約の提供タイプのみ表示」**を有効化する箇所があります。これを有効化すると新しく**「アベイラビリティゾーン」**の選択オプションが追加され、キャパシティ予約が可能となります。

図11-6-5 リザーブドインスタンスの購入画面②（キャパシティ予約）

この**キャパシティ予約**とは、**該当するインスタンスタイプのEC2インスタンスを任意の時間に起動可能とするキャパシティ（容量）を予約する権利です**。前提として、AWSリソースはあくまでAWSが保有するサーバーをレンタルして利用しています。つまり、レンタル可能なサーバーが無くなってしまう（リソースが枯渇）すれば、当然AWSからサーバーをレンタルすることはできません。

このようにリソースが枯渇している場合、EC2インスタンスを起動しようとすると**「InsufficientInstanceCapacity」**というエラーが発生します。そのため、必要な時にレンタルができるように予約している状態がキャパシティ予約です。このキャパシティ予約には、**アベイラビリティゾーンの指定**が必要となります。

図11-6-6 キャパシティ予約のイメージ

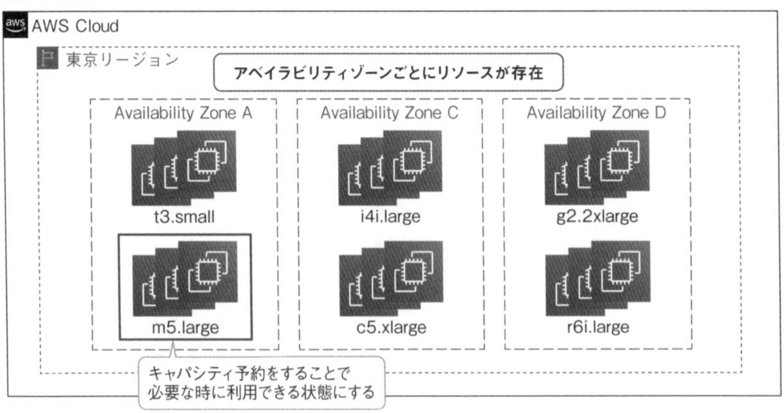

「カートを見る」をクリックすると、注文確認画面が表示されるので内容に問題がなければ**「すべて注文」**をクリックします。**RIは購入後にキャンセルをすることが原則できません。そのためこちらの注文確認画面で、購入予定のRIと相違がないかどうかを念入りに確認しておくことをお勧めします。「1時間あたりの正規化された単位」**という列がありますが、こちらはRIが持つ**「柔軟性」**という特性であるため、詳細は後述します。

図11-6-7　リザーブドインスタンスの購入画面③

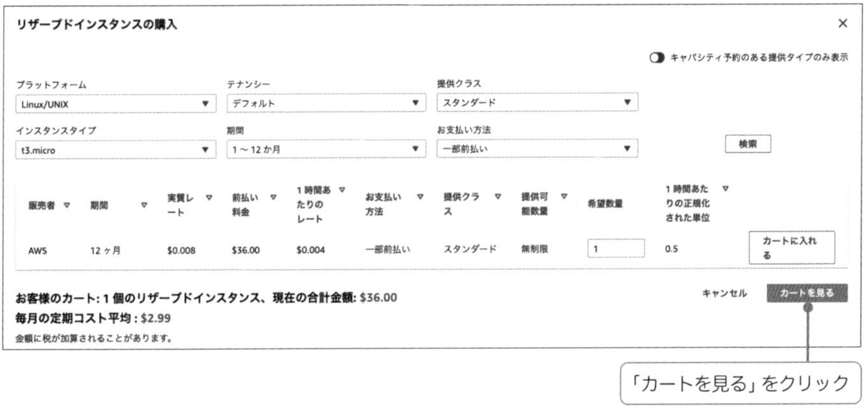

図11-6-8　リザーブドインスタンスの購入画面④

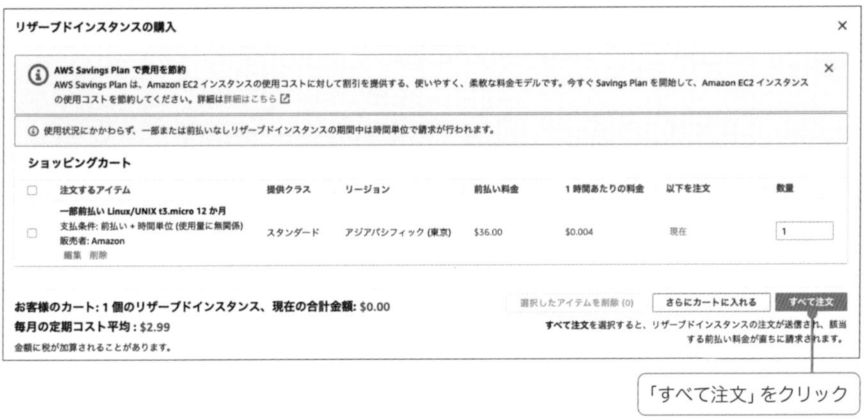

RIの購入方法(RDS DBインスタンス)

次にRDSにおけるRIの購入方法を紹介します。まずはRDSのコンソール画面から**「リザーブドインスタンス」**を選択した後、**「リザーブドDBインスタンスを購入」**をクリックします。

図11-6-9 RDSのコンソール画面

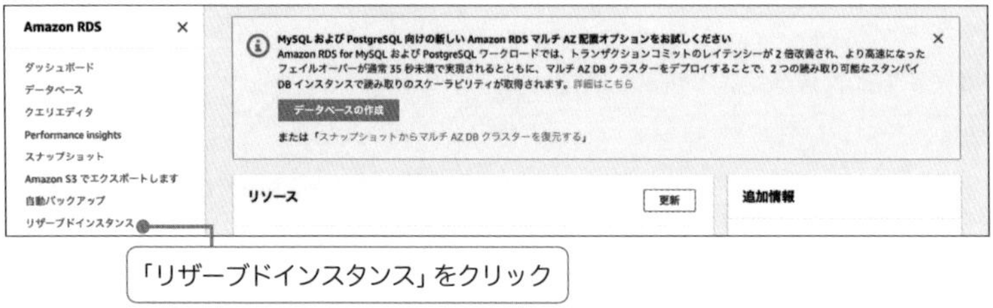

図11-6-10 リザーブドインスタンスのコンソール画面

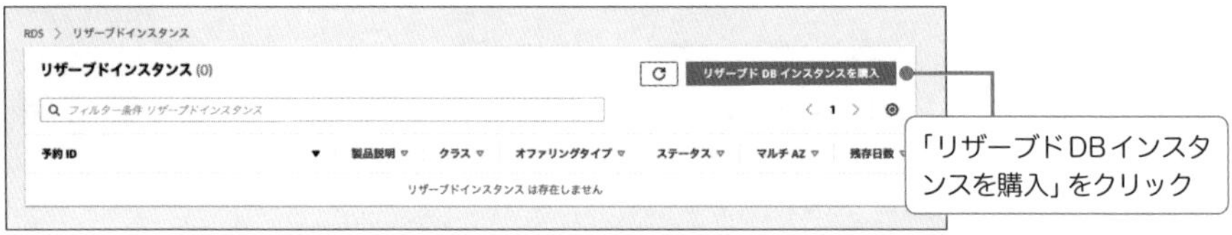

リザーブドインスタンスの購入画面では、EC2のRI購入と同様に各種設定項目を入力していきます。EC2では「OSとインスタンスタイプの組み合わせ」で購入しましたが、RDSでは**「DBエンジンとDBインスタンスクラスの組み合わせ」**でRIを購入します。

表11-6-3 RI購入時の選択オプション

設定	選択オプション	説明	割引率
製品の説明	RDSで指定可能な各種DBエンジン	RIを購入するDBエンジンを指定	―
DBインスタンスクラス	RDSのRIで購入可能な各種DBインスタンスクラス	RIを購入するDBインスタンスクラスを指定	
デプロイオプション	マルチAZ DBインスタンス	マルチAZ構成のRDSの場合に指定 ※Auroraの場合はクラスター数を指定	―
	シングルAZ DBインスタンス	シングルAZ構成のRDSの場合に指定	―
期間	3年以上	3年間の継続利用を前提とした契約	高
	1年以上	1年間の継続利用を前提とした契約	低
オファリングタイプ	All Upfront	RI購入時に利用料全額を前払い	高
	Partial Upfront	RI購入時に利用料の一部を前払いし、残金は月額支払い	中
	No Upfront	RI購入時に利用料の前払いをせず、月額の利用料に割引を適用して月額支払い※	低
リザーブドID	1～63文字の英数字またはハイフンで任意の文字列を指定	購入したRIに一意のIDが付与されるため、RIの識別と管理が容易となる	―

※期間を「3年以上」で指定した場合は選択できない

図11-6-11 リザーブドインスタンスの購入画面

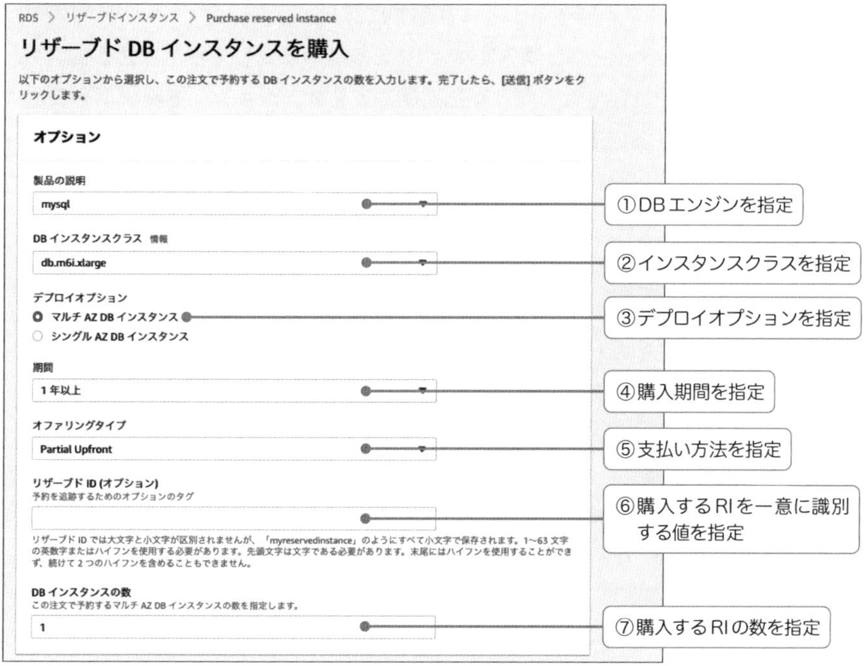

あとは、ページ下部に表示される**「料金詳細」の内容**を確認し、**「送信」**をクリックすれば購入完了です。「1時間あたりの正規化された単位」という確認項目がありますが、こちらはRIが持つ「柔軟性」という特性であるため、詳細は後述します。

図11-6-12 リザーブドインスタンスの購入確認画面

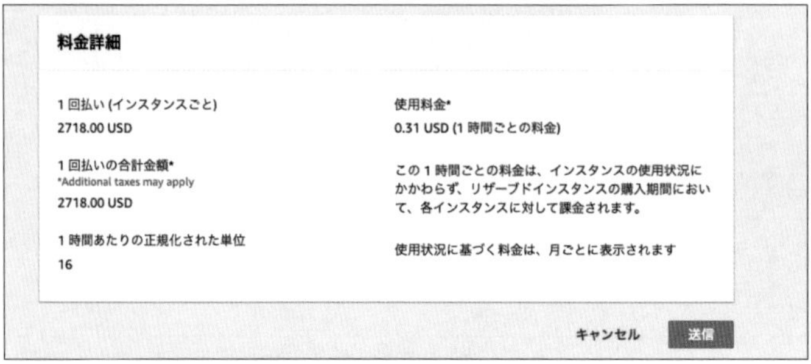

推奨事項の表示機能

RIでは「OSとインスタンスタイプ」「DBエンジンとDBインスタンスクラス」を適切に組み合わせて購入する必要がありますが、どの組み合わせでどの程度の数量のRIを購入すべきかを判断することは容易ではありません。

そこで、Cost Explorerには**購入すべきRIを推奨事項として表示させる機能**があります。推奨事項を表示させる際は**支払期間や支払オプション、推奨事項を表示する上で分析対象とする過去のデータ期間**、といった属性を選択することができます。

図11-6-13 RIの推奨事項

インスタンスサイズの柔軟性

EC2とRDSのRI購入時の確認画面に**「1時間あたりの正規化された単位」**という確認項目がありました。これはRIが持つ**「インスタンスサイズの柔軟性」**という特性を示しています。**「インスタンスの柔軟性」**とは、**割り当てられた正規化係数**※24**に応じて、RIを別のインスタンスサイズに適用することが可能な特性です**。正規化係数は最小で0.25、最大で256となります。

正規化係数の概念は少し複雑なため、ここではチケットに例えて説明します。前提として正規化係数の最小単位である「0.25」をチケット1枚分と考えてください。例えばインスタンスファミリーが「**t3**」でインスタンスサイズが「**large**」のRIを1つ購入するとします。「large」の正規化係数は「4」であるためチケットを16（4 ÷ 0.25）枚購入したことになります。

ここで実際に2つの適用例をもとに考えてみます。1つ目の適用例は**「t3.large」のEC2インスタンス1台**に対してRIの割引を適用したいケースです。この場合は正規化係数を4消費する必要があるため、購入した16枚のチケットを全て使い切ることになります。2つ目の適用例は**「t3.micro」のEC2インスタンス1台**に対してRIの割引を適用したいというケースです。この場合は正規化係数を0.5消費する必要があるため、購入したチケットのうち2（0.5 ÷ 0.25）枚だけが消費され、14枚のチケットが手元に残ります。よって「t3.micro」のEC2インスタンスであれば、残りのチケットを全て利用すれば追加で「7台のEC2インスタンス」にRIを適用することができます。

このように**同じインスタンスファミリー内であれば、正規化係数に応じてRIを適用するインスタンスサイズを変更できる特性を、「インスタンスサイズの柔軟性」と呼びます**。

※24 https://docs.aws.amazon.com/ja_jp/AWSEC2/latest/WindowsGuide/apply_ri.html#ri-instance-size-flexibility

表11-6-4 インスタンスサイズごとの正規化係数対応表

インスタンスサイズ	正規化係数	RIを適用可能なインスタンス数
nano	0.25	16
micro	0.5	8
small	1	4
medium	2	2
large (RIを1つ購入と仮定)	4	1
xlarge	8	0
2xlarge	16	0
3xlarge	24	0
4xlarge	32	0
6xlarge	48	0
8xlarge	64	0
9xlarge	72	0
10xlarge	80	0
12xlarge	96	0
16xlarge	128	0
18xlarge	144	0
24xlarge	192	0
32xlarge	256	0

RIを柔軟に適用できるという点で、「インスタンスサイズ」の柔軟性は便利ですが**次のリザーブドインスタンスでは「インスタンスサイズの柔軟性」は効力を発揮しないためご注意ください。**

- 異なるインスタンスファミリー、異なるDBエンジン
- 特定のアベイラビリティゾーンのために購入されたリザーブドインスタンス(ゾーンリザーブドインスタンス)
- 専用テナント付き(ハードウェア専有)リザーブドインスタンス
- Windows Server、Windows Server with SQL Standard、Windows Server with SQL Server Enterprise、Windows Server with SQL Server Web、RHEL、SUSE Linux Enterprise Server用リザーブドインスタンス
- G4ad、G4dn、G5、G5g、およびInf1インスタンス用のリザーブドインスタンス
- Microsoft SQL Server、およびOracleのライセンス込み(LI)のエディションのDBインスタンス

RIの期限切れの通知

RIでは購入したRIが期限切れになる当日、7日前、30日前、60日前に指定のメールアドレスに期限切れを通知できる**「アラートサブスクリプション」**という機能があります。RIの有効期限切れは購入日から1年後または3年後と期間が空くため、期限切れに気がつくことができるよう設定しておくことを推奨します。

図11-6-14 アラートサブスクリプションのコンソール画面

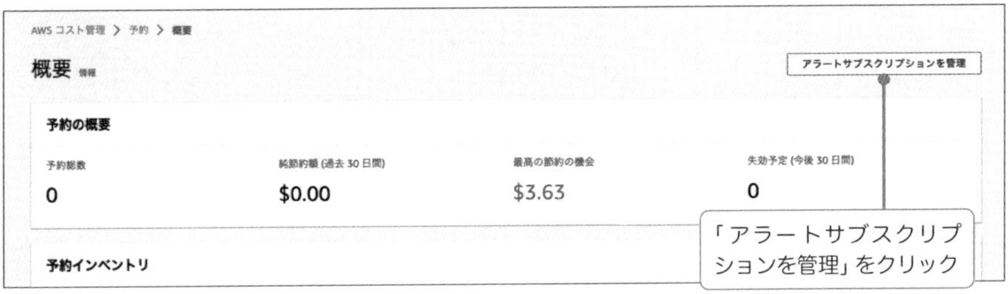

図11-6-15 アラートサブスクリプションの設定画面

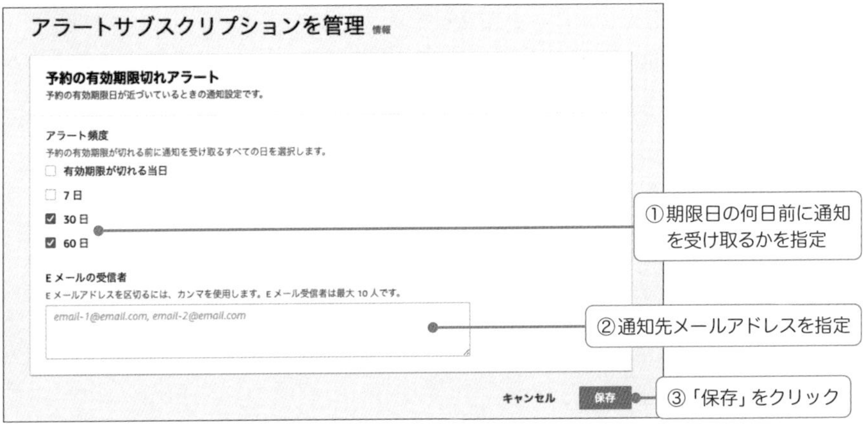

RIによる割引適用例

ここでは、**OSとインスタンスタイプがそれぞれ異なるEC2インスタンスが合計30台起動しているAWS環境**が存在すると仮定して、最も割引率が高いRIを購入するための考え方を説明します。

今回はRI購入時の選択オプションとして「提供クラス」を「Standard RI」、「期間」を「1年」、「支払い方法」は「全額前払い」とします。起動しているEC2インスタンスの情報とRIによる前払い料金を整理したものが表11-6-5です。「RI前払い料金/台」はAWS公式ドキュメント※25を参考にしています。

表11-6-5 RIによる割引適用例(1年分を全額前払い)

インスタンスタイプ	OS	通常料金/年	RI前払い料金/台	割引率	起動台数	RI前払い料金/台 × 台数
r6i.large	Linux	$1,331.52	$822.00	38%	10	$8,220.0
t3.large	Linux	$953.09	$560.00	41%	10	$5,600.0
r6i.large	Windows	$2,137.44	$1,628.00	24%	5	$8,140.0
t3.large	RHEL	$1,478.69	$1,086.00	27%	5	$5,430.0

「r6i.large/Linux」で起動している10台のEC2インスタンス全てにRIを適用したい場合、図11-6-4でRI購入時の選択オプションを指定し、希望数量に10を指定して購入します。表11-6-5を確認すると、同じインスタンスタイプでもOSが異なると割引率が変わっていることがわかります。EC2インスタンスのRIを購入する場合はこのように情報を整理した上で、割引効果が高いインスタンスタイプとOSの組み合わせでRIを購入することを推奨します。

一方、慣れない間は前述した**「推奨事項の表示機能」**を利用して購入することを推奨します。

Column 通常のオンデマンド料金で利用可能な「オンデマンドキャパシティ予約」

p.456で先述したキャパシティ予約とは別に、通常のオンデマンド料金のままでキャパシティ予約を提供する「**オンデマンドキャパシティ予約**」という機能があります。オンデマンドキャパシティ予約は、EC2のコンソール画面から作成可能です。ただし、オンデマンドキャパシティ予約は予約したキャパシティ分のインスタンスを起動していなくてもAWS利用料が発生するためご注意ください。

図11-6-16 キャパシティ予約の作成画面①

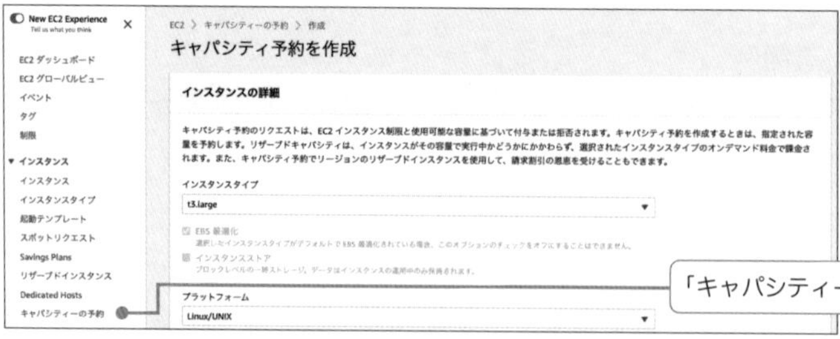

※25 https://aws.amazon.com/jp/ec2/pricing/reserved-instances/pricing/

図11-6-17 キャパシティ予約の作成画面②

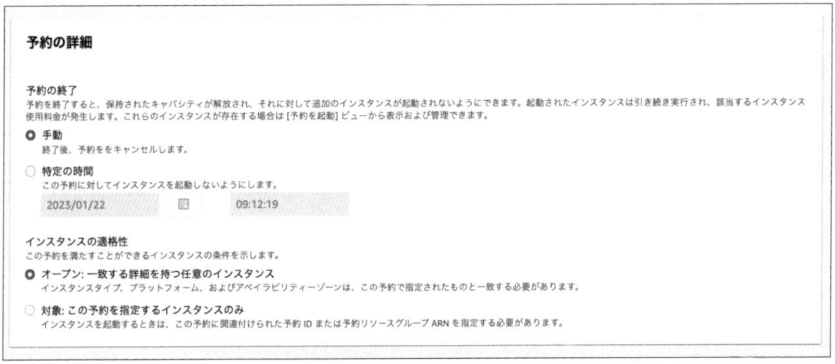

11.6.2 Savings Plans

Savings Plans (SP) は、**RIと同様にAWSのコンピューティングリソースを一定期間継続して利用することを前提に、大幅な割引を受けることができる購入オプションです**。SPは2019年に発表された比較的新しい購入オプションで、RIと比較して柔軟な料金プランです。

RIでは「OSとインスタンスタイプの組み合わせ」を指定して購入しますが、SPは**「割引適用後の1時間あたりの利用料」**をドルで指定して購入します。SPによる割引率は対象となるOSやインスタンスタイプによって異なります。AWS公式の料金ページ※26で割引率を確認することができるため、購入前にあらかじめ確認しておきましょう。

SPによる割引は、RIと同様に1時間ごとに対象のAWSリソースに適用されます。考え方もRIと同様に1時間ごとに利用できる割引券を購入しているようなもので、この割引券は1時間ごとに必ず使う必要があり、使わずに持ち続けられません。つまり、未使用時間が長いAWSリソースに対してSPを購入すると、未使用時はSPによる割引券を1時間経過するごとに捨てていることになります。このSPは大きく3種類に分類されるため、それぞれ紹介します。

※26 https://aws.amazon.com/jp/savingsplans/compute-pricing/

Compute Savings Plans

Compute Savings Plansは、適用可能なAWSサービスが最も多く、適用条件も柔軟で、利用実績が多いSavings Plansです。Compute Savings Plansには次の特徴があります。

- 適用可能なAWSサービスは「EC2」「AWS Lambda」「AWS Fargate」の3つ
- 全てのAWSリージョンが適用対象
- EC2インスタンスにおいては全てのインスタンスファミリー、インスタンスタイプが適用対象
- **割引効果が最も高いリソースから順に自動的に適用**

図11-6-18　Compute Savings Plansの適用イメージ

EC2 Instance Savings Plans

EC2 Instance Savings Plansは、Compute Savings Plansと比較して、よりディスカウント効果が高いSavings Plansです。EC2 Instance Savings Plansには以下の特徴があります。

- 適用可能なAWSサービスは「EC2」のみ
- 指定したAWSリージョンの指定したインスタンスファミリーのみが適用対象

図11-6-19　EC2 Instance Savings Plansの適用イメージ

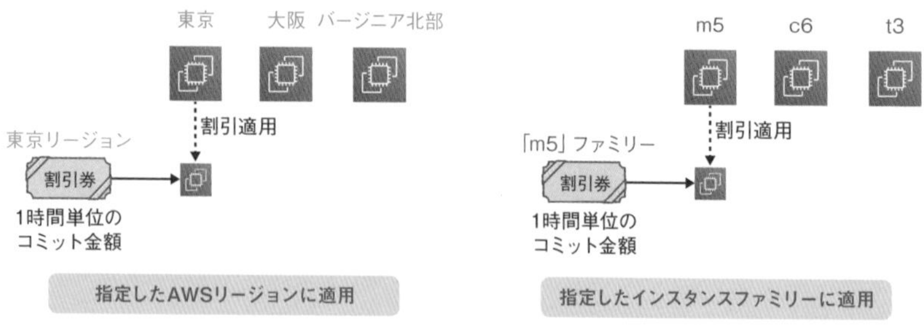

Machine Learning Savings Plans

Machine Learning Savings Plansは、2023年1月時点でMachine Learning Savings Plans for Amazon SageMakerのみ提供されており、Amazon SageMakerの利用者がディスカウントのために利用するSavings Planです。Machine Learning Savings Plansには以下の特徴があります。

- 適用可能なAWSサービスは2023年1月時点で「Amazon SageMaker」のみ
- 全てのAWSリージョンが適用対象

Savings Plansの比較と使い分け

先に紹介した「Compute Savings Plans」「EC2 Instance Savings Plans」「Machine Learning Savings Plans」の3つのSavings Plansを比較したものが表11-6-6です。表に記載されている「○」の数を数えるとわかりますが、**「Compute Savings Plan」が最も柔軟な購入オプションとなります。基本的にはSageMakerを利用せず、適用対象のEC2インスタンスで利用するインスタンスファミリーが固定ではない場合は「Compute Savings Plans」を選択することを推奨します。**

表11-6-6 Savings Plans別の比較表

種類(タイプまたはクラス)	Compute SP	EC2 Instance SP	ML SP
割引率	最大66%	最大72%	最大64%
コミット期間の種類	1年間(24h × 365d)もしくは3年間(24h × 365d × 3y)の期間指定		
支払いオプション	全額前払い、一部前払い、前払いなしから1つを選択		
Fargateへの適用(ECS・EKS)	○	×	
Lambdaへの適用	○	×	
SageMakerへの適用	×		○
全リージョンに自動適用	○	×指定したリージョンのみの割引	○
全インスタンスファミリーに自動適用	○	×指定したインスタンスファミリーのみの割引	○
全インスタンスタイプに自動適用	○		
全テナンシーに自動適用	○		-テナンシーの概念なし
全OS(platform)に自動適用	○		-OS(platform)の概念なし
キャパシティ予約の機能提供	×「オンデマンドキャパシティ予約」で対応可能		×キャパシティ予約は提供されない
AWSアカウント間の共有無効化	○		
購入後の交換機能の提供	×		

11.6.3 SPの購入方法(Compute Savings Plans)

ここでは最も利用実績が多いCompute Savings Plansを例に、SPの購入方法を紹介します。まずはCost Explorerのコンソール画面から**「Savings Plansの購入」**を選択し、購入する**Savings Plansのタイプ**を選択します。購入画面を見ると一目瞭然ですが、RIの購入画面よりも選択オプションが少ないため非常にシンプルな購入画面になっています。

図11-6-20 SPの購入画面①

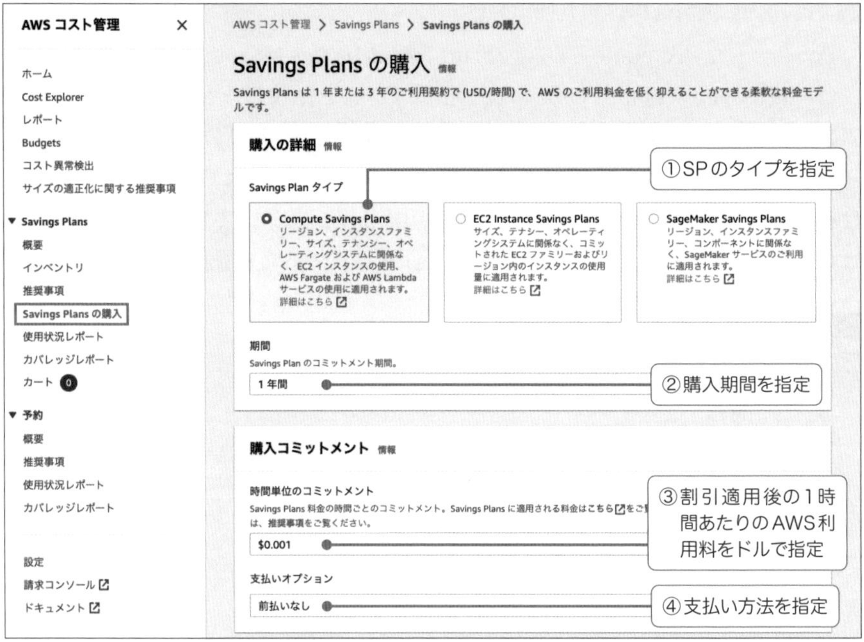

選択オプション入力後に**SPを適用する日付と時間(UTC)**を入力し、「カートに追加」をクリックします。この日付と時間には未来の時間を指定することにより、SPの購入予約をすることができます。

図11-6-21 SPの購入画面②

SPは購入完了後にキャンセルは原則できませんが、購入予約の場合は予約のキャンセルが可能なため、基本的には日付と時間には「未来の時間を指定する購入予約」を推奨します。購入予約を実施した場合は、SPの購入履歴の「ステータス」は**「キューに入れられました」**となり、購入待ちの状態として表示されています。このキューは後で削除することで購入予約をキャンセルできます。

図11-6-22 SPの購入履歴（インベントリ）

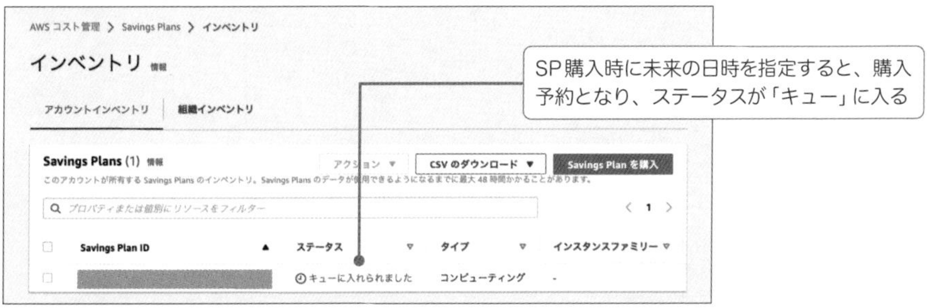

図11-6-23 SPのキューの削除

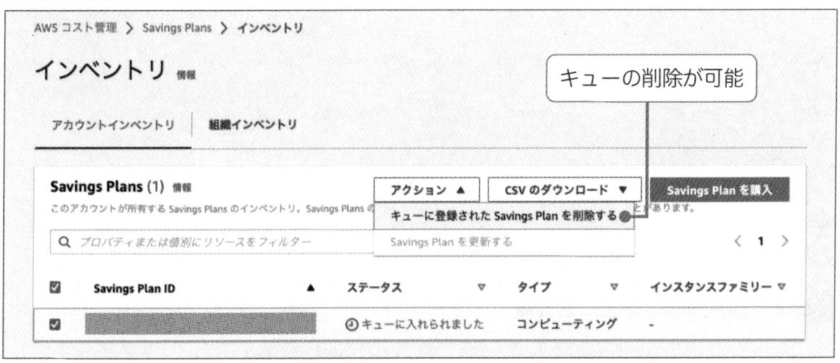

その他、購入予約の活用方法として挙げられるのは**期限切れのSPの再購入**です。以前に購入したSPの期限切れが迫っている場合、期限切れ翌日の日時に購入予約することで期限切れ直後でも継続的にSPを適用することが可能となります。なお、未来の日時指定の日付を自動的に**「期限が切れた1秒後」**に設定し購入予約をする**「更新予約機能」**があるためぜひご活用ください。

図11-6-24 SPのインベントリ画面で更新予約する

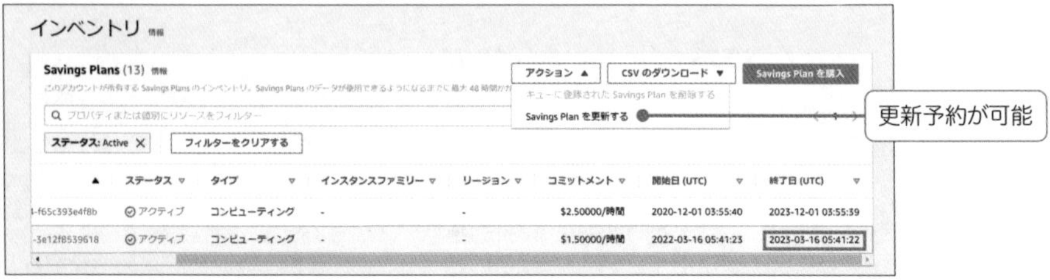

図11-6-25 SPの更新予約

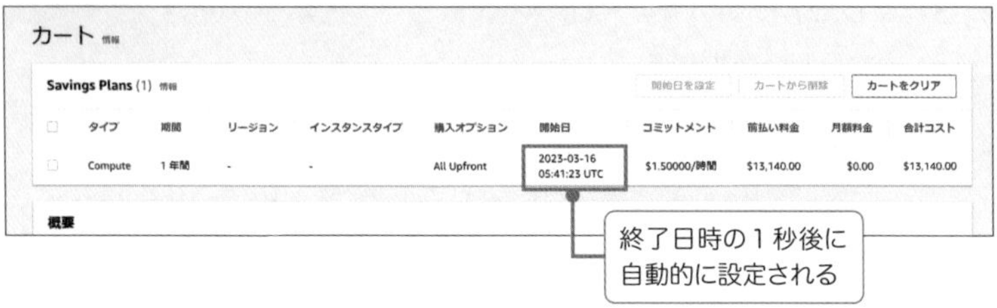

「**カートに追加**」をクリックすると確認画面が表示されるため、購入内容に誤りがないか確認した後に「**注文書の送信**」をクリックすれば購入完了です。

図11-6-26 SPの購入確認画面

推奨事項の表示機能

SPは**「割引適用後の1時間あたりの利用料」**をドルで指定して購入する必要がありますが、割引適用後の価格を計算することは容易ではありません。そこでCost Explorerには、**購入すべきSPを推奨事項として表示させる機能**があります。推奨事項を表示させる際は**支払期間**や**支払オプション**、**推奨事項を表示する上で分析対象とする過去のデータ期間**、といった属性を選択できます。

図11-6-27　SPの推奨事項

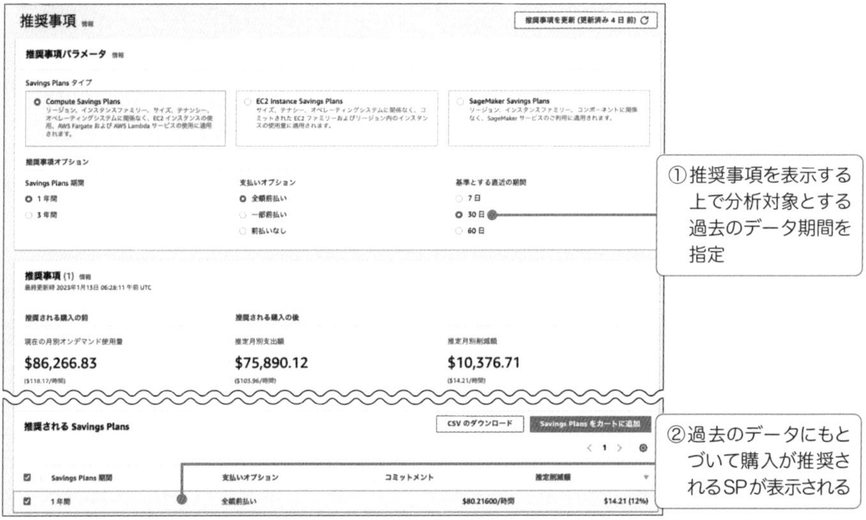

SPの期限切れの通知

SPでは購入したSPが期限切れになる1日前、7日前、30日前、60日前に指定のメールアドレスに期限切れを通知することができる**「アラートサブスクリプション」**という機能があります。**SPの有効期限切れは購入日から1年後または3年後と期間が空くため、期限切れに気がつくことができるよう設定しておくことを推奨します。**

図11-6-28　アラートサブスクリプションのコンソール画面

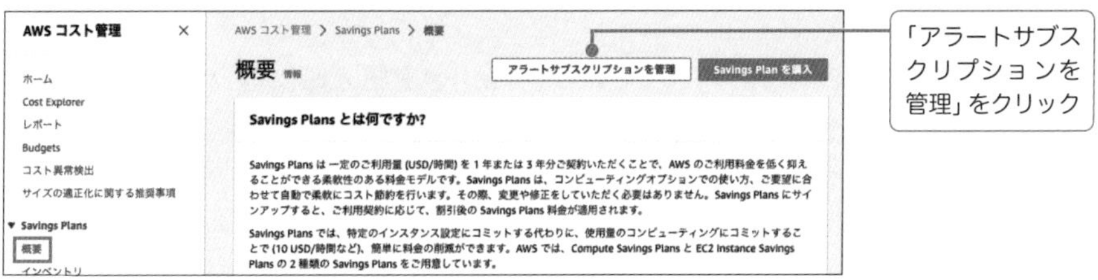

図11-6-29 アラートサブスクリプションの設定画面

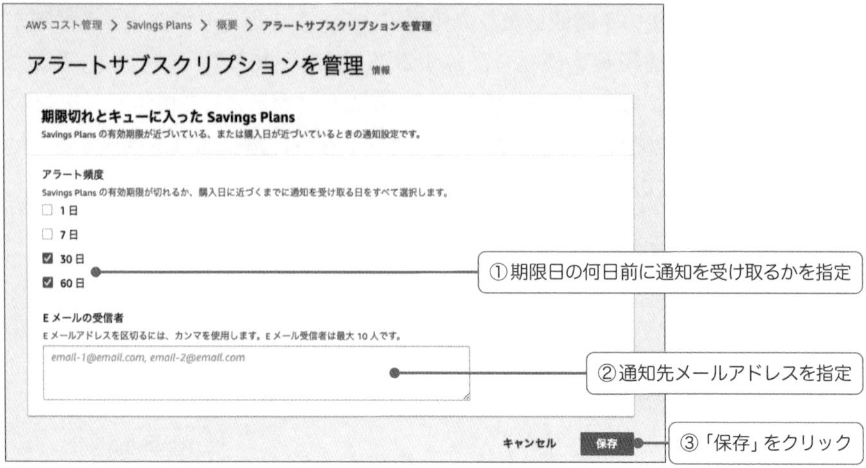

SPによる割引適用例

ここでは、**OSとインスタンスタイプがそれぞれ異なるEC2インスタンスが合計30台起動しているAWS環境**が存在すると仮定して、購入したSPがどのように適用されるのか、その考え方を説明します。

今回はSP購入時の選択オプションとして「Savings Plan タイプ」を「Compute Savings Plans」、「期間」を「1年」、「支払いオプション」は「全額前払い」とします。起動しているEC2インスタンスの情報とSPによる時間単位のコミットメントを整理したものが表11-6-7です。

表11-6-7 SPによる割引適用例（1年分を全額前払い）

インスタンスタイプ	OS	通常料金/時間	SP料金/時間	割引率	起動台数	通常料金/時間 × 台数	SP料金/時間 × 台数
r6i.large	Linux	$0.15200	$0.10278	32%	10	$1.5200	$1.0278
t3.large	Linux	$0.1088	$0.0798	27%	10	$1.0880	$0.7980
r6i.large	Windows	$0.24400	$0.19478	20%	5	$2.4400	$1.9478
t3.large	RHEL	$0.1688	$0.1398	17%	5	$1.6880	$1.3980

「SP料金/時間」の列に記載されている金額が、SP購入時に指定する**「時間単位のコミットメント」**を計算する際に利用する情報です。

今回は最も割引率が高い「r6i.large/Linux」で起動している10台のEC2インスタ

ンス全てにSPによる割引を適用する場合を考えてみます。この場合は「SP料金/時間」の列に記載されている「$0.10278」に対して起動台数である10を乗算することで算出された「$1.0278」が図11-6-20で**「時間単位のコミットメント」**として指定する金額です。

では仮に「時間単位のコミットメント」に「$1.8258」という金額を指定した場合、どのEC2インスタンスにSPが適用されるのでしょうか。答えは**「r6i.large/Linux」**と**「t3.large/Linux」**のEC2インスタンスです。**Compute Savings Plansには、割引効果が最も高いAWSリソースから順に自動的に適用されるという特徴があります。そのため、最も割引率が高い「r6i.large/Linux」のEC2インスタンスに対して優先的にSPによる割引が適用されます**。

しかし、「r6i.large/Linux」で起動している10台のEC2インスタンス全てにSPによる割引を適用しても「$0.7980 ($1.8258 - $1.0278)」のSPが余ります。

そこでSPは次に割引率が高い「t3.large/Linux」のEC2インスタンスに対して割引を適用します。「t3.large/Linux」で起動している10台のEC2インスタンス全てにSPによる割引を適用することで「$0.7980」のSPを使い切ることができます。

EC2インスタンスのRIを購入する場合と比べて、SPは**「時間単位のコミットメント」**の金額を計算する必要があるため、表11-6-7のようにあらかじめ情報を整理しておくことが大切です。しかし、慣れない間は計算ミスをしてしまう可能性があるため前述した**「推奨事項の表示機能」**を利用して購入することを推奨します。

> **memo**
> RIとSPを両方購入した場合は、RIによる割引適用が優先されます。SPはRIによる割引適用後、まだ割引が適用されていないEC2インスタンスに対して適用されます。
> また、EC2インスタンスに対してCompute Savings PlansとEC2 Instance Savings Plansの両方を購入した場合はEC2 Instance Savings Plansによる割引適用が優先されます。

11.6.4 RIとSPの比較

AWSで購入可能な割引購入オプションとしてRI・SPをそれぞれ紹介しましたが、どちらを購入する方がよいのでしょうか。表11-6-8は、EC2インスタンスに対してRIとSPを購入した場合の比較表です。割引率に関しては両者に大きな差はありません。しかし、適用可能なOSやインスタンスタイプについてSPの方がその適用範囲が広範囲になります。また、SPのCompute Savings PlansはEC2 Instance

Savings Plansよりもインスタンスファミリーや AWSリージョンについてその適用範囲がさらに広範囲になるため、最も柔軟な割引購入オプションといえます。**ただし、RDSに関してはSPで購入ができないため、必然的にRIを購入することになります。**

表11-6-8　RIとSPの比較表

割引購入オプション名	Savings Plans		EC2 リザーブドインスタンス	
種類(タイプ or クラス)	Compute Savings Plans　※	EC2 Instance Savings Plans	Convertible RI	Standard RI
割引率	最大66% Convertible RIと同等	最大72% Standard RIと同等	最大 66%	最大 72%
コミット期間の種類	1 年間(24h × 365d) もしくは 3年間(24h × 365d × 3年) の期間指定			
支払いオプション	全額前払い、一部前払い、前払いなしから1つを選択			
Fargate への適用 (ECS, EKS)	○	×		
Lambda への適用	○	×		
全リージョンに自動適用	○	× 指定したAWSリージョンのみの割引		
全インスタンスファミリーに自動適用	○	× 指定したインスタンスファミリーのみの割引		
全インスタンスタイプに自動適用	○		× ただし「インスタンスサイズの柔軟性」を保持	
全テナンシーに自動適用	○		× 指定したテナンシーのみの割引	
全OS (platform) に自動適用	○		× 指定したOS (platform) のみの割引	
キャパシティ予約の機能提供	×「オンデマンドキャパシティ予約」で対応可能		○ただし「Availability Zone 指定」が必要	
AWS アカウント間の共有無効化	○ 可能(SPとRIで共通の設定項目)			
購入後の交換機能の提供	×		○「テナンシー, OS, インスタンスファミリー, インスタンスタイプなど」で可	×

※Compute Savings Plansが最も柔軟

RIとSPのどちらを購入するべきか

RIとSPを比較しましたが結局のところ、どのような基準でどちらの割引購入オプションを選択すればよいのでしょうか。

今回はAWS利用料で高い割合を占める傾向があるEC2とRDSの割引購入オプションを検討するにあたって参考となるワークフローを用意したので、必要に応じて活用ください。

まず、購入を検討しているリソースがRDSかどうかによってRIとSPのどちらを選択するかが決まります。先述した通り、RDSの場合はRIのみ購入可能なので、必然的にRIを購入することになります。

図11-6-30 割引購入オプションの検討ワークフロー①

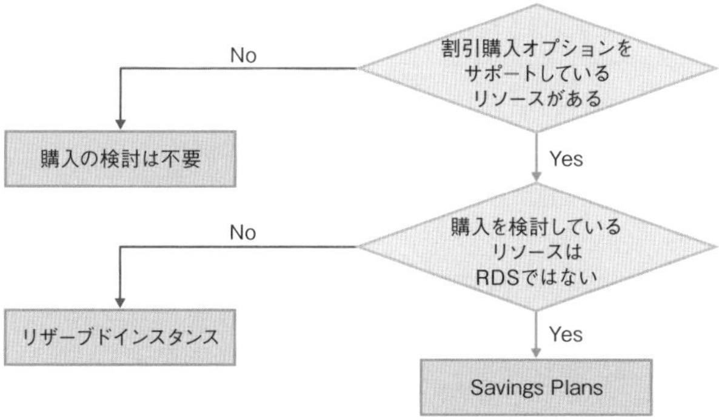

RIを購入する場合は、図11-6-31のワークフローで検討を続けます。特に、RDSのRIを購入する場合はEC2インスタンスのRIとは異なり、**Convertible RI**が選択オプションとして選択できないためDBエンジンとDBインスタンスクラスを購入後に変更することができません。**DBエンジンとDBインスタンスクラスに変更の可能性がある場合は、変更の検討および変更作業をあらかじめ完了させた上で、RIを購入するようにしましょう。**

次に購入期間と支払い方法を検討します。RIの購入対象となるAWSリソースを3年間継続的に利用することをコミットできるか、全額前払いが可能かどうかによって購入期間と支払い方法は変わります。例えば、RDSの利用を2年後に停止することが社内で決定している場合は3年間の継続的な利用をコミットできないため、購入期間は1年間を選択することになります。

また、支払い方法についてですが、全額前払いの場合は購入したRIの金額を一括払いすることになるため高額になります。予算編成の都合上、全額前払いをするだけの予算を確保できない場合は一部前払いまたは前払いなしを支払い方法として選択することになります。**ただし、RDSのRIを期間3年で購入する場合は前払いなしを選択することができないためご注意ください。**

図11-6-31　割引購入オプションの検討ワークフロー②（RI）

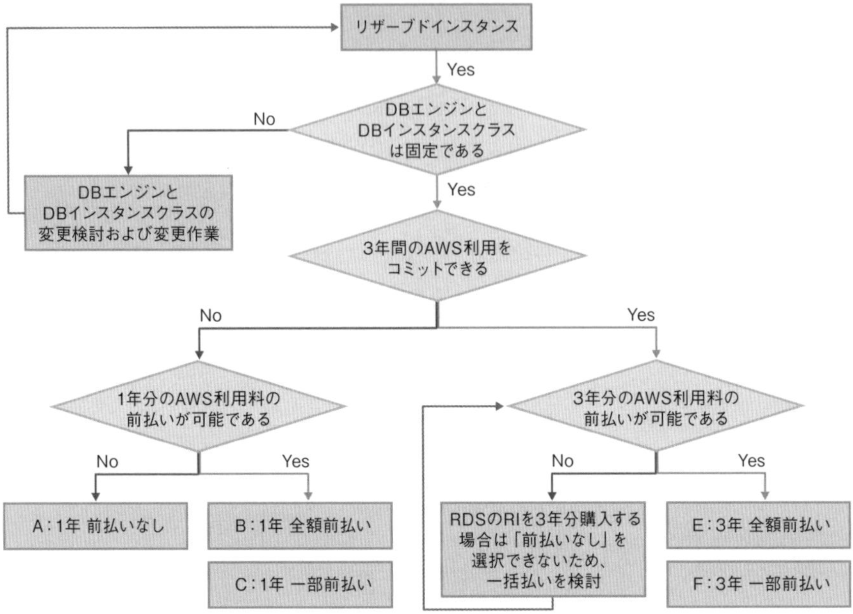

SPを購入する場合は、図11-6-32のワークフローで検討を続けます。

図11-6-32　割引購入オプションの検討ワークフロー③（SP）

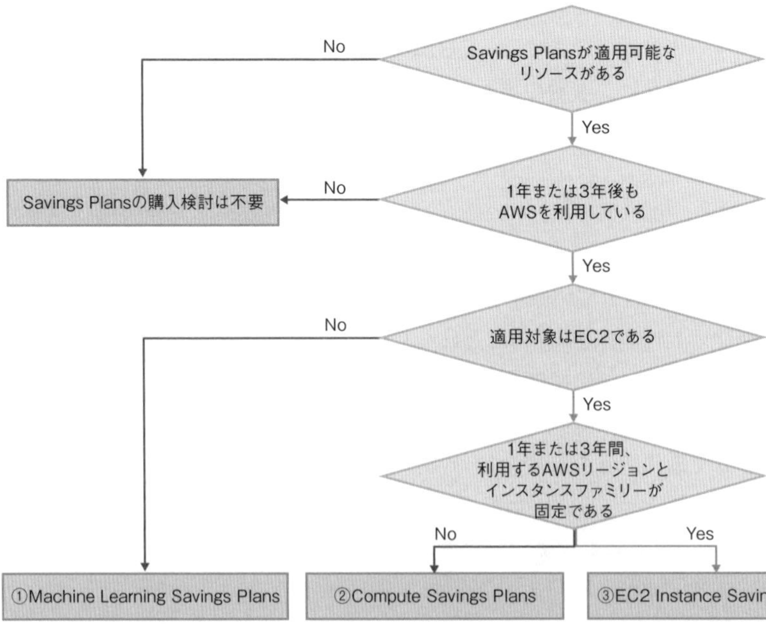

どのSPを購入するかは、SageMakerの利用有無や、適用対象のEC2インスタンスのインスタンスファミリーが固定されているかどうかによって決まります。

購入するSPが決まったらRI購入時と同様に**購入期間**と**支払い方法**を検討します。

図11-6-33 割引購入オプションの検討ワークフロー④（SP）

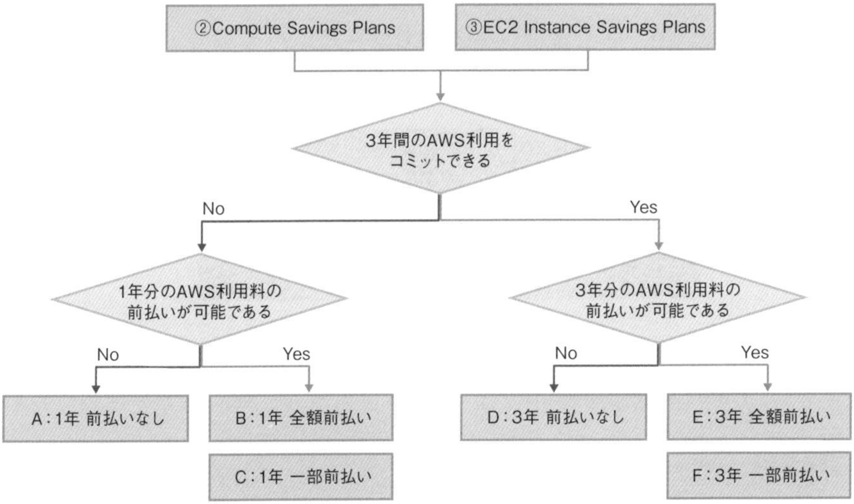

11.6.5 AWS Systems Manager Quick Setup

AWS Systems Manager Quick Setupは、SSMの機能の1つで以下のセットアッププロセスを簡素化できます。

- IAMロールの作成
- CloudWatch Agentのインストール、更新
- SSM Agent の更新、インベントリの収集、不足パッチがないか日次でスキャン
- AWS Configの有効化
- Config Conformance Packsのデプロイ
- DevOps Guruの有効化
- SSM Distributorによるソフトウェアパッケージの配布
- Resource Schedulerによるインスタンスの起動、停止をスケジューリング

上記の中でもコスト最適化に有効なのが**「Resource Schedulerによるインスタンスの起動、停止をスケジューリング」**です。これは「11.2.5 コスト最適化の4つの手法」で紹介した**「未使用時の停止」**を容易に実装することができる機能です。

Resource Schedulerの設定方法

まず、SSMのコンソール画面から**「高速セットアップ」**を選択します。

図11-6-34 SSMのコンソール画面

次にQuick Setupのコンソール画面の**「ライブラリ」タブ**で設定タイプの検索ウィンドウに**「Resource Scheduler」**と入力して検索し、**「作成」**をクリックします。

図11-6-35 Quick Setupのコンソール画面

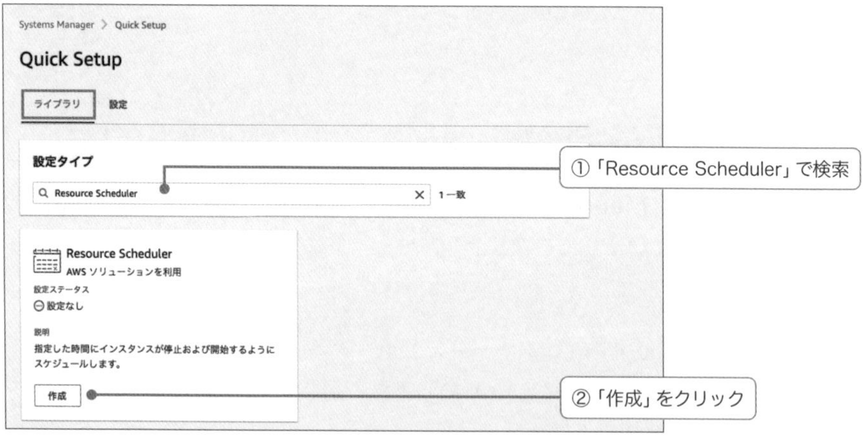

Resource Schedulerで起動・停止するEC2インスタンスは、**タグキー**と**タグ値**の組み合わせで指定します。これは「11.4.1 コスト配分タグ」で紹介した4つの一般的なタグ付け戦略のうち、**「オートメーションのタグ」**に分類されるタグの利用方法です。

例えば、スケジューリングを検証環境で利用しているEC2インスタンス全てに適用したい場合は対象のEC2インスタンスにタグキーとして「Environment」、タグ値として「stg」を付与し、Resource Schedulerの設定でそれらを指定します。後はスケジューリングに利用するタイムゾーン、スケジューリングを適用する曜日、EC2インスタンスを起動・停止したい具体的な時刻、スケジューリングを適用したいリージョンを指定すれば設定完了です。ただし、**Resource SchedulerのEC2インスタンスへの適用するためには対象のEC2インスタンスがSSMのマネージドノードであることが条件となるため、ご注意ください。**

図11-6-36 Resource Schedulerの設定画面①

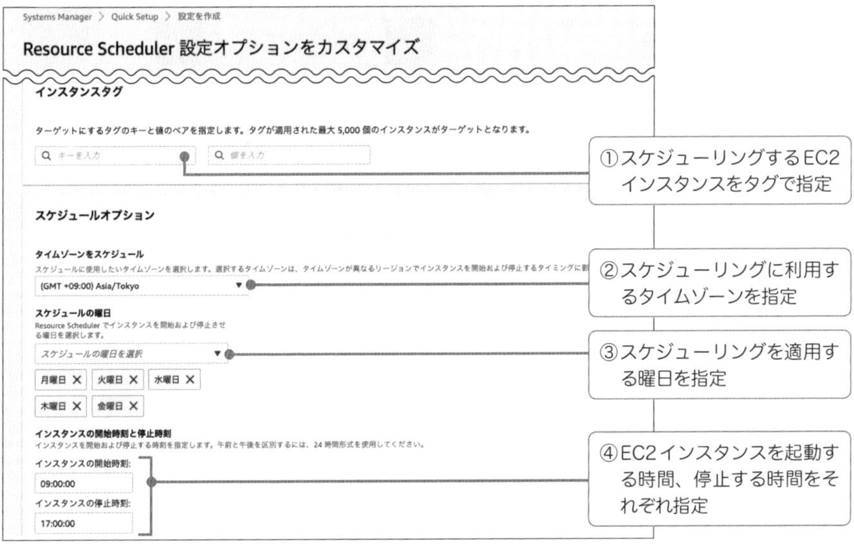

図11-6-37 Resource Schedulerの設定画面②

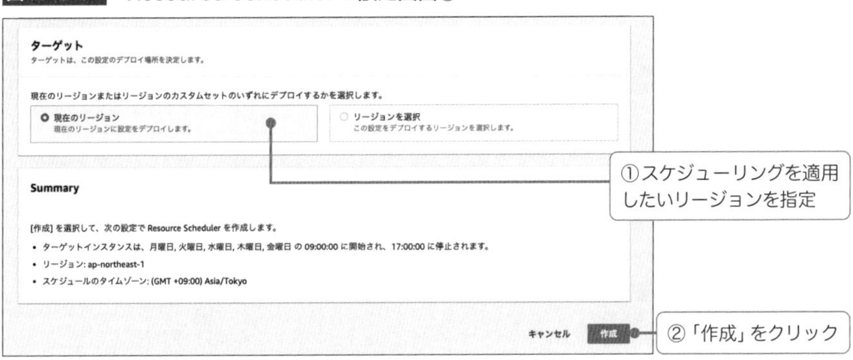

Systems Manager Quick Setupの利用料金

Systems Manager Quick Setupは、無料で利用可能です。

実務

11.7 サンプルアーキテクチャ紹介

コスト最適化におけるサンプルアーキテクチャは、以下の通りです。

図11-7-1 サンプルアーキテクチャ

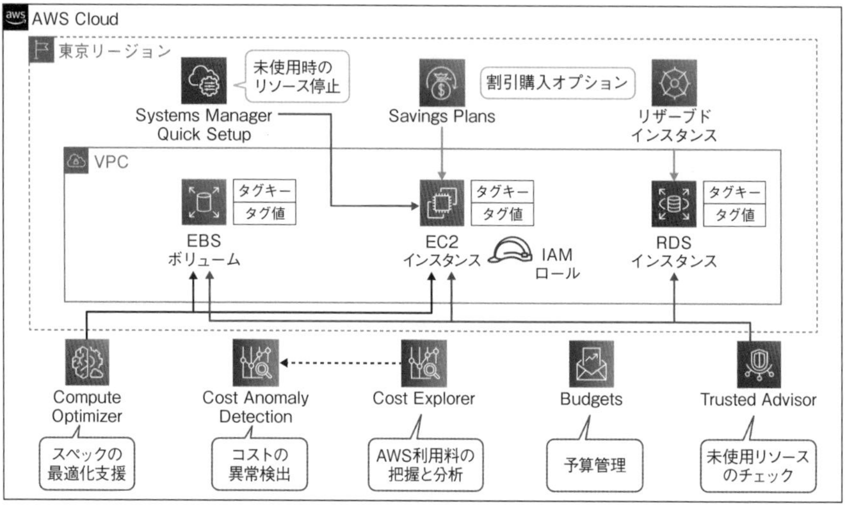

11.7.1 サンプルアーキテクチャ概要

本サンプルアーキテクチャは、「11.2.4 コスト最適化を実行するまでの一連の流れ」で解説した4つの流れと、「11.2.5 コスト最適化の4つの手法」で解説した手法を網羅しています。

「コスト最適化を実行するまで」の観点

本サンプルアーキテクチャは**「AWS利用料の把握」「タグの付与」「AWS利用状況の分析」「コスト最適化の実行」**のコスト最適化を実行するためにポイントとなるAWSサービスを全て有効化したケースを想定しています。具体的には「AWS利用料の把握」「AWS利用状況の分析」という観点で**Cost Explorer**および**Cost Anomaly Detection**によりAWS利用料の把握および分析を行い、コストの異常検出を実現しています。その際、Cost Explorerで詳細な分析を実現するためにAWSリソースにはタグを付与し、コスト配分タグを有効化します。予算の消化ペースおよびAWS利用料の定点観測を行うためにBudgetsも実装しています。

「コスト最適化の4つの手法」の観点

コスト最適化の4つの手法における「不要リソースの削除」の観点ではTrusted Advisorを有効化し、未使用リソースをチェックする運用を実施し、「AWSリソースのスペック最適化」の観点ではCompute Optimizerを有効化することで最適なスペックを容易に判断できるようにしています。また、「未使用時の停止」の観点では、Systems Manager Quick Setupを実装することで、EC2インスタンスの未使用時に自動で停止するようにスケジューリングしています。最後に「常時稼働リソースに対する割引料金プランの契約」の観点では、EC2とRDSに対してそれぞれSavings Plansと**リザーブドインスタンス**を購入することで常時稼働しているコンピューティングリソースのコスト最適化を実現しています。

実務

11.8 よくある質問

Q1 RDSのRIは購入予約可能でしょうか？

A1 できません。

RDSのRIは購入予約ができないため、期限切れのタイミングで都度購入する必要があります。

表11-8-1 RIとSPの購入予約可否

割引購入オプション	更新予約の可否	備考
EC2 リザーブドインスタンス	可能	未来日付の指定で購入が可能
RDS リザーブドインスタンス	不可能	—
Savings Plans	可能	未来日付の指定で購入が可能

Q2 RI購入後の期限延長やキャンセルは可能でしょうか？

A2 できません。

RIは1年間または3年間の固定期間でのみ購入が可能であり、期限延長はできません。また、RIやSPは原則購入後のキャンセルはできません。

Q3 RDSのRIでキャパシティ予約はできるのでしょうか？

A3 できません。

RDSのRIにはEC2のRIで提供されているようなキャパシティ予約の機能はありません。

Q4 SPはConvertible RIのように他のオプションに交換・変更はできますか？

A4 できません。

SPではConvertible RIのような交換・変更の機能は提供されていません。

Q5 SPはEC2のRIと併用できますか？

A5 できます。

RIとSPの併用は可能です。なお、適用される順番は以下の通りです。

- RI > EC2 Instance Savings Plans > Compute Savings Plans

Q6 SPでキャパシティ予約はできるのでしょうか？

A6 できません。

SPではキャパシティ予約の機能は提供されていません。ただし、EC2インスタンスへのオンデマンドキャパシティ予約を利用することで代替可能です。

Q7 RIやSPで指定する期間には閏年は含まれているのでしょうか？

A7 含まれていません。

RIやSPでは1年または3年を購入期間として指定することができますが、その期間には閏年が含まれていないため、1年は365日としてカウントされます。そのため、購入期間が閏年である場合または閏年をまたぐ場合は、RIやSPの期限切れの日時に1日のズレが生じます。RIやSPの期限切れの正確な日時は、コンソール画面に表示されるため確認してください。

Q8 RIが正しく購入できたことはどのように確認すればよいでしょうか？

A8 RIのコンソール画面で確認することができます。

購入したRIの詳細画面を開き、ステータスがActiveになっていることを確認してください。例えば、AWS利用料の支払いに利用しているクレジットカードが何らかの理由で利用不可となっている場合は、購入手続きが失敗する可能性があります。そのため、RI購入後はステータスがActiveになっていることを確認するようにしてください。

Index

A

AdministratorAccess……84
ALB (Application Load Balancer)……59
　～のログ取得……110
Amazon Athena……131, 144
　～がサポートしているデータ形式……134
Amazon Aurora……49
　～のバックアップ機能……240
　～のリストア……261
　～のリストア機能……240
　～のログ取得……110
Amazon CloudWatch……112, 172
Amazon CloudWatch Alarm……175, 178
Amazon CloudWatch Logs……112, 113
Amazon CloudWatch Logsメトリクスフィルター……190
AmazonCloudWatch-ManageAgent……150, 153
Amazon CloudWatch Metrics……112, 173, 176
Amazon CloudWatchダッシュボード……175, 188
Amazon Data Lifecycle Manager……254
Amazon EBS (Elastic Block Store)……40
Amazon EC2 (Elastic Compute Cloud)……34
　～のインスタンスタイプ……36
　～のインスタンスファミリー……36, 399
　～のステータスチェック……195
　～のリタイア……202
　～のログ取得……110
Amazon EventBridge……112, 199, 329
Amazon GuardDuty……318
　～で検出される脅威……321
Amazon Kinesis……127
Amazon Kinesis Data Analytics……128
Amazon Data Firehose……128
　～配信ストリーム……159
Amazon Kinesis Data Streams……128
Amazon Kinesis Video Streams……128
Amazon RDS (Relational Database Service)……49
　～MySQLのログ取得……110
　～のバックアップ機能……240
　～のリストア……261
Amazon S3 (Simple Storage Service)……42
Amazon SNS (Simple Notification Service)……175, 180, 325
　～が発行するメトリクス……206
AmazonSSMManagedInstanceCore……152
Amazon Trust Services……277
Amazon VPC (Virtual Private Cloud)……27
　～のログ取得……110
Amazon VPC NAT Gateway……399
AMI (Amazon Machine Image)……34, 239
Athena DDL……133
AWS (Amazon Web Services)……19
　～の最新情報……400
　～の使用に際しての監査の概要……358
　～の料金体系……391
AWS Artifact……383
AWS Backup……238, 242
AWS Budgets……419
AWS Budgetsアクション……424
AWS Budgetsレポート……425
AWS Certificate Manager……275
AWS CLI……370
AWS CloudShell……371

AWS CloudTrail……108, 359
～で取得可能なログ……362
～のログを用いた調査方法……370
AWS Compute Optimizer……445
～の分析精度の向上……448
AWS Config……108, 373
～で収集されるログ……377
AWS Config Rules……300
AWS-ConfigureAWSPackage……150, 153
AWS Configアグリゲータ……378
AWS Cost Anomaly Detection……427
AWS Cost Explorer……416, 439
～のディメンション……439
～のフィルター……440
～のレポートライブラリ……444
AWS Glue Data Catalog……136
AWS Health……175, 197
AWS IAM (Identity and Access Management)……69
AWS KMS (Key Management Service)……292
AWS Lambda……398, 399
AWS Managed CMK……293, 345
AWS Organizations……102
AWS Pricing Calculator……117
AWS Security Hub……308
～の検出結果……311
～の検出結果の集約……316
～のレコードの状態……312
～のワークフローステータス……312
AWS Systems Manager……148
AWS Systems Manager Parameter Store……148, 153
AWS Systems Manager Patch Manager……211
AWS Systems Manager Quick Setup……217, 477
AWS Systems Manager Run Command……150, 153
AWS Systems Manager Session Manager……168
AWS Transit Gateway……399
AWS Trusted Advisor……340, 346, 451
～のチェック項目例……452
AWS WAF……286, 347
AWS WAF Web ACL capacity units……288
AWSアカウント……23
～に関するログ……108
～の一元管理……102
～の複数利用……75
AWS管理ポリシー……74
AWS基礎セキュリティのベストプラクティス v1.0.0……308, 309
AWSコンプライアンスレポート……383
AWSサービスの割引料金プラン……414
AWSニュースブログ……402
AWSリソース……374
～間の依存関係……376
～に関するログ……108
～の構成情報……375
～の削除……411
～のスペック最適化……411
AWS利用料
～の異常検出……428
～の把握……407, 433
～の見積もり……117

C

CCoE (Cloud Center of Excellence)……406
CDK (Customer Data Key)……292
CIDRブロック……27
CloudWatch Logs Insights……112, 120, 144
～のクエリコマンド……123
CloudWatch Logsサブスクリプションフィルター……112, 159, 163, 193
CloudWatch Metrics Insight……177

CloudWatchAgentAdminPolicy……114
CMK (Customer Master Key)……292
　～のキーローテーション……293
　～の削除スケジュール……294
CNAMEレコード……278
Compute Savings Plans……466, 467
Condition句……164
Configuration History……377
Configuration Snapshot……377
Customer Carbon Footprint Tool……274
Customer Managed CMK
……293, 295, 345
CVE-ID……223

D

DBインスタンスクラス……51
DBサブネットグループ……54
Docker……210
DV証明書……276

E

EBSスナップショット……239
EC2 Instance Savings Plans……466, 467
EC2インスタンス……34
　～の推奨事項……447
　～のスケジューリング……413
　～のライフサイクル……39
Elastic IPアドレス (EIP)……37
Elastic Load Balancing (ELB)……57
ENI (Elastic Network Interface)
……38, 120
EV SSL証明書……276
EV証明書……276

H

HTTPS……275

I

IAM Access Analyzer……98
IAM Policy Simulator……96
IAMグループ……69, 74
IAMポリシー……69, 71, 72, 73
IAMユーザー……69, 70
IAMロール……69, 70

M

Machine Learning Savings Plans……467
MFA (Multi-Factor Authentication)……81
　～の設定状況……92
MFA強制ポリシー……89

N

NLB (Network Load Balancer)……59
　～のログ取得……110

O

OV証明書……276

P

Pub-Subメッセージモデル……325

R

Resource Scheduler……478
RFC1918……27, 28
RPO (Recovery Point Objective)……237
RTO (Recovery Time Objective)……237

S

S3バケット……43, 131, 159
Sample Web Requests……348
Savings Plans……414, 465
SDGs……273
SerDe (Serialize/Deserialize)……133
Service health……197
SSL/TLS証明書……275, 276
SSM……150
SSMエージェント……151
sts:AssumeRole……77

V

VPC Flow Logs……120
～のログの値……121
～のログフィールド……122
VPC エンドポイント……158

W

WCU（Web ACL capacity units）……288
Web ACL（Access Control List）……287
Well-Architected フレームワーク……22, 23

Y

Your account health……198, 199
Yubikey……84

あ行

アカウント……64
アカウント運用……66
アクセスアドバイザー……97
アクセスキー……70
～の無効化……93
～のローテーション……93
アクセスポリシーの設計……160
アクセスログ……105, 108, 109
アベイラビリティゾーン……20
アラート……173, 205
アラートサブスクリプション……463, 471
アラーム……179
アラームアクション……180, 206
アラームメール……188
暗号化……291
イベント……331
～のデータ加工方法……333
イベントバス……330
イベントパターン……331
イベントログ……105, 109
インサイトイベント……362, 365
インスタンスの柔軟性……461
インターネットゲートウェイ……28
インターフェイスエンドポイント……158
インラインポリシー……74
運用管理……7
エフェメラルポート……33
エラーログ……105, 108, 109
オートリカバリー……195
オブジェクトストレージ……45
オフラインバックアップ……233
オンデマンドキャパシティ予約……464
オンデマンドバックアップ……252
オンプレミス……12, 24
オンラインバックアップ……233

か行

拡張インフラストラクチャメトリクス……449
カスタマー管理ポリシー……74
～の検証……96
カスタムAMI……34
カスタムパスワードポリシー……85
カスタムベースライン……213, 227
可用性……266
監査……352
監査証跡……355, 360
監視……172
監視ツール……172
完全性……265
管理アカウント……102
管理イベント……362, 363
キーペア……38
キーポリシー……295, 296
企業認証型SSLサーバー証明書……276
機能要件……4
基盤運用……7
機密性……265
脅威インテリジェンス……319
共通脆弱性識別子……223
業務運用……6
クラウド……14
クラウド活用推進組織……406
構成管理……373
構成図……8

高速スナップショット復元……261
高度なクエリ……381
コスト最適化……394, 451
　～の実行ワークフロー……415
　～の柱……390
　～のプロセス……407, 410
コスト削減……394
コスト配分タグ……435, 436
コンプライアンスのステータス……313
コンプライアンスレポート……215
混乱する代理問題……165

さ行

サービスコントロールポリシー（SCP）……102
サービスのオプトイン……245
最小権限の原則……70
サブスクリプション……326
サブスクリプションフィルター……193
サブネット……28
差分バックアップ……236
サンドボックス……335
システム……2
システム運用……3
システム監査……352, 355
システム監査基準……353
システム管理基準……353
システムのライフサイクル……4
持続可能性……272
修復アクション……303, 305
証跡……360
情報資産……264
助言型監査……354
信頼ポリシー……71, 72, 162
スケールアウト……58
スケールアップ……58
スケジューリング……413
ステータスチェックアラーム……195
ステートフル……30, 32
ステートレス……31, 32
ストリーミングデータ……127
ストレージクラス……45, 46
責任共有モデル……21, 22, 269, 357
セキュリティ……264
　～の柱……270
セキュリティキー……84
セキュリティグループ……30, 32, 280
セキュリティ標準……267, 308
セキュリティリスクの重要度……311
設定変更ログ……105, 108, 109
操作ログ……105, 108, 109
増分バックアップ……237

た行

タグ……434
タグ設計……435
タグ付け戦略……435
多要素認証……81
通信ログ……105, 109
ディザスタリカバリ……20
データイベント……362, 364
テーブル定義……133
デフォルトのパッチベースライン……227
統合CloudWatchエージェント……114
ドキュメント履歴……401
ドメイン認証型SSLサーバー証明書……276

な行

認可……65
認証……64
認証アプリケーション……84
認証情報レポート……92
認証ログ……105, 108, 109
ネットワークACL（Access Control List）……31, 32

は行

バケットポリシー……47, 160
パスワードポリシー……85
バックアップ……232
　～の世代管理……235

バックアップウィンドウ……233, 243
バックアッププラン……242
　～のタグ設計……257
バックアップボールト……243, 249
バックアップルール……243
バックトラック……241
発見的統制……267, 271
パッチ適用……208, 211
パッチベースライン……212, 227
　～の承認ルール……212
パッチポリシー……217, 228
パブリックIPアドレス……37
パブリックサブネット……29
非機能要求グレード……5
非機能要件……4
ファーストタッチペナルティ……260
ファイアウォール……280
復旧ポイント……243, 249
　～からのリストア……258
プライベートIPアドレス……28, 37
プライベートサブネット……29
フリートマネージャー……153, 224
フルバックアップ……236
ブロックストレージ……40
ブロックパブリックアクセス……48
ヘルスチェック……61
ポイントインタイムリカバリ……55, 240
保護されたリソース……248
保証型監査……354

ま行

マネージドプレフィックスリスト……283
マルチAZ配置……52
メトリクス……173, 176
メトリクスフィルター……190
メンテナンスウィンドウ……209
メンバーアカウント……102

や行

予防的統制……267, 271

ら行

リージョン……19
リージョンエンドポイント……152, 158
リードレプリカ……53
リザーブドインスタンス……414, 453
　～購入時の選択オプション……459
　～とSavings Plansの併用……483
　～とSavings Plansの比較……474
リストア……232, 237
リソースの割り当て……245
ルートテーブル……29
ルートユーザー……68
　～の管理……81
　～のみが行える主な作業……84
ロールの切り替え……76
ログ……104
　～の完全性……365
ログイベント……113
ログ運用……106
ロググループ……113
ログストリーム……113
ログ設定……107, 111
ログ転送……107, 111
ログファイルの検証……366
ログ保管……107, 111
ログ利用……107, 111

わ行

割引購入オプションの検討ワークフロー……475

●参考文献

増井敏克 著『図解まるわかり セキュリティのしくみ』翔泳社、2018年

情報処理推進機構 著『情報セキュリティ読本 五訂版：IT時代の危機管理入門』実教出版、2018年

日本ビジネスシステムズ株式会社、近藤 誠司 著『運用設計の教科書 〜現場で困らないITサービスマネジメントの実践ノウハウ』技術評論社、2019年

JIEC基盤エンジニアリング事業部 インフラ設計研究チーム 著『インフラ設計のセオリー 要件定義から運用・保守まで全展開』リックテレコム、2019年

みやた ひろし 著『インフラ／ネットワークエンジニアのためのネットワーク技術&設計入門 第2版』SBクリエイティブ、2019年

Mike Julian 著、松浦 隼人 訳『入門 監視 ―モダンなモニタリングのためのデザインパターン』オライリージャパン、2019年

島田 裕次 著『よくわかるシステム監査の実務解説（第3版）』同文舘出版、2019年

NPO法人日本システム監査人協会 編『情報システム監査実践マニュアル（第3版）』森北出版、2020年

荒木 靖宏、大谷 晋平、小林 正人、酒徳 知明、高田 智己、瀧澤 与一、山本 教仁、吉羽 龍太郎 著『Amazon Web Services 企業導入ガイドブック －企業担当者が知っておくべきAWSサービスの全貌から、セキュリティ概要、システム設計、導入プロセス、運用まで－」マイナビ出版、2016年

●著者プロフィール

佐竹 陽一 Yoichi Satake

株式会社サーバーワークス所属

2010年1月よりAWSを実務で利用開始。AWSを活用した社内ベンチャーの立ち上げに参画し、2012年にAWSパートナーアワードを受賞。2014年7月より現職。エンタープライズ企業のカスタマーサクセスとして長期の関係性を構築する中で、コスト最適化やマルチアカウント統制を中心に、設計から運用まで幅広く担当。2021/2022 Japan AWS Partner Ambassador、また2020/2021/2022 APN ALL AWS Certifications Engineerへ選出。

山﨑 翔平 Shohei Yamasaki

株式会社サーバーワークス所属

人材ベンチャー企業のエージェント事業部にて営業・キャリアアドバイザーとして従事。2019年12月より現職。50以上のAWS導入プロジェクトに参画。IT業界経験3年未満の若手エンジニアを対象にAWSが主催する「ANGEL Dojo」にてベストアーキテクチャ賞、ANGEL賞の2冠を受賞。AWSクラウドへの大規模移行プロジェクトのPMを経験。現在は中途採用および中途入社メンバー向けのトレーニング等に従事。Solutions Architect - Professionalをはじめとした認定資格を7つ保持。

小倉 大 Masaru Ogura

株式会社サーバーワークス所属

データセンターネットワークの構築・運用を10年、AWS環境の運用監視に2年半従事。2018年、サーバーワークスに入社後、お客様のAWS上にシステムの構築、構築したシステムの運用、お客様からのAWSに関する質問に回答するサポート業務など幅広い業務を担当。現在は社内外の技術トレーニング講師を担当。AWS認定をすべて保有し、2020/2021/2022 APN ALL AWS Certifications Engineerに選出。

峯 侑資 Yusuke Mine

株式会社ソラコム所属

2017年4月より株式会社サーバーワークスにてお客様のAWS環境の設計構築に従事。サーバーレスアーキテクチャや機械学習サービスなど幅広いAWS導入プロジェクト・PoCプロジェクトを経験。そのほかプリセールスやカスタマーサクセスなども担当。2022年4月より現職。カスタマーリライアビリティエンジニアとしてテクニカルサポートやドキュメントのメンテナンス、社内ツールの開発などに従事。

■本書サポートページ

http://isbn2.sbcr.jp/15499/

- 本書をお読みいただいたご感想を上記URLからお寄せください。
- 上記URLに正誤情報、サンプルダウンロード等、本書の関連情報を掲載しておりますので、併せてご利用ください。
- 本書の内容の実行については、全て自己責任のもとで行ってください。内容の実行により発生した、直接・間接的被害について、著者およびSBクリエイティブ株式会社、製品メーカー、購入された書店、ショップはその責を負いません。

カバーデザイン……新井大輔

編集協力……岡本晋吾　友保健太

編集……本間千裕

本文デザイン・DTP……クニメディア株式会社

AWS 運用入門
押さえておきたいAWSの基本と運用ノウハウ

2023年 4月 6日　初版第1刷発行
2024年 3月27日　初版第5刷発行

著者……佐竹 陽一
山﨑 翔平
小倉 大
峯 侑資

発行者……小川 淳

発行所……SBクリエイティブ株式会社
〒105-0001　東京都港区虎ノ門2-2-1
https://www.sbcr.jp

印刷・製本……株式会社シナノ

落丁本、乱丁本は小社営業部にてお取り替えいたします。
定価はカバーに記載されております。

Printed in Japan　ISBN 978-4-8156-1549-9